BIANDIAN YUNWEI ZHUANYE JINENG PEIXUN JIAOCAI

SHICAO JINENG

变电运维专业技能培训教材

实操技能

国家电网有限公司设备管理部　编

中国电力出版社
CHINA ELECTRIC POWER PRESS

内 容 提 要

为提升一线运维人员"设备主人"履职能力和规范化作业水平。国家电网有限公司设备管理部（简称国网设备部）编写《变电运维专业技能培训教材》（共 3 册）。

本书为《实操技能》分册，共分为 8 章，包括变电站倒闸操作、油浸式变压器（电抗器）取样及诊断分析、GIS（HGIS）气室诊断分析、GIS 超声波局部放电检测技术、GIS 特高频局部放电检测技术、设备精确测温、开关柜局部放电带电检测方法、变电站仿真事故案例分析等。

本书可供变电运维一线作业人员及相关管理人员学习参考。

图书在版编目（CIP）数据

变电运维专业技能培训教材. 实操技能 / 国家电网有限公司设备管理部编. —北京：中国电力出版社，2021.2（2022.11 重印）
ISBN 978-7-5198-5420-1

Ⅰ. ①变… Ⅱ. ①国… Ⅲ. ①变电所–电力系统运行–技术培训–教材 Ⅳ. ①TM63

中国版本图书馆 CIP 数据核字（2021）第 035445 号

出版发行：中国电力出版社
地　　址：北京市东城区北京站西街 19 号（邮政编码 100005）
网　　址：http://www.cepp.sgcc.com.cn
责任编辑：付静柔
责任校对：黄　蓓　李　楠　郝军燕
装帧设计：赵丽媛
责任印制：石　雷

印　　刷：三河市万龙印装有限公司
版　　次：2021 年 2 月第一版
印　　次：2022 年 11 月北京第五次印刷
开　　本：787 毫米×1092 毫米　16 开本
印　　张：30.5
字　　数：677 千字
定　　价：160.00 元

《变电运维专业技能培训教材 实操技能》
编 委 会

主　　任　金　炜

副 主 任　毛光辉

委　　员　田洪迅　王　剑　孙　杨　曾　军　李猷民　戴　锋
　　　　　宋金根　潘　华　游步新　陈　刚　罗建勇

主　　编　解晓东

副 主 编　梁可道　韩超先　曲　翀

参编人员（按姓氏笔画排序）

　　　　　马文波　王进考　王周杰　戈　宁　牛祉霏　邓洁清
　　　　　龙　玺　田庆阳　白钦予　邢海文　吕俊涛　乔　木
　　　　　乔　敏　乔　辉　任敬国　刘　昊　刘志洋　孙红梅
　　　　　李龙龙　李连众　李秀卫　李望双　杨国锋　肖　京
　　　　　吴　捷　吴志琪　余　翔　谷　浩　张　云　张　永
　　　　　张　弛　张　琳　张红艳　张晓琴　陈晓梅　苗俊杰
　　　　　易　辉　季严松　周　昭　周　维　周　源　郑　楠
　　　　　赵腾飞　郝　雪　郝建华　胡俊华　钟永恒　姚重阳
　　　　　栗　罡　钱　平　徐　华　郭小燕　郭东亮　唐佳能
　　　　　黄　锐　黄飞扬　章　璨　梁　鞍　葛　栋　董　哲
　　　　　董玉林　韩忠晖　景巍巍　程兴民　詹江扬　蔡宜君
　　　　　潘建亚　戴哲仁

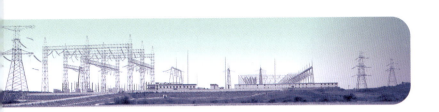

前 言

　　电网是国家重要的基础设施和战略设施，电力安全至关重要。变电站设备是保障电网安全运行、确保电力可靠供应的重要物质基础。变电运维人员是保障电网设备安全稳定运行的核心专业队伍，运维质量直接关系着电网设备安全，责任重大。"十三五"以来，国家电网有限公司（简称"国网公司"）所辖变电设备规模不断扩大，变电站数量增长42%，变电运维工作量不断增长，同时，变电站主辅监控、智能巡视、一键顺控等新技术广泛应用，对变电运维人员的责任心、业务素质、队伍能力提出了更高的要求。

　　为指导一线人员学习新业务知识，助力"无人值班＋集中监控"运维新模式转型升级，打造"设备主人＋全科医生"型专业队伍，提升一线运维人员履职能力和规范化作业水平。国网设备部在充分调研总结基础上，结合现场需要，编写《变电运维专业技能培训教材》，包括《理论知识》《实操技能》《典型案例》3个分册。本套教材采用"文字＋视频（二维码）"的出版形式，丰富读者阅读体验，服务生产一线人员。

　　本书为《实操技能》分册，共分为8章，包括变电站倒闸操作、油浸式变压器（电抗器）取样及诊断分析、GIS（HGIS）气室诊断分析、GIS超声波局部放电检测技术、GIS特高频局部放电检测技术、设备精确测温、开关柜局部放电带电检测方法、变电站仿真事故案例分析等方面内容，还设置了实操考评内容，为变电运维一体化业务培训考评提供依据。本书可供变电运维一线作业人员及相关管理人员学习参考。

　　鉴于变电运维新技术快速发展，新装备不断涌现，各类作业规范要求不断补充，本书虽经认真编写、校订和审核，仍难免有疏漏和不足之处，需要不断地修订和完善，欢迎广大读者提出宝贵意见和建议，使之更臻成熟。

编　者

2021 年 2 月

目 录

变电站倒闸操作

变电站倒闸操作示范

> **培训目标**：通过学习本章内容，了解变电站倒闸操作的基本概念、操作分类、操作方式；熟悉倒闸操作的基本原则、要求；掌握变电站倒闸操作标准流程及规范；吸取误操作典型案例教训。

第一节　基　础　知　识

变电站倒闸操作
基础知识

一、基本概念及分类

（一）倒闸操作的概念

变电站的电气设备有运行、热备用、冷备用及检修四种状态。将电气设备由一种状态转变到另一种状态的过程是倒闸，所进行的操作是倒闸操作。

（二）倒闸操作的分类

倒闸操作分为：监护操作、单人操作和检修人员操作。

1. 监护操作

有人监护的操作。监护操作时，其中对设备较为熟悉的一人监护。特别重要和复杂的倒闸操作，由熟练的运维人员操作，运维负责人监护。

2. 单人操作

由一人完成的操作。

（1）单人值班的变电站或发电厂升压站操作时，运维人员根据发令人用电话传达的操作指令填用操作票，复诵无误。

（2）若有可靠的确认和自动记录手段，调控人员可实行单人操作。

（3）实行单人操作的设备、项目及人员需经设备运维管理单位或调度控制中心批准，人员应通过专项考核。

3. 检修人员操作

由检修人员完成的操作。

1

（1）经设备运维管理单位考试合格并批准的本单位的检修人员，可进行 220kV 及以下的电气设备由热备用至检修或由检修至热备用的监护操作，监护人应是同一单位的检修人员或设备运维人员。

（2）检修人员进行操作的接、发令程序及安全要求应由设备运维管理单位审定，并报相关部门和调度控制中心备案。

（三）操作方式

倒闸操作可以通过就地操作、遥控操作、程序操作完成。遥控操作和程序操作应满足倒闸操作基本要求，满足电网运行的方式，满足"五防"要求。

（1）就地操作。指在设备现场以电动或手动方式进行的设备操作。

（2）遥控操作。指非就地以电动、RTU 当地功能和计算机监控系统等方式进行的设备操作。

（3）程序操作。指在计算机监控系统基础上以批处理方式进行的设备操作，所谓批处理可以是连贯的操作任务也可以是几个分别独立的操作任务。实施程序操作，是根据操作要求选择一条程序操作命令，操作的选择、执行和操作过程的校验由操作系统自动完成。

（四）操作的基本条件

（1）有与现场一次设备和实际运行方式相符的一次系统模拟图（包括各种电子接线图）。

（2）操作设备应具有明显的标志，包括命名、编号、分合指示、旋转方向、切换位置的指示及设备相色等。

（3）高压电气设备都应安装完善的防误操作闭锁装置。防误操作闭锁装置不得随意退出运行，停用防误操作闭锁装置应经设备运维管理单位批准；短时间退出防误操作闭锁装置时，应经变电运维班（站）长或发电厂当班值长批准，并应按程序尽快投入。

（4）有值班调控人员、运维负责人正式发布的指令，并使用经事先审核合格的操作票。

二、专业术语

（一）设备状态

变电站的电气设备有运行、热备用、冷备用和检修四种不同的状态。

（1）运行状态。指设备（不包括串补装置）的隔离开关（刀闸）及断路器（开关）都在合上的位置，将电源至受电端的电路接通。串补装置运行指旁路断路器（开关）在断开位置，串补两侧隔离开关（刀闸）合上，接地开关断开。

（2）热备用状态。指设备（不包括带串补装置的线路和串补装置）断路器（开关）断开，而隔离开关（刀闸）仍在合上位置。此状态下如无特殊要求，设备保护均应在运行状态。带串补装置的线路，线路隔离开关（刀闸）在合闸位置。

（3）冷备用状态。指线路、母线等电气设备的断路器（开关）断开，其两侧隔离开关（刀闸）和相关接地开关处于断开位置。

（4）检修状态。设备的所有断路器（开关）、隔离开关（刀闸）均断开，挂好保护接地线或合上接地开关（并在可能来电侧挂好工作牌，装好临时遮栏）。

（二）操作令

值班调度员对其下级调控机构值班调度员、相关调控机构值班监控员、厂站运行值班人员及输变电设备运维人员发布有关运行和操作的指令。操作令按内容可分为单项令、综合操作令、逐项操作令。

（1）单项令。值班调度员向受令人发布的单一一项操作的指令。

（2）综合操作令。值班调度员给受令人发布的不涉及其他厂站配合的综合操作任务的调度指令。其具体的逐项操作步骤和内容，以及安全措施，均由受令人自行按规程拟定。

（3）逐项操作令。值班调度员向受令人发布的操作指令是具体的逐项操作步骤和内容，要求受令人按照指令的操作步骤和内容逐项进行操作。

（三）电气设备"五防"

电气设备"五防"功能是指：

（1）防止误分、误合断路器（开关）。

（2）防止带负荷拉、合隔离开关（刀闸）或进、出手车。

（3）防止带电挂（合）接地线（接地开关）。

（4）防止带接地线（接地开关）合断路器（开关）、隔离开关（刀闸）。

（5）防止误入带电间隔。

三、操作原则及要求

（一）基本原则

（1）电气设备的倒闸操作应严格按照安规、调规、现场运行规程和本单位的补充规定等要求进行。

（2）倒闸操作应有值班调控人员或运维负责人正式发布的指令，并使用经事先审核合格的操作票，按操作票填写顺序逐项操作。

（3）操作票应根据调控指令和现场运行方式，参考典型操作票拟定。典型操作票应履行审批手续并及时修订。

（4）倒闸操作过程中严防发生下列误操作：

1）误分、误合断路器（开关）。

2）带负荷拉、合隔离开关（刀闸）或手车触头。

3）带电装设（合）接地线（接地开关）。

4）带接地线（接地开关）合断路器（隔离开关）。

5）误入带电间隔。

6）非同期并列。

7）误投退（插把）压板（插把）、连接片、短路片，误切错定值区，误投退自动装置，误分合二次电源断路器（开关）。

（5）倒闸操作应尽量避免在交接班、高峰负荷、异常运行和恶劣天气等情况时进行。

（6）对大型重要和复杂的倒闸操作，应组织操作人员进行讨论，由熟练的运维人员操作，运维负责人监护。

（7）断路器（开关）停、送电严禁就地操作。

（8）雷电时，禁止进行就地倒闸操作。

（9）停、送电操作过程中，运维人员应远离瓷质、充油设备。

（10）倒闸操作过程若因故中断，在恢复操作时运维人员应重新进行核对（核对设备名称、编号、实际位置）工作，确认操作设备、操作步骤正确无误。

（11）运维班操作票应按月装订并及时进行三级审核，保存期至少1年。

（12）倒闸操作应全过程录音，录音应归档管理。

（13）操作中产生疑问时，应立即停止操作并向发令人报告，并禁止单人滞留在操作现场。弄清问题后，待发令人再行许可后方可继续进行操作。不准擅自更改操作票，不准随意解除闭锁装置进行操作。

（二）基本要求

（1）停电拉闸操作应按照断路器（开关）—负荷侧隔离开关（刀闸）—电源侧隔离开关（刀闸）的顺序依次进行，送电合闸操作应按与上述相反的顺序进行。禁止带负荷拉合隔离开关（刀闸）。

（2）现场开始操作前，应先在模拟图（或微机防误装置、微机监控装置）上进行核对性模拟预演，无误后，再进行操作。操作前应先核对系统方式、设备名称、编号和位置，操作中应认真执行监护复诵制度（单人操作时也应高声唱票），应全过程录音。操作过程中应按操作票填写的顺序逐项操作。每操作一步，应检查无误后做一个"√"记号，全部操作完毕后进行复查。

（3）监护操作时，操作人在操作过程中不准有任何未经监护人同意的操作行为。

（4）远方操作一次设备前，宜对现场发出提示信号，提醒现场人员远离操作设备。

（5）解锁工具（钥匙）应封存保管，所有操作人员和检修人员禁止擅自使用解锁工具（钥匙）。若遇特殊情况需解锁操作，应经运维管理部门防误操作装置专责人或运维管理部门指定，并经书面公布的人员到现场核实无误并签字后，由运维人员告知当值调控人员，方能使用解锁工具（钥匙）。单人操作、检修人员在倒闸操作过程中禁止解锁。如需解锁，应待增派运维人员到现场，履行上述手续后处理。解锁工具（钥匙）使用后应及时封存并做好记录。

（6）电气设备操作后的位置检查应以设备各相实际位置为准，无法看到实际位置时，应通过间接方法，如设备机械位置指示，电气指示，带电显示装置，仪表及各种遥测、遥信等信号的变化来判断。判断时，至少应有两个非同样原理或非同源的指示发生对应变化且所有这些确定的指示均已同时发生对应变化，方可确认该设备已操作到位。以上检查项目应填写在操作票中作为检查项。检查中若发现其他任何信号有异常，均应停止操作，查明原因。若进行遥控操作，可采用上述的间接方法或其他可靠的方法判断设备位置。

（7）继电保护远方操作时，至少应有两个指示发生对应变化且所有这些确定的指示均已同时发生对应变化，才能确认该设备已操作到位。

（8）用绝缘棒拉合隔离开关（刀闸）、高压熔断器或经传动机构拉合断路器（开关）和隔离开关（刀闸），均应戴绝缘手套。雨天操作室外高压设备时，绝缘棒应有防雨罩，还应穿绝缘靴。接地网电阻不符合要求的，晴天也应穿绝缘靴。雷电时，禁止就地倒闸操作。

（9）装卸高压熔断器，应戴护目眼镜和绝缘手套，必要时使用绝缘夹钳，并站在绝缘垫或绝缘台上。

（10）断路器（开关）遮断容量应满足电网要求。如遮断容量不够，应用墙或金属板将操动机构（操作机构）与该断路器（开关）隔开，应进行远方操作，重合闸装置应停用。

（11）电气设备停电后（包括事故停电），在未拉开有关隔离开关（刀闸）和做好安全措施前，不得触及设备或进入遮栏，以防突然来电。

（12）单人操作时不得进行登高或登杆操作。

（13）在发生人身触电事故时，可以不经许可，即行断开有关设备的电源，但事后应立即报告调度控制中心（或设备运维管理单位）和上级部门。

（14）手动切除并联电容器前，应检查系统有足够的备用数量，保证满足当前输送功率无功需求。

（15）并联电容器退出运行后再次投入运行前应满足电容器放电时间要求。

第二节　流程规范

变电站倒闸操作
流程规范

一、准备阶段

（一）人员分工

（1）操作准备阶段应明确人员分工，并指定操作人和监护人。

（2）对设备较为熟悉者作监护，特别重要和复杂的倒闸操作由熟练的运维人员操作，运维负责人监护。

（二）自身检查

（1）操作人、监护人应着长袖纯棉工作服，领口、袖口系好，穿绝缘鞋。

（2）监护人和操作人相互检查、监督精神状态和情绪良好，发现有不适于操作的情况应更换操作人员。

（三）工器具检查

监护人、操作人共同检查操作所用安全工器具、操作工具正常。包括：安全帽、防误装置电脑钥匙、录音设备、绝缘手套、绝缘靴、验电器、绝缘拉杆（绝缘棒）、接地线、对讲机、照明设备等。

1. 安全工器具检查（包括但不仅限于以下内容）

（1）安全帽。试验日期合格，外观良好，顶衬完好等。

（2）验电器。试验日期合格，电压等级正确，声光正常、拉伸正常、表面清洁、无脏污等。

（3）绝缘手套。试验日期合格，无破损、无漏气、无脏污、表面清洁等。

（4）绝缘靴。试验日期合格，无破损、无脏污、表面清洁等。

（5）接地线。试验日期合格，电压等级正确，各部位螺钉正常，导线无散股、断股、裸露，各接头连接可靠等。

（6）绝缘拉杆（绝缘棒）。试验日期合格，电压等级正确，编号匹配，表面无脏污、无破损、接头无松动等。

2. 操作工器具检查（包括但不仅限于以下内容）

（1）录音笔。电量、内存充足，开启录音功能正常等。

（2）操作把手。操作把手与隔离开关（刀闸）匹配，正常可用等。

（3）活动扳手。护套完整、转动灵活等。

（4）箱体钥匙。齐备、完好、可用等。

（5）头灯。电量充足，固定伸缩带正常，完好可用等。

（6）防爆灯。电量充足，完好可用等。

（7）雨衣。外观清洁、无破损、正常可用等。

（四）危险点分析

操作准备阶段应充分分析操作过程中可能出现的危险点并采取相应的措施。危险点分析应根据不同操作任务、电网方式、设备状况等重点考虑人身、电网、设备风险三个方面。

1. 人身风险存在的危险点

（1）人身触电。

（2）误入带电间隔。

（3）设备故障高坠伤人。

（4）不按要求使用安全工器具。

（5）其他可造成人身风险的危险点。

2. 电网风险存在的危险点

（1）非同期并列。

（2）系统解列。

（3）其他可造成电网风险的危险点。

3. 设备风险存在的危险点

（1）误分、误合断路器（开关）。

（2）带负荷拉、合隔离开关（刀闸）或进、出手车。

（3）带电挂（合）接地线（接地开关）。

（4）带接地线（接地开关）合断路器（开关）、隔离开关（刀闸）。

（5）其他可能造成设备风险的危险点。

（五）制订技术措施

（1）根据调控人员的预令或操作预告等信息明确操作任务和停电范围。

（2）拟定操作顺序，确定装设地线部位、组数、编号及应设的遮栏、标示牌。明确工作现场临近带电部位，并制订相应措施。

（3）考虑保护和自动装置相应变化及应断开的交、直流电源和防止电压互感器、站用变压器二次反送电的措施。

二、操作票填写阶段

（一）填写原则

（1）倒闸操作由操作人员根据值班调控人员或运维负责人安排填写操作票。

（2）操作顺序应根据操作任务、现场运行方式，参照本站典型操作票内容进行填写。

（3）每张操作票只能填写一个操作任务。

（二）填写要求

（1）操作票应用黑色或蓝色的钢（水）笔或圆珠笔逐项填写。用计算机开出的操作票应与手写票面统一；操作票票面应清楚整洁，不得任意涂改。操作票应填写设备的双重名称。操作人和监护人应根据模拟图或接线图核对所填写的操作项目，并分别手工或电子签名，然后经运维负责人（检修人员操作时由工作负责人）审核签名。

（2）下列项目应填入操作票内：

1）应拉合的设备［断路器（开关）、隔离开关（刀闸）、接地开关（装置）等］，验电，装拆接地线，合上（安装）或断开（拆除）控制回路或电压互感器回路的空气断路器（开关）、熔断器，切换保护回路和自动化装置及检验是否确无电压等。

2）拉合设备［断路器（开关）、隔离开关（刀闸）、接地开关（装置）等］后检查设备的位置。

3）进行停、送电操作时，在拉合隔离开关（刀闸）或拉出、推入手车式断路器（开关）前，检查断路器（开关）确在分闸位置。

4）在进行倒负荷或解、并列操作前后，检查相关电源运行及负荷分配情况。

5）设备检修后合闸送电前，检查送电范围内接地开关（装置）已拉开，接地线已拆除。

（3）下列各项工作可以不用操作票：

1）事故应急处理。

2）拉合断路器（开关）的单一操作。

3）程序操作。

4）上述操作在完成后应做好记录，事故应急处理应保存原始记录。

三、接令阶段

（一）接令准备

（1）联系调度下达操作命令时，必须使用电话录音或监听。

（2）应由上级批准的人员接受调控指令，接令时发令人和受令人应先互报单位和姓名。

（二）接受正式调度操作命令

（1）接令时应听清楚发令调度的姓名、发令时间、操作内容（设备名称、编号、操作任务、是否立即执行及其他注意事项）。

（2）接令时应随听随记，直接记录在"变电运维工作日志"内。

（三）接令复诵

（1）根据记录进行复诵，复诵时必须语言清楚、声音洪亮。

（2）接令完毕，应将记录的全部内容向发令人复诵一遍，并得到发令人认可（包括时间、发令人、受令人、操作任务、是否立即执行）。

（3）复诵过程中必须使用调度术语。

（四）确认操作任务

（1）监护人、操作人确认操作任务及其他注意事项正确。

（2）对调控指令有疑问时，应向发令人询问清楚无误后执行。

四、审核阶段

（一）五防后台检查

（1）五防机、后台机无异常信号，运行正常，通信正常。

（2）检查变电站五防机的运行方式与实际运行方式相符。

（3）检查电脑钥匙完好。

（二）审核操作票

（1）操作票填写后，由操作人和监护人共同审核，复杂的倒闸操作经班组专业工程师或班长审核执行。

（2）审核操作票无漏项、操作步骤正确、操作内容正确，填写符合《国家电网公司变电运维管理规定》、Q/GDW 1799.1—2013《国家电网公司电力安全工作规程　变电部分》（简称《安规》）要求。

（三）交待危险点

操作开始前应进行危险点和预控措施交待，确保操作人、监护人明确操作过程中的危险点和预控措施。

五、模拟预演阶段

（一）模拟预演录音

开始模拟前应进行录音。录音内容包括操作变电站、操作票编号、操作任务、监护人姓名、操作人姓名。

（二）模拟前检查

模拟操作前监护人、操作人应结合调度指令共同核对五防机运行方式、设备名称、编号和位置与调度指令相符。

（三）模拟预演

（1）模拟操作由监护人在模拟图（或微机防误装置、微机监控装置），按操作顺序逐项下令，由操作人复令执行。

（2）操作人在模拟图上进行操作预演，预演完毕汇报"已操作"。

（四）模拟后检查

模拟操作后，应再次核对新运行方式与调度指令相符。

（五）传输操作票

模拟操作完成后，正确传输操作票，由监护人手持电脑钥匙。

（六）签字认可

模拟完毕后监护人、操作人共同核对操作票正确，并分别签名认可，签字应由本人手签。

六、倒闸操作阶段

（一）汇报监控人员

现场操作开始前，应汇报调控中心监控人员。

（二）填写操作信息

现场操作开始前，由监护人填写发令人、受令人、发令时间、操作开始时间。

（三）转移操作地点

（1）转移操作地点前，监护人应提示操作人下一项操作地点。

（2）转移过程中操作人在前，监护人在后，到达操作位置，应认真核对。

（四）设备地点确认

（1）监护人提示"确认操作地点"，操作人手指设备标识汇报"×××处"[例"××线×××断路器（开关）处"或×××隔离开关（刀闸）、×××保护屏、监控后台×××间隔处]。

（2）监护人再次确认后唱诵"正确"，方可继续操作。

（五）远方操作提醒

远方操作一次设备前，应对现场人员发出提示信号，提醒现场人员远离操作设备。

（六）正式操作

（1）操作人、监护人认真履行倒闸操作监护复诵制度，监护人唱诵操作内容，操作人用手指向被操作设备并复诵，监护人确认无误后发出"正确，执行"动令，并将电脑钥匙交给操作人，操作人立即进行操作。

（2）电脑钥匙开锁前，操作人应核对电脑钥匙上的操作内容与现场锁具名称编号一致后开锁。

（3）监护人所站位置应能监视操作人的动作以及被操作设备的状态变化，操作人和监护人应注视相应设备的动作过程或表计、信号装置。

（4）断路器（开关）操作（后台遥控）。

1）进入监控机相应设备的分画面，核对间隔状态及断路器（开关）的双重编号正确后，监护人根据操作票唱诵操作步骤，例如"拉开×××开关"。

2）操作人用鼠标指到所需操作的设备，复诵操作步骤"拉开×××开关"，并单击遥控指令，输入密码请求操作监护。

3）监护人在确认正确后，输入密码确认操作，并大声唱诵"正确，执行"。

4）操作人进行操作，操作完毕唱诵"已执行"，监护人和操作人共同检查操作正确后，监护人在操作票执行项打"√"。

5）监护人唱诵"检查×××开关分位监控信号指示正确"。

6）监护人和操作人检查后台机，设备变位正确、电流指示正确、信号上传正确后，操作人唱诵"×××开关分位监控信号指示正确"，监护人在操作票执行项打"√"。

（5）隔离开关（刀闸）操作（就地操作）。

1）核对隔离开关（刀闸）的双重编号正确后，监护人根据操作票唱诵操作步骤"拉开×××刀闸"。

2）操作人手指设备标识，根据实际设备的双重编号复诵"拉开×××刀闸"。

3）监护人确认被操作设备无误后，大声唱诵"正确，执行"，将电脑钥匙交给操作人。

4）操作人开锁进行操作后，将电脑钥匙交还监护人，操作后大声唱诵"已执行"，监护人在操作票执行项打"√"。

5）监护人唱诵"检查×××刀闸三相确已拉开"。

6）监护人和操作人检查操作正确后，操作人手指设备唱诵"×××刀闸三相确已拉开"，操作人锁上设备，监护人确定锁好后在操作票执行项打"√"。

7）双母线接线方式，母线隔离开关操作后，还应检查本间隔保护屏、母差屏等对应隔离开关（刀闸）位置动作正确。

（6）装设接地线（手动合接地开关）操作。

1）验电前，监护人指示操作人在指定地点检查验电器完好，例如"在××处检查验电器完好"。

2）操作人检查正常后唱诵"检查验电器完好"。

3）验电时，监护人确认被操作设备无误后，监护人唱诵"验明×××××三相确无电压"，操作人手指设备复诵"验明×××××三相确无电压"，监护人大声下令"正确，执行"，操作人开始验电。

4）操作人对设备每相至少3个点间距在10cm以上验电，逐相验明确无电压后唱诵"×相无电"，监护人确认无误并唱诵"正确"后，操作人方可移开验电器，三相验电完毕操作人唱诵"验明×××××三相确无电压"，监护人和操作人检查验电正确后，监护人在操作票执行项打"√"。

5）接地时，监护人检查装设接地线位置正确后，唱诵"在×××××装设接地线一组"。

6）操作人手指接地点，复诵"在×××××装设接地线一组"。

7）监护人确认接地点无误后，大声唱诵"正确，执行"，将电脑钥匙交给操作人。

8）操作人开锁进行操作后，将电脑钥匙交还监护人，并大声唱诵"已执行"。

9）监护人和操作人检查操作正确后，操作人锁上设备，监护人确定锁好后在操作票执行项打"√"，并记录装设接地线的编号。

10）验电后必须立即进行接地操作，接地点必须与验电点相符。

11）接地开关与隔离开关（刀闸）的操作步骤相比，前面增加验电步骤，其余步骤与"隔离开关（刀闸）的操作（就地操作）"相同。

（7）保护压板［空气断路器（开关）、切换把手］的操作。

1）压板投入操作前，应检查保护装置无异常。

2）操作压板时，核对位置正确后，监护人根据操作票唱诵"投入（退出）×××保护屏××××压板×××（压板编号）"。

3）操作人根据实际设备名称手指操作设备复诵"投入（退出）×××保护屏××××压板×××（压板编号）"。

4）监护人确认被操作设备无误后，唱诵"正确，执行"。

5）操作人操作完毕后唱诵"已投入（退出）"，监护人、操作人确认操作正确后，监护人在操作票执行项打"√"。

6）空气断路器（开关）、切换把手与保护压板的操作步骤相类似。

（8）设备检查项的操作。

1）监护人确认检查设备无误后，唱诵"检查××××刀闸三相确在分闸位置"。

2）监护人和操作人检查正确后，操作人手指设备处唱诵"××××刀闸三相确在分闸位置"。

3）监护人、操作人确认正确后，监护人在操作票执行项打"√"。

（七）声音动作

（1）整个唱诵、复诵过程，声音洪亮，指示正确。

（2）监护操作时，操作人在操作过程中不得有任何未经监护人同意的操作行为。

（八）全面检查

（1）全部操作结束后，监护人回传电脑钥匙。

（2）监护人和操作人共同检查五防机变位正确，后台变位正确，光字、报文信息无异常。

（3）监护人、操作人应再次按操作顺序复查，回顾操作步骤和项目无遗漏，仔细检查所有项目全部执行并已打"√"后，确认实际操作结果与操作任务相符。

（九）记录时间

全面检查完毕后，监护人在操作票上填写操作结束时间。

（十）盖章

操作结束后，监护人根据操作情况，按照操作票印章使用规定在操作票加盖相应印章。

操作票印章使用规定如下。

（1）操作票印章包括：已执行、未执行、作废、合格、不合格。

（2）操作票作废应在操作任务栏内右下角加盖"作废"章，在作废操作票备注栏内注明作废原因；调控通知作废的任务票应在操作任务栏内右下角加盖"作废"章，并在备注栏内注明作废时间、通知作废的调控人员姓名和受令人姓名。

（3）若作废操作票含有多页，应在各页操作任务栏内右下角均加盖"作废"章，在作废操作票首页备注栏内注明作废原因，自第二张作废页开始可只在备注栏中注明"作废原因同上页"。

（4）操作任务完成后，在操作票最后一步下边一行顶格居左加盖"已执行"章；若最后一步正好位于操作票的最后一行，在该操作步骤右侧加盖"已执行"章。

（5）在操作票执行过程中因故中断操作，应在已操作完的步骤下边一行顶格居左加盖"已执行"章，并在备注栏内注明中断原因。若此操作票还有几页未执行，应在未执行的各页操作任务栏右下角加盖"未执行"章。

（6）经检查票面正确，评议人在操作票备注栏内右下角加盖"合格"评议章并签名；检查为错票，在操作票备注栏内右下角加盖"不合格"评议章并签名，并在操作票备注栏说明原因。

（7）一份操作票超过一页时，评议章盖在最后一页。

七、汇报阶段

（1）拨通录音电话。
（2）先自报单位、姓名。
（3）使用调度术语将操作结果汇报值班调度人员。
（4）在得到调度复诵确认后放下电话。

八、结束阶段

（一）工具归位
操作完毕后，将安全工器具、操作工具等归位。

（二）记录
（1）做好变电运维工作日志等相关记录。
（2）将操作票、录音归档管理。

第三节 案 例 分 析

变电站误操作
案例分析

一、误分断路器事故案例

案例 误分断路器造成线路停电事故

1. 事故概况
××××年××月××日，××供电公司 220kV ××变值班员在操作 381 电容器断路器时，误拉 379 线路断路器造成线路停电事故。

2. 事故经过

××××年××月××日，××变当值值班长马××、副值刘×查看 35kV Ⅰ段电压为 37.5kV，35kVⅡ段电压为 38kV，准备拉开 381、382 断路器，停用 35kVⅠ、Ⅱ电容器。马××、刘×拿着解锁钥匙一同走到 382 断路器控制屏，马××下令拉开 382 断路器，刘×复诵并核对编号后，用解锁钥匙打开 382 断路器控制断路器闭锁罩，拉开 382 断路器。之后，马××去抄日平衡表，刘×自己拉 381 断路器，因 381 断路器和 379 断路器相邻，刘×没有核对断路器编号便用解锁钥匙打开 379 控制断路器闭锁罩，拉开 379 断路器（当时 379 断路器的负荷是 11.5MW），当发现错误后，刘×立即合上 379 断路器，然后又用解锁钥匙拉开了 381 断路器，220kV××变电站 35kV 接线如图 1-3-1 所示。

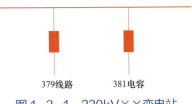

图 1-3-1　220kV××变电站 35kV 接线示意图

3. 原因分析

（1）投切电容器的操作中，监护人（当值值班长）马××擅自离开监护岗位，没有履行全过程的监护职责，造成刘×单人操作电容器 381 断路器时，误拉 379 线路断路器，违反《安规》5.3.6.2 条款相关规定。

（2）操作人员在无人监护的操作过程中，没有认真进行核对，误拉 379 断路器，违反《安规》5.3.6.2 条款相关规定。

（3）工作人员在正常操作中违反安规关于防误闭锁装置运行管理规定，在未得到许可的情况下擅自使用解锁钥匙，违反《安规》5.3.6.5 条款相关规定。

（4）××变电站安全管理工作存在漏洞，解锁钥匙封存保管不严。

二、误入带电间隔事故案例

案例　误入带电间隔导致母线跳闸事故

1. 事故概况

××××年××月××日，××供电公司在进行××变电站 500kV 2 号母线运行转检修操作过程中，变电站运维人员误入带电间隔、擅自解锁、带电合 500kV 1 号母线接地开关，导致 1 号母线差动保护动作跳闸。

2. 运行方式

××变电站 500kV 系统为 3/2 接线方式，出线九回，主变压器两台，500kV××变电站主接线如图 1-3-2 所示。11 月 1 日，500kV 1 号母线，甲Ⅰ、Ⅲ回线，乙回线，丙Ⅰ回线，丁Ⅱ回线，1 号、2 号主变压器正常运行；500kV 丁Ⅰ回线、甲Ⅱ回线、戊Ⅰ回线、丙Ⅱ回线处于检修状态；500kV 2 号母线处于运行转检修操作状态。

3. 事故经过

××月××日，××变电站运维人员在 500kV 2 号母线转检修的操作过程中，准备远程操作 500kV 2 号母线接地开关 5227，变电站运维人员在现场查看接地开关位置时，误入500kV 1 号母线接地开关 5127 间隔，擅自使用"五防"解锁钥匙调试密码功能进行解锁，误

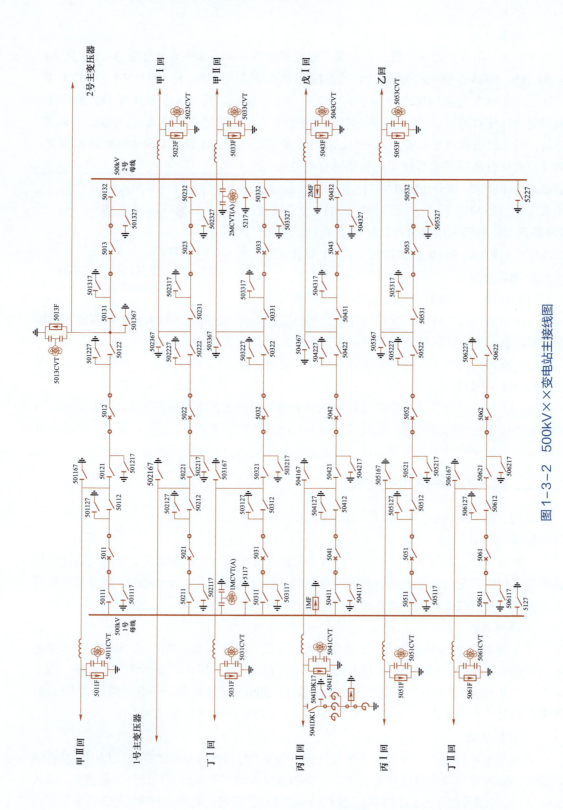

图1-3-2　500kV××变电站主接线图

合 500kV 1 号母线接地开关 5127，导致 500kV 1 号母线差动保护动作，跳开 500kV 5011、5021、5051、5061 断路器，造成 500kV 丁Ⅱ回线及其所带的××电厂 4 号机（100 万 kW）停运。

4. 原因分析

（1）现场作业严重违章。变电站运维人员工作随意，擅自违规倒闸操作，误入带电间隔，误合运行母线接地开关，严重违章作业，违反《安规》5.3.6.2 条款相关规定。

（2）防误操作管理混乱。防误装置密码管理不严格，安装调试完成后未及时清除调试密码功能，防误操作装置存在重大安全隐患。变电站运维人员擅自使用"五防"解锁钥匙调试密码功能进行解锁，违反《安规》5.3.6.5 条款相关规定。

三、带负荷拉隔离开关事故案例

（一）案例一　带负荷拉隔离开关造成人身死亡事故

1. 事故概况

××××年××月××日，××供电公司××供电所员工姚××，在 10kV 乙线停电操作过程中，带负荷拉隔离开关导致触电死亡事故，死亡 1 人。

2. 事故经过

××月××日××时，110kV 甲线改造工程需要 10kV 乙线配合停电，郑××、姚××到现场后，郑××未下车，姚××一人带上绝缘操作杆、安全带和安全帽登上电杆进行 10kV 乙线停电操作，在 10kV 乙线#002 断路器未断开情况下，带负荷先拉开 10kV 乙线#1 杆#FK015 隔离开关（GW9-10/400，单极隔离开关）B、C 相，在拉开 A 相隔离开关时，产生弧光导致 A 相绝缘子（靠电源侧动触头处）击穿并通过电杆接地，在电杆上操作的姚××从约 2m 高处赶紧下杆，下杆后人身触电死亡。

3. 原因分析

（1）直接原因。操作人员姚××用绝缘操作杆带负荷拉 10kV 乙线#1 杆#FK015 隔离开关 A 相时，产生弧光导致 A 相绝缘子击穿通过电杆单相接地，同时 10kV 丙线 B 相接地（分析是因姚××操作 FK015 的 B、C 相隔离开关时，产生操作过电压，致使丙线#02 杆 B 相针式绝缘子炸裂接地，导线烧断掉落在地），形成 A、B 两相异地同时弧光接地短路，因短路电流小于保护定值，保护未动作跳闸，电流通过钢筋入地，此时姚××正从电杆上下地，转身欲离开时左肩胛部触碰到已带电的水泥电杆，身体承受接触电压，造成电流从左肩胛部穿入左脚后跟放电，导致触电死亡。

（2）主要原因：

1）操作人姚××无操作票、无监护作业，严重违章操作，违反《安规》5.3.6.3 条款相关规定。

2）监护人郑××未认真履行监护职责，违反《安规》5.3.6.2 条款相关规定。

（二）案例二　带负荷拉隔离开关造成变电站全停事故

1. 事故概况

××××年××月××日，××供电公司 220kV××变电站在转旁代操作过程中，擅自扩大操作任务造成带负荷误拉隔离开关恶性电气误操作事故,事故造成 4 座 110kV 变电站失压 10min,操作人电弧烧伤。

2. 事故经过

××月××日 18 时 45 分,220kV××变电站 110kV 乙线 103 保护装置黑屏,开展旁代。周××监护、刘×操作,准备进行用 110kV 旁路 170 断路器代 110kV 乙线 103 断路器运行,110kV 乙线 103 由运行转热备用操作。刘×填写操作票,经周××和龙××两次审核,均未发现操作票内容已将操作任务扩大为"将 110kV 乙线 103 断路器由运行转冷备用"。

操作到第 38 项"拉开 110kV 乙线 1033 隔离开关"时,在没有认真核对设备名称和编号,没有执行复诵制的情况下,刘×开始操作拉开 1037 隔离开关,由于五防闭锁未能拉开。此时,周××未经请示就擅自使用解锁钥匙对 1037 隔离开关进行五防解锁后,刘×将正在运行的 1037 隔离开关带负荷强行拉开,造成 1037 隔离开关弧光短路,导致 110kV 旁路 170 断路器距离Ⅰ段保护动作跳闸,构成恶性电气误操作事故。事故造成 4 座 110kV 变电站失压 10min,操作人电弧烧伤。

3. 原因分析

(1)操作人员未正确执行调度命令,擅自扩大操作范围,操作票审核不认真。

(2)操作人员未认真执行"两票三制",在执行操作任务过程中未按照规定核对设备名称和编号,操作人盲目操作,监护人没有认真履行监护职责,违反《安规》5.3.6.2 条款相关规定。

(3)防误操作装置的管理不到位。没有严格执行防误操作闭锁装置解锁钥匙存放、使用、登记的管理规定,监护人未经申请擅自使用解锁钥匙进行解锁,违反《安规》5.3.6.5 条款相关规定。

四、带电挂接地线（合接地开关）事故案例

（一）案例一　带电挂地线造成母线失压事故

1. 事故概况

××××年××月××日,××供电单位 220kV××变电站在进行甲线 13113 断路器由冷备转检修操作时,发生一起 110kV 母线带电挂接地线恶性误操作事故。

2. 事故经过

××月××日××变电站进行 13113 断路器由冷备转检修操作。操作人陈××、监护人王×进行 13113−1 隔离开关断路器侧逐相验电完毕后,在 13113−1 隔离开关处悬挂接地线时,监护人低头拿接地线去协助操作人,操作人误将接地线挂向 13113−1 隔离开关母线侧 B 相引流,引起 110kV 1 号母线对地放电,造成 110kV 母差保护动作,110kV 1 号母线失压。

3. 原因分析

(1)操作人员未认真核对设备带电部位,未在验电位置悬挂接地线,在失去监护的情况下盲目操作,违反《安规》7.4.2 条款相关规定。

（2）操作过程监护不到位，监护人员未认真履行监护职责，失去对操作人的监护，违反《安规》5.3.6.2 条款相关规定。

（二）案例二　带电合接地开关造成设备损坏事故

1. 事故概况

××××年××月××日，××供电公司××变电站运行值班人员在进行 10kV 电容器 961 断路器由热备用转冷备用的操作过程中，由于 9611 隔离开关传动轴变形，分闸不到位，操作人员也未按规定逐相核查隔离开关实际位置，发生一起带电合接地开关恶性误操作事故。

2. 运行方式

220kV××变电站 10kV 电容器接线如图 1-3-3 所示。

3. 事故经过

××月××日，220kV××变电站 10kV 1 号电容器 961 断路器弹簧储能不到位，控制回路异常，操作人袁×、监护人姚××执行"将 10kV 1 号电容器 961 断路器由热备用转冷备用"操作。当拉开 1 号电容器 9611 隔离开关后，检查隔离开关操作把手和隔离开关分合闸指示均在分闸位置，但未认真检查隔离开关触头位置。在操作"合上 1 号电容器

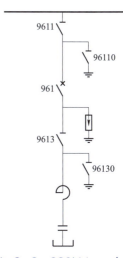

图 1-3-3　220kV××变电站 10kV 电容器接线图

96110 接地开关"时，发现有卡涩现象并向值班负责人王××进行了汇报。值班负责人王××到现场未对 9611 隔离开关实际位置进行认真核实，便同意继续操作，导致三相接地短路。造成 961 断路器、9611 隔离开关及柜门损坏，柜内 TA 绝缘损坏，961 间隔控制电缆损坏。

4. 原因分析

（1）10kV 电容器开关柜 9611 隔离开关传动轴弯曲变形，9611 隔离开关分闸未到位，操作联锁机构不能正常闭锁接地开关，造成带电合 96110 接地开关。

（2）当值运行人员违反倒闸操作规定，未认真检查 9611 隔离开关操作后的实际位置，仅凭分合指示来判断隔离开关位置，操作发生异常时，未认真检查设备，违反《安规》5.3.6.6 条款相关规定。

五、带接地线（接地开关）送电事故案例

（一）案例一　带接地开关合隔离开关造成母线停电事故

1. 事故概况

××××年××月××日，××供电公司 500kV××变电站在进行 500kV4 号主变压器由检修转运行操作时，由于 5021-17 接地开关 A 相分闸未到位，操作人员未按规定逐相核查隔离开关位置，发生 500kV 1 号母线 A 相对地放电，母差保护动作跳闸。

2. 运行方式

××站 500kV 为 3/2 接线，站内共有 500kV 主变压器三组，500kV ×× 变电站主接线如图 1-3-4 所示。当日 3 号、5 号主变压器正常运行，4 号主变压器停电检修。事故发生时，正在进行 4 号主变压器送电复原操作。事故发生前 500kV 运行方式如下：

500kV 1 号母线连接 5011、5031、5041 断路器。500kV 2 号母线连接 5013、5033、5043 断路器。5032、5042、5012 合入状态。5013、5012 连接甲线；5011、5012 连接 5 号主变压器；5031、5032 连接 3 号主变压器；5041、5042 连接乙Ⅰ线。5032、5033 连接乙Ⅱ线；5043、5042 连接丙线。500kV 4 号主变压器检修状态，5022、5023、5021-1、5022-2、5023-1、5023-2、5023-6 断开；5021-17、5022-27、5023-17、5023-27、5023-67、5023-617 合上。

3. 事故经过

500kV ×× 变电站按计划进行 4 号主变压器综合检修，×× 日对 4 号主变压器进行复电操作。操作人杨×，监护人韩×，值班长刘×× 进行操作。在操作到第 72 项"合上 5021-1"时，5021-1 隔离开关 A 相发生弧光短路，500kV-1 母线母差保护动作，切除 500kV-1 母线所联的 5011、5031、5041 三断路器。

检查一次设备，发现 5021-17A 相分闸不到位，5021-17A 相动触头距静触头距离约 1m。5021-1 隔离开关 A 相均压环和触头有放电痕迹。

4. 原因分析

（1）5021-1、5021-17 隔离开关为一体式隔离开关。操作 5021-17 隔离开关时 A 相分闸未到位，操作人员未严格执行相关规定，未对接地开关位置进行逐相检查，只是在远方用目光进行检查（操作按钮的端子箱距离 5021-1 隔离开关约 40m），未能及时发现 5021-17 隔离开关 A 相未完全分开，造成 5021-1 隔离开关带接地刀合主刀，引发 500kV-1 母线 A 相接地故障。

（2）5021-1、5021-17 隔离开关为一体式隔离开关。5021-1 与 5021-17 之间具有机械联锁功能，联锁装置为"双半圆板"方式。5021-1A 相主刀的半圆板与立操作轴之间连接为电焊连接，由于在用电动操作 5021-1 隔离开关时，电动力大于半圆板焊接处受力，致使开焊，造成机械闭锁失效。

（二）案例二　带接地线合隔离开关造成主变压器跳闸事故

1. 事故概况

××××年××月××日，×× 供电公司 110kV ×× 变电站，运检部变电运维班人员在 10kVⅠ段母线电压互感器由检修转为运行操作中，带地线合隔离开关，导致 2 号主变压器跳闸、10kV 开关柜受损。

2. 事故经过

××月××日 110kV ×× 变电站操作人胡××、监护人夏×× 在进行将 ×× 变电站 10kVⅠ段母线电压互感器由检修转为运行操作时，由于变电站微机防误操作系统故障（正在报修中），在操作过程中，经变电运维班班长方×× 口头许可，监护人夏×× 用解锁钥

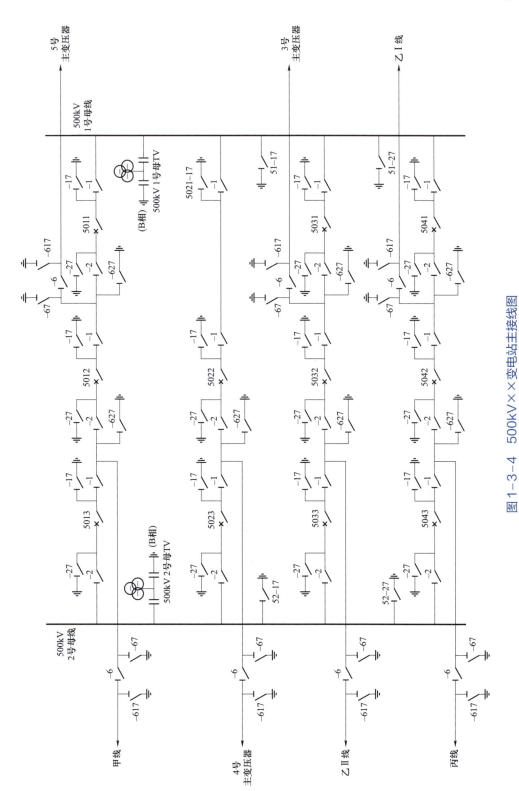

图1-3-4 500kV××变电站主接线图

匙解锁操作。运维人员未按顺序逐项唱票、复诵操作，在未拆除 1015 手车断路器后柜与Ⅰ段母线电压互感器之间一组接地线情况下，手合 1015 手车隔离开关，造成带地线合隔离开关，引起电压互感器柜弧光放电。2 号主变压器高压侧复合电压闭锁过电流Ⅱ段后备保护动作，2 号主变压器三侧断路器跳闸，35kV 和 10kV 母线停电，10kVⅠ段母线电压互感器开关柜及两侧的 152 和 154 开关柜受损。事故损失负荷 33MW。

3. 原因分析

（1）变电运行人员"两票"执行不严格，违反倒闸操作规定，未逐项唱票、复诵、确认，不按照操作票规定的步骤逐项操作，漏拆接地线，违反《安规》5.3.6.2 条款相关规定。

（2）监护人员没有认真履责，把关不严，在拆除安全措施后未清点接地线组数，没有对现场进行全面检查，接地线管理混乱，违反《安规》5.3.6.2 条款相关规定。

（3）防误专业管理不严格，解锁钥匙使用不规范。在防误系统故障退出运行的情况下，防误专责人未按照要求到现场进行解锁监护，未认真履行防误解锁管理规定，违反《安规》5.3.6.5 条款相关规定。

（4）主变压器 10kV 侧保护未正确动作，造成事故范围扩大。

六、误投退压板事故案例

（一）案例一　智能化改造误退压板，造成母线保护动作事故

1. 事故概况

××××年××月××日，××供电公司在进行 220kV××变电站 220kV 开关合并单元更换，恢复 220kV 母差保护的过程中，运行人员执行倒闸操作顺序错误，导致母差保护动作。

2. 事故经过

××月××日，××公司在站内开展Ⅱ-Ⅳ母分段 224 开关合并单元及智能终端更换、调试工作，224 断路器处于检修状态。××月××日 15 时 11 分，按现场工作需要和调度令，站内退出 220kVⅠ-Ⅱ段母线及Ⅲ-Ⅳ段母线 A 套差动保护。17 时 30 分，现场工作结束。17 时 37 分，运行人员按调度令开始操作恢复 220kVⅠ-Ⅱ段母线及Ⅲ-Ⅳ段母线 A 套差动保护，在退出Ⅰ-Ⅱ段母线 A 套差动保护"投检修"压板后，操作批量投入各间隔的"GOOSE 发送软压板"和"间隔投入软压板"。17 时 42 分，Ⅰ-Ⅱ段母线母差保护动作，跳开Ⅰ-Ⅱ母母联 212 断路器、2 号主变压器 232 断路器、甲Ⅰ线 241 断路器以及甲Ⅱ线 242 断路器（乙Ⅰ线 243 断路器、乙Ⅱ线 244 断路器因"间隔投入软压板"还未投入，未跳闸），事件没有造成负荷损失。

3. 原因分析

（1）误退压板。在恢复 220kVⅠ-Ⅱ段母线 A 套差动保护过程中，运行人员错误地将母差保护"投检修"压板提前退出，并投入了Ⅰ、Ⅱ母各间隔"GOOSE 发送软压板"，使母差保护具备了跳闸出口条件，在批量投入"间隔投入软压板"过程中，母差保护出现差流并达到动作门槛，母差保护动作，违反《安规》5.3.6.2 条款相关规定。

（2）运行人员对智能化设备更换过程中母差保护投退的正确操作方法不掌握，在倒闸操作中错误地填写、执行倒闸操作票。

（二）案例二 智能化改造误投压板，造成变电站全停事故

1. 事故概况

××××年××月××日××供电公司 330kV××变电站发生一起因运行人员误投压板造成 330kV××变及所带 8 座 110kV 变电站、一座 110kV 牵引变电站和 1 座 110kV 水电站失压，损失负荷共计 17.8 万 kW，停电用户 3.9 万户。

2. 运行方式

事故前 750kV××变电站通过 330kV 甲乙双线向 330kV××变电站供电，330kV 系统接线如图 1-3-5 所示。330kV××变电站 330kV I、II母，第 1、3、4 串合环运行，330kV 甲乙线及 1 号、3 号主变压器运行，110kV 甲、乙母并列运行，2 号主变压器及三侧设备处于检修状态进行智能化改造（与 2 号主变压器共串的甲线已完成改造）。

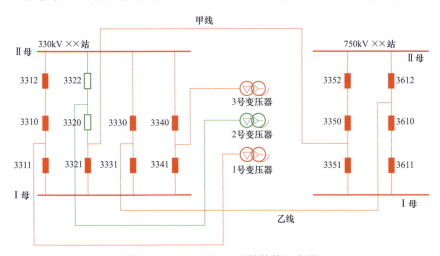

图 1-3-5 330kV 系统接线示意图

3. 事故经过

××月××日，330kV××变电运维人员根据工作票所列安全措施内容，投入了甲线 3320 断路器合并单元 A、B 套"装置检修"压板，造成甲线双套线路保护闭锁。随后 330kV××变甲线发生异物短路故障，甲线双套保护闭锁拒动。上级 750kV××变电站甲线距离 I 段保护动作，断路器跳闸；330kV××变电站 3 号主变压器高压侧零序后备保护动作，跳开三侧断路器，1 号主变压器高压侧零序后备保护动作，跳开三侧断路器；随后 750kV××变电站乙线零序 II 段保护动作，断路器跳闸，造成 330kV××变电站以及所带 8 座 110kV 变电站、一座 110kV 牵引变电站和 1 座 110kV 水电站失压，损失负荷共计 17.8 万 kW，停电用户 3.9 万户。

经检查甲线中开关合并单元 A、B 套"装置检修"压板投入后，甲线 A 套保护装置（型号：PCS-931G-D）"告警"灯亮，面板显示"3320A 套合并单元 SV 检修投入报警"，甲

线 B 套保护装置（型号 WXH-803B）"告警"灯亮，面板显示"中 TA 检修不一致"，经询问检修人员告知原因为投入合并单元"装置检修"压板引起，属正常告警信号，现场未做处理。

4. 原因分析

（1）330kV 甲线 A 相异物短路接地是造成事故的直接原因。

（2）后经分析保护装置设计原理，当 3320 合并单元装置检修压板投入时，3320 合并单元采样数据为检修状态，保护电流采样无效，闭锁相关电流保护，只有将保护装置"SV 接收"软压板退出，才能解除保护闭锁，现场检修、运维人员对保护告警信号不理解，没有做出正确处理，未将甲线双套保护装置中"中断路器 SV 接收"软压板退出，造成甲线双套装置保护闭锁，导致事故扩大。

第二章

油浸式变压器（电抗器）取样及诊断分析

油浸式变压器（电抗器）取样及诊断分析操作示范

培训目标： 通过学习本章内容，学员可以了解油浸式变压器（电抗器）取样及诊断分析的要求和标准流程，熟悉气相色谱分析基本原理、便携式色谱测试仪操作步骤，掌握油浸式变压器（电抗器）绝缘油、瓦斯气的取样、色谱检测分析及设备异常状态初步诊断的能力。

第一节 基 础 知 识

油浸式变压器（电抗器）取样及诊断分析基础知识

一、专业理论基础

（一）基本知识

1. 油中溶解气体的产生机理

大型电力变压器在电力系统中起着连接不同电压等级电网的枢纽作用，其运行可靠性与电力系统的稳定及安全紧密相关。提高变压器的运行维护水平，特别是增强早期潜伏性故障的诊断能力，对于降低变压器的故障概率，确保电力系统的供电可靠性具有重要意义。

充油电气设备所用材料包括绝缘材料、导体（金属）材料两大类。绝缘材料主要是绝缘油、绝缘纸、树脂及绝缘漆等材料；金属材料主要是铜、铝、硅钢片等材料。故障（异常）下产生的气体也主要是来源于纸和油的裂解。

（1）绝缘油的裂解产气。绝缘油是由天然石油精炼而获得的矿物油，其化学组成主要是由碳、氢两种元素所结合成的碳氢化合物即烃类，其主要组成是烷烃、环烷烃和芳香烃。绝缘油在化学结构上，原子间的化学键一般有四种：即 C—H、C—C、C—O、H—O 等。其中碳与碳的化学键又分为三种，即单键（C—C）、双键（C═C）和三键（C≡C），分别叫烷键、烯键和炔键，烯键和炔键都属于不饱和键。这些化学键都具有不同的键能，有关键能的数值见表 2-1-1。

表 2-1-1　　　　　　　　　有 关 键 能 的 数 值

化学键	键能（kJ/mol）	化学键	键能（kJ/mol）
H—H	104.2	C≡C	194
C—H	94—102	C—O	84
C—C	71—97	C═O	174
C═C	147	H—O	110.6

从表 2-1-1 可以看出，不同化学键具有不同的键能数值，说明不同的碳键断裂或烃类化合物脱氢，所需要的能量是不同的，变压器等充油设备在正常运行条件下，产生的热量不足以使碳键断裂或烃类化合物脱氢，当设备内部存在某些故障（异常）时，产生的能量会使烃类化合物的键断裂，产生低分子烃类或氢气，所产生烃类气体的不饱和程度随裂解能量密度（温度）的增加而增加，即低温下的裂解气以饱和烃为主，高温下的裂解以烯烃、炔烃为主，故障（异常）气体的产生和故障（异常）温度的关系如图 2-1-1 所示。

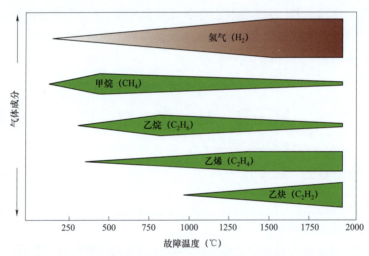

图 2-1-1　故障（异常）气体的产生和故障（异常）温度的关系图

随着裂解温度的升高，裂解气各组分出现的顺序是：烷烃—烯烃—炔烃。这是 C—C、C═C、C≡C 化学键具有不同的键能所决定的，因此可以说分子结构是决定故障（异常）产气特征的本质原因。

绝缘油和绝缘材料在不同温度能量作用下的劣化特征：

1）绝缘油在 140℃ 以下有蒸发汽化和较缓慢速的氧化。

2）绝缘油在 140~500℃ 时，油分解主要产生烷烃类气体，其中主要成分是甲烷和乙烷；随着温度的升高（500℃以上）油分解急剧增加，其中烯烃和氢的增加较快，乙烯尤为显著；而温度更高（800℃左右）时，还会产生乙炔。

3）绝缘油在超过 1000℃ 时，裂解产生的气体大部分是乙炔和氢气，并有一定的甲烷和乙烯气体等。

4）由于种种原因在较高电场下会引起气隙放电，而放电的本身又进一步引起油的分解，产生的气体主要是氢和少量甲烷。

5）固体绝缘材料在较低温度（140℃以下）作用下，将逐渐老化产生气体，其中 CO 和 CO_2 是主要的，CO_2 更为显著。

6）固体绝缘材料在高于 200℃作用下，除产生碳的氧化物之外，还分解有氢、烃类气体，随温度的升高，CO/CO_2 的比值不断上升，800℃时，CO/CO_2 的比值达到 2.5，而且伴随出现少量的甲烷、乙烯等烃类气体。

（2）固体绝缘材料的裂解产气。绝缘纸主要成分是纤维素，其分子结构式为 $(C_6H_{10}O_5)_n$。A 级绝缘纸裂解的有效温度高于 105℃，完全裂解和碳化高于 300℃，但当延长加热时间或存在某些催化剂时，则在 150～200℃也会产生裂解。绝缘纸在裂解时，因分子链反应在生成水的同时，生成大量的 CO、CO_2 和少量的低分子烃类气体。绝缘纸裂解气体主要是 CO_2，随着温度升高，开始出现 CO，继而 CO/CO_2 的比值不断上升，至 800℃时，CO/CO_2 的比值达到 2.5，而且伴随出现少量的甲烷、乙烯等烃类气体。

绝缘纸老化的另一个特征就是糠醛含量增高，根据糠醛的浓度便可推算出纤维绝缘材料的老化程度。

2. 充油高压设备的故障（异常）气体特征

绝缘油里裂解出的气体形成气泡，在油里经对流、扩散，不断地溶解在油中，因此故障（异常）特征气体一般又称为"油中溶解气体"。这些故障（异常）气体的组成和含量与故障（异常）的类型及其严重程度有密切关系。因此，分析溶解于油中的气体就能尽早发现设备内部存在的潜伏性故障（异常），并可随时监视故障（异常）的发展状况。

不同的故障（异常）类型产生的气体见表 2-1-2。

表 2-1-2　　　　　　　　　不同故障（异常）类型产生的气体

故障类型	主要特征气体组成	次要特征气体组成
油过热	CH_4，C_2H_4	H_2，C_2H_6
油和纸过热	CH_4，C_2H_4，CO	H_2，C_2H_6，CO_2
油纸绝缘中局部放电	H_2，CH_4，CO	C_2H_4，C_2H_6，C_2H_2
油中火花放电	H_2，C_2H_2	
油中电弧	H_2，C_2H_2，C_2H_4	CH_4，C_2H_6
油和纸中电弧	H_2，C_2H_2，C_2H_4，CO	CH_4，C_2H_6，CO_2

3. 油中溶解气体气相色谱分析原理

油中溶解气体分析方法包括气相色谱法、光声光谱法、红外光谱法等。其中最常用的为气相色谱分析法。色谱分析法是 1903 年由俄国植物学家米哈伊尔·茨维特创立的，由于其具有分离效能高、分析速度快、定量结果准、易于自动化等特点，已经成为举世公认的重要近代分析手段之一。气相色谱分析法是色谱分析法的一种。

油中溶解气体气相色谱分析的步骤包括取样、油气分离、色谱检测、数据分析和故障（异常）诊断，该分析技术适用于充有矿物绝缘油和以纸或层压纸板为绝缘材料的电气设备，其中包括变压器、电抗器、电流互感器、电压互感器和油纸套管等；主要监测对判断充油电气设备内部故障（异常）有价值的气体，即氢气（H_2）、一氧化碳（CO）、二氧化碳（CO_2）、甲烷（CH_4）、乙烷（C_2H_6）、乙烯（C_2H_4）、乙炔（C_2H_2）。总烃定义为烃类气体含量的总和，即甲烷、乙烷、乙烯和乙炔含量的总和。

（1）色谱法原理。色谱法（也称色谱分析、色层法、层析法）是一种物理分离方法，它利用混合物中各物质在两相间分配系数的差别，当溶质在两相间做相对移动时各物质在两相间进行多次分配，从而使各组分得到分离。实现这种色谱法的仪器就叫色谱仪。

色谱法的分离原理，即混合气体在色谱柱里的分离图如图 2-1-2 所示，当混合物在两相间做相对运动时，样品各组分在两相间进行反复多次的分配，不同分配系数的组分在色谱柱中的运行速度不同，滞留时间也不一样。分配系数小的组分会较快地流出色谱柱；分配系数愈大的组分愈易滞留在固定相间，流过色谱柱的速度相对较慢。这样，当流经一定的柱长后，样品中各组分得到分离。当分离后的各个组分流出色谱柱而进入检测器时，记录装置就记录出各个组分的色谱峰。

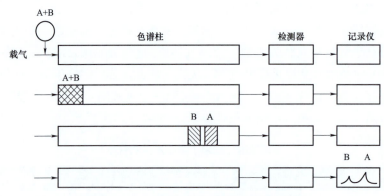

图 2-1-2　混合气体在色谱柱里的分离图

色谱法具有分离效能高、分析速度快、样品用量少、灵敏度高和适用范围广等许多化学分析法无可比拟的优点。

（2）色谱法的分类。色谱法有多种分类方法，其中根据流动相的状态将色谱法分成气相色谱法、液相色谱法、超临界流体色谱法、电色谱法，油浸式变压器（电抗器）色谱诊断分析属于气相色谱法。

（3）气相色谱法的主要检测流程。来自高压气瓶或气体发生器的载气首先进入气路控制系统，把载气调节和稳定到所需要流量与压力后，流入进样装置把样品（油中分离出的混合气体）带入色谱柱，通过色谱柱分离后的各个组分依次进入检测器，检测到的电信号经过计算机处理后得到每种特征气体的含量。

4. 气相色谱流出曲线

试样中各组分经色谱柱分离后，随载气依次流出色谱柱，经检测器转换为电信号，然后用记录装置将各组分的浓度变化记录下来，即得色谱图。这种以组分的浓度变化（信号）作为纵坐标，以流出时间（或相应流出物的体积）作为横坐标，所给出的曲线称为色谱流出曲线，如图 2-1-3 所示。

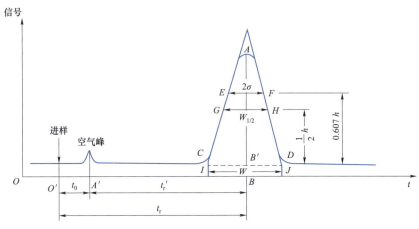

图 2-1-3　气相色谱流出曲线图

在一定的实验条件下，色谱流出曲线是色谱分析的主要依据。其中，色谱峰的位置（即保留时间或保留体积）决定物质组分的性质，是色谱定性的依据；色谱峰的高度或面积是组分浓度或含量的量度，是色谱定量的依据。另外，还可以利用色谱峰的位置及其宽度，对色谱柱的分离能力进行评价。

由图 2-1-3 可见，从进样开始（以此作为零点），随着时间的推移，组分的浓度不断地发生变化。在操作条件下，色谱柱流出组分通过检测系统时所产生的响应信号的曲线为色谱峰，每一个组分在流出曲线上都有一个相对应的色谱峰。

在色谱流出曲线中，CD 称为基线，$CGAHD$ 为某组分的峰面积（A），AB' 为峰高（h），GH 为峰半高宽度简称半峰宽（$Y_{1/2}$），IJ 为峰底宽（Y）。

（1）基线。当色谱柱没有组分进入检测器时，在实验操作条件下，反映检测器系统噪声随时间变化的线称为基线。稳定的基线是一条直线，如图 2-1-3 中 CD 所示的直线。

（2）基线漂移。指基线随时间定向的缓慢变化。

（3）基线噪声。指由各种因素所引起的基线起伏。

（4）保留值。表示试样中各组分在色谱柱中滞留时间的数值，通常采用时间或用将组分带出色谱柱所需载气的体积表示。保留值是由色谱分离过程中的热力学因素所控制，在一定的固定相和操作条件下，任何一种物质都有一确定的保留值，可用作定性参数。如果保留值用时间表示，即横坐标以时间（t）表示。

（5）死时间 t_0。指不被固定相吸附或溶解的气体（如氮气）从进样开始到柱后出现浓度最大值时所需的时间，如图 2-1-3 中 $O'A'$ 所示。

（6）保留时间 t_r。指被测组分从进样开始到柱后出现浓度最大值时所需的时间，如图中 $O'B$ 所示。

（7）峰宽度。色谱峰区域宽度是色谱流出曲线中一个重要参数。从色谱分离角度着眼，区域宽度越窄越好。通常用半峰宽度 $Y_{1/2}$ 和峰底宽度 Y 度量色谱峰区域宽度。

5. 定性、定量分析

（1）定性分析。气相色谱的优点是能对多种组分的混合物进行分离分析，但由于能用于色谱分析的物质很多，不同组分在同一固定相上色谱峰出现时间可能相同，仅凭色谱峰对未知物定性有一定困难。单独用气相色谱法只能对已知混合物进行定性；对于未知物，就必须与化学分析和其他仪器分析相结合，才能进行定性。

气相色谱定性分析就是鉴别所分离出来的色谱峰各代表何种物质。在气相色谱法的定性方法中，主要是利用保留参数定性。这一方法又包括已知物对照法、相对保留值法、保留指数法等，油浸式变压器（电抗器）色谱诊断分析主要采用已知物对照法。

各种组分在给定的色谱柱上都有确定的保留值，可以作为定性指标。即通过比较已知纯物质和未知组分的保留值定性。如待测组分的保留值与在相同色谱条件下测得的已知纯物质的保留值相同，则可以初步认为它们是属同一种物质。利用纯物质对照定性，首先要对试样的组分有初步了解，预先准备用于对照的已知纯物质（标准对照品）。该方法简便，是气相色谱最常用的定性方法。

（2）定量分析。气相色谱定量分析的任务就是要求出混合物中各组分的含量。在一定的色谱操作条件下，流入检测器的待测组分的含量与检测器的响应信号（峰面积 A 或峰高 h）成正比，但是由于同一检测器对不同的物质具有不同的响应值，所以两个相等量物质的峰面积往往不相等，为了使检测器产生的响应信号能真实地反映出待测组分的含量，就要对响应值进行校正，引入定量校正因子。测定校正因子时，一般用纯物质配制成已知各组分含量的混合物，取一定体积注入色谱柱，经分离后，测得各组分的峰面积或峰高，再计算定量校正因子。

在色谱定量分析中，较常用的定量方法有归一化法、外标法和内标法等，油浸式变压器（电抗器）色谱诊断分析主要采用外标法。

外标法就是选取包含样品组分在内的已知浓度的气体作为标准物，注入色谱仪，测量该已知浓度外标物的峰高或峰面积；然后再取相同进样量的被测样品，在同样条件下进行色谱试验，获得各组分的峰高或峰面积；被测样品通过和已知浓度外标物进行峰高或峰面积比较，得出被测样品的浓度。

外标法是最常用的定量方法。其优点是操作简便，计算简单。结果的准确性主要取决于进样的重现性和操作条件的稳定性。

6. 油浸式变压器（电抗器）取样及色谱诊断分析流程

（1）注射器的准备。应使用经过称重法刻度校正、密封良好且无卡塞的 100mL 玻璃注射器，使用前进行气密性检查和清洗。检验注射器气密性常用的几种方法如下：

1）注射器抽取一定的气体后，用橡胶帽封闭，将注射器浸入水中，压缩注射器内的气体，观察针头座、注射器内芯与管壁周围有无气泡形成。形成的气泡越小越少，则该部位的密封性越好。

2）用手抵住注射器的管芯（应注意安全），将针头插入正常运行的色谱仪进样口，观察一段时间，热导检测器基线变化越小，注射器的密封性越好。

3）将注射器出口用橡胶帽密封，反复抽拉注射器管芯，放松后管芯越接近原来位置，气密性越好。

气密性不好的注射器不应使用。

取样注射器使用前，按顺序用中性洗涤剂水溶液、自来水、蒸馏水洗净，在105℃下充分干燥后，立即用橡胶帽盖住头部待用，保存在专用样品箱内。如果一次清洗多支注射器时，应注意对应注射器编码，防止混淆不配套。

（2）取样基本要求。

1）取样要求全密封，即取样连接方式可靠，既不能让油中溶解气体逸散，也不能混入空气，操作时油中不得产生气泡。

2）对于可能产生负压的密封设备，禁止在负压下取样，以防负压进气。

3）设备的取样阀门应配上带有小嘴的连接器，在小嘴上接软管。取样前应排除取样管路中及取样阀门内的空气和"死油"，所用的胶管应尽可能地短，同时用设备本体的油冲洗管路，取油样时油流应平缓。

（3）取样需要的器具：

1）充油设备专用取样阀。

2）专用带有小嘴的三通阀连接器。

3）100mL注射器、橡胶帽及其他辅助工具材料等。

（4）准备工作。

1）根据现场工作时间和工作内容填写工作票，履行工作票许可手续。

2）正确佩戴好安全帽、进入工作现场，在工作地点悬挂"在此工作"标示牌，检查安全措施是否满足工作要求，整齐摆放工器具及取样箱、取样容器。

3）取样标签：填写样品标签，粘贴在注射器上；标签内容应包括变电站名称、设备名称、取样日期等。

（5）取油样步骤。一般应在设备底部取样阀取样，特殊情况下可以在不同位置取样；取油样前应先确认设备油位正常、满足取样要求，然后核对取样设备和容器标签，用擦拭布将电气设备取样阀门擦净，再用专用工具拧开取样阀门防尘罩。

取油样操作步骤如下：

1）将三通阀连接管与取样阀接头连接，注射器与三通阀连接。

2）旋开取样阀螺钉，旋转三通阀与注射器隔绝，放出设备死角处及取样阀的死油，并收集于废油桶中。

3）旋转三通阀与大气隔绝，借助设备油的自然压力使油注入注射器，以便湿润和冲洗注射器（注射器要冲洗2～3次）。

4）旋转三通阀与设备本体隔绝，推注射器管芯使其排空。

5）旋转三通阀与大气隔绝，借助设备油的自然压力使油缓缓进入注射器中。

6）当注射器中油样达到 80～100mL 左右时，立即旋转三通阀与本体隔绝，从注射器上拔下三通阀，用设备油置换橡胶帽内的空气后，将橡胶帽盖在注射器的头部，注射器擦拭干净后置于专用样品箱内。

7）拧紧取样阀螺钉及防尘罩，用擦拭布擦净取样阀门周围油污。

8）检查油位应正常，否则应补油。

用注射器取油样的操作示意如图 2-1-4 所示。

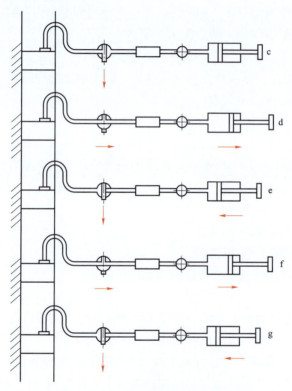

图 2-1-4　用注射器取油样操作示意图

（6）取气样步骤。一般在气体继电器的放气嘴取瓦斯气样。取样前先核对取样设备和容器标签，用注射器抽取少许本体油，润湿注射器后排空，盖上橡胶帽，用干净布将放气嘴擦净。

取气样操作步骤如下：

1）将三通阀连接管与放气嘴连接，注射器与三通阀阀连接。

2）旋转三通阀与大气隔绝，缓慢拧开放气嘴，用气体继电器内的气体冲洗导通管及注射器。

3）旋转三通阀与设备本体隔绝，推注射器管芯使其排空 [气量少时可不进行 2（3）步骤]。

4）旋转三通阀与大气隔绝，借助气体继电器内气体的压力使气样缓缓进入注射器中。

5）当注射器中气样达到 30mL 左右时，立即旋转三通阀与本体隔绝，从注射器上拔下三通阀，用设备油置换橡胶帽内的空气后，将橡胶帽盖在注射器的头部，将注射器置于专用样品箱内。

6）拧紧放气嘴。

（7）油样保存和运输。

1）取好的油样应放入专用样品箱内，在运输中应尽量避免剧烈振动，防止容器破碎，尽量避光和避免空运。

2）注射器在运输和保存期间，应保证注射器管芯能自由滑动，油样放置不得超过 4 天。

（8）样品的脱气处理。因为气相色谱仪只能分析气样，所以必须从油中脱出溶解气体。从油中脱气方法很多，目前常用的脱气方法有顶空取气法和真空法两种。

1）真空法。真空法属于不完全的脱气方法，在油中溶解度越大的气体脱出率越低，而在恢复常压的过程中，气体都有不同程度的回溶。溶解度越大的组分，回溶越多。不同的脱气装置或同一装置采用不同的真空度，将造成分析结果的差异。因此使用真空法脱气，必须对脱气装置的脱气率进行校核。

2）顶空取气法。顶空取气法分为自动顶空取气法和机械振荡法。该方法的原理是顶空色谱法原理（分配定律）。即在一恒温恒压条件下的油样与洗脱气体构成的密闭系统内，通过机械振荡方法使油中溶解气体在气、液两相达到分配平衡。此时气体组分 i 在液体中的浓度 C_{i1} 与气体中的浓度 C_{ig} 的比值是一个常数 K_i，关系为

$$K_i = \frac{C_{i1}}{C_{ig}}$$

式中，K_i 值称为奥斯特瓦尔德（Ostwald）系数即平衡分配系数。通过测定气体中各组分浓度，并根据分配定律和两相平衡原理所导出的 K_i 值计算出油中溶解气体各组分的浓度。各种气体在绝缘油中分配系数 K_i 见表 2-1-3。

表 2-1-3　　　　　　　　各种气体在绝缘油中分配系数 K_i

标准	温度（℃）	H_2	N_2	O_2	CO	CO_2	CH_4	C_2H_2	C_2H_4	C_2H_6
国标	50	0.06	0.09	0.17	0.12	0.92	0.39	1.02	1.46	2.3
IEC	20	0.05	0.09	0.17	0.12	1.08	0.43	1.2	1.7	2.4
	50	0.05	0.09	0.17	0.12	1.0	0.4	0.90	1.4	1.8

3）脱气装置的操作要点如下：

a. 为了提高脱气效率和降低测试的最小检测浓度，对真空脱气法一般要求脱气室体积和进油样体积相差越大越好。对顶空取气法，在满足分析进样量要求的前提下，应注意选择最佳的气、液两相体积比。

b. 脱气装置应与取样容器连接可靠，防止进油时带入空气。

c. 气体自油中脱出后，应尽快转移到储气瓶或玻璃注射器中去，以免气体与脱过气的油接触时，因各组分有选择性地回溶而改变其组成。脱出的气样应尽快进行分析，避免长时间储存而造成气体逸散。

d. 要注意排净前一个油样在脱气装置中的残油和残气，以免特征气体含量较高的油样污染下一个油样。

（9）仪器的标定。

油浸式变压器（电抗器）色谱诊断分析对象主要是氢气（H_2）、一氧化碳（CO）、二氧化碳（CO_2）、甲烷（CH_4）、乙烷（C_2H_6）、乙烯（C_2H_4）、乙炔（C_2H_2），在某些特殊故障（异常）类型分析时，还要求检测氮气（N_2）、氧气（O_2）及其他组分。

油浸式变压器（电抗器）色谱定性、定量分析，就是向色谱仪中注入一定体积、已知分析对象含量的标准混合气体，获得包含所有分析对象的色谱峰形谱图和校正因子，再注入样品气体，通过谱图对比、含量计算获得油中溶解气体的成分及含量。

油浸式变压器（电抗器）色谱诊断分析所用的标准混合气体是以气相色谱仪载气为底气，包含氢气（H_2）、一氧化碳（CO）、二氧化碳（CO_2）、甲烷（CH_4）、乙烷（C_2H_6）、乙烯（C_2H_4）、乙炔（C_2H_2）七种已知含量组分。

向色谱仪中注入标准混合气以获得分析对象的色谱峰形谱图和校正因子的过程称为仪器"标定"。

气相色谱仪采用外标法计算样品结果。用 1mL 玻璃注射器准确抽取已知各组分浓度 C_{is} 的标准混合气 1mL（或 0.5mL）进样标定。从得到的色谱图上量取各组分的峰面积 A_{is}（或峰高 h_{is}）。

标定仪器应在仪器运行工况稳定且相同的条件下进行，两次相邻标定的重复性应在其平均值的 ±1.5% 以内。每次开机均应标定仪器。

至少重复操作两次，取其平均值 $\overline{A_{is}}$（或 $\overline{h_{is}}$）。

应注意检查标气的有效性，过期标气或压力过低的标气应及时更换。标气的浓度应正确输入色谱工作站软件中。

标样分析图谱如图 2-1-5 所示。

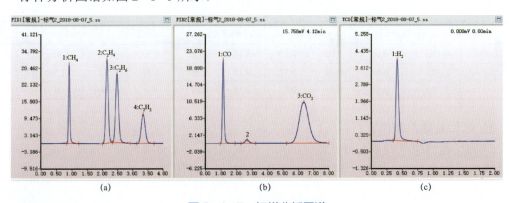

图 2-1-5　标样分析图谱

（a）CH_4、C_2H_4、C_2H_6、C_2H_2；（b）CO、CO_2；（c）H_2

（10）样品分析及结果计算。

用 1mL 玻璃注射器从平衡气注射器或气体继电器气体样品中准确抽取样品气 1mL（或

0.5mL），进样分析。从所得色谱图上量取各组分的峰面积 A_i（或峰高 h_i）。分析时还应记录试油体积、环境温度、脱气体积、大气压等工况参数。

色谱仪的标定与样品分析应使用同一支进样注射器，取相同进样体积，由同一人完成。

根据 GB/T 17623—2017《绝缘油中溶解气体组分含量的气相色谱测定法》提供的计算公式，计算特征气体浓度结果。一般使用色谱仪专用色谱工作站软件，正确选择脱气方式，自动计算检测结果。

油样检测结果的重复性要求为：油中溶解气体浓度大于 $10\mu L/L$ 时，两次测定值之差应小于平均值的 10%；油中溶解气体浓度小于或等于 $10\mu L/L$ 时，两次测定值之差应小于平均值的 15% 加两倍该组分气体最小检测浓度之和。

（二）仪器的组成及基本原理

用于绝缘油中溶解气体分析的气相色谱仪根据使用场所一般分为实验室仪器和便携式仪器。

气相色谱仪主要包括气路系统、进样系统、色谱柱、检测系统、温度控制系统和数据记录与处理系统等，其中色谱柱和检测器是色谱仪的两个关键部分。

1. 气路系统

主要作用是为色谱仪的正常工作提供稳定的载气和有关辅助气等。其中载气经过的路径称为气相色谱的流程。气路系统的好坏将直接影响仪器的分离效率、稳定性和灵敏度，从而将直接影响定性定量的准确性。

气路系统包括气源、气体控制部件等。

气相色谱流程如图 2-1-6 所示。

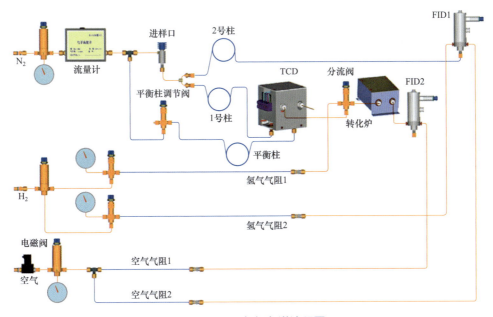

图 2-1-6　气相色谱流程图

（1）气源。气相色谱仪常用的载气有 N_2、He 和 Ar 等；常用的辅助气体是空气和 H_2 等。这些高纯气体大多用高压钢瓶供给，也可采用实验室用的气体发生器供给，如空气发生器、氢气发生器等。各种气源在接入色谱仪前都应加装气体净化器，以除去可能含有的水分、油等杂质。

（2）气路控制部件。气路控制部位件主要有减压阀、稳压阀、针形阀、压力表、流量计以及电磁阀等。

2. 进样系统

主要作用是与各种形式的进样器相配合，使样品快速并定量地送到各类型色谱柱中进行色谱分离。进样系统的结构设计、进样时间、进样量及进样重复性都直接影响色谱分离和定量结果。

进样系统包括进样器、汽化器等，用于绝缘油中溶解气体分析的色谱仪一般不安装汽化器。

（1）注射器。气体样品进样装置常用医用注射器，常用规格为 1mL 注射器。它具有操作灵活，使用方便的特点。

（2）定量进样管。通常和六通阀配合使用，安装在具有自动进样功能的色谱仪上，特点是操作简便、重复性好、便于实现进样操作自动化。

3. 色谱柱和柱箱

色谱柱是色谱分析工作的关键部分，它的作用是把混合物样品分离为单一组分。色谱柱主要有填充柱和毛细柱两大类，色谱柱选用的正确与否，将直接影响分离效率、稳定性和检测灵敏度。柱箱是安装和容纳各种色谱柱的精密控温的恒温箱，是色谱仪的一个重要组成部分，对柱箱的控温有恒温型和可程序升温型，柱箱结构设计的合理与否，将直接影响整机性能。

4. 检测器和检测电路

（1）检测器。检测器是气相色谱仪的心脏部件，它的功能是把随载气流出色谱柱的各种组分进行非电量转换，即将组分的浓度量转变为电信号，方便测量和处理。在气相色谱仪上，可以配置一个检测器，也可以根据需要配置多种检测器，仪器配置何种检测器，是根据使用要求来确定的。常用的检测器有氢火焰离子化检测器（FID）、热导检测器（TCD）等。检测器的性能直接影响整机仪器的性能，如仪器的稳定性和灵敏度以及应用范围等。

1）热导检测器（TCD）。

原理：不同的物质具有不同的热导系数，热导检测器是根据载气中混入其他气态的物质时热导率发生变化的原理而制成的。

特点：具有结构简单、灵敏度适宜、稳定性较好、线性范围宽的特点，对所有物质都有响应，是气相色谱法应用最广泛的一种检测器。热导检测器的最小检测限可达 10^{-8} g/mL，线性范围不小于 10^4。

构造：热导池由池体和热敏元件构成。热导池用不锈钢制成，有两个大小相同、形状完全对称的孔道，每个孔里固定一根金属丝（如钨丝、铂丝），两根金属丝长短、粗细、电阻值都一样，此金属丝称为热敏元件。热导池体两端有气体进口和出口，参比池仅通过载气气流，从色谱柱出来的组分由载气携带进入测量池。热导池结构示意如图 2−1−7 所示。

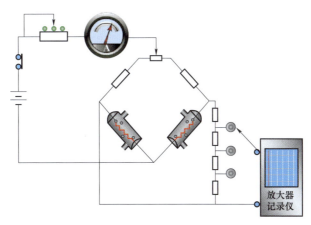

图 2−1−7　热导池结构示意图

热导检测器的检测过程如下：在通入恒定的工作电流和恒定的载气流量时，敏感元件的发热量和载气所带走的热量也保持恒定，敏感元件的温度恒定，其电阻值保持不变，从而使电桥保持平衡，此时则无信号发生；当被测物质与载气一起进入热导池测量臂时，由于混合气体的热导系数与纯载气不同，因而带走的热量也就不同，使得敏感元件的温度发生改变，其电阻值也随之改变，使电桥产生不平衡电位，就有信号输出。载气中被测组分的浓度愈大，敏感元件的电阻值改变愈显著，因此，检测器所产生的响应信号，在一定条件下与载气中组分的浓度存在定量关系。

油浸式变压器（电抗器）色谱分析仪器中，热导检测器（TCD）主要用来检测 H_2、O_2。

2）氢火焰离子化检测器（FID）。

原理：又称"氢焰检测器"，是根据气相色谱流出物中可燃性有机物在氢—氧火焰中发生电离的原理而制成的。

特点：具有灵敏度高、死体积小、响应时间快、线性范围广等优点，它对大多数有机化合物有很高的灵敏度，一般比热导检测器高几个数量级，主要用于含碳有机化合物的分析。氢焰检测器最小检测限可达 5×10^{-11}g/s，线性范围不小于 10^6。

构造：氢焰检测器主要部分是离子室，在离子室内设有喷嘴、发射极和收集极等三个主要部件。离子室一般用不锈钢制成，包括气体入口，火焰喷嘴，一对电极和外罩。氢火焰离子化检测器结构示意如图 2−1−8 所示。

氢焰检测器的检测过程如下：燃烧用的氢气与柱出口流出物混合经喷嘴一起喷出，在喷嘴上燃烧，助燃用的空气由离子室下部进入，均匀分布于火焰周围。由于在火焰附近存在着由收集极和发射极间所造成的静电场，当被测样品分子进入氢火焰时，燃烧过程中生

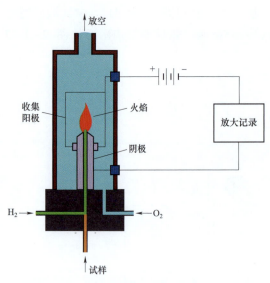

放空

收集
阳极

火焰

阴极

放大记录

H₂

O₂

试样

图 2-1-8　氢火焰离子化检测器结构示意图

成的离子,在电场作用下作定向移动而形成离子流,通过高电阻的信号经微电流放大器放大,送至数据记录与处理系统。

油浸式变压器(电抗器)色谱分析仪器中,氢火焰离子化检测器(FID)主要用来检测 CH_4、C_2H_4、C_2H_6、C_2H_2。CO、CO_2 通过镍触媒转化后也可用氢火焰离子化检测器检测。

3)镍触媒转化炉。将CO、CO_2 转化为 CH_4,以便用氢焰检测器测定。

(2)检测电路。每一种检测器都需对应配套连接一个检测器电路,例如最常用的氢焰离子化检测器,就需配置一个微电流放大器,热导检测器就需配置一个热导池测量电桥工作所需的恒流源。

5. 温度控制系统

温度是气相色谱技术中十分重要的参数,进样系统需要温度控制,色谱柱和检测器也必须温控,有些特殊使用中,气路系统、催化转化炉、气体净化器等也需要温控。所以,一般气相色谱仪中,至少有三路温度控制。温度控制中一般用铂电阻作为感温元件,加热元件中柱箱一般采用电炉丝,进样系统、检测器中采用内热式加热器,加热电流控制的执行元件都采用可控硅元件或固态继电器。对仪器中各部分温度控制的好坏(温控精度和稳定性)会直接影响各组分离效果、基线稳定性和检测灵敏度等性能。

6. 数据记录与处理系统

气相色谱检测器将样品组分转换成电信号后,需要在检测电路输出端连接一个对输出信号进行记录和数据处理的装置,随着计算机技术的普及应用,采用专用的色谱数据采集卡(可与色谱仪直接联用),再配置一套相应的软件就成为色谱分析工作站。此系统可将色谱信号进行收集、转换、数字运算、存储、传输以及显示、绘图、直接给出被分析物质成分的含量并打印出最后结果;数据记录与处理系统一般是与色谱仪分开设计的独立系统,可由使用者任意选配,但在使用上,是整套色谱仪器不可分割的重要组成部分,这部分工作的好坏将直接影响定量精度。

二、规程标准

GB/T 7597—2007《电力用油(变压器油、汽轮机油)取样方法》

GB/T 17623—2017《绝缘油中溶解气体组分含量的气相色谱测定法》

GB/T 24846—2018《1000kV交流电气设备预防性试验规程》

DL/T 722—2014《变压器油中溶解气体分析和判断导则》

《国家电网公司变电检测管理规定（试行）》

《国家电网公司变电检测管理规定（试行）　第 15 分册　油中溶解气体检测细则》

第二节　检　测　准　备

油浸式变压器（电抗器）取样及诊断分析取样及检测

一、检测条件

（一）安全要求

（1）执行国家电网公司 Q/GDW 1799.1—2013《国家电网公司电力安全工作规程　变电部分》相关要求。

（2）现场取样至少由 2 人进行。

（3）取样过程中应有防漏油、喷油措施。

（4）检测仪器与设备带电部分、吊装设备保持足够的安全距离，远离施工现场，可放置在室内工作，仪器接地应良好。

（5）使用的氢气发生器、氮气发生器、无油空压机（或高压氢气瓶、高压氮气瓶、高压空气瓶）及其管路，应经过渗漏检查，防止漏气。

（6）使用中的氢气发生器、氮气发生器、无油空压机（或高压氢气瓶、高压氮气瓶、高压空气瓶）出口阀（减压阀）不得沾有油脂，气瓶应置于阴凉处，不得暴晒。

（7）高压氢气瓶、高压氮气瓶、高压空气瓶应采取固定装置，防止倾倒。

（二）环境要求

除非另有规定，检测均在当地大气条件下进行，且检测期间，大气环境条件应相对稳定。具体环境要求如下：

（1）取样应在良好的天气下进行。

（2）环境温度不宜低于 5℃。

（3）环境相对湿度不宜大于 80%。

（4）测试地点应无扬尘，避免振动、淋水。

（三）待测设备要求

取油样、瓦斯气样时待测设备没有可能危及工作人员人身安全的异常状况，设备取油阀门、取气阀门完好。

（四）仪器要求

油中溶解气体检测系统一般由脱气装置、气相色谱仪、记录装置等组成。

1. 主要技术指标

（1）测量对象。H_2、CO、CO_2、CH_4、C_2H_4、C_2H_6、C_2H_2。

（2）油中气体组分最小检测浓度（20℃）。H_2 不大于 2μL/L，烃类不大于 0.1μL/L，CO 不大于 5μL/L，CO_2 不大于 10μL/L。

2. 气相色谱仪

（1）气相色谱仪应具备热导检测器、氢火焰离子化检测器及镍触媒转化炉。

（2）色谱柱对所检测组分的分离度应满足定量分析要求。

（3）配有色谱工作站。

3. 脱气装置

油中脱出溶解气体的仪器，可选用恒温定时振荡器或真空自动全脱气装置。

（1）恒温定时振荡器或变径活塞泵自动全脱气装置：恒温定时振荡器；往复振荡频率 275 次/min±5 次/min；振幅 35mm±3mm；控温精确度±0.3℃；定时精确度±2min。

（2）真空自动全脱气装置：系统真空度残压不高于 13.3Pa；旋片式真空泵的极限真空度 0.067Pa。

（五）人员要求

进行油浸式变压器（电抗器）取样及诊断分析的人员应具备如下条件：

（1）熟悉气相色谱仪的基本原理和技术标准。

（2）了解气相色谱仪的技术参数和性能。

（3）掌握气相色谱仪操作方法和影响因素。

（4）了解被检测设备的结构特点、工作原理、运行状况。

（5）掌握油中溶解气体的分析及诊断方法。

（6）经过上岗培训并考试合格。

二、现场勘察

（1）现场取油样、瓦斯气样工作开始前，工作票签发人或工作负责人有必要进行现场勘察时，检修单位应根据工作任务组织现场勘察、并做好记录。

（2）现场勘察应查看待取样设备取样口位置、与设备带电部分的距离、作业现场的条件、环境及其他危险点等。

（3）根据现场勘察结果，对危险性、复杂性和困难程度较大的工作，应编辑组织措施、技术措施、安全措施，经本单位主管生产领导（总工程师）批准后执行。

三、标准化作业卡

（一）编制油浸式变压器（电抗器）取油样及诊断分析标准化作业卡

（1）标准作业卡的编制原则为任务单一、步骤清晰、语句简练，可并行开展的任务或不是由同一小组人员完成的任务不宜编制为一张作业卡，避免标准作业卡繁杂冗长、不易执行。

（2）标准作业卡由工作负责人按模板（见附录 2-1）编制，班长或副班长（专业工程师）负责审核。

（3）标准作业卡正文分为基本作业信息、工序要求（含风险辨识与预控措施）两部分。

（4）编制标准作业卡前，应根据作业内容确定是否开展现场查勘，确认工作任务是否全面，并根据现场环境开展安全风险辨识、制定预控措施。

（5）作业工序存在不可逆性时，应在工序序号上标注*，如*2。

（6）工艺标准及要求应具体、详细，有数据控制要求的应标明。

（7）标准作业卡编号应在本单位内具有唯一性。按照"变电站名称+工作类别+年月日+序号"规则进行编号，其中工作类别为带电检测、停电试验。

（8）标准作业卡的编审工作应在开工前1天完成，突发情况可在当日开工前完成。

（二）编制油浸式变压器（电抗器）取油样及诊断分析检测记录（检测报告）

根据《国家电网公司变电检测管理规定（试行）　第15分册　油中溶解气体检测细则》的要求，检测工作完成后，应在15个工作日内将检测报告整理完毕并录入PMS系统，报告格式见附录2-2。

四、工器具、材料准备

开工前根据取样、检测工作的需要，准备好所需材料、工器具，对进场的工器具、材料进行检查，确保能够正常使用。实训所用仪器仪表、工器具必须在校验合格周期内。

油浸式变压器（电抗器）取油样及诊断分析实训每个工位所需的设备、工器具、材料清单见表2-2-1。

表2-2-1　　　　　　　　　设备、工器具、材料清单

序号	设备名称	单位	数量	型号/参数
1	气相色谱分析仪	台	1	河南中分 ZF-2000plus 或泰普联合 STP1004P 或朗析仪器 LX-3100
2	氮气瓶	个	3	40L 带气（99.99%及以上）
3	标准气瓶	瓶	1	8L（含分析的七种组分）
4	取样装置（带设备名称及铭牌参数）	套	1	—
5	玻璃注射器	只	10	100mL
6	定量进样器	只	2	1mL
7	进样针头	只	20	5 号牙科针头（侧开口）
8	三通及连接管路	套	3	规格符合模拟取样装置或配变
9	橡胶帽	个	300	—
10	防油垫	张	30	400mm×500mm
11	废油容器	个	1	1000mL 广口透明玻璃瓶
12	剪刀	把	1	—
13	螺钉旋具	把	1	—
14	扳手	把	1	—
15	工作站（含打印机、打印纸）	套	1	外置打印机
16	电源插座	个	2	—
17	搪瓷盒	个	1	200mm×300mm
18	双层实验台	张	2	长 1.6m、宽 0.7m、高 0.7m

续表

序号	设备名称	单位	数量	型号/参数
19	双层试验车	个	1	不锈钢
20	温湿度计	个	1	
21	计算器	个	2	普通计算器
22	书写板夹	个	4	—
23	空盒大气压力表	个	1	—
24	擦油布	块	30	
25	抽纸	盒	5	
26	无毛纸	盒	5	—
27	不锈钢盘	个	1	600mm×400mm
28	垃圾桶	个	1	
29	医用无粉乳胶手套	盒	1	—
30	镊子（或尖嘴钳）	个	1	—
31	订书机	个	1	—
32	订书针	盒	1	—
33	标签	包	1	—
34	整理箱	个	1	—
35	色谱进样垫	个	20	
36	储油装置	个	2	10L
37	标准油	升	300	或各工位共用1～2台配油装置，加适量基础油
38	废油桶	个	2	20L
39	瓦斯标准气	瓶	1	8L（含分析的七种组分）

五、工作现场检查

（1）保证安全的技术措施已做好。

（2）检查仪器及工器具齐备、完好。

（3）用于实训的取样装置、检测仪器完好，具备实训条件。

（4）工器具、材料、仪器仪表齐全，理顺摆放整齐。

第三节　取油样、瓦斯气样

变压器油样采集、瓦斯气样采集主要包含工作前准备、现场准备、油样采集、瓦斯气样采集、工作结束等步骤，其流程图如图2-3-1所示。

图 2-3-1 变压器油样、瓦斯气样采集流程图

一、工作前准备

（一）整理着装

（1）检查安全帽外观良好、在有效期内，并正确佩戴。

（2）检查安全帽佩戴完好，工作服、绝缘鞋穿着完好，精神状态良好。

（二）准备工器具

按照设备、工器具、材料清单准备工器具。

1. 注射器检查

选取取样所需 100mL 注射器，并转动、拉动内芯，无卡涩、可自由滑动；拉动内芯至中部位置，一只手堵住注射器口，一只手拉动内芯后松开，内芯自动返回原位置，如图 2-3-2 所示。

图 2-3-2 注射器检查

2. 工器具、材料准备

选取三通阀及管路，标签，橡胶帽，无毛纸，废油容器，剪刀，一字螺钉旋具，扳手等，如图 2-3-3 所示。

图 2-3-3 工器具、材料准备

（三）开工会

1. 交代工作内容

待测设备油样、瓦斯气样采集工作。

2. 交代任务分工

工作班成员执行油样、瓦斯气样采集工作，工作负责人监护。

3. 危险点分析及预控措施

工作中注意不要走错间隔，与带电设备保持足够安全距离；认清取油、取气部位，并注意防止变压器油喷溅等。

4. 交代关键工艺

注意取样过程的操作规范性，严格执行全密封取油、取气方法，保证所取样品合格。

二、现场准备

（一）记录现场环境及设备信息

1. 确认工作地点

工作班成员与工作负责人将工作所需工器具转移至工作现场，并确认工作地点。

2. 记录现场环境温湿度

工作班成员查看温湿度计读数，并将现场温度、湿度读数汇报至工作负责人；工作负责人将现场温度、湿度记录在标准化作业指导卡中，如图2-3-4所示。

3. 记录变压器气体继电器气体体积

工作班成员查看变压器气体继电器，并将气体体积读数汇报至工作负责人；工作负责人将气体继电器气体体积示数记录在标准化作业指导卡中。气体继电器气体体积示数示例如图2-3-5所示。

图2-3-4　记录现场环境温湿度

图2-3-5　气体继电器气体体积示数示例

4. 记录变压器铭牌等信息

工作班成员分别在两张油样标签、一张气样标签中记录设备相关基本信息，工作负责人将写好的标签分别贴于三支 100mL 注射器上，三支注射器分别为油样 1 注射器、油样 2 注射器、瓦斯气样注射器。

（二）三通阀及管路连接

1. 取油三通阀及管路连接

将乳胶管分别与三通阀连接，并将三通阀调节至与注射器接口隔绝的状态。

2. 取气三通阀及管路连接

将乳胶管分别与三通阀连接，并将三通阀调节至与注射器接口隔绝的状态，三通阀及管路连接示例如图 2-3-6 所示。

图 2-3-6　三通阀及管路连接示例

三、油样采集

（一）油样采集

（1）用无毛纸擦拭取油处外表，并检查取样阀在关闭状态。

（2）拧下放油嘴防尘帽，并检查放油嘴无渗漏。

（3）用无毛纸擦拭放油嘴、擦拭取油转接头螺纹口，并将取油转接头安装在放油嘴处。

（4）用无毛纸擦拭取油转接头，并将取油管连接在转接头上，然后将油样 1 注射器连接在三通阀的取样口，并将排废管放置在废油容器中。

（5）缓慢打开取样阀，观察变压器油缓缓排至废油容器中。等待一段时间，使变压器放油嘴处死油排尽，同时利用变压器油对取油管路进行清洗，排出死体积油、清洗管路示例如图 2-3-7 所示。

（6）等待放油嘴处死油已排尽，将三通阀调节至与大气隔绝状态，借变压器油的自然压力使油缓缓进入注射器中，利用变压器油对注射器进行清洗。

（7）当注射器中进油至 10～20mL 后，将三通阀调节至与变压器隔绝状态，拉动注射器芯至 100mL，用油润洗注射器，然后将注射器口朝上，使注射器内气体聚集在注射器口处，推动注射器内芯排尽注射器内空气和废油，拉动注射器芯，用油润洗注射器示例如图 2-3-8 所示。

图 2-3-7 排出死体积油、清洗管路示例

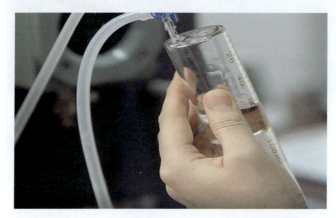

图 2-3-8 拉动注射器芯，用油润洗注射器示例

（8）待注射器中气、油排尽后，将三通阀调节至与大气隔绝状态，使油进入注射器中，对注射器进行第二次清洗。

（9）当注射器中进油至 10～20mL 后，将三通阀调节至与变压器隔绝状态，然后推动注射器内芯排尽注射器内空气和废油，示例如图 2-3-9 所示。

图 2-3-9 推动注射器内芯排尽注射器内空气和废油示例

（10）待注射器中油排尽后，将三通阀调节至与大气隔绝状态，开始取油样。

（11）当取样至 80～100mL 左右时，缓缓将三通阀关闭，并取下三通阀，排出橡胶帽中的空气，在注射器口上盖上橡胶帽，示例如图 2-3-10 所示。

图 2-3-10　取样结束后在注射器口上盖上橡胶帽示例

（12）检查油样中有无气泡，确认油样合格后，将注射器放置于托盘中。

（13）按第一支油样的采集方法采集第二支油样。

（二）瓦斯气样注射器润滑

（1）将采集瓦斯气样的注射器与三通阀连接。

（2）将三通阀调节至与大气隔绝状态，利用变压器油对气样注射器进行润滑。

（3）当注射器中进油至略大于 30mL 后，将三通阀调节至与变压器隔绝状态。将注射器口朝上，使注射器内气体聚集在注射器口处，然后推动注射器内芯排尽气体和废油。

（4）待注射器中油、气排尽后，关闭三通阀，并取下三通阀。

（5）盖上橡胶帽，将注射器放置于托盘中待用。

（三）放油嘴恢复及清理

（1）关闭取样阀。

（2）调节三通阀至与注射器接口隔绝的状态。

（3）缓慢将取油管从取油转接头上取下，并将管路及三通阀一同放入不锈钢盘中。

（4）拧下取油转接头，检查放油嘴无渗漏后，用无毛纸擦拭放油嘴、擦拭防尘帽，并装上防尘帽。

四、瓦斯气样采集

（1）取下集气盒放油嘴防尘帽，并检查放油嘴无渗漏后，用无毛纸擦拭放油嘴，连接放油管路，然后用扳手缓缓打开放油阀，观察油从集气盒中缓缓流出，瓦斯气体逐渐转移至集气盒上部，打开放油阀使油从集气盒中流出示例如图 2-3-11 所示。

（2）当集气盒内有稳定持续的油流流进时，关闭放油阀。

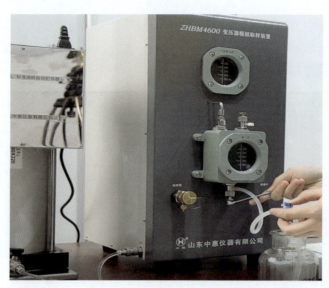

图 2-3-11　打开放油阀使油从集气盒中流出示例

（3）取下放气嘴防尘帽，并用无毛纸擦拭放气嘴，连接取气管路，然后将气样注射器与三通阀连接。

（4）缓慢打开取气阀，集气盒内气体通过管路排至废油容器中，利用瓦斯气体对管路进行清洗，同时可观察到废油容器中存在冒泡现象。

（5）将三通阀调节至与大气隔绝状态，使气体进入注射器中，根据瓦斯气体量对注射器清洗 1～2 次：注射器中取少量气体，将三通阀调节至与变压器隔绝状态，并排出注射器中气体。此时注意将注射器口朝上，尽量排出注射器中的气体，用瓦斯气体对注射器清洗示例如图 2-3-12 所示。

图 2-3-12　用瓦斯气体对注射器清洗示例

（6）待注射器中气体排尽后，将三通阀调节至与大气隔绝状态，开始取气。

（7）当注射器中取气至 30mL 左右，关闭三通阀，取气完毕关闭三通阀如图 2-3-13 所示。

图 2-3-13　取气完毕关闭三通阀示例

（8）取下三通阀，盖上橡胶帽。

（9）将三通阀调节至与注射器接口隔绝状态，排出集气盒中残留气体。

（10）当取气管中已有稳定油流流出，表明集气盒中气体已全部排尽，关闭取气阀。

（11）缓慢取下取气管，并检查放气嘴无渗漏后，用无毛纸擦拭放气嘴、防尘帽，然后装上防尘帽。

（12）缓慢取下放油管路，并检查放油嘴无渗漏后，用无毛纸擦拭放油嘴、防尘帽，然后装上防尘帽。

五、工作结束

（1）清理现场，恢复工器具至初始状态，检查现场确无遗留物。

（2）收工会（工作负责人对工作情况进行总结评价）。设备取油、取气工作已全部结束，工作过程安全有序，样品合格，场地已清理无遗留物。

（3）撤离现场。

第四节　检　测　流　程

油色谱检测主要包含仪器开机、仪器标定、样品分析、报告编写等步骤，油色谱检测流程示意图如图 2-4-1 所示。

图 2-4-1　油色谱检测流程示意图

目前常用的便携式色谱仪有河南中分 ZF-2000plus、泰普联合 STP1004P、朗析仪器 LX-3100、日本岛津公司 GC-2014C、武汉沃尔德 SP-V、深圳科林 PDGA、凯尔曼公司 TRANSPORT X、深圳资通 ZTGC-TD-2011D 等，本节介绍河南中分 ZF-2000plus、泰普联合 STP1004P、朗析仪器 LX-3100 的色谱检测流程。

一、河南中分 ZF-2000plus

河南中分 ZF-2000plus 主机如图 2-4-2 所示。

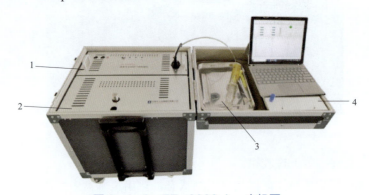

图 2-4-2　ZF-2000plus 主机图

1—仪器主机；2—气源模块；3—进样托盘；4—操作台

（一）仪器开机

（1）将 USB 通信线的一端连接在主机上面板上，另一端连接到平板电脑的 USB 插口上。

（2）取交流 220V 电源，将电脑、便携主机的电源线一端连接到各自的电源接口，另一端连接到插座上（插座开关处于关闭状态）。

（3）打开氮气瓶气阀、打开主机电源开关，启动平板电脑。

（4）运行色谱工作站软件，检查通信是否正常（各路温度应显示接近室温值，压力、流量应指示正常），此时工作站的智能控制功能会启动，自动判断工况，在适宜的时候升温、点火、加桥流。

（5）等待仪器显示正常状态，观察工作站上的检测器基线，稳定后开始进样分析。

ZF-2000plus 色谱仪工作站主页面如图 2-4-3 所示。

（二）仪器标定

采用外标定量法，标定仪器应在仪器运行工况稳定且相同的条件下进行。

注意检查标准混合气的有效性，过期标气或压力过低的标气应及时更换。标气的浓度应正确输入到色谱工作站软件中，标气信息输入设置界面如图 2-4-4 所示，标气信息输入工作站界面如图 2-4-5 所示。

当设备达到分析工况，基线平稳后，即可进行标样分析。设备标样分析为自动流程。打开标气瓶气阀，调节标气压力为 0.3MPa。点击工作站标样按钮（默认进样方式选择为自动），工作站即会自动进行标样分析，标样分析结束在弹出窗口单击确定。

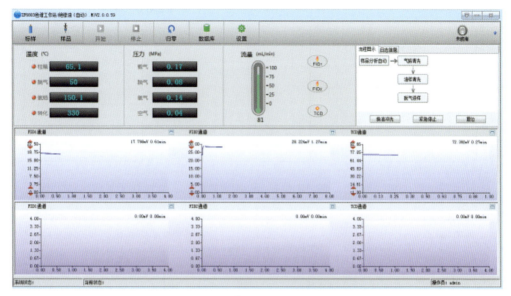

图2-4-3 ZF-2000plus色谱仪工作站主页面

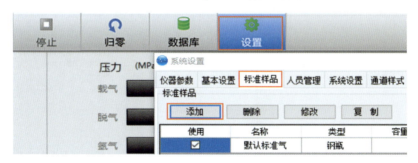

图2-4-4 标气信息输入设置界面

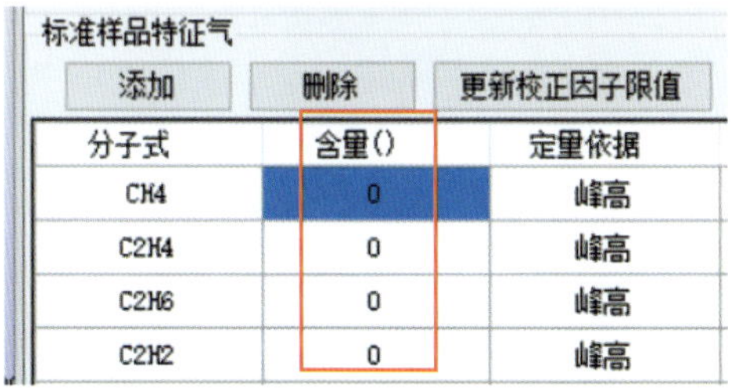

图2-4-5 标气信息输入工作站界面

手动标定时在数据工作站中选择进样方式为手动。用 1mL 玻璃注射器准确抽取已知各组分浓度 C_{is} 的标准混合气 1mL（或 0.5mL）进样标定。数据工作站自动从得到的色谱图上量取各组分的峰面积 A_{is}（或峰高 h_{is}）。至少重复操作 2 次，取其平均值 $\overline{A}_{is}$（或 $\overline{h}_{is}$），2 次相邻标定的重复性应在其平均值的 ±1.5% 以内。

每次开机后均应标定仪器，标定完毕打印谱图。标样分析谱图如图 2-4-6 所示，校正因子谱图如图 2-4-7 所示。

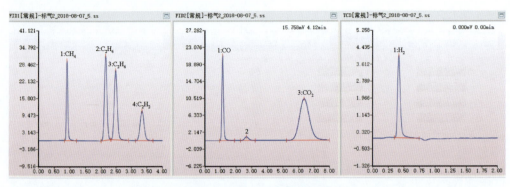

图 2-4-6 标样分析谱图

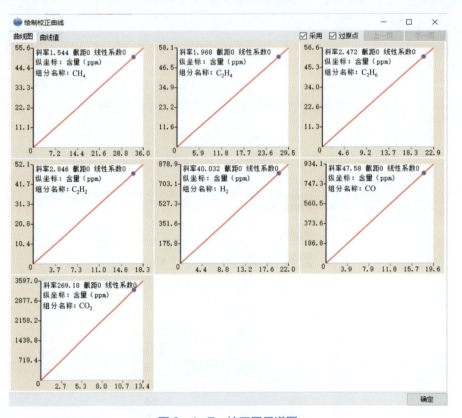

图 2-4-7 校正因子谱图

（三）油样分析

（1）在数据工作站中选择自动（绝缘油）方法。

（2）提前将装有不少于 80mL 样品的注射器与进油三通连接好，油样分析连接示例如图 2-4-8 所示。单击"样品"，输入样品信息后单击确定，工作站即自动完成进油、脱气、采集、反吹和结果计算的整个流程。

（3）油样检测完毕检查各特征气体组分色谱峰标识情况，对色谱峰标识有误的需手动修正，重新计算并打印分析结果与谱图，油样分析谱图示例如图 2-4-9 所示。

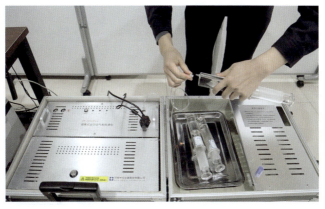

图2-4-8 油样分析连接示例

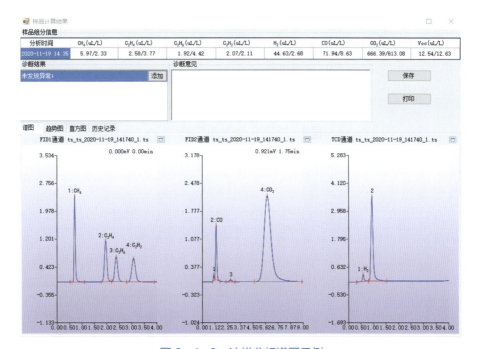

图2-4-9 油样分析谱图示例

（四）瓦斯气样分析

（1）在数据工作站中选择气体继电器方法。

（2）用1mL玻璃注射器从瓦斯气体样品中准确抽取样品气1mL（或0.5mL），进样分析，瓦斯气样分析示例如图2-4-10所示。数据工作站自动从所得色谱图上量取各组分的峰面积 A_i（或峰高 h_i）。色谱仪的标定与样品分析应使用同一支进样注射器，取相同进样体积，由同一人完成。

（3）瓦斯气样检测完毕检查各特征气体组分色谱峰标识情况，对色谱峰标识有误的需手动修正，重新计算并打印分析结果与谱图，瓦斯气样分析结果示例如图2-4-11所示。

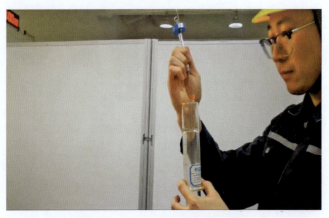

图 2-4-10　瓦斯气样分析示例

图 2-4-11　瓦斯气样分析结果示例

（五）数据记录

（1）色谱仪数据工作站根据 GB/T 17623—2017《绝缘油中溶解气体组分含量的气相色谱测定法》提供的计算公式，自动计算特征气体组分浓度结果。

（2）检测人员应检查相邻两次检测结果是否符合重复性要求，检测结果重复性大于标准要求时应复测，合格时取两次检测结果的平均值作为本次试验的结果。

（六）关机

（1）首先应关闭主机电源，其次关闭氮气瓶上气阀、标气瓶气阀，然后将平板电脑关机，将平板电脑放入配件箱内，注意不要遗漏电源线和电源适配器等。

（2）拆掉各部件电源线、通信线和气路管等，并包装好，放到各自的存放位置。

（3）对现场进行检查，防止遗漏部件。

二、泰普联合 STP1004P

泰普联合 STP1004P 色谱仪设备如图 2-4-12

图 2-4-12　泰普联合 STP1004P
色谱仪设备图

所示。

（一）仪器开机

（1）取交流 220V 电源，将便携式色谱仪主机的电源线一端连接到电源接口，另一端连接到插座上（插座开关处于关闭状态）。

（2）打开氮气瓶气阀、打开插座开关、打开主机电源开关及氢气开关、启动平板电脑，电脑通过无线网络自动与色谱联机。

（3）运行色谱工作站软件，选择"采样分析""油样采样"进入实时采样界面，如图 2-4-13 所示。

检查通信是否正常（各路温度应显示接近室温值，压力、流量应指示正常），此时工作站的智能控制功能会启动，自动判断工况，在适宜的时候升温、点火、加桥流。

（4）观察工作站上的检测器基线，稳定后即可开始进样分析。

图 2-4-13　实时采样界面

观察工作站上的检测器基线，稳定后即可开始进样分析。

泰普联合 STP1004P 色谱仪工作站实时采样界面如图 2-4-14 所示。

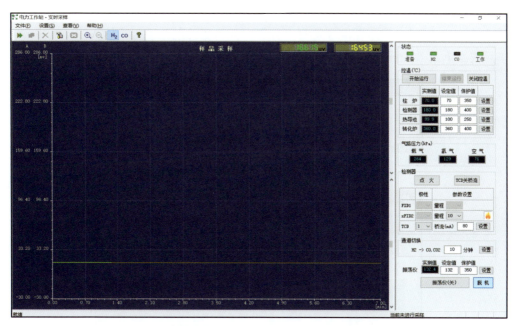

图 2-4-14　泰普联合 STP1004P 色谱仪工作站实时采样界面

（二）仪器标定

1. 油样分析前标定

采用标油标定，标定仪器应在仪器运行工况稳定且相同的条件下进行。

（1）当设备达到分析工况，基线平稳后，即可进行标油分析。将待测油样连接至进油口，按下"一键启动"按键，泰普联合 STP1004P 色谱仪"一键启动"键如图 2-4-15 所示。仪器开始自动处理油样。

图 2-4-15　泰普联合 STP1004P 色谱仪"一键启动"键

（2）用便携式色谱仪采用自动脱气流程分析已知浓度的标油。数据工作站自动从得到的色谱图上量取各组分的峰面积 A_{is}（或峰高 h_{is}）。至少重复操作 2 次，取其平均值 $\overline{A}_{is}$（或 $\overline{h}_{is}$），2 次相邻标定的重复性应在其平均值的 ±1.5% 以内。选择其中一组油样结果，双击打开该谱图。

（3）单击"编辑 ID 表"，泰普联合 STP1004P 色谱仪"编辑 ID 表""峰鉴定表 A""峰鉴定表 B"分别如图 2-4-16～图 2-4-18 所示，分别在"峰鉴定表 A"和"峰鉴定表 B"中单击"自动建表"，按下图顺序选择组分名，并将标油的浓度正确输入浓度列中。输入完毕后依次单击"校正因子""确定"，即完成标油标定。

图 2-4-16　泰普联合 STP1004P 色谱仪"编辑 ID 表"

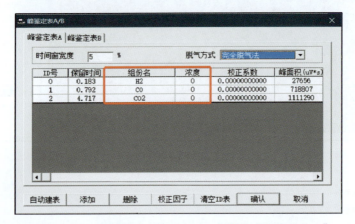

图 2-4-17　泰普联合 STP1004P 色谱仪"峰鉴定表 A"

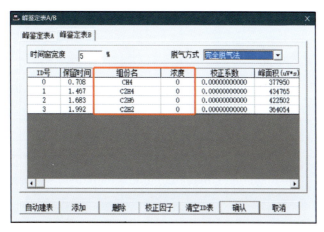

图 2-4-18　泰普联合 STP1004P 色谱仪"峰鉴定表 B"

（4）仅首次使用色谱时用标油标定，之后可用标气校准浓度标定。

2. 瓦斯气样分析前标定

采用外标定量法，标定仪器应在仪器运行工况稳定且相同的条件下进行。

（1）注意检查标准混合气的有效性，过期标气或压力过低的标气应及时更换。标气的浓度应正确输入色谱工作站软件中。

（2）当设备达到分析工况，基线平稳后，即可进行标样分析。

（3）用 1mL 玻璃注射器准确抽取已知各组分浓度 C_{is} 的标准混合气 1mL 进样标定。数据工作站自动从得到的色谱图上量取各组分的峰面积 A_{is}（或峰高 h_{is}）。至少重复操作 2 次，取其平均值 $\overline{A}_{is}$（或 $\overline{h}_{is}$），2 次相邻标定的重复性应在其平均值的 ±1.5% 以内。后续标定方法参考"1. 油样分析前标定中的（2）、（3）"。

（4）每次试验均应标定仪器。

（三）油样分析

提前将装有不少于 60mL 样品的注射器与进油三通连接好，按"一键启动"按键，系统即自动完成进油、脱气、采集、分析、清洁和反吹的整个流程。

油样检测完毕检查各特征气体组分色谱峰标识情况，对色谱峰标识有误的需借助手动修正工具" "进行手动修正，重新计算并打印分析结果与谱图。油样分析谱图如图 2-4-19 所示。

（四）瓦斯气样分析

用 1mL 玻璃注射器从瓦斯气体样品中准确抽取样品气 1mL，进样分析。数据工作站自动从所得色谱图上量取各组分的峰面积 A_i（或峰高 h_i）。色谱仪的标定与样品分析应使用同一支进样注射器，取相同进样体积，由同一人完成。

瓦斯气样检测完毕检查各特征气体组分色谱峰标识情况，对色谱峰标识有误的需手动修正，重新计算并打印分析结果与谱图。标样分析谱图如图 2-4-20 所示。

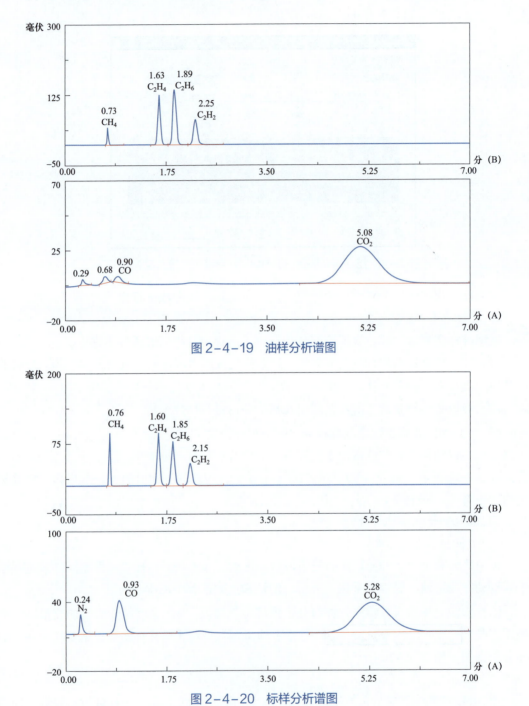

图2-4-19 油样分析谱图

图2-4-20 标样分析谱图

（五）数据记录

（1）色谱仪数据工作站根据 GB/T 17623—2017《绝缘油中溶解气体组分含量的气相色谱测定法》提供的计算公式，自动计算特征气体组分浓度结果。

（2）检测人员应检查相邻两次检测结果是否符合重复性要求，检测结果重复性大于标准要求时应复测，合格时取两次检测结果的平均值作为本次试验的结果。

（六）关机

（1）首先应关闭主机电源，其次关闭氮气瓶气阀、标气瓶气阀，然后将平板电脑关机，将平板电脑放入配件箱内，注意不要遗漏电源线和电源适配器等。

（2）拆掉各部件电源线、通信线和气路管等，并包装好，放到各自的存放位置。

（3）对现场进行检查，防止遗漏部件。

三、朗析 LX-3100

朗析 LX-3100 色谱仪设备图如图 2-4-21 所示。

（一）仪器开机

（1）先将色谱仪的电源总开关处于关闭状态，将电源线一端插入电源插孔，一端插入色谱仪的电源插口，开启色谱仪器的电源开关，接着打开前面板工控电脑的开关。然后打开氮气瓶气阀。

（2）以管理员身份运行色谱工作站，工控电脑和色谱仪通信连接。连接成功后会自动跳转到工作站界面。

图 2-4-21　朗析 LX-3100
色谱仪设备图

（3）运行变压器油色谱工作站，检查通信是否正常（各路温度应有室温附近的显示，压力、流量应指示正常），此时工作站的自动控制功能会启动，自动判断工况，在适宜的时候升温、点火、加桥流。

（4）观察工作站上的检测器基线，稳定后即可开始进样分析。

朗析 LX-3100 色谱仪工作站主页面如图 2-4-22 所示。

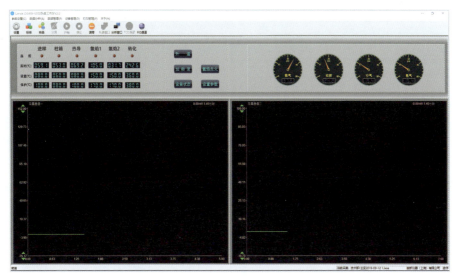

图 2-4-22　朗析 LX-3100 色谱仪工作站主页面

（二）仪器标定

1. 油样分析前选择自动进样标定

采用标油标定，标定仪器应在仪器运行工况稳定且相同的条件下进行。

（1）用已知浓度的标油标定，标油的浓度应正确输入到色谱工作站软件中。

（2）当设备达到分析工况，基线平稳后，即可进行标油分析。

（3）便携式色谱仪采用自动脱气流程分析已知浓度的标油。数据工作站自动从得到的色谱图上量取各组分的峰面积 A_{is}（或峰高 h_{is}）。至少重复操作 2 次，取其平均值 $\overline{A_{is}}$（或 $\overline{h_{is}}$），2 次相邻标定的重复性应在其平均值的 ±1.5% 以内。

（4）仅首次使用色谱时用标油标定，之后可用标气校准浓度标定。

2. 瓦斯气样分析前选择手动进样标定

采用外标定量法，标定仪器应在仪器运行工况稳定且相同的条件下进行。

（1）注意检查标准混合气的有效性，过期标气或压力过低的标气应及时更换。标气的浓度应正确输入色谱工作站软件中。

（2）当设备达到分析工况，基线平稳后，即可进行标样分析。

（3）用 1mL 玻璃注射器准确抽取已知各组分浓度 C_{is} 的标准混合气 1mL 进样标定。数据工作站自动从得到的色谱图上量取各组分的峰面积 A_{is}（或峰高 h_{is}）。至少重复操作 2 次，取其平均值 $\overline{A_{is}}$（或 $\overline{h_{is}}$），2 次相邻标定的重复性应在其平均值的 ±1.5% 以内。

（4）每次试验均应标定仪器。

标样分析谱图如图 2-4-23 所示。

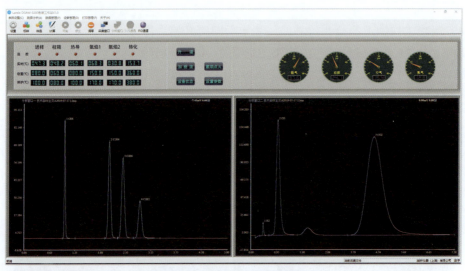

图 2-4-23　标样分析谱图

（三）油样分析

提前将装有不少于 60mL 样品的注射器与进油三通连接好，按"一键启动"按键，系统即自动完成进油、脱气、采集、分析、清洁和反吹的整个流程。

油样检测完毕检查各特征气体组分色谱峰标识情况，对色谱峰标识有误的需手动修正，重新计算并打印分析结果与谱图。油样分析谱图如图 2-4-24 所示。

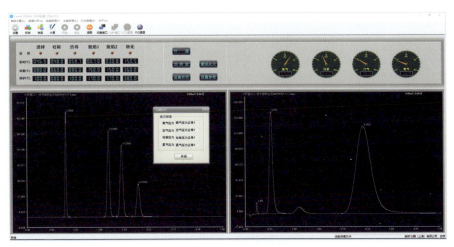

图 2-4-24 油样分析谱图

（四）瓦斯气样分析

用 1mL 玻璃注射器从瓦斯气体样品中准确抽取样品气 1mL，进样分析。数据工作站自动从所得色谱图上量取各组分的峰面积 A_i（或峰高 h_i）。色谱仪的标定与样品分析应使用同一支进样注射器，取相同进样体积，由同一人完成。

瓦斯气样检测完毕检查各特征气体组分色谱峰标识情况，对色谱峰标识有误的需手动修正，重新计算并打印分析结果与谱图。

（五）数据记录

（1）色谱仪数据工作站根据 GB/T 17623—2017《绝缘油中溶解气体组分含量的气相色谱测定法》提供的计算公式，自动计算特征气体组分浓度结果。

（2）检测人员应检查相邻两次检测结果是否符合重复性要求，检测结果重复性大于标准要求时应复测，合格时取两次检测结果的平均值作为本次试验的结果。

（六）关机

（1）首先应关闭主机电源，其次关闭氮气瓶气阀、标气瓶气阀，然后将平板电脑关机，将平板电脑放入配件箱内，注意不要遗漏电源线和电源适配器等。

（2）拆掉各部件电源线、通信线和气路管等，并包装好，放到各自的存放位置。

（3）对现场进行检查，防止遗漏部件。

四、报告编写

（一）检测数据处理

1. 数据分析

色谱仪数据工作站打印的结果与谱图，包括检测数据、设备有无异常及异常状态类型，数据分析谱图如图2-4-25所示。检测人员根据打印的记录填写试验报告并做检测数据重复性计算。

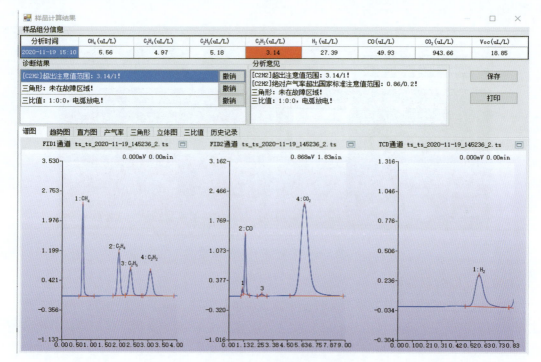

图2-4-25　数据分析谱图

2. 数据存档

样品分析结果可按照单位、设备、相的方式保存在色谱仪工作站中以便查询。

（二）报告编写

（1）根据《国家电网公司变电检测管理规定（试行）》的规定，分析报告包括检测项目、检测日期、检测对象、检测数据、检测结论等内容，其中检测结论应包含判断依据、有无异常分析、异常类型分析、处理建议等环节。报告模板见附录2-2。

（2）根据《国家电网公司变电检测管理规定（试行）》的要求，试验人员在规定期限内完成试验记录的整理，形成试验报告并录入PMS系统并实行二级审批制度；试验发现的异常也应录入PMS系统，纳入异常管理流程。

第五节　异常分析及典型案例

油浸式变压器（电抗器）取样及诊断分析异常分析及典型案例

一、异常分析方法

充油设备故障（异常）分析的流程为有无故障（异常）分析、故障（异常）类型分析、发展趋势评估、提出处理建议。异常分析流程见表2-5-1。

表2-5-1　　　　　　　　　　　　　异常分析流程

序号	步骤	判断方法
1	判断依据	依据 DL/T 722—2014《变压器油中溶解气体分析和判断导则》进行分析判断
2	注意值	本体油实测值与注意值比较
3	历史记录	本体油实测值与历史数据比较
4	产气速率	计算产气速率
5	特征气体法	利用特征气体法进行判断（油样）
6	三比值法	利用三比值判断进行判断（油样）
7	平衡判据法	利用平衡判据进行判断
8	三比值法	利用三比值进行判断（气样）
9	运行建议	提出缩短周期跟踪检测或退出运行的建议
10	综合分析判断	结合其他电气试验进行综合分析判断故障的部位

（一）异常类型的主要分类

DL/T 722—2014《变压器油中溶解气体分析和判断导则》将充油电气设备的故障（异常）类型分为过热性故障（异常）（又称潜伏性故障）和放电性故障（异常）。根据不同故障类型的能量不同，过热性故障（异常）又可分为低温过热、中温过热、高温过热，放电性故障（异常）可分为局部放电、低能放电、低能放电兼过热、电弧放电、电弧放电兼过热等。

（二）常用的判断方法

不同类型设备油中溶解气体含量达到或超过注意值时应关注设备健康状态，溶解气体含量增长速度快时（特别是乙炔从无到有）不受注意值的约束。充油电气设备有无故障（异常）的判断主要采用产气速率比较的方法。

1. 注意值比较

《国家电网公司变电检测管理规定（试行）》规定了各种充油设备油中气体组分含量的注意值。导则推荐变压器和电抗器的绝对产气速率的注意值见表 2-5-2。不论气体组分是否超过注意值，都应与历史数据比较。当油中溶解气体含量接近或超过注意值、或产气速率超过 DL/T 722—2014《变压器油中溶解气体分析和判断导则》的规定值时，应进行异常分析诊断、并结合电气试验综合判断处理。

表2-5-2　　　导则推荐变压器和电抗器的绝对产气速率的注意值　　　　单位：mL/d

气体组分	开放式	隔膜式	气体组分	开放式	隔膜式
总烃	6	12	一氧化碳	50	100
乙炔	0.1	0.2	二氧化碳	100	200
氢	5	10			

注　当产气速率达到注意值时，应缩短检测周期，进行追踪分析。

（1）油浸式变压器、电抗器、消弧线圈。乙炔不大于 0.5μL/L（1000kV 油浸式变压器、电抗器）、乙炔不大于 1μL/L（330～750kV）、乙炔不大于 5μL/L（其他）；氢气不大于 150μL/L；总烃不大于 150μL/L；绝对产气速率不大于 12mL/d（隔膜式）或不大于 6mL/d（开放式）；相对产气速率不大于 10%/月。

（2）电流互感器。乙炔不大于 2μL/L［110（66）kV］、乙炔不大于 1μL/L（220kV 及以上）；氢气不大于 150μL/L；总烃不大于 100μL/L。

（3）电磁式电压互感器［110（66）kV 及以上］、直流分压器。乙炔不大于 2μL/L；氢气不大于 150μL/L；总烃不大于 100μL/L。

（4）直流分压器。乙炔不大于 2μL/L；氢气不大于 150μL/L；总烃不大于 150μL/L。

（5）套管。氢气不大于 140μL/L；甲烷不大于 40μL/L；乙炔不大于 1μL/L（220～750kV）、乙炔不大于 2μL/L（其他）。

GB/T 24846—2018《1000kV 交流电气设备预防性试验规程》规定 1000kV 油浸电容式套管油中溶解气体组分含量（μL/L）超过下列任一值时应引起注意：H_2 含量 100；C_2H_2 含量 0.5；总烃含量 100。

2. 产气速率比较

（1）绝对产气速率。即每运行日产生某种气体的平均值，计算方式为

$$\gamma_a = \frac{C_{i,2} - C_{i,1}}{\Delta t} \times \frac{m}{\rho} \qquad (2-5-1)$$

式中　γ_a——绝对产气速率，mL/天；

　　$C_{i,2}$——第二次取样测得油中某气体浓度，μL/L；

　　$C_{i,1}$——第一次取样测得油中某气体浓度，μL/L；

　　Δt——二次取样时间间隔中的实际运行时间，天；

　　m——设备总油量，t；

　　ρ——油的密度，t/m³。

（2）相对产气速率。即每运行月（或折算到月）某种气体含量增加值相对于原有值的百分数，计算方式为

$$\gamma_r = \frac{C_{i,2} - C_{i,1}}{C_{i,1}} \times \frac{1}{\Delta t} \times 100\% \qquad (2-5-2)$$

式中　γ_r——相对产气速率，%/月；

　　$C_{i,2}$——第二次取样测得油中某气体浓度，μL/L；

　　$C_{i,1}$——第一次取样测得油中某气体浓度，μL/L；

　　Δt——二次取样时间间隔中的实际运行时间，月。

相对产气速率也可以用来判断充油电气设备内部状况，总烃的相对产气速率大于 10%/月时应引起注意。对总烃起始含量很低的设备不宜采用此判据。

（3）考察设备运行状态，分析非故障引起的特征气体增高，设备运行状态对油中气体组分的影响见表 2-5-3。

表 2-5-3　　　　　　　　设备运行状态对油中气体组分的影响

非故障的原因	油中气体组分变化的影响
属于设备结构上的： 1. 有载开关向本体渗漏； 2. 不稳定的绝缘材料造成早期热分解（如使用 1030 号醇酸绝缘漆）； 3. 使用有活性金属材料，使油的早期分解（如使用奥氏体不锈钢）	1. 使本体油乙炔浓度增加； 2. 产生 CO、H_2 等，油中 CO 浓度大于 300μL/L； 3. 增加油中 H_2 含量，H_2 浓度大于 200μL/L
属于安装、运行、维护上的： 1. 充 N_2 保护，使用不合格 N_2； 2. 设备受潮进水； 3. 油与绝缘物中有空气（安装投运前，有未脱气或真空注油；运行中系统密封不严等）； 4. 检修中带油焊接； 5. 油处理中，加热器不合格，使油过热分解； 6. 使用含可燃性气体的油或原来有故障的油，油未脱气或脱气不完全	1. 氮气中 H_2、CO_2 等杂质； 2. 油中 H_2 含量增加； 3. 因气泡放电，产生 H_2 及少量 CH_4，严重时会有少量 C_2H_2； 4. 增加烃类含量，严重时少量 C_2H_2 增加了烃类气体； 5. 溶解度大的烃类气体含量增高； 6. 溶解度大的烃类气体含量增高
属于辅助设备或其他原因： 1. 潜油泵转子线圈匝间短路或电机转子扫膛； 2. 油取样时，容器不净或进入杂质	1. 增加 C_2H_2 等可燃性气体； 2. 增加污染气体或 C_2H_2 的含量

（4）气体继电器中自由气体的分析判断。在气体继电器中聚集有游离气体时使用平衡判据。

所有故障（异常）的产气率均与其能量释放紧密相关。对于能量较低、气体释放缓慢的故障（如低温热点或局部放电），所生成的气体大部分溶解于油中，就整体而言，基本处于平衡状态；对于能量较大（如铁芯过热）造成特征气体发展较快，当产气速率大于溶解速率时可能形成气泡。在气泡上升的过程中，一部分气体溶解于油中（并与已溶解于油中的气体进行交换），改变了所生成气体的组分和含量。未溶解的气体和油中被置换出来的气体，最终进入继电器而积累；对于有高能量的电弧性放电故障，迅速生成大量气体，所形成的大量气泡迅速上升并聚集在继电器里，引起继电器报警。这些气体几乎没有机会与油中溶解气体进行交换，因而远没有达到平衡。如果长时间留在继电器中，某些组分、特别是电弧性故障产生的乙炔，很容易溶于油中，而改变继电器里的自由气体组分，以至导致错误的判断结果。因此当气体继电器发出信号时，除应立即取气体继电器中的自由气体进行色谱分析外，还应同时取油样进行溶解气体分析，并比较油中溶解气体和继电器中的自由气体的浓度，用以判断自由气体与溶解气体是否处于平衡状态，进而可以判断故障的持续时间和气泡上升的距离。

比较方法：首先要把自由气体中各组分的浓度值利用各组分的奥斯特瓦尔德系数 k_i 计算出平衡状况下油中溶解气体的理论值，再与从油样分析中得到的溶解气体组分的浓度值进行比较。

计算方法为

$$C_{oi} = k_i \times C_{gi} \qquad\qquad (2-5-3)$$

式中　C_{oi}——油中溶解组分 i 浓度的理论值，μL/L；

C_{gi}——继电器中自由气体中组分的 i 浓度值，μL/L；

k_i——组分 i 的奥斯特瓦尔德系数。

判断方法：

1）如果理论值和油中溶解气体的实测值近似相等，可认为气体是在平衡条件下放出来的。这里有两种可能：一种是特征气体各组分浓度均很低，说明设备是正常的，应搞清这些非故障（异常）气体的来源及继电器报警的原因；另一种是溶解气体浓度略高于理论值则说明设备存在产生气体较缓慢的潜伏性故障。

2）如果气体继电器内的自由气体浓度明显超过油中溶解气体浓度，说明释放气体较多，设备内部存在产生气体较快的故障。应进一步计算气体的增长率。

3）判断故障（异常）类型的方法，原则上和油中溶解气体相同，但是如上所述，应将自由气体浓度换算为平衡状况下的溶解气体浓度，然后计算比值。

（5）综合判断有无故障（异常）。

正常运行下，充油电气设备内部的绝缘油和有机绝缘材料，在热和电的作用下，会逐渐老化和分解，产生少量的各种低分子烃类气体及一氧化碳、二氧化碳等气体。在热和电故障的情况下也会产生这些气体，这两种气体来源在技术上不能区分，在数值上也没有严格的界限。而且依赖于负荷、温度、油中的含水量、油的保护系统和循环系统，以及与取样和测试的许多可变因素有关。因此在判断设备是否存在故障及其严重程度时，要根据设备运行的历史状况和设备的结构特点以及外部环境等因素进行综合判断。

有时设备内并不存在故障，而由于其他原因，在油中也会出现上述气体，要注意这些可能引起误判断的气体来源：某些不锈钢部件在加工过程中或焊接时可能吸附氢，而后缓慢释放到油中；在温度较高，油中溶解有氧时，设备中某些油漆（醇酸树脂），在不锈钢的催化下，可能生成大量的氢；某些改型的聚酰亚胺型的绝缘材料也可生成某些气体而溶解于油中；油在阳光照射下可能生成某些气体；设备检修时暴露在空气中的油会吸收空气中的 CO_2 等气体。

此外，还应注意油冷却系统附属设备（如潜油泵）的故障（异常）产生的气体也会进入到变压器本体的油中。某些操作也可生成特征气体，例如：有载调压变压器中切换开关油室的油向变压器主油箱渗漏，或极性开关在某个位置动作时，悬浮电位放电的影响；设备曾经有过故障，而故障排除后绝缘油未经彻底脱气，部分残余气体仍留在油中，或留在经油浸渍的固体绝缘中；设备油箱带油补焊等。

这些气体的存在一般不影响设备的正常运行。但当利用气体分析结果确定设备内部是否存在故障（异常）及其严重程度时，要注意加以区分。

（三）异常的定性及处理方法

1. 异常类型判断

（1）特征气体法。

根据油中气体来源的基本原理，不同的故障类型产生的气体见表 2-5-4，即特征气体为焦点的判断设备故障（异常）的各种方法，简称为特征气体法，由此可推断设备的故障（异常）类型。

表2-5-4　　　　　　　不同故障类型产生的气体

故障类型	主要特征气体	次要特征气体
油过热	CH_4，C_2H_4	H_2，C_2H_6
油和纸过热	CH_4，C_2H_4，CO	H_2，C_2H_6，CO_2
油纸绝缘中局部放电	CH_4，C_2H_4，CO	C_2H_4，C_2H_6，C_2H_2
油中火花放电	H_2，C_2H_2	
油中电弧	H_2，C_2H_2，C_2H_4	CH_4，C_2H_6
油和纸中电弧	H_2，C_2H_2，C_2H_4，CO	CH_4，C_2H_6，CO_2

注1　油过热：至少分为两种情况，即中低温过热（低于700℃）和高温（高于700℃）以上过热。如温度较低（低于300℃），烃类气体组分中CH_4、C_2H_6含量较多，C_2H_4较C_2H_6少甚至没有；随着温度增高，C_2H_4含量增加明显。

注2　油和纸过热：固体绝缘材料过热会生成大量的CO、CO_2，过热部位达到一定温度，纤维素逐渐碳化并使过热部位油温升高，才使CH_4，C_2H_6和C_2H_4等气体增加。因此，涉及固体绝缘材料的低温过热在初期烃类气体组分的增加并不明显。

注3　油纸绝缘中局部放电：主要产生H_2、CH_4。当涉及固体绝缘时产生CO，并与油中原有CO、CO_2含量有关，以没有或极少产生C_2H_4为主要特征。

注4　油中火花放电：一般是间歇性的，以C_2H_2含量的增长相对其他组分较快，而总烃不高为明显特征。

注5　电弧放电：高能量放电，产生大量的H_2和C_2H_2以及相当数量的CH_4和C_2H_4。涉及固体绝缘时，CO显著增加，纸和油可能被碳化。

（2）三比值法。

1）三比值编码规则、故障类型诊断及应用。

根据充油设备内油、绝缘纸在故障（异常）下裂解产生气体组分含量的相对浓度与温度的依赖关系，从5种特征气体中选用两种溶解度和扩散系数相近的气体组分组成三对比值，以不同的编码表示；表2-5-5所示的DL/T 722—2014《变压器油中溶解气体分析和判断导则》规定的三比值编码规则和表2-5-6规定的故障类型判断方法作为诊断故障性质的依据。这种方法消除了油的体积效应影响，是判断充油电气设备故障类型的主要方法，并可以得出对故障状态较为可靠的诊断。

表2-5-5　　　　　　　DL/T 722—2014规定的三比值编码规则

特征气体的比值	比值范围编码			说明
	C_2H_2/C_2H_4	CH_4/H_2	C_2H_4/C_2H_6	
<0.1	0	1	0	例如：$C_2H_2/C_2H_4 = 1\sim3$ 时，编码为1；
[0.1，1)	1	0	0	$CH_4/H_2 = 1\sim3$ 时，编号为2；
[1，3)	1	2	1	$C_2H_4/C_2H_6 = 1\sim3$ 时，编号为1
≥3	2	2	2	

表2-5-6　　　　　　　　　　故 障 类 型 判 断 方 法

编码组合			故障类型判断	故障事例（参考）
C_2H_2/C_2H_4	CH_4/H_2	C_2H_4/C_2H_6		
0	0	0	低温过热（低于150℃）	纸包绝缘导线过热，注意 CO 和 CO_2 的增量和 CO_2/CO 值
	2	0	低温过热（150～300℃）	分接开关接触不良；引线连接不良；导线接头焊接不良，股间短路引起过热；铁芯多点接地，矽钢片间局部短路等
		1	中温过热（300～700℃）	
	0，1，2	2	高温过热（高于700℃）	
	1	0	局部放电	高湿、气隙、毛刺、漆瘤、杂质等所引起的低能量密度的放电
2	0，1	0，1，2	低能放电	不同电位之间的火花放电，引线与穿缆套管（或引线屏蔽管）之间的环流
	2	0，1，2	低能放电兼过热	
1	0，1	0，1，2	电弧放电	线圈匝间、层间放电，相间闪络；分接引线间油隙闪络，选择开关拉弧；引线对箱壳或其他接地体放电
	2	0，1，2	电弧放电兼过热	

2）应用三比值法的三项原则。

只有根据气体各组分含量的注意值或气体增长率的注意值有理由判断设备可能存在故障（异常）时，气体比值才是有效的，并应予计算。对气体含量正常，且无增长趋势的设备，比值没有意义。

假如气体的比值和以前的不同，可能有新的故障重叠在老故障（异常）或正常老化上。为了得到仅仅相应于新故障的气体比值，要从最后一次的分析结果中减去上一次的分析数据，并重新计算比值（尤其是在 CO 和 CO_2 含量较大的情况下）。在进行比较时要注意在相同的负荷和温度等情况下并在相同的位置取样。

（3）气体比值的图示法。

利用三比值法和溶解气体解释表仍不能提供确切的诊断，DL/T 722—2014《变压器油中溶解气体分析和判断导则》建议可以使用立体图示法或大卫三角形法予以判定。它们是利用气体的三对比值，在立体坐标图上建立如图 2-5-1 所示的立体图示法，可方便地直观不同类型故障的发展趋势。利用 CH_4、C_2H_2、C_2H_4 的相对含量，在三角形坐标图上判断故障类型的方法也可辅助这种判断，三角坐标图法判断故障类型如图 2-5-2 所示。区域极限见表 2-5-7。

表2-5-7　　　　　　　　　　区 域 极 限

PD	98%CH_4			
D1	23%C_2H_4	13%C_2H_2		
D2	23%C_2H_4	13%C_2H_2	38%C_2H_4	29%C_2H_2
T1	4%C_2H_2	10%C_2H_4		
T2	4%C_2H_2	10%C_2H_4	50%C_2H_4	
T3	15%C_2H_2	50%C_2H_4		

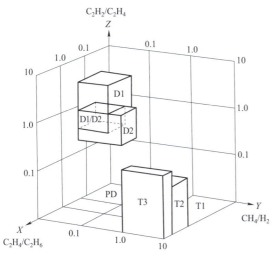

图2-5-1 立体图示法

PD—局部放电；D1—低能放电；D2—高能放电；

T1—热故障，$t<300℃$；T2—热故障，$300℃<t<700℃$；

T3—热故障，$t>700℃$

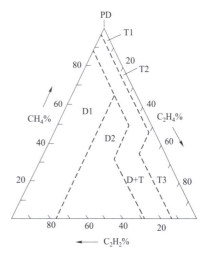

图2-5-2 三角坐标图法判断故障类型

$$C_2H_2(\%)=\frac{100X}{X+Y+Z}，\quad X=[C_2H_2]，单位\ \mu L/L；$$

$$C_2H_4(\%)=\frac{100Y}{X+Y+Z}，\quad Y=[C_2H_4]，单位\ \mu L/L；$$

$$CH_4(\%)=\frac{100Z}{X+Y+Z}，\quad Z=[CH_4]，单位\ \mu L/L；$$

PD—局部放电；D1—低能放电；D2—高能放电；

T1—热故障，$t<300℃$；T2—热故障，

$300℃<t<700℃$；T3—热故障，$t>700℃$

（4）与三比值法配合诊断故障的其他方法。我国现行的 DL/T 722—2014《变压器油中溶解气体分析和判断导则》推荐了其他几种辅助方法。

1）CO_2/CO 比值。当故障涉及固体绝缘时，会引起 CO 和 CO_2 含量的明显增长。根据现有的统计资料，固体绝缘的正常老化过程与故障情况下的劣化分解，表现在油中 CO 和 CO_2 的含量上，一般没有严格的界限，规律也不明显。这主要是由于从空气中吸收 CO_2、固体绝缘老化及油的长期氧化形成 CO 和 CO_2 的基值过高造成的。经验证明，当怀疑设备固体绝缘材料老化时，一般 $CO_2/CO>7$（国内有的经验数值为 13）。当怀疑故障涉及固体绝缘材料时（高于 200℃），可能 $CO_2/CO<3$，必要时，应从最后一次的测试结果减去上一次的测试数据，重新计算比值，以确定故障是否涉及固体绝缘。

对运行中的设备，随着油和固体绝缘的老化，CO 和 CO_2 会呈现有规律的增长，当这一增长趋势发生突变时，应与其他气体（CH_4、C_2H_2 及总烃）的变化情况进行综合分析，判断故障是否涉及固体绝缘。

当怀疑纸或纸板过度老化时，应适当地测试油中糠醛含量，或在可能的情况下测试纸样的聚合度。

2）O_2/N_2 比值。一般在油中都溶解有 O_2 和 N_2，这是油在开放式设备的储油罐中与空气作用的结果，或密封设备泄漏的结果。在设备里，考虑到 O_2 和 N_2 的相对溶解度，油中

的 O_2/N_2 的比值反映空气的组成，接近 0.5。运行中由于油的氧化或纸的老化，这个比值可能降低，因为 O_2 的消耗比扩散更迅速。负荷和保护系统也可影响这个比值。但当 $O_2/N_2 <$ 0.3 时（国内有经验认为 $O_2/N_2 < 0.1$），一般认为是出现了氧被极度消耗的迹象。

3）C_2H_2/H_2 比值。C_2H_2/H_2 是反映有载分接开关油箱渗漏的关键比值。当 C_2H_2/H_2，特别是变压器本体油中 C_2H_2 单值较高，而其他烃类组分较低或无增长时，很可能是开关油箱渗漏造成的，这是由于有载分接开关切换时油中所产生的气体类似于低能量放电。但是，由于变压器正常运行时油中的 H_2 含量一般都比较高，因此最好以 C_2H_2 和 H_2 的增长量的比值 $\Delta C_2H_2/\Delta H_2$ 来判断。有载开关渗漏的现场检查，可用干燥空气或氮气在有载开关小储油器上部施加一定的压力（如 0.02MPa），然后关闭气源，保持一定时间，观察压力下降情况。另外，也可采用干燥的 SF_6 或 He（氦）气，这样除可以观察压力的下降情况外，还可以用色谱法检测变压器本体油中的 SF_6 或 He 含量来判断有载开关油箱有无渗漏。

4）CH_4/H_2 比值。CH_4/H_2 有助于判断高温过热故障是涉及导磁回路还是导电回路。大量数据表明，如果高温过热故障涉及导电回路，如分接开关接触不良、引线接触不良、导线接头焊接不良或断股以及多股导线中股间短路等，所产生的 CH_4 量比涉及导磁回路时产生的量要多，也就是 CH_4/H_2 的比值要大（一般大于 3），如果高温过热故障只涉及导磁回路，此比值一般接近 1。值得注意的是，潜油泵磨损引起的绝缘油过热所产生的气体与导磁回路过热时产生的气体非常相似。

2. 故障（异常）程度诊断

故障（异常）状况诊断是向设备维护管理者提供故障（异常）严重程度和发展趋势的信息，作为编制合理的维护措施的重要依据，以便从安全和经济性考虑，既可防止事故，又不致盲目停电检查修理，造成人力物力的浪费。根据产气速率可以初步了解故障的严重程度。进一步诊断可估算故障热源温度、故障源功率、故障点面积及油中溶解气体饱和程度等。

（1）热点温度估算。

变压器油裂解后的产物与温度有关，温度不同产生的特征气体也不同；反之，如已知故障情况下油中产生的有关各种气体的浓度，可以估算出故障源的温度。如对于变压器油过热，且当热点温度高于 400℃时，可根据经验公式来估算，即

$$T = 322 \lg \left(\frac{C_2H_4}{C_2H_6} \right) + 525 \qquad (2-5-4)$$

IEC 标准指出，若 CO_2/CO 的比值低于 3 或高于 11，则认为可能存在纤维素分解故障。当涉及固体绝缘裂解时（如导线过热）绝缘纸热点的温度经验公式如下：

300℃以下时

$$T = -241 \lg \left(\frac{CO_2}{CO} \right) + 373 \qquad (2-5-5)$$

300℃以上时

$$T = -1196 \lg\left(\frac{CO_2}{CO}\right) + 660 \qquad (2-5-6)$$

（2）故障（异常）源功率的估算。

绝缘油热裂解需要的平均活化能约为210kJ/mol，即油热解产生1mol体积（标准状态下为22.4L）的气体需要吸收热能为210kJ/mol，则每升热解气体所需能量的理论值为

$$Q_i = 210/22.4 = 9.38 \text{kJ/L}$$

由于温度不同，油裂解实际消耗的热量一般大于理论值。若热裂解时需要吸收的理论热量为Q_i，实际需要吸收的热量为Q_p，则热解效率系数为

$$\varepsilon = \frac{Q_i}{Q_p} \qquad (2-5-7)$$

式中　Q_i——理论热值，kJ/L；

　　　Q_p——实际热值，kJ/L。

如果已知单位故障（异常）时间内的产气量，则可导出故障（异常）功率估算公式为

$$P = \frac{Q_i \gamma}{\varepsilon H} \qquad (2-5-8)$$

式中　Q_i——理论热值，9.38kJ/L；

　　　γ——故障（异常）时间内的产气量，L；

　　　ε——热解效率系数；

　　　H——故障（异常）持续时间，s。

ε值可查热解效率系数ε与温度t的关系曲线，如图2-5-3所示。或可根据该曲线推定出如下近似公式：

局部放电

$$\varepsilon = 1.27t \times 10^{-3} \qquad (2-5-9)$$

铁芯局部过热

$$\varepsilon = 100.009\,88t^{-9.7} \qquad (2-5-10)$$

线圈层间间短路

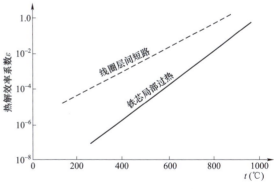

图2-5-3　热解效率系数 ε 与温度 t 的关系曲线

$$\varepsilon = 100.006\,86t^{-5.83} \qquad (2-5-11)$$

式中　t——热点温度，℃。

此外，由于气体逸散损失和气体分析精度的影响，实际故障（异常）产气速率计算的误差可能较大（一般偏低），故障（异常）能量估算一般也可能偏低。因此，计算故障（异常）产气量时应对气体扩散损失加以修正。

（3）油中气体达到饱和状态所需时间的估算。

一般情况下，气体溶于油中并不妨碍变压器正常运行。但是，如果溶解气体在油中达

到饱和，就会有某些游离气体以气泡形态释放出来。这是危险的，特别是在超高压设备中，可能在气泡中发生局部放电，甚至导致绝缘闪络。因此，即使对故障（异常）较轻而正在产气的变压器，为了监测油中不发生气体饱和释放，应根据油中气体分析结果，估算溶解气体饱和水平，以便预测气体继电器可能动作的时间。

当油中全部溶解气体（包括 O_2、N_2）的分压力总和与外部气体压力相当时，气体将达到饱和状态。一般饱和压力相当于 1 标准大气压，即 101.3kPa。据此可在理论上估算气体进入气体继电器所需的时间。

当设备外部压力为 1atm 时，油中溶解气体的饱和值为

$$S_{at}\% = 10^{-4} \sum \frac{C_i}{K_i} \qquad (2-5-12)$$

式中　C_i——气体组分 i（包括 O_2、N_2）的浓度，μL/L；

　　　K_i——气体组分 i 的奥斯特瓦尔德常数。

估算溶解气体达到饱和所需要的时间为

$$t = \frac{1 - \sum \dfrac{C_{i2}}{K_i} \times 10^{-6}}{\sum \dfrac{C_{i2} - C_{i1}}{K_i \Delta t} \times 10^{-6}} \quad （月） \qquad (2-5-13)$$

式中　C_{i1}——i 组分（包括 O_2、N_2）第一次分析值，μL/L；

　　　C_{i2}——i 组分（包括 O_2、N_2）第二次分析值，μL/L；

　　　Δt——两次分析间隔的时间，月；

　　　K_i——i 组分的奥斯特瓦尔德常数。

准确测定油中 O_2、N_2 浓度代入下式就能准确估算油中气体饱和水平和达到饱和的时间。或没有测 N_2 的含量，则可取 N_2 的饱和分压为 0.8atm。这时对故障（异常）设备来说，O_2 往往被消耗完，其分压接近 0 值。

再根据气液平衡状态下，油面气体分压力的公式为

$$P_{i1} = \frac{C_{i1}}{K_i} \times 10^{-6} \qquad (2-5-14)$$

即 N_2 的分压力为

$$P = \frac{C_{N_2 1}}{K_{N_2}} \times 10^{-6} = 0.8atm \qquad (2-5-15)$$

溶解气体达到饱和所需要的时间公式（不需计算 O_2、N_2 的浓度）

$$t = \frac{0.2 - \sum \dfrac{C_{i2}}{K_i} \times 10^{-6}}{\sum \dfrac{C_{i2} - C_{i1}}{K_i \Delta t} \times 10^{-6}} \qquad (2-5-16)$$

实际中应注意，由于故障（异常）发展往往是非等速的，所以在加速产气的情况下，估算出的时间可能比实际油中气体达到饱和的时间长，在追踪分析期间，应随时根据最大产气速率进行估算，并修正报警。必须注意，报警时间要尽可能提前。

（4）故障（异常）源面积估算。

单位面积油裂解产气速率与温度的关系如图 2-5-4 所示，相应的经验公式为

$$t = 200 \sim 300℃, \log K = 1 \times 20 - \frac{2460}{T}$$

$$t = 400 \sim 500℃, \log K = 5 \times 50 - \frac{4930}{T} \qquad (2-5-17)$$

$$t = 500 \sim 600℃, \log K = 14 \times 40 - \frac{11\,800}{T}$$

式中　K——单位面积产气速率，mL/（cm² · h）；

　　　T——绝对温度，K。

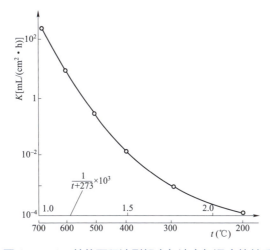

图 2-5-4　单位面积油裂解产气速率与温度的关系

在 800℃以上过热时，估算故障（异常）源的面积 S 为

$$S = \frac{\gamma}{K} \qquad (2-5-18)$$

式中　γ——单位时间产气量，mL/min；

　　　K——单位面积产气速率，mL/（mm² · min）。

估算故障（异常）源面积时，单位时间的产气量可按油中气体追踪分析数据得到，并根据故障（异常）点的温度估算结果。查出单位面积的产气速率 K，从而求出故障（异常）面积 S。

另外，若考察产气量时没有计入气体损失率，则有可能求得的单位时间的产气量偏低，因此，估算出的故障（异常）面积也可能偏小。

3. 处理方法

　　油色谱分析对于诊断运行设备内部的潜伏性故障（异常）虽然十分灵敏，但由于方法本身的技术特点，存在一定的局限性。如无法确定故障（异常）的部位，对涉及同一气体特征的不同故障（异常）类型易于误判。因此必须结合电气试验、油质分析、设备运行及检修情况等进行综合分析，才能较为准确地判断出故障（异常）的部位、原因及严重程度，从而制订出合理的处理措施。判断故障时推荐的其他试验项目见表2-5-8。

表2-5-8　　　　　　　　　判断故障时推荐的其他试验项目

变压器的试验项目	油中溶解气体分析结果	
	过热性故障	放电性故障
绕组直流电阻	√	√
铁芯绝缘电阻和接地电流	√	√
空载损耗和空载电流测量或长时间空载	√	√
改变负载（或用短路法）试验	√	
油泵及水冷却器检查试验	√	
有载分接开关油箱渗漏检查		√
绝缘特性（绝缘电阻、吸收比、极化指数、介质损耗、泄漏电流）		√
绝缘油的击穿电压、介质损耗、含水量		√
局部放电（可在变压器停运或运行中测量）		√
绝缘油中糠醛含量	√	
工频耐压		√
油箱表面温度分布和套管端部接头温度	√	

　　（1）对于故障（异常）严重程度较低、发展速度较慢的故障（异常），建议根据故障（异常）类型开展综合试验，以确定设备是否存在故障（异常），以及故障（异常）部位、处理意见等。对有些类型的故障（异常），如低温、中温过热等故障（异常），不需要停电可以继续运行，只需缩短分析周期，跟踪故障（异常）的发展趋势。

　　（2）特殊情况下应按以下要求进行检测：

　　1）当设备出现异常情况时（如变压器气体继电器动作、差动保护动作、压力释放阀动作以及经受大电流冲击、过励磁或过负荷，互感器膨胀器动作等），应取油样进行检测。当气体继电器中有集气时需要取气样进行检测。

　　2）当怀疑设备内部有下列异常时，应根据情况缩短检测周期进行监测或退出运行。在监测过程中，若增长趋势明显，须采取其他相应措施；若在相近运行工况下，检测三次后含量稳定，可适当延长检测周期，直至恢复正常检测周期。

　　过热性故障，怀疑主磁回路或漏磁回路存在故障时，可缩短到每周一次；当怀疑导电回路存在故障时，宜缩短到至少每天一次。

放电性故障，怀疑存在低能量放电时，宜缩短到每天一次；当怀疑存在高能量放电时，应进一步检查或退出运行。

3）设备故障（异常）较严重、发展速度快，可能危及人身、设备安全时，应尽快安排复测，确认无误后立即向工作负责人汇报、建议设备停电检查。

二、典型案例

（一）案例一 主变压器高温过热异常

某台 SSPL-120000/220 型的主变压器，某年运行中取油样色谱分析，发现总烃超出注意值，立即进行跟踪试验，几次取样数据，即变压器主要色谱分析结果见表 2-5-9，同时经电气试验发现直流电阻不平衡率有超标现象，直流电阻测试数据见表 2-5-10。

表 2-5-9　　　　　　　　　变压器主要色谱分析结果　　　　　　　单位：μL/L

分析日期	H_2	CO_2	CH_4	C_2H_4	C_2H_6	C_2H_2	C_1+C_2
3月20日	156	15 559	240	399	54	0.98	694
3月25日	136	16 772	279	492	59	2.95	832
3月30日	136	17 535	362	826	125	3.74	1318
4月5日	118	16 208	419	1046	152	4.77	1629
4月18日	—	1033	24	50.32	6.63	—	81.31
7月12日	19.6	10 043	67.9	153.97	18.81	1.83	242.55

注　4月18日测试数据为更换新油后取样测得。

表 2-5-10　　　　　　　　　直流电阻测试数据

项目	测试数据（Ω）			三相电阻不平衡率（%）
	A0	B0	C0	
高压Ⅲ挡	0.3687	0.3674	0.3910	6.4
分接开关滚动操作后	0.3526	0.3507	0.3516	0.5

1. 特征气体法分析

H_2 含量较高，接近 150μL/L；总烃（C_1+C_2）含量高，远大于 150μL/L；产气速率已经高达 54mL/h，变压器有故障（异常）。

2. 用三比值法分析（以 3 月 25 日数据计算）

$C_2H_2/C_2H_4 = 2.95/492 = 0.006 < 0.1$；

$CH_4/H_2 = 279/136 = 2.05$；

$C_2H_4/C_2H_6 = 492/59 = 8.36$

三比值编码为022，故障（异常）性质为"高于700℃高温范围的热故障（异常）"。

3. 根据直流电阻测试数据分析

分接开关滚动操作前，C相值大，三相电阻不平衡率为6.4%，大于2%，滚动操作后，A、B两相电阻变化不大，C相电阻下降明显，三相不平衡率为0.5%。

4. 综合分析

该主变压器属于无载调压变压器，分接开关和变压器本体是一体的，其过热点在C相分接开关，属金属性过热，过热点温度在700℃以上。设备换油后总烃仍在持续增长，建议停运检修。

（二）案例二　换流变网绕组间围屏放电异常

某500kV换流变，运行中（15:00）轻瓦斯报警，16:00的油色谱分析结果为：乙炔141.3μL/L，氢气含量193μL/L，总烃含量275.1μL/L（甲烷25.2μL/L、乙烷31.4μL/L、乙烯77.2μL/L）。根据色谱数据进行设备异常诊断。

1. 特征气体法分析

16:00的油色谱分析结果中，乙炔含量远大于5μL/L、H_2含量大于150μL/L、总烃含量大于150μL/L，变压器有放电性故障（异常）。

2. 用三比值法分析（以16:00的油色谱数据计算）

$C_2H_2/C_2H_4=141.3/77.2=1.83$；

$CH_4/H_2=25.2/193=0.13$；

$C_2H_4/C_2H_6=77.2/31.4=2.46$。

三比值编码为101，故障（异常）性质为"电弧放电"。

3. 分析意见：设备立即停运

17:00换流变退出运行。18:00再次油色谱分析：乙炔1342.4μL/L，氢气1806μL/L，总烃2133.1μL/L，说明在第一次取油样后的1h运行时间里，放电有了较快的发展。

该换流变解体发现端部有较大范围放电，具体如下：

放电从铁芯零屏开始，沿上部端圈水平发展至阀侧绕组最上部角环外侧，再往下发展至围屏，约2m长度。该放电由导电颗粒污染绕组顶端绝缘引起，因为绕组端绝缘的防护较好，爬电只在绕组绝缘角环外侧发展，并开始进入阀和网绕组间的围屏，尚未涉及绕组。如果换流变不及时停止运行，该爬电会进一步穿过绝缘角环，向阀或网绕组发展，直至导致绝缘击穿。换流变爬电途径如图2-5-5所示。

阀网绕组间围屏上的爬电放电如下特点：

（1）该例放电，从轻瓦斯动作到退出运行持续时间达2h，放电尚未涉及绕组，可能与污染导致的放电从上表面起始，再加上绕组端绝缘防护较强（多层绝缘角环），以致2h还未击穿任何绝缘角环。可以预见，如果长时间任放电发展，击穿绝缘角环，进而将涉及绕组。

（2）爬电除顶部有少数几处在撑条接触部位发展外，大多的爬电主要沿撑条间的"空道"发展，可能是受到爬电生成的导电颗粒污染和电场的联合作用所致。

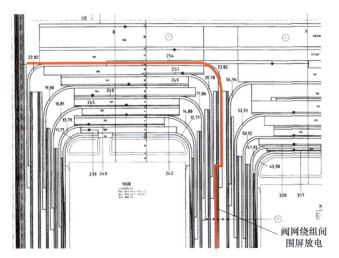

图 2-5-5　换流变爬电途径

（3）"树枝状爬电"的"树枝"生长方向，就是爬电发展的方向，本例是由上向下发展。

换流变阀网绕组间围屏爬电情况如图 2-5-6 所示。

（三）案例三　换流变受潮放电故障

某换流变运行中，在线色谱分析发出报警，立即取样分析，可知乙炔 28μL/L，总烃 64μL/L，一氧化碳 60.3μL/L，二氧化碳 332.9μL/L。5h 后，乙炔 103.3μL/L，总烃 226.4μL/L，一氧化碳 253.7μL/L，二氧化碳 313.8μL/L。根据第二次检测结果进行设

图 2-5-6　换流变阀网绕组间围屏爬电

备异常诊断：乙炔含量远大于 5μL/L、占总烃的 45.6%，是主要特征气体，说明设备内部存在放电性故障；二氧化碳与一氧化碳的比值为 1.24，小于 3，故障已涉及固体绝缘材料；两次测量间总烃的相对产气速率为 36 250%/月，远大于 10%/月的注意值，故障发展非常迅速，建议换流变立即退出运行。

换流变解体发现，500kV 网侧绕组外围屏放电并涉及网侧绕组外撑条，网侧绕组外撑条放电及外围屏与撑条接触处爬电明显分别如图 2-5-7 和图 2-5-8 所示。分析原因为网侧套管将军帽密封不良，漏入水，沿引线至线圈围屏，属受潮引起围屏纸板和撑条的爬电放电。这种爬电放电的特点如下：

（1）水分沿套管引线进入线圈外围屏纸板，并影响到撑条，爬电在围屏纸板及其相邻的撑条发展。该爬电由漏入的水分直接引起，水分从围屏纸板传递给相邻撑条，导致纸板与撑条接触处爬电。围屏纸板的非撑条处，受到变压器油的冲洗，水分不易聚集，故该油/纸介面暂未爬电。个别线圈"S"换位处，因接触围屏纸板也有放电痕迹。

（2）树枝状爬电放电的"树枝"生长方向，就是爬电发展的方向，即由上往下发展，

图 2-5-7　网侧绕组外撑条放电

树枝状放电从高电位向低电位发展

图 2-5-8　外围屏与撑条接触处爬电明显

由高电位向低电位发展。

（3）该例爬电持续时间较长（从在线油色谱报警到退出运行有 5h），竟未涉及绕组导线，可能与绕组是 500kV 端部出线，轴向场强相对较低，以及爬电部位处于绕组与油箱的较大绝缘距离区域，幅向场强也相对较低有关。

（四）案例四　变压器绕组围屏放电异常

某 750kV 变压器 2015 年 2 月 11 日 00 时 19 分，轻瓦斯报警动作；发现气体继电器内有气体积存；手动启动 2 号主变压器 A 相油在线色谱监测装置，分析后的数据显示氢气 352μL/L，一氧化碳 134μL/L，二氧化碳 396μL/L，甲烷 26.9μL/L，乙烷 7.8μL/L，乙烯 17.9μL/L，乙炔 70.8μL/L，可燃气体总量 611μL/L，水 2.0mg/L。根据分析数据进行设备异常诊断。

（1）特征气体分析。氢气远大于 150μL/L、乙炔占总烃的 57.4%，是主要特征气体，设备中有放电性异常。

（2）三比值法分析。

C_2H_2/C_2H_4=70.8/17.9=3.96；

CH_4/H_2=26.9/352=0.08；

C_2H_4/C_2H_6=17.9/7.8=2.29。

三比值编码为 211，故障（异常）性质为"低能放电"。

（3）分析建议：设备停运检查。运维单位于 02:44 向网调申请停电，04:06 2 号主变压器转为热备用。

1. 电气诊断试验情况

（1）常规试验。2 月 11 日对 2 号主变压器 A 相开展了常规电气试验，试验结果合格。

（2）局部放电定位试验。2 月 12 日对 2 号主变压器 A 相开展了局部放电测量及超声局部放电检测，局部放电试验在运行电压下，高压侧局部放电量在 420～1400pC 之间波动。同时进行超声波局部放电定位检测，初步判断故障部位位于面向高压侧油箱左下方部位。

2. 内检情况

2 月 13 日 14 时，对 2 号主变压器 A 相进行内检，发现在主变压器高压 A 柱绕组靠旁轭侧围屏上有爬电痕迹；A 柱绕组与旁轭之间的绝缘隔板的一处螺栓断裂，其靠旁轭侧完全断裂脱落至底部，靠 A 柱绕组侧已脱开；该螺栓孔对应的旁轭围屏击穿。故障部位与 12 日故障定位部位基本相符。异常部位如图 2-5-9 所示。

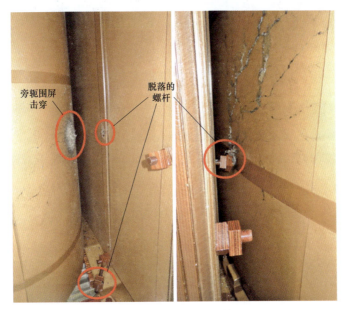

图 2-5-9　异常部位

现场检查 A 柱、旁轭围屏的第一层绝缘纸板的外面三层有放电痕迹，再往内部未发现异常。

（五）案例五　电抗器接地屏蔽螺栓放电异常

某并联电抗器油色谱乙炔上升较快，第一次检修前的油色谱见表 2-5-11。

表 2-5-11　　　　　　　　　第一次检修前的油色谱　　　　　　　　单位：μL/L

H_2	CO	CO_2	CH_4	C_2H_4	C_2H_6	C_2H_2	总烃
24.1	54.3	404.2	2.31	2.29	0.77	6.9	12.3

特征气体分析：氢气含量值大于总烃、乙炔占总烃的 56.1%，是主要特征气体，设备中有放电性异常；"三比值"为 211，属低能放电类型；$CO_2/CO=7.44$，故障未涉及固体绝缘材料。进油箱检查发现靠近高压引出线附近的接地屏蔽螺栓松动放电，如图 2-5-10所示。

同时还发现下部金属螺栓屏蔽帽与相邻螺栓相碰，产生游离碳。该部位放电与局部放电超声波检测有对应。联想到有的变压器存在微量乙炔，能进行超声波定位，且与冷却油泵的开启组数有关，也与这种屏蔽帽的相互碰擦有关。

　　如图2-5-11所示，靠近高压引出线附近接地屏蔽螺栓的松动放电，能量较高，是产生乙炔气体的主要原因。

图2-5-10　接地屏蔽螺栓松动放电现象

图2-5-11　接地屏蔽螺栓的松动放电现象

　　该电抗器将经上述问题处理检修并滤油后，重新投入运行1月后，油色谱数据又现异常，第二次检修前的油色谱见表2-5-12。计算"三比值"为102，属"电弧放电"特征。

表2-5-12　　　　　　　　　　　第二次检修前的油色谱　　　　　　　　单位：μL/L

日期	H_2	CO	CO_2	CH_4	C_2H_4	C_2H_6	C_2H_2	总烃
15.1.29	0.57	5.13	116.33	0.28	0.06	0	0.39	0.73
15.2.16	4.24	8.34	116.87	0.44	0.51	0.11	1.14	2.20
15.4.1	4.54	9.08	131.96	0.86	0.92	0.21	2.65	4.64
15.9.14	8.75	17.29	130.82	2.49	1.94	0.61	2.95	7.99
15.9.26	19.80	15.89	116.97	4.50	7.51	1.95	6.43	20.39
15.11.9	37.97	73.48	547.32	6.32	13.01	3.06	7.69	30.08
16.2.29	58.63	90.12	583.81	9.76	19.73	6.57	11.63	47.69
16.3.5	65.59	91.89	642.45	11.48	20.02	5.51	15.68	52.69
16.3.17	80.77	108.6	682.77	11.77	22.72	6.03	16.09	56.61

　　比较该电抗器在检修前后的油色谱异常情况，两者虽都存在明显的乙炔气体，但其他组分的特征不同。检修前以氢气、乙炔为主，呈油中火花放电特征；检修后，油中甲烷和乙烯气体明显上升，乙炔仅占总烃的三分之一左右，且一氧化碳和二氧化碳也同步上升，二氧化碳的增量与一氧化碳增量的比值为（682.77－116.33）/（108.6－5.13）＝5.47，与检修前相比比值下降，故障涉及固体绝缘。最终设备再次解体检查、消除缺陷。

（六）案例六　变压器由局部放电引发的故障

某升压变压器在事故前曾三次轻瓦斯动作报警：

14:35:41.629　主变压器 C 相第一次轻瓦斯报警；

15:29:15.561　第一次轻瓦斯报警复归；

15:29:15.571　主变压器 C 相第二次轻瓦斯报警；

15:29:17.007　第二次轻瓦斯报警复归；

15:29:17.691　主变压器 C 相第三次轻瓦斯报警；

15:42:23.385　第三次轻瓦斯报警复归；

18:00　取 C 相油样进行化验，C 相油样色谱分析结果见表 2-5-13；

表 2-5-13　　　　　　　　　　C 相油样色谱分析结果　　　　　　　　单位：µL/L

时间	H_2	CO	CO_2	CH_4	C_2H_4	C_2H_6	C_2H_2	总烃
故障当天 18 点取样	349	373	360	73	73	14	151	312
故障前 15 天	6.9	198	316	3.44	0.27	0.65	—	4.36

第 2 天 00:21:43.305　主变压器 C 相差动保护动作；

00:21:43.323　主变压器 C 相重瓦斯动作；

00:21:43.341　主变压器 C 相压力释放阀、速动油压继电器动作（解体检查发现绝缘击穿）。

该变压器的缺陷从起始到绝缘击穿持续长达近 10h。因未能进行有效的设备异常诊断分析，从取油样分析存在 151µL/L 乙炔到绝缘击穿持续了 6 个多小时，最终导致设备故障。

对故障当天 18 点取样的分析结果进行特征气体分析：氢气含量值大于 150µL/L、乙炔占总烃的 48.4%，是主要特征气体，设备中有放电性异常；"三比值"为 102，属电弧放电；二氧化碳的增量与一氧化碳增量的比值为(360-316)/(373-198)=0.25，故障已涉及固体绝缘材料；总烃的相对产气速率为 14 112%/月、远大于 10%/月的注意值，故障发展非常迅速，此时应建议设备立即退出运行。

该变压器的放电特征：持续近 10h 才发展为击穿。高压绕组内侧第一层围屏纸板，爬电明显，顶部近击穿点的局部纸板爬电照片如图 2-5-12 所示，爬电从撑条边缘起始，但撑条本身无爬电痕迹。如图 2-5-13 所示中部纸板的爬电痕迹也从撑条边缘起始，撑条本身无爬电。

以上两种照片是击穿点附近的爬电痕迹，应认为是故障发展过程中附带产生的爬电。本变压器故障前，轻瓦斯曾三次动作报警，且油中乙炔达到 151，说明变压器内部存在因局部放电产生的气体，该气体从故障点部位，透过撑条与围屏纸板的间隙蔓延，形成新的爬电痕迹，高压绕组内侧围屏纸板的爬电痕迹如图 2-5-14 所示。

图2-5-12 顶部近击穿点的局部纸板爬电照片

图2-5-13 中部纸板的爬电痕迹

从撑条边缘
起始的爬电

图2-5-14 高压绕组内侧围屏纸板的爬电痕迹

故障可能原因为纸板缺陷引起的局部放电异常,在工厂试验中时有发生。从已掌握的实例看来,放电是由纸板缺陷部位起始,放电发展较快,形成较明显的放电通道,未见向四周的长时间横向爬电例子。

(七)案例七 主变压器高温过热异常

某FPSZ9-150000/220主变压器内部故障(异常)诊断实例:该主变压器出厂日期为2003年3月16日,2004年7月26日投运,并进行了例行的高压试验和油化验,高压试验数据符合投运要求,而油色谱分析却出现乙炔及总烃升高情况,故对其加强了跟踪分析,色谱分析数据见表2-5-14。

表2-5-14   色 谱 分 析 数 据   单位:μL/L

分析日期	H_2	CO	CO_2	CH_4	C_2H_4	C_2H_6	C_2H_2	总烃	备注
04.7.26	0	3.34	10.33	0.69	0	0	0	0.69	局部放电前
04.7.27	4.66	20.46	275.98	1.02	0.15	0.28	0	1.45	运行
04.7.31	21.95	29.68	278.06	17.76	32.92	3.52	2.12	56.32	运行

经过四天的色谱跟踪分析，发现主变压器本体变压器油乙炔及总烃升高现象，为此进行了相关的色谱分析。

1. 故障（异常）严重程度诊断

因为总烃含量不高，不适合用相对产气速率进行判断，所以应计算其绝对产气速率 γ_a。

$$\gamma_a = [(C_{i2} - C_{i1})/\Delta t] \times (m/\rho) = [(56.32 - 1.45)/4] \times (46/0.89) = 709 \text{（mL/天）} \quad (2-5-19)$$

总烃绝对产气速率的注意值为不大于 12mL/天，可见气体上升速度很快，可认为设备有异常，须追踪分析。

故障（异常）源功率估算为

$$P = \frac{Q_i \gamma}{\varepsilon H} \quad (2-5-20)$$

其中，Q_i 为理论热值，9.38kJ/L；$\gamma = \sum C_{i2} - \sum C_{i1}$，单位换算为 L；因运行中发现铁芯接地电流比正常值大得多，初步判断为铁芯多点接地故障（异常），所以 ε 按铁芯局部过热计算，$\varepsilon = 100.009\,88T - 9.7$，$T = 837.64℃$；$H = 4$ 天 $= 4 \times 24 \times 60 \times 60s$。

$$P = \frac{9.38 \times [(56.32 + 21.95 + 29.68 + 278.06) - (1.45 + 4.66 + 20.46 + 275.98)]}{10^{0.009\,88 \times 837.64 - 9.7} \times 4 \times 24 \times 60 \times 60}$$

$P = 20\,787kW$，系非常严重的局部过热故障（异常）。

2. 故障（异常）类型诊断（用三比值法）

$C_2H_2/C_2H_4 = 2.12/32.92 \approx 0.06$，$CH_4/H_2 = 17.76/21.95 \approx 0.81$，

$C_2H_4/C_2H_6 = 32.92/3.52 \approx 9.35$；

上述比值范围编码组合为 002，由此推断故障（异常）性质为"高于 700℃ 高温范围的过热故障"。

3. 热点温度估算

$T = 322\lg(C_2H_4/C_2H_6) + 525$，$T = 322\lg(32.92/3.52) + 525 = 837.64℃$；

其估算温度与三比值法分析相符。

4. 油中溶解气体达到饱和所需要的时间估算

$$t = \frac{0.2 - \dfrac{\sum C_{i2}}{K_i} \times 10^{-6}}{\dfrac{\sum C_{i2} - C_{i1}}{K_i \Delta t} \times 10^{-6}} \text{（月）} \quad (2-5-21)$$

对故障（异常）设备而言，O_2 往往被消耗，其分压接近 0 值，即 O_2 在油中的溶解度为 0。由于没有测定 N_2，可按上式进行计算。其中可代入 7 月 27 日和 7 月 31 日的数据，$\Delta t = 4/30$（月），各种气体在矿物绝缘油中的奥斯特瓦尔德系数 K_i 可查表 2-5-15（国标 50℃ K 值）。

表2-5-15　　　　　各种气体在矿物绝缘油中的奥斯特瓦尔德系数

气体组分	K_i		
	IEC-60599-2007[1]		GB/T 17623-2017[2]
	20℃	50℃	50℃
H_2	0.05	0.05	0.06
O_2	0.17	0.17	0.17
N_2	0.09	0.09	0.09
CO	0.12	0.12	0.12
CO_2	1.08	1.00	0.92
CH_4	0.43	0.40	0.39
C_2H_4	1.70	1.40	1.46
C_2H_6	2.40	1.80	2.30
C_2H_2	1.20	0.9	1.02

[1] 这是从国际上几种最常用的牌号的变压器油得到的一些数据的平均值。实际数据与表中的这些数据会有些略有不同，但仍可以使用上面给出的数据，不影响从计算结果得出的结论。

[2] 国产油测试的平均值。则

$$t=\frac{0.2-\sum\left(\dfrac{17.76}{0.39}+\dfrac{32.92}{1.46}+\dfrac{3.52}{2.30}+\dfrac{2.12}{1.02}+\dfrac{21.95}{0.06}+\dfrac{29.68}{0.12}+\dfrac{278.06}{0.92}\right)\times10^{-6}}{\sum\left(\dfrac{17.76-1.02}{0.39}+\dfrac{32.92-0.15}{1.46}+\dfrac{3.24}{2.30}+\dfrac{2.12}{1.02}+\dfrac{17.29}{0.06}+\dfrac{9.22}{0.12}+\dfrac{2.08}{0.92}\right)\times\dfrac{10^{-6}}{4/30}}=60.84（月）$$

如果 t 值比较小，此时若不能检修，则必须立即对油进行脱气处理。

5. 故障（异常）点面积估算

计算故障（异常）源的面积 S 为

$$S=\frac{\gamma}{K}=\frac{83.46\times10^{-3}}{0.10}=0.83\ \mathrm{mm^2}$$

其中，由 $T=837.64℃$，查图得 $K=0.10\mathrm{mL/（mm^2\cdot min）}$。

式中 $\gamma=\dfrac{\sum C_{i2}-\sum C_{i1}}{4\times24\times60}=83.46\times10^{-3}\ \mathrm{mL/min}$。

对该变压器内部检查，是一个 M20 的螺帽卡在铁芯之间，实际故障（异常）面积很小，和计算结果基本相符。

由上述分析可知，故障（异常）发展非常迅速，且故障（异常）功率很大，建议停电检查。

6. 故障（异常）点部位估计

对于磁路故障（异常）一般无 C_2H_2，即使有，一般只占氢烃总量的 2% 以下，根据此变压器的色谱分析结果知，C_2H_2 占氢烃总量的 0.15%，初步判断故障（异常）在磁路。

经检查是一个 M20 镀锌螺钉帽夹在 10kV 低压侧 B、C 两相之间下部的铁芯夹件与铁芯之间。

（八）案例八　变压器匝间短路异常

某变压器型号为 SFPS7-150000/220，1989 年 12 月投运，运行后状况一直良好。2002 年 10 月 2 日该变压器重瓦斯保护动作，三侧断路器跳闸。当日从变压器本体取油样、气体继电器中取气样分析，故障（异常）前后的油、气分析结果，即色谱分析结果见表 2-5-16。

表 2-5-16　　某型号为 SFPS7-150000/220 变压器色谱分析结果　　　　单位：μL/L

样品	H_2	CO	CO_2	CH_4	C_2H_6	C_2H_4	C_2H_2	总烃
故障（异常）前5个月油样	2.0	180	920	13	2.8	7.8	0	23.6
故障（异常）后当天油样	331	289	1189	38	6.5	42	54	140
气体继电器中气样	2477	3651	1166	235	7.2	67	112	421
气样换算到油中理论值	148	438	1072	92	17	98	114	321

1. 故障（异常）分析

在重瓦斯保护动作前 5 个月，该变压器分析数据正常。重瓦斯保护动作后油中出现高含量故障（异常）气体，故障（异常）气体主要由 H_2 和 C_2H_2 组成，次要气体组分为 CH_4、C_2H_4、C_2H_6，符合放电故障（异常）的特征；三比值法编码组合为 102，故障类型为"电弧放电"。瓦斯气体中的烃类组分折算到油中的理论值大幅超过油中的实测值，总烃相对产气速率为 98.5%/月、远大于注意值 10%/月，表明电弧放电故障（异常）具有突发性特征。瓦斯气中的 H_2 含量与油中含量相比明显偏低，不排除是试验中某一环节引起（如瓦斯气样保存时间过长）。二氧化碳的增量与一氧化碳增量的比值为（1189-920）/（289-180）=2.47，故障（异常）有可能涉及固体绝缘。

2. 故障（异常）检查与查定

当日对变压器进行了电气试验，结果发现中压绕组直流电阻三相不平衡率达 7%，同时无法测量高压–中压的变压比（加不上试验电压）。根据分析初步判断为中压 C 相发生匝间短路故障（异常）。

吊罩后，对绕组检查中发现以下故障（异常）点：

（1）C 相中压绕组上段调压绕组的 2 号、4 号分接铜排引线在绕组拐弯处发生短路放电，铜排引线表面烧出一个直径 8mm 的缺口，故障（异常）部位的绝缘纸严重碳化。

（2）C 相中压绕组上段调压绕组的 3 号、5 号分接铜排引线严重变色，绝缘纸碳化变黑。经过综合分析，认为造成该变压器故障（异常）的主要原因是分接开关质量不良、引线设计不合理等，最终导致绝缘老化引起匝间短路。

（九）案例九　主变压器有载开关渗漏油异常

某型号为 SFSZL7-20000/110 的主变压器，1986 年投运，2000 年油中出现 C_2H_2 并超过 5μL/L 的注意值（此前 C_2H_2 含量为零），随后进行了两次色谱跟踪试验，该 110kV 主变压器油色谱分析结果见表 2-5-17。同时对设备进行各项电气试验，结果均无异常，红外测温结果也表明该主变压器的温度在正常范围内。

表 2-5-17　　　　　某 110kV 主变压器油色谱分析结果　　　　　单位：μL/L

试验日期	H_2	CO	CO_2	CH_4	C_2H_4	C_2H_6	C_2H_2	总烃
2000.3.13	12.5	985	7427	8.5	18.1	2.6	5.1	34.3
2000.5.22	12.9	1244	7758	10.6	18.2	3.0	5.6	37.4
2000.6.26	13.7	1167	7034	11.2	18.4	3.2	5.7	38.5

从油中故障（异常）气体特征看，似乎设备内部存在放电故障（异常）（三比值法的编码组合为 102，属于电弧放电）。但在 2000 年 3 月 13 日至 6 月 26 日这 3 个多月期间，油中的故障（异常）气体并无明显增长，与设备内部存在故障（异常）时的高产气速率明显不同。通过观察发现，原本变压器本体储油柜油位高于有载开关储油柜油位，但此时两个储油柜的油位已处于同一高度。为验证这一点，特放掉有载开关储油柜中的部分油，使两个储油柜的油位有了高度差，一个月后发现两个储油柜的油位又处于同一高度，这说明有载开关油室与本体主油箱相通。

2000 年 11 月对该变压器进行吊罩检查，在变压器内部未发现任何放电痕迹，发现有载开关油室与本体有几处相通：

（1）切换开关油室底部与快速机构相连的主轴处渗漏严重。

（2）绝缘筒壁上，用于安装固定法兰的 6 个螺栓连接处渗漏。

（3）切换油室底部 6 条引线密封处渗漏严重。因此，本案例为典型非故障（异常）原因引起的特征气体增高。

第六节　实　训　考　评

一、实训考评表

（一）硬件需求

国网技术学院按轮训周期设置考评工位。每个操作工位配置 1 套模拟取样装置、1 套气相色谱仪。

考评设备：模拟取样装置、气相色谱仪。仪器、仪表、工器具及耗材配置详见表 2-2-1。

（二）考评方式

每期安排负责人 1 人、维护支撑人员 2~3 人。每个考评工位设置 1 名考评员。

考评时长：每人的考评时间为 110min。

考评形式：采用单人操作、单人考评方式。

二、实训考评表

实训考评表见附录 2-3。

附录2-1 标准化作业卡

标 准 作 业 卡
×××变电站××设备取样、色谱检测工作

1. 作业信息

编制人：_____ 审核人：_____

设备双重名称		工作时间		作业卡编号	变电站名称+工作类别+年月+序号
检测环境	（温度）	（湿度）	检测分类		

2. 工序要求

序号	关键工序	标准及要求	风险辨识与预控措施	执行完打√或记录数据、签字
1	安全准备	现场取样至少由2人进行，与设备带电部分保持足够的安全距离，仪器接地应良好	工作前完成风险辨识，操作注射器时，握紧针头，且不能正对人，以防脱落伤人	
2	取样前准备工作	核对设备铭牌、设备名称，明确工作范围。记录环境温湿度等信息		
3	取样	检查设备、取样阀门正常正确连接取样管路。微正压完成气样、油样取样。关闭阀门，整理现场，恢复设备初始状态	取样过程中注意防漏油、喷油	
4	色谱仪标定	检查色谱仪运行正常。正确完成仪器标定	注意气瓶压力，调整减压阀至合适位置，不得超0.25MPa	
5	检测实施	正确进行油样分析		
		正确进行瓦斯气样分析	操作注射器时，握紧针头，且不能正对人，以防脱落伤人	
		打印分析结果原始数据、图谱		
		正确计算样品浓度平均值、重复性、油的理论浓度		
6	报告填写	按报告要求，正确填写相关基本信息、试验数据。分析试验数据，诊断设备故障，提出处理建议		
7	现场恢复	工器具恢复初始状态		

3. 签名确认

工作人员确认签名	

4. 执行评价

工作负责人签名:

附录2-2 检 测 报 告

油中溶解气体检测报告

一、基本信息

变电站		委托单位		检测单位		运行编号	
检测性质		检测日期		检测人员		检测地点	
报告日期		编写人员		审核人		批准人	
检测天气		环境温度（℃）		环境相对湿度（%）		大气压力（kPa）	
取样日期							

二、设备铭牌

设备信息	设备名称		型号		电压等级（kV）	
	容量（MVA）		油重（t）		油种	
	出厂序号		出厂年月		投运日期	
	冷却方式		调压方式		油保护方式	
取样条件	取样原因		油温（℃）		负荷（MVA）	

三、检测仪器和标准气体信息

装置	厂家	型号	出厂编号	有效期
色谱仪				
标准气体				

四、依据标准

检测依据：	判断依据：

五、检测数据

油样分析	油样1浓度（μL/L）	油样2浓度（μL/L）	油样浓度平均值（μL/L）	油样浓度差（μL/L）	油样浓度差允许值（μL/L）
氢气 H_2（μL/L）					
一氧化碳 CO（μL/L）					
二氧化碳 CO_2（μL/L）					
甲烷 CH_4（μL/L）					
乙烯 C_2H_4（μL/L）					
乙烷 C_2H_6（μL/L）					
乙炔 C_2H_2（μL/L）					
总烃（μL/L）					

续表

瓦斯气样分析	气样1浓度（μL/L）	气样2浓度（μL/L）	气样浓度平均值（μL/L）	气样浓度重复性（%）	油的理论浓度（μL/L）
氢气 H_2（μL/L）					
一氧化碳 CO（μL/L）					
二氧化碳 CO_2（μL/L）					
甲烷 CH_4（μL/L）					
乙烯 C_2H_4（μL/L）					
乙烷 C_2H_6（μL/L）					
乙炔 C_2H_2（μL/L）					
总烃（μL/L）					
结论					
备注					

附录 2-3 实 训 考 评 表

油浸式变压器（电抗器）取样及诊断分析实训考评表

工位号		姓名		考评员		
场次		考评日期		完成总时间		成绩	
需要说明的问题和要求		1. 本工作由被考核人独立完成，劳动防护用品穿戴规范，注意安全文明操作。 　2. 考评前技术支撑人员完成以下工作：色谱仪提前开机，在分析状态稳定 60min；取样装置中按要求充入标准油、瓦斯标准气体。 　3. 考评开始前，由考评员下令，被考核人佩戴安全帽；检查色谱仪处于分析状态，取样装置完成充气；被考核人检查完毕后向考评员报告，待考评员下令开始考评。 　4. 考评结束前 15min、5min，考评员分别提醒一次。 　5. 被考核人操作工序不受操作规范要求顺序限制，以正确完成操作为准。 　6. 考评员可对未列入操作规范要求（扣分标准）、违反《安规》及有关标准、规程要求的行为扣分，扣分分值不超过分项总分值				
工具、仪器、技术资料		1. 试验报告记录表、作业指导卡、A4 纸、笔、计算器、板夹。 2. 取样装置、色谱分析仪、标气瓶、取样工具、试验器具等				

序号	项目名称	操作规范要求（扣分标准）	分值	得分	备注
1	准备工作	1. 人员着装符合规范，精神状态良好。（1分） 2. 向现场考评员申请实操项目开始。（1分） 3. 取样工器具就位，开工。（1分）	3		
2	取样	1. 检查注射器气密性、灵活性。（3分） 2. 检查胶帽、三通、硅胶管。（3分） 3. 记录设备信息及继电器气量，填写粘贴标签。（2分） 4. 检查、擦拭取油阀门。（1分） 5. 连接三通、取样管路和注射器。（3分） 6. 冲洗注射器，正压取油样 2 个并密封（取油量 80～100mL）。（10分） 7. 擦拭集气盒放油阀门及取气阀门。（1分） 8. 连接三通、取样管路和注射器。（3分） 9. 转移瓦斯气到集气盒。（2分） 10. 从集气盒中取气样 1 个（取气量 30～50mL）。（5分） 11. 排出残气并关闭阀门。（2分） 12. 擦拭取油阀门，检查渗油情况。（1分） 13. 拆掉取样管路，恢复初始状态。（1分）	37		
3	色谱仪标定	1. 检查色谱仪运行状态。（2分） 2. 检查标准气瓶信息。（2分） 3. 正确进行标气分析 2 次。（4分） 4. 分析结束后对标样谱图检查处理。（1分） 5. 正确采用校正因子。（2分） 6. 打印分析结果原始数据和图谱。（1分）	12		
4	气样分析	1. 正确进行气样分析 2 次。（4分） 2. 分析结束后，对谱图进行检查处理。（2分） 3. 打印分析结果原始数据和图谱。（2分） 4. 计算气样浓度的重复性。（4分） 5. 计算油中溶解气体理论值。（2分）	14		

续表

序号	项目名称	操作规范要求（扣分标准）	分值	得分	备注
5	油样分析	1. 在数据工作站中选择自动（绝缘油）方法。（1分） 2. 将不少于 80mL 样品注射器与进油三通连接好，点击样品，输入样品信息后点击确定，正确进行油样分析 2 次。（3分） 3. 分析结束后，对谱图进行检查处理。（2分） 4. 打印分析结果原始数据和图谱。（2分） 5. 计算油样的浓度差、平均值、油样浓度差允许值。（4分）	12		
6	出具试验报告	1. 规范填写相关信息。（4分） 2. 规范记录试验数据，计算测试重复性。（4分） 3. 对检测结果进行分析、出具结果。（4分） 4. 进行故障（异常）诊断，提出处理建议。（8分）	20		
7	收工	1. 检查恢复现场。（1分） 2. 汇报结束并提交报告。（1分）	2		
合计			100		
备注	操作时间 95min，编制报告 15min				

第三章

GIS（HGIS）气室诊断分析

GIS（HGIS）气室
诊断分析操作示范

培训目标： 通过本次培训，使运维一体化人员熟练掌握 GIS 设备 SF$_6$ 气体检测分析技术，包括 SF$_6$ 气体湿度、纯度、分解产物的检测技术。能够规范使用 SF$_6$ 气体综合分析仪进行标准化作业，能够诊断 SF$_6$ 气体异常原因、提出检修建议并出具试验报告。

第一节 基 础 知 识

GIS（HGIS）气室
诊断分析基础知识

一、专业理论基础

（一）SF$_6$ 气体简介

1. SF$_6$ 气体特性

（1）SF$_6$ 气体的物理特性。

SF$_6$ 在常温常压下是一种无色、无味、无毒、不可燃、不助燃的气体，在 20℃、标准大气压下密度为 6.16g/L，约为空气的五倍。纯净 SF$_6$ 气体化学性质相对稳定，在常温下一般不会发生化合反应。SF$_6$ 分子结构图如图 3-1-1 所示。

分子结构正八面体，F-S-F键角90℃，完全对称无极性分子

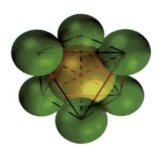

图 3-1-1 SF$_6$ 分子结构图

SF$_6$ 临界温度（气体可以被液化的最高温度）为 45.6℃，临界压力（在临界温度时使气体液化所需的最小压力）为 3.84MPa。

（2）SF_6 气体的电气特性。

SF_6 气体为负电性气体，氟原子的高负电性和 SF_6 分子的大质量，使 SF_6 具有优异的电气性能。

1）绝缘强度高。SF_6 气体具有较高的绝缘强度，是理想的绝缘介质。在均匀电场下，SF_6 气体绝缘强度是同等气压下空气的 2.5～3 倍，气压为 294.2KPa 的 SF_6 气体绝缘强度与绝缘油相同。

2）灭弧性能强。SF_6 气体依靠自身的强电负性和热化特性灭弧。SF_6 的电弧时间常数约为空气的 1/100，灭弧能力约为空气的 100 倍，适用于高电压、大电流的开断。

SF_6 在电弧作用下分解出低氟化物和氟原子，这些分解产物具有较强的电负性，在电弧中吸收大量电子，减少电子密度，降低电导率，促使电弧熄灭。

2. SF_6 气体影响

（1）对环境的影响。

SF_6 是惰性气体，在水中的溶解度低，对地表及地下水均无危害，不会在生态循环中积累，对生态系统的危害小。

SF_6 气体对温室效应存在潜在的影响，约为 CO_2 的 23 900 倍。常见温室气体的增温效应如图 3－1－2 所示。

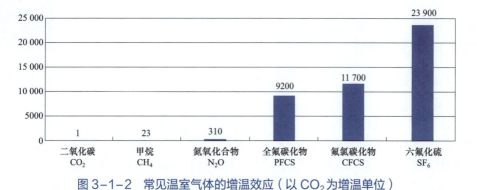

图 3－1－2　常见温室气体的增温效应（以 CO_2 为增温单位）

（2）对人体安全的影响。

SF_6 气体的密度约为空气的 5 倍，工作环境中 SF_6 气体会聚集在低凹区域，如 GIS 变电站不通风的电缆沟、电缆输送管、检查坑、排水系统等区域。在上述区域工作时，工作环境需有空气流动和通风设备，空气中 SF_6 气体含量应低于 1000μL/L，氧气极限含量不得小于 18%。

高压 SF_6 可能造成机械损伤，设备 SF_6 气体的压力高于大气压力。在设备处理时，需预防高压力气体有可能发生的伤害。

SF_6 可能造成气化冻伤，SF_6 在钢瓶中为气液共存态，压缩的 SF_6 气体被迅速释放、突然扩散时，温度会迅速降低到 0℃ 以下。在向设备充气时，没有保护措施的操作人员可能被喷出的低温 SF_6 气体冻伤。

SF_6 电气设备放电、过热故障，导致 SF_6 产生有毒分解产物。人接触分解产物后，眼、鼻、喉区会出现发红、发痒和轻度疼痛等症状，伴有皮肤瘙痒。工作人员处理设备的 SF_6 气体泄漏、接触设备中产生的 SF_6 气体分解产物时，应采取防毒措施。SF_6 气体分解物毒性特征表见表 3-1-1。

表 3-1-1　　　　　　　　　　　　SF_6 气体分解物毒性特征表

分解物	毒性特征	分解物	毒性特征
SF_4	肺部侵害作用，影响呼吸系统	SOF_2	窒息性，剧毒，造成严重水肿、呕吐、黏膜刺激
HF	对皮肤、黏膜有强刺激作用，引起肺水肿、肺炎等	SO_2F_2	导致痉挛，中毒不易察觉，发作后迅速死亡
SF_2	类似 HF 的毒性	SOF_4	肺部侵害作用
S_2F_{10}	破坏呼吸系统	SO_2	损害黏膜、呼吸系统，引发胃肠功能障碍，疲劳等

3. SF_6 气体管理

（1）电气设备 SF_6 气体管理措施如下：

1）SF_6 气体需检测质量合格后，才能充入设备使用。

2）设备解体时，应使用 SF_6 气体回收装置对 SF_6 气体进行回收，禁止将大量 SF_6 气体、SF_6 气体分解产物排放到大气和环境中。

3）电气设备出现气体泄漏故障时，不能用频繁补气代替检修处理。

（2）SF_6 气瓶的管理措施如下：

1）气瓶不能暴晒、受潮，不允许靠近热源有油污的地方，应将气瓶存放在室内阴凉处，存放时气瓶竖立放置标志向外。

2）气瓶运输时可以卧放，防止振动。气瓶的胶圈、安全帽要齐全。气瓶装卸时轻装轻放，严禁气瓶互相碰撞，不允许溜放、抛卸。

3）钢瓶液态 SF_6 气化会吸收热量，温度迅速降低到零下。使用气瓶对设备充气时，必须使用减压阀，应预防钢瓶管路泄漏，被喷射出来的低温气体冻伤。

（二）SF_6 气体异常类型

SF_6 气体状态是运行设备状态评价的关键参量，为确保设备和电网的安全运行，应按期、及时、有效地开展运行设备的 SF_6 气体状态检测。

1. SF_6 气体湿度超标

SF_6 气体中的水分含量偏高，会对电气设备的性能、运行安全、使用寿命，及人身健康安全造成潜在威胁。不同温度下设备含水量对闪络电压的影响如图 3-1-3 所示。

设备中 SF_6 气体湿度超标的主要原因有以下几种：

（1）SF_6 新气含水量不合格。SF_6 气体生产厂家出厂检测未把关，或 SF_6 气体的运输过程和存放环境不符合要求。

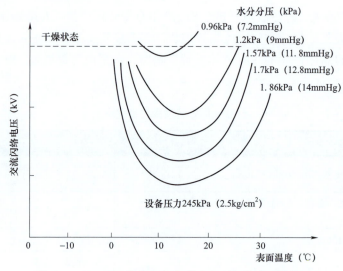

图 3-1-3 不同温度下设备含水量对闪络电压的影响

（2）充气过程带入的水分。设备充气时，工作人员未按有关规程和检修工艺要求进行操作，如充气时 SF_6 气瓶未倒立放置，管路、接口不干燥或装配时暴露在空气中的时间过长等，导致水分进入。

（3）绝缘件带入的水分。设备生产厂家在装配前，未干燥处理绝缘件或干燥处理不合格；解体检修设备时，绝缘件暴露在空气中的时间过长导致受潮；绝缘件老化导致释放水分。

（4）吸附剂的影响。若设备安装过程中忘记放置吸附剂，随着运行时间增加，设备中 SF_6 气体水分随之持续增加，导致湿度超标，通过检测 SF_6 气体湿度较易发现设备中忘装吸附剂或吸附剂失效等缺陷。

（5）透过密封件渗入的水分。设备中 SF_6 气体压力比外界大气压高 4～5 倍，外界的水分压力比设备内部高。水分子等效分子直径仅为 SF_6 分子的 0.7 倍，渗透力极强，在内外巨大压差作用下，大气中的水分会逐渐通过密封件渗入设备内部 SF_6 气体中。

（6）设备泄漏点渗入的水分。设备的充气口、管路接头、法兰处、铝铸件砂孔等均可能成为泄漏点，导致空气中的水蒸气逐渐渗透到设备内部，时间越长渗入水分越多，使 SF_6 气体湿度超标。

2. SF_6 气体纯度超标

SF_6 气体纯度降低，会降低 SF_6 气体的击穿电压，绝缘强度将大幅度下降，容易被高电压击穿造成事故。

设备中 SF_6 气体纯度不足，可能存在如下原因：

（1）SF_6 新气纯度不合格。SF_6 气体生产过程或出厂检测未达到标准要求，SF_6 气体的运输过程和存放环境不符合要求。

（2）充气过程带入的杂质。设备充气时，工作人员未按有关规程和检修工艺要求进行操作，如设备真空度不够，气体管路材质、管路和接口密封性不符合要求等，导致杂质进入 SF_6 气体。

（3）绝缘件吸附的杂质。设备生产厂家在装配前对绝缘未做干燥处理或干燥处理不合格；解体检修设备时，绝缘件暴露在空气中的时间过长。

（4）设备内部缺陷产生的杂质。设备运行中发生局部放电、过热等故障，导致 SF_6 气体产生硫化物、碳化物等分解物，使 SF_6 气体纯度不足。

3. SF_6 气体分解物超标

正常运行的 SF_6 电气设备，非灭弧室中一般没有 SF_6 气体分解产物，有灭弧气室的断路器，因其分合速度快、灭弧性能良好、SF_6 气体具有高复合性（99.9%以上），气室中也没有明显的分解产物。

基于大量电气设备故障实例统计，SF_6 电气设备发生故障时，设备内 SF_6 气体中会产生含量显著的多种氟化物、硫化物。检测这些故障特征分解物，可以快速诊断设备内部缺陷，准确判断设备潜伏性故障，避免事故扩大。

（1）放电故障下 SF_6 气体各项分解物产生机理。统计分析大量的 SF_6 断路器、互感器和 GIS 的故障实例，SF_6 电气设备内部常见的放电故障类型与分解产物的特征组分关系举例如下：

1）导电金属对地放电。这类故障主要由于内部绝缘缺陷（SF_6 气体中的导电颗粒，绝缘子和拉杆绝缘老化，气泡与表面脏污等）形成对地导电回路，导致对地放电，表现为电弧放电。这种放电特点是能量很大，足以故障区域的 SF_6 气体、金属触头和固体绝缘材料分解，产生大量的 SO_2、H_2S、HF、CO、金属氟化物等。

2）气体间隙局部放电。这类放电仅造成导体间隙之间的绝缘局部短路、桥接，而不形成导电通道。通常由于零件松动（断路器动触头与绝缘拉杆间的连接插销松动、TA 二次引出线电容屏上部固定螺钉松动、避雷器电阻片固定螺钉松动等）引发两侧金属部件间悬浮电位放电，表面尖端（制造工艺差，运输安装不当等）引发的尖端放电，绝缘件受潮、脏污引发的绝缘件表面放电等原因导致。这种放电特点是能量不大，一般情况下只能造成 SF_6 分解产物，产生微量的 SO_2、HF、H_2S。

3）断路器重燃。断路器正常开断时，电弧一般在 1～2 个周波熄灭，但当灭弧性能不好或切断电流不过零时，电弧不能及时熄灭，将灼伤灭弧室和触头，此时 SF_6 气体和聚四氟乙烯分解，产生 SO_2、H_2S、CF_4 和 HF。

（2）过热故障下 SF_6 气体各项分解物产生机理。过热故障生成的 SF_6 分解产物与材料加热温度、压强和时间有关。SF_6 电气设备内部常见的过热故障类型与分解产物的特征组分关系举例如下：

1）导电杆的连接接触不良。导电杆连接的接触不良使得导电接触电阻增大，故障点温度升高。当温度超过 500℃，SF_6 气体发生分解，温度达到 600℃时，金属导体开始熔化，并引起支撑绝缘子材料分解（例如动、静触头或导电杆连接处梅花触头外的包箍蠕变断裂，最后引起触头融化脱落），产生 SO_2、H_2S、CO、CO_2、CF_4、HF 等。

2）互感器、变压器匝层间和套管电容屏短路。此类故障使得故障区域 SF_6 气体和固体绝缘材料裂解，产生 SO_2、SOF_2、H_2S、HF、CO、H_2 和低分子烃等。

3）断路器断口并联电阻、电容内部短路。断口的并联电阻、电容质量不佳时，容易引发短路，导致 SF_6 气体裂解，产生 SO_2、H_2S 和 HF。

综上，在放电和热分解过程中及水分作用下，SF_6 气体分解产物主要为 SO_2、H_2S、HF，当故障涉及固体绝缘材料电解或热解时，还会产生 CF_4、CO 和 CO_2。由于大多数故障都会导致 SO_2 和 H_2S 显著增长，所以气室诊断关注的主要检测对象是 SO_2、H_2S、CO 及 HF。

（三）SF_6 气体检测技术

SF_6 气体检测技术主要应用于运行设备中气体质量的监督管理、运行设备状态评价及设备故障定位等方面。

1. SF_6 气体纯度检测技术

SF_6 气体纯度主要检测方法有热导法、气相色谱法、红外光谱法。目前应用较多的是热导法和气相色谱法。

（1）热导法。

目前 SF_6 纯度检测仪大部分采用热导传感器。热导传感器的原理是纯净 SF_6 气体带有其他气体后，会引起纯净 SF_6 气体导热系数变化，引起热导传感器电阻阻值变化、电桥失衡，影响到输出电压，最终换算出待测气体含量，进而准确计算出 SF_6 中混合气体的浓度。

热导传感器与其他检测方法相比，具有检测范围广、工作稳定性好、使用寿命长、可检测几乎所有的气体、检测装置结构简单、价格便宜、使用维护方便等特点。

（2）气相色谱法。

气相色谱法检测 SF_6 气体纯度，以色谱柱分离技术为基础，配合热导检测器，检测 SF_6 气体中的空气和 CF_4 含量，从而得到 SF_6 气体的纯度。

气相色谱法优点为：消耗 SF_6 气体少，相比应用热导传感器的便携式仪器，气相色谱仪测试结果更为精确。

气相色谱法缺点为：气相色谱仪只能安装在实验室环境下使用，故需要现场取气到实验室检测。

2. SF_6 气体湿度检测技术

SF_6 气体湿度采用检测方法有质量法、电解法、阻容法、露点法。目前 SF_6 气体湿度现场检测主要采用露点法和阻容法。

（1）露点法。露点法检测原理是使 SF_6 气体在恒定压力下，以一定流量经过测试室的抛光金属镜面，金属镜面用半导体制冷。当 SF_6 气体中的水蒸气随镜面温度的降低而达到饱和时，镜表面开始结露（此时的温度称为露点）。通过光电测试系统指示出露点值，并根据露点值与 SF_6 气体含水量的关系计算出 SF_6 中水分含量。

（2）阻容法。阻容法的原理是当被测气体通过电子湿度仪的传感器时，气体湿度的变化引起传感器电阻、电容量的改变，从而根据传感器吸湿后电阻电容的变化量计算出微水含量。

露点法和阻容法相比其他方法，有灵敏度高、检测周期短、适用现场检测等优点。

3. SF_6 气体分解物检测技术

SF_6 气体分解物检测常用方法有气体检测管法、红外光谱法、电化学法、气相色谱法、气相色谱—质谱联用分析法等。目前对 SO_2、H_2S、CO、HF 四类分解物常采用电化学传感器法、气体检测管法、对 CF_4 常采用气相色谱法。

（1）电化学传感器法。电化学传感器法根据被测气体在高温催化剂作用的化学反应，改变电化学传感器输出的电信号，从而确定被测气体中的组分及其含量。电化学法的优点为检测周期短、灵敏度高，适用于现场便捷检测。

（2）气相色谱法。气相色谱法利用不同分解物在固定相和流动相中具有不同分配系数的原理，当载气流动时，这些分解物在色谱柱中进行多次反复分配而实现分离，经过检测器转变为对应不同分解物的电信号，从而准确测出分解物含量。气相色谱法优点为能够满足精确测量要求，更多应用于实验室检测。

（3）气体检测管法。气体检测管的原理是分解产物气体与检测管内填充的化学试剂发生反应，生成特定的化合物，引起指示剂颜色变化，根据颜色变化，指示的长度，得到被测气体中分解产物的含量。气体检测管如图 3-1-4 所示。

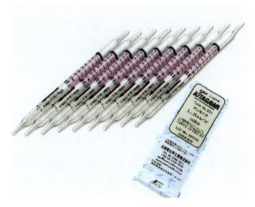

图 3-1-4　气体检测管

二、主要标准、规程

本章教材引用标准如下：

GB/T 8905—2012《六氟化硫电气设备中气体管理和检测导则》

GB/T 12022—2014《工业六氟化硫》

Q/GDW 447—2010《气体绝缘金属封闭开关设备状态检修导则》

Q/GDW 448—2010《气体绝缘金属封闭开关设备状态评价导则》

Q/GDW 1896—2013《SF_6 气体分解产物检测技术现场应用导则》

Q/GDW 11305—2014《SF_6 气体湿度带电检测技术现场应用导则》

Q/GDW 11644—2016《SF_6 气体纯度带电检测技术现场应用导则》

《国家电网公司变电检测管理通用细则　第 7 分册　SF_6 湿度检测细则》

《国家电网公司变电检测管理通用细则　第 8 分册　SF_6 分解产物检测细则》

第二节 SF₆气室诊断准备工作

一、检测条件

（一）安全要求

1. 环境安全要求

作业应在良好的天气下进行，如遇雷、雨、雪、雾不得在室外进行该项工作，风力大于 5 级时，不宜在室外进行该项工作；如果在室内工作，应有良好的通风系统，应保证每15min 换气一次。

2. 防触电安全要求

与设备带电部位保持足够的安全距离；保证被测设备绝缘良好，防止低压触电；现场应具备安全可靠的独立电源，禁止从运行设备上接取检测用电源。SF₆断路器（开关）进行操作时，禁止检测人员在其外壳上进行工作。防止误碰误动设备，避免踩踏气体管道及其他二次线缆。

3. 防中毒、气体泄漏安全要求

应严格遵守操作规程，必要时检测人员应佩戴安全防护用具；应认真检查气体管路、检测仪器与设备的连接，防止气体泄漏；检测人员和检测仪器应避开设备取气阀门开口方向，防止取气造成设备内气体大量泄漏及发生其他意外，防止气体压力突变造成气体管路和检测仪器损坏；设备内 SF₆气体不准向大气排放，应采取回收措施，回收时作业人员应站在上风侧；当气体绝缘设备发生故障引起大量 SF₆气体外溢时，检测人员应立即撤离事故现场。

4. 其他安全要求

检测工作不得少于两人。负责人应由有经验的人员担任，开始试验前，负责人应向全体检测人员详细布置检测中的安全注意事项，交代带电部位，以及其他安全注意事项。检测结束时，检测人员应拆除自装的管路及接线，并对被试设备进行检查，恢复试验前的状态，经负责人复查后，进行现场清理。

（二）环境要求

1. 空气质量

作业现场含氧量达到 18% 以上，SF₆气体浓度小于 1000μL/L。

2. 安全布置

现场作业环境安全措施应布置到位。

3. 环境温度

环境温湿度应满足作业要求：温度适宜在 10～35℃，相对湿度不超过 85%。检测环境温湿度如图 3-2-1 所示。

（三）人员要求

进行电力设备 SF_6 分解产物带电检测的人员应具备如下条件。

1. 理论基础

熟悉 SF_6 分解产物检测技术的基本原理、诊断分析方法；了解被测设备的结构特点、工作原理、运行状况和导致设备故障的基本因素。

2. 仪器操作

了解 SF_6 分解产物检测仪的工作原理、技术参数和性能；掌握 SF_6 分解产物检测仪的操作方法。

图 3-2-1　检测环境温湿度

3. 专业经验

具有一定的现场工作经验，熟悉各种影响试验结论的原因及消除方法，并能严格遵守电力生产和工作现场的相关安全管理规定。

4. 作业资格

经过上岗培训并考试合格。

（四）待测设备要求

被试设备应满足如下要求：

（1）被试设备气室中 SF_6 气体充入已超过 24h，且气室压力在正常范围内。

（2）例行试验时，被试灭弧气室应连续运行 48h 内无开断电弧操作。

（3）被试设备上无各种外部作业。

（五）仪器要求

对 SF_6 气体综合检测仪有如下要求。

1. 功能要求

（1）分解物检测。能同时检测设备中 SF_6 气体的 SO_2、H_2S 和 CO 组分的含量；具备 SO_2 双量程切换功能。

（2）纯度检测。SF_6 气体纯度应能显示体积分数、质量分数结果。

（3）湿度检测。能观察露的出现和准确地测量露点；气路系统体积小且气密性好，露点室内气压应接近大气压力；当仪器温度高于气体中水分露点至少 2℃时，可以控制气体进出仪器的流量。

（4）其他功能。具备样气清除、动态温度校正补偿、用户自校准功能；检测仪接口能连接设备的取气阀门，且能承受设备内部的气体压力。应具有数据存储、查询、输出功能；阻容式检测仪应具有开放式校准接口、干燥保护装置。

2. 主要技术指标

（1）分解物检测。对 SO_2 和 H_2S 气体的检测量程应不低于 $100\mu L/L$，CO 气体的检测量程应不低于 $500\mu L/L$；检测时所需气体流量应不大于 300mL/min，响应时间应不大于 60s；最小检测量应不大于 $0.5\mu L/L$。

（2）湿度检测。环境温度为20℃，露点仪的测量范围应满足0～-60℃，其测量误差不超过±0.6℃；在25℃条件下，其最大允许误差应不超过5%RH；如果为阻容式湿度计，测量范围应满足0～-60℃，其测量误差不应超过±2℃。

（3）纯度检测。测量量程90%～100%（质量分数）、65%～100%（体积分数）；示值误差不超过±0.2%（质量分数）；重复性不超过0.1%；分辨率不大于0.03%（质量分数）；响应时间不大于30s；测量流量（200±5）mL/min。

二、现场勘察

1. 空气质量

室内作业时，进场前确保通风15min，通过作业现场入口处的SF_6气体监测装置检测作业现场含氧量达到18%以上，SF_6气体浓度小于1000μL/L，否则应开启风机通风15～20分钟、满足条件后再开始工作。现场应安置SF_6浓度在线报警装置。SF_6气体监测装置如图3-2-2所示。

2. 风速风向

检查风向（仅室外），并保证全程在上风侧进行作业。

3. 安全措施

检查现场作业环境安全措施应布置到位。根据工作需要增加补充安全措施。

4. 试验条件

检查现场是否具备安全可靠独立试验电源，禁止与运行设备共用电源；检查现场应有可靠接地点，被试设备外壳接地良好。现场具备的独立试验电源如图3-2-3所示。

图3-2-2　SF_6气体监测装置

图3-2-3　现场具备的独立试验电源

5. 设备条件

现场试验前，应详细了解被试设备的运行情况，核查与工作情况相符的上次检测的记录，制定相应的技术措施；确保被测设备上无其他作业。

测前检查被试设备截止阀，应在常开状态。测前检查被试设备截止阀状态如图3-2-4所示。

三、标准化作业卡

作业前应准备《SF$_6$气室诊断标准化作业卡》和《检测报告》，作业过程应遵照相关规程及《SF$_6$气室诊断标准化作业卡》执行，内容如下。

（一）作业信息

标准化作业卡中作业信息包括工位编号、工作起始与结束时间、作业卡编号。

（二）工序要求

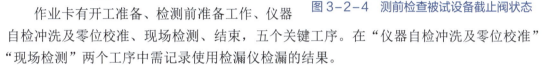

图3-2-4　测前检查被试设备截止阀状态

作业卡有开工准备、检测前准备工作、仪器自检冲洗及零位校准、现场检测、结束，五个关键工序。在"仪器自检冲洗及零位校准""现场检测"两个工序中需记录使用检漏仪检漏的结果。

《SF$_6$气室诊断标准化作业卡》见附录3-1。

检测过程中的各项检测数据应手写记录于《检测报告》中，《检测报告》见附录3-2。

四、工具准备

（一）仪器、仪表、工器具配备及检查

1. 仪器、仪表、工器具准备

需要准备的重要工具仪表有：SF$_6$气体分析仪及配件、SF$_6$气瓶、减压阀、SF$_6$检漏仪、尾气收集袋/尾气回收装置、温湿度计、风向仪（室外）、电源盘或插排。

根据需要配置万用表、吹风筒、扳手、无毛纸等仪器、仪表及工器具。各项仪器、仪表、工器具的款式、型号可参考附录3-3中仪器仪表配置表进行选择。

2. 仪器、仪表、工器具检查

需检查的仪器、仪表、工器具见表3-2-1。

表3-2-1　　　　　　　　　　　　仪器、仪表、工器具检查项

仪器、仪表、工器具	检查项
气体分析仪	在检测合格期内，外观良好
气体分析仪配套转接头	齐全、清洁、无焊剂和油脂等污染物
气体分析仪配件	配件完备（一字螺钉旋具、电源线、触控笔、说明书）
万用表、温湿度计、风向仪	外观完好，功能正常，合格证书齐全，在检定期内，电量充足
SF$_6$气瓶	合格证书、钢瓶编号齐全，处于检定期内，外观无异常
导气管	长度不宜超过5m，接头无破损、管路无破损无折弯
尾气排放管	长度不宜小于5m，管路无破损无折弯
尾气收集袋/尾气回收装置	完好无破损，在合格期内，阀门完好且在关闭状态

续表

仪器、仪表、工器具	检查项
检漏仪	在检测合格期内，电量充足，传感器部位防尘、防水过滤膜干净无堵塞
电源盘/插排、吹风筒	外观完好，无破损，能够正常使用
接地线	使用万用表导通挡检查接地线导通（如图3-2-5所示）
现场电源	使用万用表电压挡检查供电电压是否满足使用要求
扳手、工具箱、手套	齐全，外观无异常
无毛纸等其他工具	齐全

检查仪器接地线导通情况

图3-2-5　使用万用表检查接地线导通情况

（二）安全防护用品配备及检查

需配备及检查的安全防护用品见表3-2-2。

表3-2-2　　　　　　　　　　　　安全防护用品检查项

安全防护用品	检查项
安全帽	在合格周期内，外观无异常，帽带、帽衬、帽箍扣均完好
防毒口罩	在合格周期内，外观无异常，密封严密无漏气
工作服	全棉长袖工作服，穿戴时衣扣袖扣扣好
绝缘鞋	无破损，正确穿着

第三节　　SF_6气室诊断作业流程

一、仪器与管路连接

（一）仪器接地

气体综合分析仪的接地端口如图3-3-1所示。进行仪器接地，先连接地端，再连仪器端。JH6000D 仪器与 STP1000PRO 仪器的接地端口均位于后板。仪器接地操作如图 3-3-2 所示。

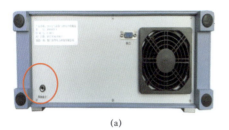

(a)

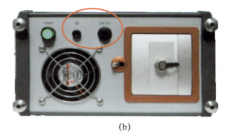

(b)

图 3-3-1　气体综合分析仪的接地端口

（a）JH6000D 侧面的接地端；（b）STP1000PRO 背面接地端（中）与排气端（右）

(a)

(b)

图 3-3-2　仪器接地操作

（a）先接接地端；（b）后接仪器端

关闭插排/电源盘开关，将吹风机与仪器（如果仪器电量不充足）连接到电源盘，打开电源盘开关。

（二）连接取气管路

1. 连接仪器与 SF_6 气瓶

检查 SF_6 气瓶阀门，减压阀阀门均在关闭状态，取下 SF_6 气瓶阀门保护帽。

将减压阀连接到 SF_6 气瓶出气口，如果接口处漏气，借助生料带密封。

挑选减压阀专用的转接头，连接至减压阀出气口。SF_6 气瓶连接导气管如图 3-3-3 所示。

最后用取气管将仪器与 SF_6 气瓶管路上的转接头相连。JH6000D 型气体综合分析仪连接取气管如图 3-3-4 所示。

对于有针阀的导气管，应先顺时针旋转取气管流量针阀至关闭状态，然后再连接管路。在逐级开启气路时，针阀在最后一级缓慢拧开，防止气体压力突变造成气体管路和检测仪器损坏。有针阀的导气管、转接头与钢瓶连接示意图如图 3-3-5 所示。STP1000PRO 正面的导气口如图 3-3-6 所示。

(a) (b)

图 3-3-3　SF₆ 气瓶连接导气管

（a）SF₆ 气瓶加装减压阀；（b）减压阀连接转接头与导气管

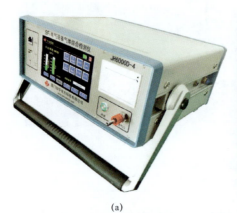

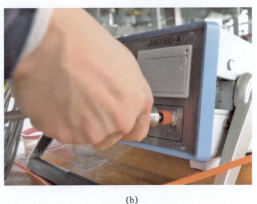

(a) (b)

图 3-3-4　JH6000D 型气体综合分析仪连接取气管

（a）仪器导气口位置（右）；（b）仪器连接取气管

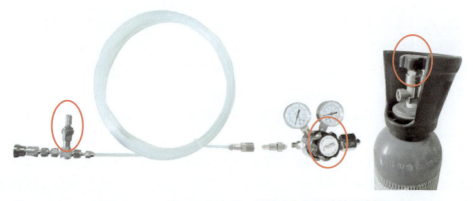

图 3-3-5　有针阀的导气管、转接头与钢瓶连接示意图

图 3-3-6　STP1000PRO 正面的导气口（右）

2. 连接尾气回收系统

通过排气管连接仪器与尾气回收袋/尾气回收装置，连接完成后，排气口与排气管朝向下风侧，尾气回收袋放于 5m 外低洼处。最后打开尾气回收袋阀门。连接排气管到仪器排气口如图 3-3-7 所示。

逐级开启高纯气瓶阀门、减压阀阀门。如果使用 JH6000D，压力调节至 0.2～0.4MPa。如果使用 STP1000PRO，压力调节至 0.3MPa 以上，并完全打开导气管上的流量调节针阀（需逆时针缓慢拧动）。通过减压阀调节压力如图 3-3-8 所示。

图 3-3-7　连接排气管到仪器排气口　　　　图 3-3-8　通过减压阀调节压力

对连接好的气路进行检漏。

注意：① 任何气路上的通气口（被试设备取气口、防尘保护盖帽、减压阀、转接头、导气管口）首次连接和最后恢复时均需进行清洁擦拭，过于潮湿时用吹风筒进行烘干。② 任何时候新接、更改气路并开启阀门后，在冲洗、检测前都要进行气路检漏。③ 任何时候断开气路，取气口都要用吹风筒吹净残气后检漏。检漏速度不超过 25mm/s。下述过程不再赘述。

（三）仪器开机、自检

使用 JH6000D 时，打开 JH6000D 气体综合分析仪，仪器自动进入自检和预热，预热时间为 5min。注意预热时保持流量开启，JH6000D 仪器可自动控制流量。检查 JH6000D 的触摸屏是否可操作性，电量是否充足。JH6000D 预热界面如图 3-3-9 所示。

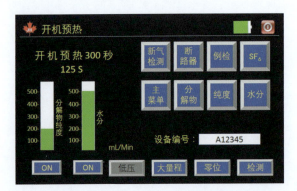

图 3-3-9　JH6000D 预热界面

使用 STP1000PRO 时，打开 STP1000PRO 气体综合分析仪，仪器自动进入自检。STP1000PRO 仪器不需预热。STP1000PRO 开机自检如图 3-3-10 所示。

图 3-3-10　STP1000PRO 开机自检

二、被试设备信息

查看被试设备生产厂家、出厂日期、出厂编号、设备型号、额定电压、设备额定压力。被测气室名称和编号（被试设备双重名称），被测气室为断路器/其他气室。

三、仪器参数设置

（一）仪器冲洗置零

使用 JH6000D 时，在预热完成后选择被测气室类型为"断路器/其他设备"。进入"零位"界面，选择"SF$_6$清洗"开始冲洗。JH6000D 零位校准界面如图 3-3-11 所示。

按 JH6000D 仪器使用要求冲洗至零位，冲洗中再次单击"SF$_6$清洗"可结束冲洗。

使用 STP1000PRO 时，当压力调至大于 0.3MPa 时，压力指示灯亮。单击"重试"按钮，系统自动跳转测量主界面。仪器自动调节流量，默认以 600mL/min 流量冲洗管路及各部件 1min，然后自动稳定为 300mL/min。STP1000PRO 压力指示灯如图 3-3-12 所示。

开机默认在 SO$_2$ 大量程状态，按 STP1000PRO 仪器使用要求冲洗至零位，大量程冲洗结束；单击"SO$_2$ 示值区"，切换到小量程，重复上述冲洗步骤。STP1000PRO 主界面如图 3-3-13 所示。

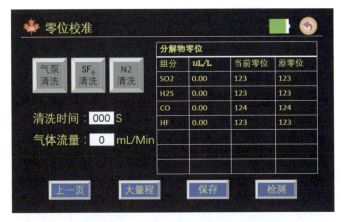

图 3-3-11　JH6000D 零位校准界面

图 3-3-12　STP1000PRO 压力指示灯

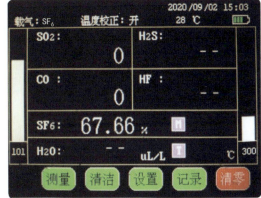

图 3-3-13　STP1000PRO 主界面

（二）仪器零位校准

使用 JH6000D 时：首次仪器冲洗置零结束、"当前零位"数据不再变化后（必要时静置等待 1～2min 直到示数稳定），观察"当前零位"数据与"原零位"是否相差不小于 10%，是则保存当前零位，否则不需操作。

使用 STP1000PRO 时：在每次冲洗结束后，单击"清零"键，再单击"SF$_6$"键进行零位校准。

四、检测

（一）第一次检测

1. 连接仪器与被试气室

逐级关闭 SF$_6$ 气瓶阀门、减压阀阀门。将导气管从 SF$_6$ 高纯气瓶管路上的减压阀转接头上拆除。

拧下被试设备的防尘帽，挑选可以匹配被试气室取气口的转接头，并将转接头与导气管连接。

将转接头加装至被试气室取气阀。若转接头无法拧紧，或拧紧后也无法取气时，应使用一字螺钉旋具调节转接头内部顶针到适宜高度再使用。连接被试设备与仪器如图 3-3-14 所示，调节转接头的顶针如图 3-3-15 所示。

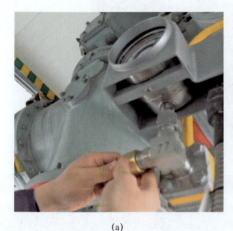
(a)

(b)

图 3-3-14　连接被试设备与仪器

(a) 被试设备取气口安装转接头；(b) 成功安装取气管后打开截止阀

图 3-3-15　调节转接头的顶针

2. 检测

通过设备的气室压力表检查被试气室测前压力。

使用 JH6000D 时：按照仪器说明书要求调节仪器流量，选择检测项目为"分解物、纯度、水分"后单击"检测"，进入综合检测界面（见图 3-3-16）。

单击左下角"P20"或"湿度"位置，可以将湿度数据切换为 20℃折算值。单击"露点"位置，可以切换到露点变化曲线。

使用 STP1000PRO 时，按照仪器说明书要求调节仪器流量，单击主界面"测量"按钮开始分解物、湿度、纯度测量。

测试过程中，全程观察被试设备气室压力是否下降。

等待测试数据稳定后，结束检测。

使用 STP1000PRO 时，每次检测结束后，需等待露点检测镜面温度上升至 0℃以上（界面显示为左侧光能量回升到 100 后），才可以切断气源。STP1000PRO 测量界面如图 3-3-17 所示。

通过设备的气室压力表检查被试气室测后压力，应与测前压力一致。测试中检查被试设备压力是否下降如图 3-3-18 所示。

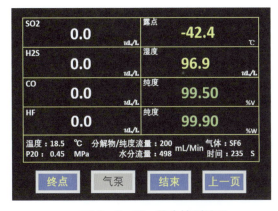

图 3-3-16　综合检测界面

图 3-3-17　STP1000PRO 测量界面

（二）第二次检测

1. 第二次冲洗

当第一次测试的 SO_2、H_2S 含量任意一项大于 $10\mu L/L$ 时，需要在下次测试前添加第二次冲洗。否则不需要冲洗，直接进行第二次检测。

断开导气管与被试设备，复原被试设备防尘帽。重复"连接仪器与 SF_6 气瓶"步骤。

按照前文"仪器冲洗置零"步骤再次冲洗置零。第二次冲洗仅需置零，不需保存当前零位。

图 3-3-18　测试中检查被试设备压力是否下降

断开导气管与 SF_6 气瓶，重复"连接仪器与被试气室"步骤。

2. 检测

第一次检测湿度、纯度合格时，第二次检测可只进行分解物检测，否则需要在第二次检测时复检湿度、纯度两项。

使用 JH6000D 时，若只检测分解物，在 JH6000D 预热界面上关闭"湿度、纯度"两项，单击"检测"开始检测。

两种仪器其他步骤与第一次检测相同。

3. 末次冲洗

重复"连接仪器与 SF_6 气瓶"步骤。

按照前文"仪器冲洗置零"步骤再次冲洗置零。末次冲洗仅需置零，不需保存当前零位。

（三）检测收尾工作

1. 断开仪器与 SF_6 气瓶、拆除减压阀

重复"断开仪器与 SF_6 气瓶"步骤。拆除减压阀，拆除转接头。

图 3-3-19 恢复被试设备取气阀

2．拆除气路

使用 JH6000D 时，JH6000D 仪器回到预热界面，单击 JH6000D 右上角的关机按钮，选择跳过关机自清洗步骤，或长按前面板下方关机键 5s，关闭仪器。

使用 STP1000PRO 时，按下背面电源按钮关闭 STP1000PRO 仪器。

拆除所有气路，最后拆除接地线。先拆仪器端，后拆接地端。

恢复被试设备取气阀、SF$_6$气瓶取气口的防尘帽。恢复被试设备取气阀、SF$_6$气瓶分别如图 3-3-19 和图 3-3-20 所示。

（a）　　　　　　　　　　　　　　（b）

图 3-3-20 恢复 SF$_6$ 气瓶

（a）恢复取气口防尘帽；（b）恢复盖帽

清理工作现场，进行班组自验收，被试设备和 SF$_6$气瓶上不应遗留任何工器具和试验用品，现场保持清洁、不得遗留任何垃圾，最后携带所有仪器、工器具离场。

五、报告编写

（一）检测数据处理

1．数据分析

在《检测报告》中依据规程判定各项检测数据是否合格，给出相应的检测结论和处置建议。

2．数据存档

现场考评时，数据记录以手写《检测报告》为依据。注意分解物的值取两次检测的平均值，并保留小数点后 1 位有效数字。

（二）报告编写

报告中各内容填写要求如下。

1. 基本信息

试验地点：填写进行试验的地点。

气室名称：填写××××断路器（母线、隔离开关、TV）气室。

队伍编号：填写考号。

试验日期：填写进行试验的日期。

试验天气：填写进行试验的天气。

温度、湿度：根据温湿度计读数，并填写。

被试气室压力：填写被试气室测前压力与测后压力。

2. 设备铭牌

生产厂家、出厂日期、出厂编号、设备型号、额定电压、额定压力：均根据设备铭牌进行填写。

3. 试验项目

湿度检测结果实测值：根据气体分析仪第一次检测数据填写。

湿度检测结果标准值：根据相关规程、被测气室类型填写。

湿度试验结论：湿度试验合格/不合格。

纯度检测结果实测值：根据气体分析仪第一次检测数据填写。

纯度检测结果标准值：根据相关规程填写。

纯度试验结论：纯度试验合格/不合格。

分解物检测结果注意值：根据相关规程填写。

分解物检测结果实测值：根据气体分析仪两次检测数据填写，算术平均值计算得出。

试验结论：综合湿度、纯度、分解物试验结果进行故障诊断，并出具检修建议。

六、作业注意事项

作业中，注意以下事项：

（1）检测人员和仪器摆位应全程避开被试气室取气口、SF_6气瓶取气口开口方向。

（2）检测人员全程站在上风侧进行作业，并与设备带电部分保持足够安全距离。

（3）检测人员应具备应急处置能力，防止运行设备发生大量气体泄漏。一旦气体密度继电器在截止阀常开状态发出压力报警，作业人员应进行应急处置，迅速排查泄漏点，及时消缺，防止运行设备发生大量气体泄漏，当气体密度继电器压力骤降时，作业人员应及时撤离现场。

第四节　SF$_6$气体诊断结果分析及典型案例

一、SF$_6$气体诊断结果分析

GIS（HGIS）气室
诊断典型案例

（一）检测数据判断依据

SF$_6$气体纯度、湿度和分解产物检测指标要求分别见表 3-4-1～表 3-4-3。

表 3-4-1　　　　　　SF$_6$气体纯度指标要求（体积分数）

气体类型	阈值
新气	≥99.5%
运行中气室	≥97%

表 3-4-2　　　　　　SF$_6$气体湿度指标要求（20℃体积比）

气室	灭弧气室（μL/L）	非灭弧气室（μL/L）
交接试验	≤150	≤250
运行中气室	≤300	≤500

表 3-4-3　　　　　　　　SF$_6$分解物指标要求

分解产物	SO$_2$（μL/L）	H$_2$S（μL/L）
交接试验	≤1	≤1
运行中气室	≤1	≤1

（二）现场检测综合诊断

1. 分解物异常时的诊断方向

根据 SF$_6$气体分解产物含量及其他状态参量变化、设备电气特性、运行工况等，结合前文"SF$_6$气体分解物超标原因"中分解物与设备故障的关系，对设备状态进行综合诊断。可跟踪 CO 和 CF$_4$相比于初值（或交接验收值）的增量变化，变化显著时应进行综合诊断。

故障气室分解物含量明显大于其他气室时，可怀疑该气室为故障气室。

2. 纯度异常时的诊断方向

结合前文"SF$_6$气体纯度超标原因"中 SF$_6$杂质与杂质产生原因的关系，进行气体杂质成分、产生原因分析。

3. 湿度异常时的诊断方向

结合前文"SF$_6$气体湿度超标原因"排查水分产生的原因的关系，排除相应故障并对设备中 SF$_6$气体进行换气处理，加强设备换气后的 SF$_6$气体湿度监测。

4. 综合性诊断

必要时，SF$_6$气体组分检测可以与其他检测、试验方法配合，共同判断故障存在、故障类型，包括但不限于：

（1）与局放检测配合，综合诊断放电缺陷、绝缘件绝缘性能等情况。

（2）与回路电阻试验配合，判断导体接触不良、发热。

（3）与气相色谱检测配合等。

（三）SF$_6$气体诊断后的检修建议

1. SF$_6$气体的检测周期（GIS）

SF$_6$纯度、湿度及分解物的检测周期分别见表3-4-4和表3-4-5。

表3-4-4　　　　　　　　　　SF$_6$纯度、湿度的检测周期

SF$_6$气体纯度	SF$_6$气体湿度
1）大修后； 2）必要时（检查发现异常时）	1）新安装及大修后1年复测1次，如湿度符合要求，以后每1～3年1次； 2）必要时（检查发现异常时）

表3-4-5　　　　　　　　　　SF$_6$分解物的检测周期

电压（kV）	检测周期	备注
750/1000	1. 新安装和解体检修后投运3个月内检测1次。 2. 交接验收耐压试验前后。 3. 正常运行每1年检测1次。 4. 诊断性检测	诊断性检测： 1. 发生短路故障、断路器跳闸时。 2. 设备遭受过电压严重冲击时，如雷击等。 3. 设备有异常声响、强烈电磁振动响声时
330～500	1. 新安装和解体检修后投运1年内检测1次。 2. 交接验收耐压试验前后。 3. 正常运行每3年检测1次。 4. 诊断性检测	
66～220	1.与状态检修周期一致。 2. 交接验收耐压试验前后。 3. 诊断性检测	
≤35	诊断性检测	

2. 不同指标对应检修建议

（1）纯度评价对应检修建议见表3-4-6。对电气设备SF$_6$气体纯度检测后，可以按照标准进行评价，做出相应处理。

表3-4-6　　　　　　　　　　纯度评价对应检修建议

体积比（%）	评价结果	检修建议
≥97	正常	执行状态检修周期
95～97	跟踪	缩短检测周期，跟检
<95	处理	综合诊断，加强监护

（2）分解物评价对应检修建议见表3-4-7。

表3-4-7　　　　　　　　　　　　分解物评价对应检修建议

气体组分	检测指标（μL/L）		检修建议
SO$_2$	≤1	正常值	正常执行周期检测
	1～5	注意值	缩短检测周期
	5～10	警示值	跟踪检测，综合诊断
	>10	警示值	综合诊断
H$_2$S	≤1	正常值	正常执行周期检测
	1～2	注意值	缩短检测周期
	2～5	警示值	跟踪检测，综合诊断
	>5	警示值	综合诊断

（3）湿度评价对应检修建议见表3-4-8。

表3-4-8　　　　　　　　　　　　湿度评价对应检修建议

气室	湿度值（运行中）	对应状态	检修建议
灭弧气室	≤300μL/L	正常状态	按正常检修周期进行常规性检查、维护、试验，按需要安排带电测试和不停电维修
	>300μL/L	12分注意状态	根据实际情况提前安排常规性检查、维护、试验，之前加强带电测试和不停电维修
	>300μL/L对照历史数据快速上升	24分异常状态	综合判断检修内容，并适时安排停电检修，之前加强带电测试和不停电维修
	>500μL/L对照历史数据快速上升	30分严重状态	综合判断检修内容，并尽快安排停电检修，之前加强带电测试和不停电维修
其他气室	≤500μL/L	正常状态	按正常检修周期进行常规性检查、维护、试验，按需要安排带电测试和不停电维修
	>500μL/L	12分注意状态	根据实际情况提前安排常规性检查、维护、试验，之前加强带电测试和不停电维修
	>500μL/L对照历史数据快速上升	24分异常状态	综合判断检修内容，并适时安排停电检修，之前加强带电测试和不停电维修
	>800μL/L对照历史数据快速上升	30分严重状态	综合判断检修内容，并尽快安排停电检修，之前加强带电测试和不停电维修

二、典型案例

（一）现场分解物异常典型案例

1. 局部放电（悬浮电位放电）典型案例

悬浮电位局部放电常见于孔销配合异常，零件松动缺陷，引起设备中的SF$_6$气体分解产物异常。

某220kV变电站运行人员在巡视时发现1号主变压器220kV侧某断路器附近有异常

声响，使用气体分析仪进行检测，发现该隔离开关气室气体内的 SO_2 为 19.5μL/L，CO 为 21.2μL/L，其 SO_2 含量较高，但 CO 正常，H_2S、HF 均为 0，怀疑内部存在悬浮电位故障，但未涉及固体绝缘材料分解。

停电检查后，发现传动绝缘子表面及 GIS 筒壁内部有大量白色的分解产物，绝缘子下方传动拨叉处的等电位弹簧已烧毁，一小段弹簧掉落在导电杆的槽中，动触头传动轴销与等电位弹簧连接处存在悬浮放电后电腐蚀的痕迹，检查结果与分析判断相吻合，故障得以验证。解体情况（绝缘拉杆的销钉和销孔的放电烧损）如图 3-4-1 所示。

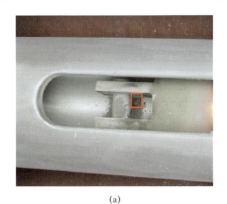

(a)　　　　　　　　　　　　　　(b)

图 3-4-1　解体情况（绝缘拉杆的销钉和销孔的放电烧损）

(a) 导电杆槽；(b) 动触头传动轴销

2. 对地放电（电弧放电）典型案例

某 750kV 变电站某断路器跳闸，重合闸不成功，故障录波得知 A 相故障电流 12kA，持续时间 40ms。次日在现场检测气室分解物，先对 7512A 相各气室进行检测，发现与 7512 的 A 相的隔离开关相连的进线分支母线气室中 SO_2 为 15.41μL/L，H_2S 为 5.19μL/L，CO 为 125μL/L，怀疑内部存在放电性故障，并涉及固体绝缘分解。

气室的分解物浓度虽不高，但该气室长度近 30m，直径 0.6m，其 SF_6 质量约 200kg，估算 SO_2 总体积达 530mL，H_2S 达 180mL，进而估计造成故障的能量高达 120kJ，怀疑为支撑绝缘子缺陷引起对外壳放电，应尽快检修。

该设备解体检修时，发现内部一支环氧树脂做成的支撑绝缘子因材质不良对壳严重放电，解体情况如图 3-4-2 所示。

3. 设备故障定位典型案例

GIS 设备为全封闭组合电器，事故后故障气室的准确定位可大大缩短停电时间，避免更多的经济损失。对于设备突发性故障，放电能量较大，故障气室的 SF_6

图 3-4-2　解体情况

气体分解产物浓度达到几百甚至几千 μL/L，可利用电化学传感器法、检测管和便携式色谱法对故障气室进行定位。

某 550kV 换流站 GIS 设备发生故障，采用检测管检测了整串设备的 SF_6 气体分解产物，检测结果见表 3-4-9。

表 3-4-9　　　　　　　检 测 结 果　　　　　　　单位：μL/L

气室名称	SO_2	H_2S	HF
521167C 相接地开关	>300	>30	>40
5211A 相断路器	0	0	0
5211B 相断路器	0	0	0
5211C 相断路器	0	0	0
52117C 相 TA	0	0	0

通过结果，快速定位放电气室为接地开关气室，解体检查验证了分解产物的检测结果。

4. 过热故障典型案例

某 220kV 变电站集控站监视盘于 8 点 15 分发现该站 220kV 母线保护屏母差告警，出现三相电流不平衡，C 相电流消失。11 时 00 分，继电保护专业核对二次保护接线、逻辑程序都正确，确认为一次回路问题。但维护人员再次巡视未见异常情况。先后对 10 个气室分解物进行测试，发现 1 号隔离开关气室中 A、C 相分解物含量超量程，回路电阻值同时超标；确认存在接触不良故障。其他设备分解物含量正常。A 相部分气室检测情况见表 3-4-10。

表 3-4-10　　　　　　　A 相部分气室检测情况　　　　　　　单位：μL/L

间隔名称	SO_2	H_2S	HF	CO	仪器诊断
隔离开关气室 1	110	90.75	0	14.7	严重超标内部存在严重放电或高于 700℃过热故障
隔离开关气室 2	0	0	0	0	正常
断路器气室	0	0	0	0	正常
出线气室	0	0	0	0	正常

经解体检查发现 A、C 两相各气室中共六个分支触头存在母线触指与触头尺寸配合问题，已经严重过热，解体情况如图 3-4-3 所示。B 相气室分支母线触指与触头尺寸配合存在同样错误，但因其中间的导向杆位置不在触指圆周正中、向上约 2mm，使导向杆与触头接触较好，运行一年来负荷不高，导致暂时并未烧损。

（二）现场湿度异常典型案例

对某新投 220kV 变电站中 GIS 设备进行 SF_6 气体湿度、纯度和分解产物带电检测，发现接地开关 1 和接地开关 2 气室的 SF_6 气体湿度检测结果超标。考虑到试验时的天气因素（温度为 39℃，相对湿度为 50%）可能对测试结果可能造成影响，在其他气象条件下对两个 GIS 接地开关气室进行了多次跟踪试验，确定数据可靠，检测结果见表 3-4-11。

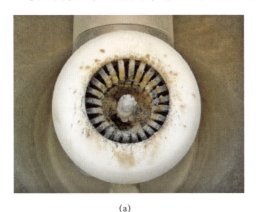

(a)　　　　　　　　　　　　　　　(b)

图 3-4-3　解体情况

（a）C 相母线分支触头；（b）C 相隔离开关动触头

表 3-4-11　　　　　　　　　GIS 接地开关气室 SF$_6$ 气体检测结果

GIS 接地开关气室	试验日期	湿度（μL/L）
1 号	20××.7.26	669
	20××.8.2	651
	20××.8.2	676
2 号	20××.7.26	653
	20××.8.2	638
	20××.8.2	667

对于新投运的 GIS 的 1、2 号接地开关气室的 SF$_6$ 气体湿度检测不合格，初步判断是安装时抽真空不彻底或时间不够，或吸附剂缺陷导致。

进一步对 1 号接地开关气室进行解体检查，发现该气室端盖未安装吸附剂，解体情况（GIS 接地开关端盖未安装吸附剂）如图 3-4-4 所示。重新安装干燥剂，抽真空补气处理后，检测结果正常。随后对 2 号接地开关气室也进行了解体检查处理，检查结果与 1 号接地开关相同。重新安装吸附剂，抽真空补气处理后，检测结果正常。

（三）现场纯度异常典型案例

某换流变电站的 363kV GIS 在迎峰度夏期间进行 SF$_6$ 气体纯度和分解产物带电检测，除 1 号隔离开关和 2 号隔离开关气室检测到的 SF$_6$ 气体纯度低于 95% 外，其余气室的 SF$_6$ 气体纯

图 3-4-4　解体情况（GIS 接地开关端盖未安装吸附剂）

度均满足标准要求。

为消除仪器、环境等外界条件对检测结果的影响，对 1 和 2 号隔离开关气室的 SF_6 气体进行了复测，2 次检测结果基本一致，验证了目标气室中的 SF_6 气体纯度存在问题，检测结果见表 3-4-12。

表 3-4-12 　　　　疑似缺陷隔离开关气室的 SF_6 气体纯度检测结果

气室名称	序号	纯度（体积比%）
1 号隔离开关	1	94.3
	2	94.2
2 号隔离开关	1	93.3
	2	93.3

诊断为设备充气时抽真空不彻底，使得的 SF_6 纯度达不到标准要求。该换流站为某联网工程重要枢纽，考虑到其运行设备的重要性，需在停电检修期间，尽快对两个气室的 SF_6 气体进行换气处理。运维单位在换气前加强了这两个隔离开关气室的监护，每月复测两个气室的 SF_6 气体纯度，判断发展趋势。后期利用停电检修时机，现场对隔离开关相应气室的 SF_6 气体进行回收处理后，抽真空重新充入 SF_6 气体，检测处理后的 SF_6 纯度恢复正常。

（四）现场综合诊断典型案例

1. 气体分解物 + 回路电阻试验定位故障典型案例

220kV 某变电站 1 号主变连接的 252kV HGIS 于投运 2 年后进行 SF_6 气体分解产物检测，发现该 HGIS 母线 A 相隔离开关气室的 SO_2 含量达到 $200\mu L/L$，该设备的 SF_6 气体分解产物含量严重超标，其余气室未发现异常。

对该 HGIS 主回路进行回路电阻测试，检测出 A 相回路电阻偏大。为确保输电设备安全稳定运行，停电对该设备进行解体检查，发现母线隔离开关 A 相操动机构传动拉杆调整不到位，导致动静触头插入深度不足，长期运行流通负荷电流产生过热，使得触头逐渐烧损所致。该设备缺陷由制造厂装配工艺不良、出厂检验不细致造成。解体情况（隔离开关动静触头情况对比）如图 3-4-5 所示。

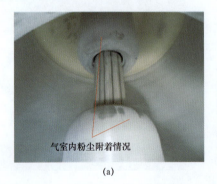
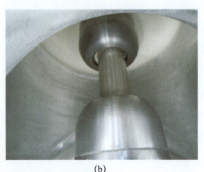

气室内粉尘附着情况

（a） 　　　　　　　　　　　　　　　　　（b）

图 3-4-5　解体情况（隔离开关动静触头情况对比）
（a）故障相；（b）正常相

2. 气体分解物+局放检测诊断局部放电典型案例

案例一：某 500kV 变电站 II 母某个气室 SO$_2$ 含量 19.5μL/L，其他组分正常，怀疑设备存在悬浮电位放电，经特高频局部放电试验佐证，进行停电解体。解体情况（隔离开关动静触头情况对比）如图 3-4-6 所示。

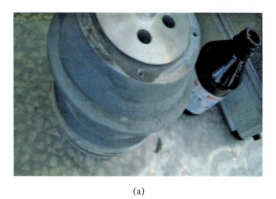 

（a）　　　　　　　　　　　　　　　　　（b）

图 3-4-6　解体情况（隔离开关动静触头情况对比）

（a）触头底座（与均压罩连接部位）；（b）均压罩内部

解体后，证实该气室中盆式绝缘子母线导体对接插接头的均压罩松动，导致悬浮电位放电。

案例 2：某站 330kV GIS 于某日上午因线路绝缘子冰闪引起该站 330kV II 段母线 3301 断路器跳闸，为尽快了解冰闪事故对设备的影响，在现场进行组分检测，检测出仍在运行的 GB1 号 B 相气室、GM24 号 A 相气室分解物含量异常，解体情况（隔离开关动静触头情况对比）见表 3-4-13。

表 3-4-13　　　　　　　　　解体情况（隔离开关动静触头情况对比）

序号	被检气室	SO$_2$ 浓度（μL/L）	H$_2$S 浓度（μL/L）	诊断结果	备注
1	GB1	6.86	0.14	该气室存在局部放电，但未涉及固体绝缘材料的分解，建议复测后做综合分析，加强监视尽快解体	运行中检测
2	GM24	81.00	10.70	该气室存在高能放电，并涉及固体绝缘材料的分解，建议复测后做综合分析，尽快停电检查	运行中检测
3	GM14	8.10	14.1（CO）	该气室存在微弱放电，未涉及固体绝缘材料的分解，建议结合局方检测综合分析，加强监视	运行中检测

解体 GB1 号 B 相气室，发现短路电流使梅花触头严重过热。解体 GM24 号 A 相气室，发现触头严重过热，部分固体绝缘材料已烧蚀。设备解体情况如图 3-4-7 所示。

同批检测的 GM14 号气室分解物含量存在微弱异常，该值在两年内逐步增长，并随气温上升而增加。补做局部放电检测，能够检测出微弱放电信号。认为内部可能存在绝缘隐患，利用该设备当年 10 月检修机会，现场检查气室，发现一根绝缘台表面有放电痕迹。

(a)

(b)

图 3-4-7　解体情况

（a）GM24 气室母线环氧支撑台；（b）GB1 气室母线梅花触头

第五节　实　训　考　评

一、实训考评

（一）硬件需求

每个操作工位配置 1 个独立的 GIS 设备，内部充有额定压力的 SF_6 气体，装配有密度继电器和截止阀，SF_6 气瓶（包括减压阀）。

考评设备为厦门加华 JH6000D/泰普联合 STP1000PRO 气体综合分析仪。仪器、仪表、工器具及耗材配置详见附录 3-3。

（二）考评方式

每个考评工位设置 1 名考评员；

考评形式：采用单人操作、单人考评的方式。

考评时长：每人的考评时间为 40min。40min 操作后，5min 恢复（单人操作仅限于考评，实际工作依照相关安规要求执行）。

培训时间 2.5 天（0.5 天考试），分 6 班，每班 56 人。

18 个工位，四轮考完。

二、实训考评表

实训考评表、打分表见附录 3-4。

附录 3-1　标 准 化 作 业 卡

GIS 设备 SF_6 气体检测分析标准作业指导卡如下。

1. 作业信息

工位编号		工作时间	—————至—————	作业卡编号	仿真变带电检测 202010001

2. 工序要求

序号	关键工序	标准及要求	风险辨识与预控措施	执行完打"√" 或记录数据
1	开工准备	（1）正确佩戴安全帽、防毒面具。 （2）检查通风系统良好，含氧量、SF_6 气体浓度合格。 （3）检查工器具、仪器、仪表、材料、安全防护用品	（1）防 SF_6 中毒风险：应有良好的通风系统，含氧量、SF_6 气体浓度合格，防止 SF_6 气体泄漏造成中毒。 （2）防人身触电风险：工作中与带电部分保持足够的安全距离	
	检测前准备工作	（1）核对设备名称，记录设备铭牌信息。 （2）记录检测时间、环境温湿度等信息。 （3）检查截止阀（SF_6 密度继电器与设备气室之间的阀门）处于常开状态。 （4）记录被测气室 SF_6 测试前压力值		
2	仪器自检冲洗及零位校准	（1）SF_6 气体检测仪器可靠接地，开机自检进行预热，检查仪器电量。 （2）连接 SF_6 尾气回收中转袋。 （3）连接 SF_6 纯气瓶至 SF_6 气体检测仪器。 （4）逐级开启 SF_6 纯气瓶阀门、减压阀门，检漏完成后，SF_6 纯气冲洗。 （5）进行零位校准。 （6）逐级关闭 SF_6 纯气瓶阀门、减压阀门。 （7）拆除仪器与减压阀之间的管路	防 SF_6 中毒风险：接好管路后应进行检漏，防止 SF_6 气体泄漏	是否渗漏（对应项打"√"） 是□/否□
3	现场检测	（1）正确选取转接头，连接仪器至被测气室取气口。 （2）分别对转接头与被测气室取气口及导气管检漏。 （3）开始检测，测试数据稳定后，记录检测结果。检测过程中注意观察被测设备气室压力。 （4）若第一次 SO_2 或 H_2S 气体含量大于 10μL/L，则须用 SF_6 纯气重复冲洗 SO_2 及 H_2S 至零位（规程要求达到零位，竞赛中冲洗至 0.3μL/L 以下即可）。 （5）第二次检测分解产物，1min 后如测试数据稳定，则记录检测结果。 （6）拆除仪器与被测气室的转接头。 （7）检查取气口处是否有 SF_6 气体泄漏，恢复被测气室至开工前状态，记录测试后被测气室压力。 （8）检测完成后用 SF_6 纯气冲洗仪器 SO_2 及 H_2S 示值至零位（规程要求达到零位，竞赛中冲洗至 0.3μL/L 以下即可）或冲洗时间达到 1min。 （9）逐级关闭阀门，拆除管路、接头等，关闭仪器并拆除接地线	（1）防 SF_6 泄漏风险：应正确选取转接头，做好管道检漏，检测过程中应注意观察被测气室压力。 （2）防 SF_6 中毒风险：检测仪器应避开设备取气阀门开口方向，难以避开的应采取相应防护措施。当气体绝缘设备发生故障引起大量 SF_6 气体外溢时，现场人员应立即撤离事故现场	是否渗漏（对应项打"√"） 是□/否□

续表

序号	关键工序	标准及要求	风险辨识与预控措施	执行完打"√"或记录数据
4	结束	（1）检测结束时，检测人员整理仪器、工器具，清理现场恢复试验前的状态。 （2）编写并提交检测报告	遗留工器具风险：检查被测设备恢复工作前的状态	

3. 签名确认

参赛队编号	

附录 3-2 检 测 报 告

SF₆气体湿度、纯度、分解产物检测报告（记录样例）

一、基本信息

试验地点	国网技术学院			气室名称	××××断路器（母线、隔离开关、TV）气室		
队伍编号	01			试验日期	2020.10.25		
试验天气	晴	温度（℃）	25	湿度（%RH）	40	被试气室压力（MPa）	测前：0.51
							测后：0.51

二、设备铭牌

生产厂家	泰开	出厂日期	2019 年 4 月	出厂编号	12345678
设备型号	ZF16-252	额定电压（kV）	252	设备额定压力（MPa）	0.5

三、试验项目

1：湿度检测结果

实测值（μL/L）	52.6	标准值（μL/L）（20℃）	300/500
试验结论			

2：纯度检测结果

实测值（%）（体积分数）	99.98	标准值（%，体积分数）	97
试验结论			

3：分解产物检测结果

组分	SO_2（μL/L）	H_2S（μL/L）	CO（μL/L）	HF（μL/L）
注意值（20℃，0.1013MPa）	1	1	—	—
1	1.2	1.1	20.0	0.0
2	1.4	1.3	21.2	0.0
算数平均值	1.3	1.2	20.6	0.0
试验结论	该气室 SF₆ 纯度、微水合格。S02 及 H_2S 组分超出注意值，建议缩短检测周期，开展 GIS 局放带电检测等项目进行补充判断，结合 CO、HF 含量变化、设备电气特性、运行工况等进行综合判断，必要时停电检查			
仪器型号	STP1000		有效日期	2020.12.31
备注	检测结果判断标准依据 Q/GDW 1896—2013《SF₆气体分解物带电检测技术现场应用导则》、Q/GDW 11305—2014《SF₆气体湿度带电检测技术现场应用导则》、Q/GDW 11644—2016《SF₆气体纯度带电检测技术现场应用导则》执行			

附录 3-3 仪器仪表配置表

GIS（HGIS）气室诊断分析项目仪表、仪器配置及耗材清单（1个工位）

序号	设备名称	型号	产品形态
1	SF_6 气瓶体	—	
2	减压阀	—	
3	SF_6 气体综合分析仪	JH6000D 系列	
4	SF_6 气体综合分析仪	STP1000PRO 系列	
5	SF_6 气体检漏仪	迪孚 TIF XP—1A	
6	SF_6 尾气回收袋/回收装置	—	
7	SF_6 气体检测管路	聚四氟乙烯管	
8	SF_6 尾气排放管路	PVC 管	
9	测试接头	—	
10	温湿度计	数显	

续表

序号	设备名称	型号	产品形态
11	扳手	—	
12	万用表	F18B	
13	吹风机	—	
14	线手套	—	
15	插座/电源盘	—	
16	橡胶手套	—	
17	无毛纸	—	
18	安全帽	蓝色	
19	仪器接地线	5m（大口鳄鱼嘴）	

序号	设备名称	型号	产品形态
20	生料带	—	
21	防毒面具	3M 8576 P95 酸性气体防护口罩	

附录 3-4 实 训 考 评 表

GIS（HGIS）气室诊断分析项目实训考评表

参赛轮次		参赛工位		
比赛时间	起始：		结束：	

序号	操作项目	分值	扣分	得分
1	准备工作	15		
2	仪器预热、零位校准	10		
3	第一次检测	25		
4	第二次检测	20		
5	检测报告	30		
总得分				
说明				
裁判签名				

GIS 气室诊断分析项目打分表

序号	项目	分值	考点	说明	扣分值	扣分√	得分
	考试时间		在规定的 40min 内完成，结束前 3min，裁判提醒	27min 时由主裁判提醒队伍现场考试时间			
	异常中止		现场测试环节考生主观原因造成考试中止，取消考试资格；因客观原因造成考试中止，需启用备用工位时，重新考试，考试时间每进行 10min 减少 2min，最高减 5min。两次计分项取并集扣分	—			
1	准备工作	15	未穿戴安全帽、工作服、橡胶（塑料）手套	不重复扣分	1		
			未主动询问设备 48h 内有无跳闸记录	未询问主裁即扣分	1		
			未发现现场环境中 SF_6 气体浓度超标并报告裁判		2		
			发现现场环境中 SF_6 气体浓度超标但未要求开启风机，未说明需采取通风 15~20min 措施并满足条件后再开始工作	缺少任一项扣 0.5 分。考生汇报完毕后，裁判宣布现场环境已处理完毕，符合作业要求	1		
			未发现在线报警装置安装位置错误并报告裁判		2		

续表

序号	项目	分值	考点	说明	扣分值	扣分√	得分
1	准备工作	15	未检查接地、SF$_6$压力	观察选手是否有相关检查动作，缺失任一动作即扣分，需在仪器自检环节前完成，不重复扣分	1		
			未正确使用万用表检测电源	需在仪器自检环节前完成	1		
			未检查截止阀开启关闭位置状态	没有检查动作即扣分，需在仪器自检环节前完成	1		
			未核对气瓶合格证的批号、钢瓶编号	没有核对动作即扣分	1		
			未正确处理检漏仪告警		2		
			未发现气体回收袋破损		2		
2	仪器预热、零位校准	10	工作时未在上风处	只要有一次进入下风处即扣分，不重复扣分	2		
			仪器未接地或进行接地操作时顺序错误	未先连接接地端后连接仪器端即扣分，不重复扣分	1		
			未对气瓶气口进行检漏；检漏前未用吹风机吹扫	任一项不满足扣0.5分，后一项只要有吹扫动作即不扣分	1		
			取下气瓶气口保护帽前未对保护帽进行擦拭清洁	有擦拭动作即不扣分	0.5		
			未正确连接管路；未正确逐级开启或关闭气瓶阀门和减压阀	任一项不满足扣1分	2		
			未正确进行检漏，检漏速度超过25mm/s	任一项不满足扣1分 ⟨检漏位置⟩ ⟨检漏速度⟩	2		
			未进行零位校准	—	1		
			小量程校准冲洗不足2min	小量程校准冲洗不足2分钟就保存数据	0.5		
3	第一次检测	25	气室检漏前未对气室阀门进行吹扫		2		
			未对气室充气接口进行检漏	—	3		
			未对取气接头、气室充气口连接部位进行擦拭清洁	—	2		
			管路连接气室后，检漏前未打开截止阀	—	2		
			缺少微水、纯度、分解物任一项检测	不重复扣分	3		
			第一次检测过程中未观察气室压力变化	有观察的动作就不扣分	2		
			未记录保存微水、纯度或分解物原始记录	只要记录一次就不扣分	2		
4	第二次检测	20	记录数据时检测时间不满1min	—	3		
			检测过程中未观察气室压力变化	有观察的动作就不扣分	2		
			未记录保存分解物原始记录	只要记录一次就不扣分	2		
			拆除管路与气室连接未关闭减压阀	—	3		
			拆除管路与气室连接后，未对气室充气接口检漏	—	2		

续表

序号	项目	分值	考点	说明	扣分值	扣分√	得分
4	第二次检测	20	第二次检测完成后仪器未用 SF$_6$ 纯气冲洗	—	3		
			仪器冲洗时微水、纯度、分解物通道未全部打开	—	2		
			仪器未冲洗至 0.3μL/L 以下或冲洗时间未达到 1min	不重复扣分	2		
			第二次检测完成后气瓶充气口保护帽未恢复	—	2		
			第二次检测完成后拆卸仪器时未关闭电源就拆除接地线	—	2		
			整理工器具过程中出现掉落，现场有遗留工器具	任一项不满足扣 1 分，不重复扣	2		
5	检测报告（现场检测部分）	10	试验报告中设备信息、检测信息、环境记录等填写错误、漏填	每项扣 1 分	4		
			试验报告中分解物结果不正确，或取平均值时未采用四舍六入成双规约保留 1 位小数	每错一处扣 1 分	2		
			试验报告中试验结论分析错误	湿度、纯度、分解产物结论，每错一处扣 1 分	4		
	检测报告（案例分析部分）	20	未能根据检测数据，定性推断故障部位	—	4		
			未能根据检测数据，正确分析分解产物异常原因	—	4		
			未能根据检测数据，正确进行故障诊断	—	4		
			未正确提出故障处理及运维措施		8		

第四章

GIS 超声波局部放电检测技术

GIS 特高频、超声波
局部放电检测
操作示范

> **培训目标：** 通过理论培训使学员了解 GIS 内部局部放电的概念、产生原因、放电类型，熟悉超声波检测技术的原理，熟练掌握仪器使用和现场测试方法，能够进行异常信号分析，判断异常放电信号类型和严重程度，掌握异常信号幅值定位方法，能够根据检测结果完成报告编制，提出相应检修策略。

第一节 基 础 知 识

一、专业理论基础

（一）局部放电基本概念

电力设备的绝缘系统中，只有部分区域发生放电，而没有贯穿施加电压的导体之间，即尚未击穿，这种现象称之为局部放电（简称局放）。

它是由于局部电场畸变、局部场强集中，从而导致的绝缘介质局部范围内的气体放电或击穿。它可能发生在导体边上，也可能发生在绝缘体的表面或内部。在绝缘体中的局部放电甚至会腐蚀绝缘材料，并最后导致绝缘击穿。

局部放电是一种脉冲放电，它会在电力设备内部和周围空间产生一系列的光、声、电气和机械的振动等物理现象和化学变化。这些伴随局部放电而产生的各种物理和化学变化可以为监测电力设备内部绝缘状态提供检测信号。

（二）局部放电产生的原因

局部放电产生的原因如图 4-1-1 所示，设备在生产过程中，由于施工工艺不良造成设备内部的导体或壳体上存在金属毛刺；设备在出厂组装过程中，内部散落金属粉尘或颗粒；设备在运输过程中造成设备金属连接处存在松动或断裂；绝缘盆子在浇筑过程中形成气隙或气泡，都可能引起设备运行中产生局部放电。

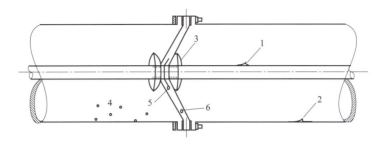

图 4-1-1 局部放电产生的原因

1—导体上的毛刺；2—壳体上的毛刺；3—悬浮屏蔽（接触不良）；4—自由移动的金属颗粒；
5—盆式绝缘子上的颗粒；6—盆式绝缘子内部缺陷

（三）超声波局部放电检测原理

电力设备内部发生局部放电时，会产生超声波信号。GIS 超声波局部放电检测的基本原理是通过超声波传感器采集 GIS 中发生局部放电时产生的超声波信号，获得局部放电的相关信息，从而实现 GIS 设备的局部放电检测。

GIS 设备内部常见的毛刺电晕放电、悬浮电位放电和金属颗粒放电等缺陷会激发超声波信号，可以通过放置在 GIS 外壳上的超声波传感器进行检测，对检测到的超声波信号进行分析来判断 GIS 内部是否存在局部放电缺陷。

超声波局部放电检测的特点是传感器与电力设备的电气回路无任何联系，不受电气方面的干扰，但在现场使用时易受周围环境噪声或设备机械振动的影响。由于超声波信号在电力设备常用绝缘材料中的衰减较大，超声波检测法的检测范围有限，但具有定位准确度高的优点。可以利用放电产生的超声波信号和电脉冲信号之间的时延，或直接利用各超声波信号的时延、超声波信号强度等方法来进行定位。

（四）仪器的基本组成及作用

常用超声波局部放电检测仪有上海格鲁布局部放电综合巡检仪、上海华乘局放综合巡检仪、西湖电子局放综合巡检仪、北京兴泰超声检测仪、天威新域局部放电综合巡检仪和挪威 TRansinor 公司 AIA 超声检测仪等，下面以上海格鲁布 PD74i 综合巡检仪为例，介绍仪器的组成及超声波检测的基本原理。典型仪器组成如图 4-1-2 所示。

图 4-1-2 典型仪器组成

（1）声发射传感器。将采集到的超声波信号转换成电信号。

（2）局部放电检测仪主机。用于局部放电电信号的采集、分析、诊断及显示。

（3）前置放大器。当被测设备与检测仪之间距离较远（大于 3m）时，为防止信号衰减，需在靠近传感器的位置安装前置放大器。

（4）特制绝缘棒。检测部位比较危险时，如电缆终端，可以使用特制绝缘棒作为声传导介质进行检测，特制绝缘棒组成示意图如图 4-1-3 所示。

图 4-1-3　特制绝缘棒组成示意图

二、规程标准

DL/T 1250—2013《气体绝缘金属封闭开关设备带电超声局部放电检测应用导则》

Q/GDW 1168—2013《输变电设备状态检修试验规程》

Q/GDW 1799.1—2013《国家电网公司电力安全工作规程　变电部分》

Q/GDW 11059.1—2018《气体绝缘金属封闭开关设备局部放电带电测试技术现场应用导则　第 1 部分：超声波法》

《国家电网公司变电检测通用管理规定　第 4 分册　超声波局部放电检测细则》

第二节　检　测　准　备

GIS 超声波局部
放电检测技术

一、检测条件

（一）安全要求

（1）应严格执行 Q/GDW 1799.1—2013《国家电网公司电力安全工作规程　变电部分》的相关要求，检修人员填写变电站第二种工作票，运维人员使用标准作业卡。

（2）超声波局部放电带电检测工作不得少于两人。工作负责人应由有超声波局部放电带电检测经验的人员担任，开始检测前，工作负责人应向全体工作人员详细交待检测工作的各安全注意事项。

（3）对复杂的带电检测或在相距较远的几个位置进行工作时，应在工作负责人指挥下，在每一个工作位置分别设专人监护，带电检测人员在工作中应精神集中，服从指挥。

（4）检测人员应避开设备防爆口或压力释放口。

（5）在进行检测时，要防止误碰、误动设备。

（6）在进行检测时，要保证人员、仪器与设备带电部位保持足够安全距离。

（7）防止传感器坠落。

（8）检测中应保持仪器使用的信号线完全展开，避免与电源线（若有）缠绕，收放信号线时禁止随意舞动，并避免信号线外皮受到剐蹭。

（9）保证检测仪器接地良好，避免人员触电。

（10）在使用传感器进行检测时，如果有明显的感应电压，应戴绝缘手套，避免手部直接接触传感器金属部件。

（11）检测现场出现异常情况时，应立即停止检测工作并撤离现场。

（二）环境要求

（1）环境温度宜在 $-10 \sim 40℃$。

（2）环境相对湿度不宜大于 85%，若在室外不应在有大风、雷、雨、雾、雪的环境下进行检测。

（3）在检测时应避免大型设备振动、人员频繁走动等干扰源带来的影响。

（4）通过超声波局部放电检测仪器检测到的背景噪声幅值较小、无 50Hz/100Hz 频率相关性（1 个工频周期出现 1 次/2 次放电信号），不会掩盖可能存在的局部放电信号，不会对检测造成干扰。

（三）待测设备要求

（1）设备处于带电状态且为额定气体压力。

（2）设备外壳清洁、无覆冰。

（3）运行设备上无各种外部作业。

（4）设备的测试点宜在出厂及第 1 次测试时进行标注，以便今后的测试及比较。

（四）仪器要求

1. 功能要求

（1）宜具有"连续模式""时域模式""相位模式"和"飞行模式"，其中，"连续模式"能够显示信号幅值大小、50Hz/100Hz 频率相关性，"时域模式"能够显示信号幅值大小及信号波形，"相位模式"能够反映超声波信号相位分布情况，"飞行模式"能够反映自由微粒运动轨迹。

（2）应可记录背景噪声并与检测信号实时比较。

（3）应可设定报警阈值。

（4）应具有放大倍数调节功能，并在仪器上直观显示放大倍数大小。

（5）应具备抗外部干扰的功能。

（6）应可将测试数据存储于本机并导出至电脑。

（7）若采用可充电电池供电，充电电压为 220V、频率为 50Hz，充满电单次连续使用时间不低于 4h。

（8）宜具备内、外同步功能，从而在"相位模式"下对检测信号进行观察和分析。

（9）应可进行时域与频域的转换。

（10）宜具备检测图谱显示功能。提供局部放电信号的幅值、相位、放电频次等信息中的一种或几种，并可采用波形图、趋势图等谱图中的一种或几种进行展示。

（11）宜具备放电类型识别功能。具备模式识别功能的仪器应能判断设备中的典型局部放电类型（自由金属微粒放电、悬浮电位放电、沿面放电、绝缘内部气隙放电、金属尖端放电等），或给出各类局部放电发生的可能性，诊断结果应当简单明确。

2. 性能要求

（1）灵敏度。峰值灵敏度一般不小于 60dB［V/（m/s）］，均值灵敏度一般不小于 40dB ［V/（m/s）］。

（2）检测频带。用于 SF_6 气体绝缘电力设备的超声波检测仪，一般在 20～80kHz 范围内；对于非接触方式的超声波检测仪，一般在 20～60kHz 范围内。

（3）线性度误差。不大于±20%。

（4）稳定性。局部放电超声波检测仪连续工作 1h 后，注入恒定幅值的脉冲信号时，其响应值的变化不应超过±20%。

（五）人员要求

（1）接受过超声波局部放电带电检测培训，熟悉超声波局部放电检测技术的基本原理、诊断分析方法，了解超声波局部放电检测仪器的工作原理、技术参数和性能，掌握超声波局部放电检测仪器的操作方法，具备现场检测能力。

（2）了解被测设备的结构特点、工作原理、运行状况和导致设备故障的基本因素。

（3）具有一定的现场工作经验，熟悉并能严格遵守电力生产和工作现场的相关安全管理规定。

（4）检测当日身体状况和精神状况良好。

二、现场勘察

工作负责人（监护人）应根据作业内容确定是否开展现场勘查，确认工作任务是否全面，并根据现场环境开展安全风险辨识、制定预控措施，关键危险点分析和预控措施见表 4-2-1。

表 4-2-1　　　　　　　　关键危险点分析和预控措施

序号	危险因素	防范措施	责任人
1	作业人员安全防护措施不到位造成伤害	进入试验现场，试验人员必须正确佩戴安全帽，穿全棉长袖工作服、绝缘鞋	工作负责人
2	误碰带电部位	检测至少由两人进行，并严格执行保证安全的组织措施和技术措施；应确保检测人员及检测仪器与带电部位保持足够的安全距离	工作负责人
3	低压触电	在指定位置接用电源，接线牢固；拆接电源时一人工作，一人监护；电源端加装漏电保护器	工作负责人
4	发生摔伤、误碰设备造成伤害	工作人员登高作业时，应正确使用安全带，禁止低挂高用，安全带应在有效期内。移动作业过程中应加强监护，防止人员摔伤或仪器摔坏	工作负责人
5	强电场下工作，感应电伤人	强电场下工作时，应给仪器外壳加装接地线或工作人员佩戴防静电手环，防止感应电伤人	工作负责人
6	防爆口破裂伤人	检测时避开防爆口和压力释放阀	工作负责人
7	现场异常情况造成危险	测试现场出现明显异常情况时（如异响、电压波动、系统接地等），应立即停止测试工作并撤离现场	工作负责人

三、标准化作业卡

（一）编制超声波局部放电检测标准化作业卡

（1）标准作业卡的编制原则为任务与工作票一致、步骤清晰、语句简练，与正确操作流程吻合一致。

（2）标准作业卡由工作负责人按模板（见附录 4-1）编制，班长或副班长（专业工程师）负责审核。

（3）标准作业卡正文分为基本作业信息、工序要求（含风险辨识与预控措施）两部分。

（4）编制标准作业卡前，应根据作业内容确定是否开展现场勘察，确认工作任务是否全面，并根据现场环境开展安全风险辨识、制定预控措施。

（5）作业工序存在不可逆性时，应在工序序号上标注*，如*2。

（6）工艺标准及要求应具体、详细，有数据控制要求的应标明。

（7）标准作业卡编号应在本单位内具有唯一性。按照"变电站名称+工作类别+年月日+序号"规则进行编号，其中工作类别为带电检测。

（8）标准作业卡的编审工作应在开工前 1 天完成，突发情况可在当日开工前完成。

（二）编制超声波局部放电检测记录卡

编制超声波局部放电检测记录卡，记录卡中应包含变电站名称、检测日期、人员、环境、图谱编号、负荷电流等信息，按模板（见附录 4-2）编制。检测记录卡的编审工作应在开工前 1 天完成，突发情况可在当日开工前完成。

四、工器具、材料准备

开工前根据检测工作的需要，准备好所需材料、工器具，对进场的工器具、材料进行检查，确保能够正常使用，并整齐摆放于工具架上。实训所用仪器仪表、工器具必须在校验合格周期内，实训所需的仪器和工器具清单见附录 4-3。

五、工作现场检查

（1）检测工作至少由两人进行，检查保证安全的组织措施和技术措施已做好。

（2）检查仪器仪表、工器具是否齐备完好。

（3）检查仪器电量是否充足，存储卡容量充足。

（4）检查现场工频同步电源是否具备。

（5）检查被测设备的运行工况及设备压力。

（6）检查现场 SF_6 设备防爆膜和压力释放阀位置，检测时应避开。

（7）检查现场设备出现异常情况时（如异响、电压波动、系统接地等），应立即停止工作，通知专业人员，并撤离现场。

第三节 检 测 流 程

一、检测步骤及流程

（一）检测步骤

超声波法局部放电检测关键工序及标准要求，即检测步骤见表4-3-1。

表4-3-1 检 测 步 骤

序号	关键工序	工艺标准及要求
检测准备		
1	仪器准备	1. 准备超声波局部放电测试仪、温湿度计、安全带、绝缘梯、和安全工器具等器具，并确保检测仪器、仪表功能良好、配件齐全； 2. 仪器电量充足或者现场检修电源满足仪器使用要求； 3. 安全工器具在有效使用期内，安全可用
2	信息核对与记录	1. 认真核对被检测设备运行编号与工作票对应； 2. 记录被检测设备铭牌信息，运行方式、负荷电流、电压、环境温度、湿度等运行信息
常规测量		
3	参数设置	1. 正确合理设置仪器参数，如检测频率宽度、触发阈值、量程等； 2. 正确连接仪器和传感器
4	背景测量	1. 检测现场空间干扰较小时，将传感器置于空气中测试； 2. 检测现场空间干扰较大时，将传感器置于待测设备基座上或构架处测试
5	测点选择	1. 测量点的选择主要考虑两点：① 超声波信号随距离的增加而显著衰减；② 盆式绝缘子对声波信号的衰减作用较大； 2. 根据设备结构及运行方式合理选择测点
6	普测	1. 在传感器与测试点部位间均匀涂抹专用耦合剂并适当施加压力，保持稳定，减小检测信号的衰减和干扰； 2. 普测时测量时间不少于15s； 3. 观察和记录测试数据，并与背景值比较；若测试数据明显异于背景值，或具有典型放电特征，则初判为异常，进行异常判断；若正常，进行新测点测试
异常判断		
7	干扰排除	1. 在异常点附近设备构架或基座处重新测试背景值； 2. 在本间隔其他测点和相邻间隔的同位置测量，进行横向对比； 3. 若背景值和周围其他测点的信号与异常信号在强度、相位和特征上相同，可判定异常信号来自外界空间干扰；否则异常信号源位于GIS设备内部，需进行缺陷定位； 4. 若确定异常信号来自外界空间干扰，尽量查找外界干扰源，尽可能采取屏蔽措施后重新检测
8	缺陷定位	根据现场设备结构及运行方式合理选择定位方法，确定缺陷的具体气室和具体位置
9	精确测量	1. 采用绑定固定传感器的方式进行，测试时间不少于30s； 2. 切换不同的图谱观测界面进行信号采集和分析，及时保存； 3. 在异常处多点、多次检测，保证数据真实、可重复检测
10	异常分析	1. 采用典型波形的比较法、横向分析法和趋势分析法，对异常信号进行综合分析和判断； 2. 根据实际情况，现场可进行短期的在线监测或增加其他检测手段，依据缺陷判断标准进行综合分析

序号	关键工序	工艺标准及要求
11	复测验证	记录异常信号点位置,进行复测验证,观察异常信号的可重复观测性和发展趋势
12	分析报告	1. 保存超声测试数据和其他检测手段的测试数据; 2. 根据测试结果及分析出具正式分析报告,提出结论及建议

(二)检测流程

以"相位相关性"为基础的局部放电超声波检测流程如图 4-3-1 所示。

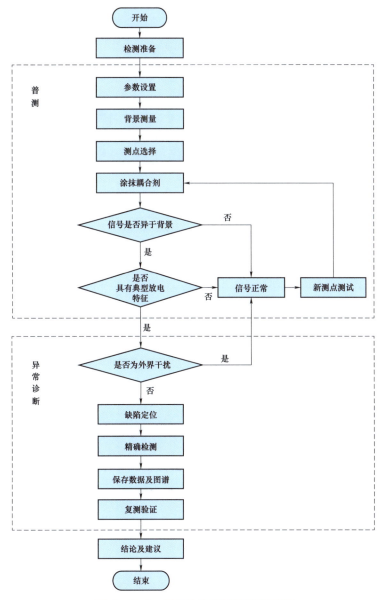

图 4-3-1 局部放电超声波检测流程

（三）异常诊断流程

超声波异常诊断流程图如图 4-3-2 所示。

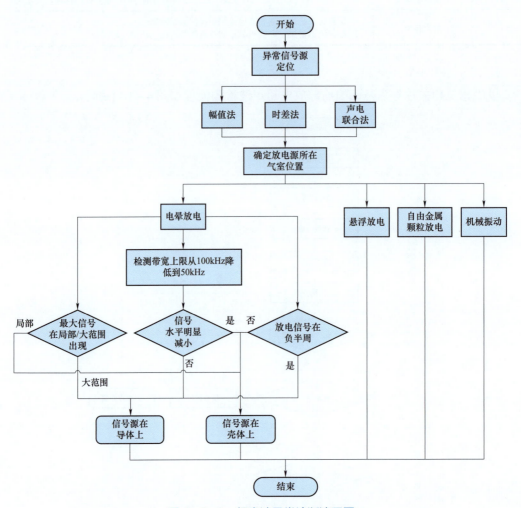

图 4-3-2　超声波异常诊断流程图

二、仪器操作

下面分别以上海格鲁布局部放电综合巡检仪 PD74i、上海华乘局部放电综合巡检仪 PDS-T95、西湖电子局放巡检仪进行介绍。

（一）上海格鲁布局部放电综合巡检仪 PD74i

1. 设备启动

长按信号调理器"开关"键，等待 3~5s，电源指示灯由熄灭状态变为红色，此时设备处于开机状态。开机后指示灯由红色变为蓝色。信号调理器如图 4-3-3 所示。

2. 信号调理器的连接

信号调理器与检测主机通过蓝牙进行连接，连接之前需确保检测主机蓝牙功能为开启状态。主机蓝牙显示图如图4-3-4所示。

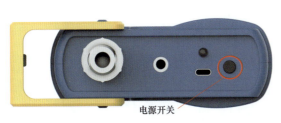

图4-3-3　信号调理器　　　　　　　　　图4-3-4　主机蓝牙显示

运行检测主机中 Smart PD 程序，程序启动会自动寻找周围可供连接的信号调理器，当搜索到可用设备时会自动加载可用设备列表。列表中显示设备名称、序列号、电量、信号连接强度、固件版本号等信息。搜索可用设备界面如图4-3-5所示。

(a)　　　　　　　　　　　　　　(b)

图4-3-5　搜索可用设备界面

(a) 搜索界面；(b) 显示设备

3. 超声波自检

超声波自检图谱如图4-3-6所示，幅值为（25±2）dBuV，为自检通过，如图谱及幅值有较大偏差，说明仪器存在异常，需要进行重新校验。

4. 超声波检测界面

超声波检测方法分为"接触式超声波检测法（AE）"及"非接触式超声波检测法（AA）"，超声波检测界面如图4-3-7所示，检测主机可自动识别超声波传感器类型，接触式超声及非接触式超声检测界面相同。

根据超声波传感器类型，超声波检测模式下可分为"内置非接触超声传感器""外接接触式超声传感器"，传感器对应显示界面如图4-3-8所示。

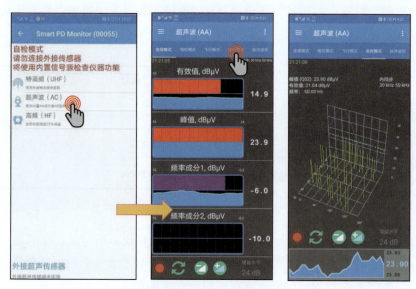

图4-3-6 超声波自检图谱

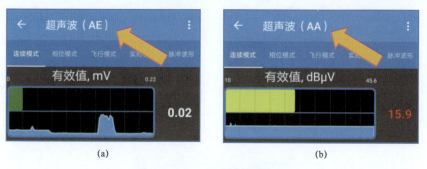

(a)　　　　　　　　　　　　　　(b)

图4-3-7 超声波检测界面

（a）接触式超声波检测；（b）非接触式超声波检测

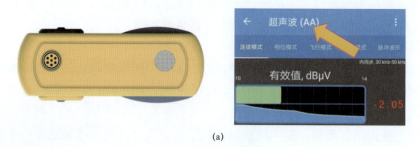

(a)

图4-3-8 传感器对应界面（一）

（a）内置非接触式

(b)

图 4-3-8 传感器对应界面（二）

（b）外接接触式

进入超声波检测环境下。该检测环境下共有五种模式，连续模式、相位模式、飞行模式、实时模式、脉冲波形，五种检测模式如图 4-3-9 所示。增益调节见表 4-3-2。

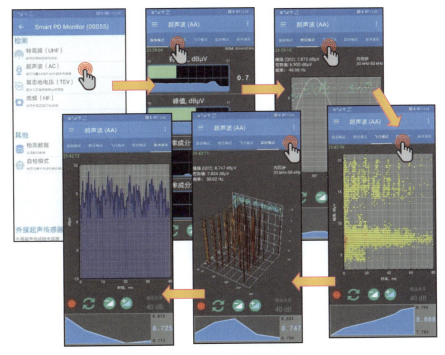

图 4-3-9 五种检测模式

表 4-3-2 增 益 调 节

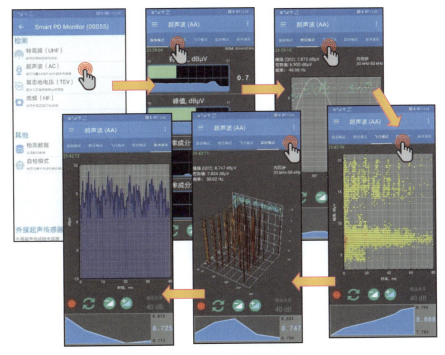	提示增益偏小，需单击增加增益		增大增益，绿色表示无需增加
	提示增益偏大，需单击减小增益		减小增益，绿色表示无需减小
增益水平	显示增益的数值，单位 dB，软件会根据检测的信号大小自动调节增益水平		

自动增益开启状态下，增益将会随着被测信号大小自动调节。只有在增益为关闭状态下时才需要按照提示手动调节增益。在连续模式下，数值均为白色状态说明增益处于合适状态，可以读数。

5. 常规参数设置

软件启动主页面提供了全局参数的设置入口，包括相位同步类型、自动同步、内同步频率、图谱累计时间。其中相位同步类型、自动同步、图谱累计时间为选择类参数，内同步频率为数值类参数。

全局参数为各检测模式公用参数。例如，全局参数中"相位同步"设置为内同步，当在检测界面中的"相位同步"修改为无线同步，全局参数会自动修改为无线同步。全局参数设置如图 4−3−10 所示。

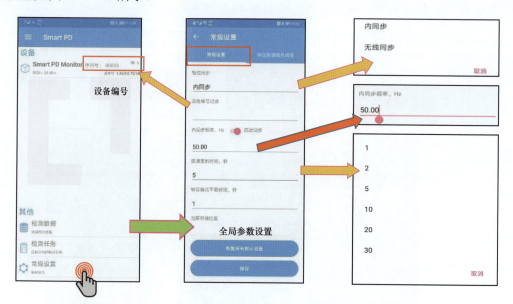

图 4−3−10　全局参数设置

设备全局参数设置界面各参数代表意义：

（1）相位同步。可选内同步和无线同步。其中内同步默认 50Hz 正弦波，可手动调节，20～350Hz 可调，精度 0.01Hz。无线同步，同步无线同步器（ACC−104）所在的电源频率。

（2）设备编号过滤。连接编号匹配的仪器信号调理器，如设置的值与设备编号不一致将造成无法连接使用。

（3）内同步频率。当相位同步选择内同步，20～350Hz 可调，精度 0.01Hz。

（4）自动同步。内同步自动同步功能开关，自动同步功能开启时，被测设备电压频率与内同步频率有细微偏差时，仪器可以自动纠正频率以获得稳定的图谱。

（5）图谱累计时间。PRPD 图谱累加时间，单位为 s，可选时间 1、2、5、10、20、30（s）。

（6）特征模式平滑时间。默认值为 1s，不建议修改。

（7）当前存储位置。设置当前数据存储的路径。

（8）噪声滤除。噪声滤除开启/关闭，默认为开启状态。

（9）通信中断自动恢复。通信中断自动恢复开启/关闭，默认为开启状态。

（10）保存时自动弹出备注框。保存数据时是否自动弹出对话框，开启为自动弹出，关闭为不弹出，默认值为开启。

（11）恢复所有默认设置。一键还原所有设置为默认设置。

6. 超声波检测参数说明

各参数在测量界面的显示如图 4-3-11 所示。

（1）有效值。测试到的超声波信号幅值的平均值，表征该测试位置的局部放电量大小。

（2）峰值。测试到的超声波信号幅值最大值，表征该测试位置的局部放电量大小。

（3）频率成分 1。一个周期出现一次放电的概率。

（4）频率成分 2。一个周期出现两次放电的概率。

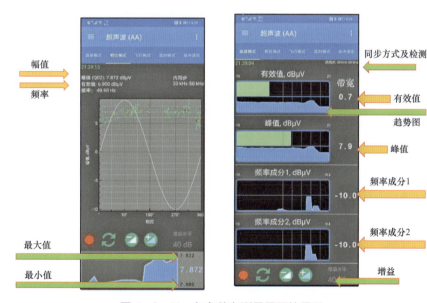

图 4-3-11 各参数在测量界面的显示

（二）上海华乘局部放电综合巡检仪 PDS-T95

1. 设备启动

按开关键打开设备，在设备运行时再次按下开关键，设备关机。

2. 信号调理器的连接

T95 主机接口连接表贴传感器，无需连接信号调理器。

3. 超声波自检

4. 超声波检测界面

在主菜单中选择"超声波"并进入超声波检测界面，单击幅值、相位、飞行和波形分

图 4-3-12 超声波检测界面

别进入连续模式、相位模式、飞行模式和波形模式。超声波检测界面如图 4-3-12 所示。

5. 常规参数设置

（1）电网频率设置。电网频率设置允许用户根据局放检测时的电网频率设置，选中"电网频率"设置项并进入，将显示对应的选项设置界面，选择 50Hz，频率设置界面如图 4-3-13 所示。

图 4-3-13 频率设置界面

（2）幅值、相位、飞行和波形检测。单击幅值按钮或选中并按下"确认键"，进入超声幅值检测界面，单击不同按键实现不同功能切换，幅值、相位、飞行和波形检测界面如图 4-3-14 所示。

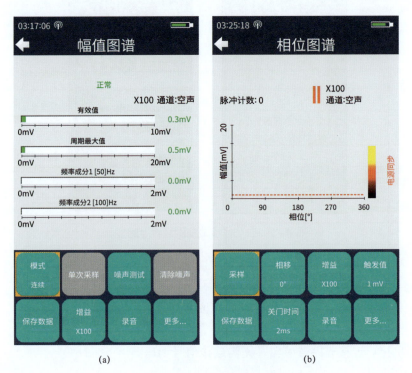

(a)   (b)

图 4-3-14 幅值、相位、飞行和波形检测界面（一）

（a）幅值图谱；（b）相位图谱

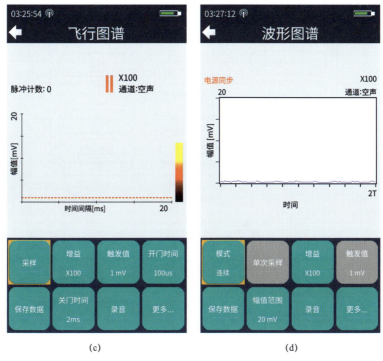

图4-3-14　幅值、相位、飞行和波形检测界面（二）

（c）飞行图谱；（d）波形图谱

1）增益。增益选择可在X1、X10、X100之间切换。

2）保存数据。把当前界面下的检测图谱结果保存下来。

3）更多。用来显示设置更多的参数，更多检测界面如图4-3-15所示。

4）触发值。设置在超声波幅值检测的界面下，信号触发的阈值。

5）单位。用于切换数据显示单位，支持mV与dB的切换。

6）音量。设置在超声波幅值检测的界面下，音量的设置；支持0～9共十挡调节。

（三）西湖电子局部放电检测仪XD5352

1. 系统组件及主要参数

（1）主机。检测主机主要由ARM处理器、信号调理电路、高速AD转换电路、FPGA高速算法模块、同步模块、语音模块、存储模块、通信模块、屏幕等功能模块组成。原理图及真型装置图如图4-3-16所示。

图4-3-15　更多检测界面

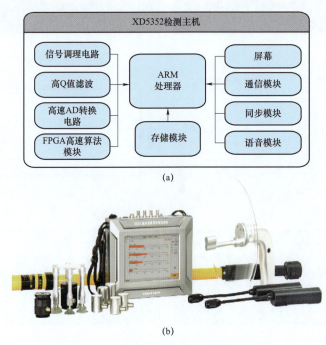

(a)

(b)

图 4-3-16 原理图及真型装置图

(a) 原理图；(b) 真型装置

（2）传感器。接触式超声波传感器主要用于 GIS、变压器、电缆等设备的超声波局放检测。针对不同主设备超声波信号频段的差异，可选配对应频段的 PAC 超声波传感器。传感器如图 4-3-17 所示。主要技术参数为工作频带 20～200kHz（可选）。

（3）前置放大器。前置放大器将传感器输出的微弱信号进行滤波、放大处理。前置电路可全部或部分嵌入前端传感器或检测主机，独立设置时即为前置放大器。放大器如图 4-3-18 所示。主要技术参数为放大增益 40、60dB。

图 4-3-17 传感器

图 4-3-18 放大器

（4）同步器。本系统外同步模式支持有线、无线两种方式。有线同步使用同步信号线获取待测设备电压相位信息。无线同步使用无线同步器获取待测设备电压相位信息，有效距离可达 75m。同步器如图 4-3-19 所示。

2. 测试回路连接

连接步骤如下：

（1）超声波传感器通过 Q9 线连接到放大器的输入端。

（2）放大器的输出端通过 Q9 线连接到主机的超声波接口。

（3）同步信号通过同步信号线连接到同步输入端口（外同步）。

3. 超声波参数设置

选择测试通道为"AE"，超声波参数设置如下：

（1）设置放大倍数。放大倍数由"主放大"和"预放大"组合控制，"预放大"通过前置放大器调节（一般选择 60dB 挡，注意：软件界面需与实际挡位保持一致）。

图 4-3-19　同步器

（2）设置同步方式。一般建议选择外同步模式（有线），并确认同步信号线已连接。

（3）设置频率。默认为 50Hz（外同步模式下自动跟随电源频率）。

（4）滤波参数。下限频率包含 20kHz、30kHz、40kHz、50kHz 四挡，上限频率包含 60kHz、80kHz、120kHz、200kHz 四挡，根据需求自行调节。

4. 超声波测试模式

测试模式包含直线、椭圆、正弦、飞行、PRPS、PRPD、Φ-P/N、Φ-P-N-D、连续、趋势、放电分析、噪声剔除十二种模式。超声波测试常用窗口为连续模式、PRPD 模式和飞行模式。

（1）连续模式。此模式用于统计信号 50Hz 频率相关性和 100Hz 频率相关性特征。软件图谱显示四个柱形曲线图：第一行显示 RMS 有效值；第二行显示峰值；第三行显示二倍工频同步信号下的信号振幅；第四行显示工频同步信号下的信号振幅。连续检测界面如图 4-3-20 所示。

图 4-3-20　连续检测界面

（2）PRPD 模式。平面显示局部放电信号强度、相位、放电次数的关系，颜色深浅程度表示在该放电强度下的放电次数。PRPD 检测界面如图 4-3-21 所示。

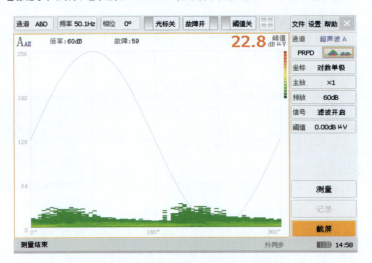

图 4-3-21 PRPD 检测界面

（3）飞行模式。此模式以点阵的方式绘制连续周期内的波形，主要用于统计自由金属颗粒放电碰撞次数与时间的关系。飞行检测界面如图 4-3-22 所示。

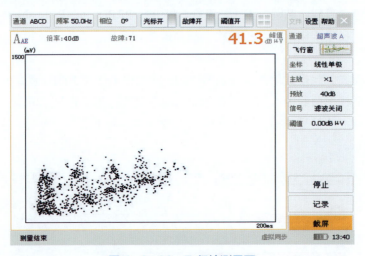

图 4-3-22 飞行检测界面

三、超声波传感器检测部位及测点选择原则

（一）检测部位

测量点的选择主要考虑两点：① 超声波信号随距离的增加而显著衰减；② 盆式绝缘子对声波信号的衰减作用较大。

一般在 GIS 壳体轴线方向每间隔 0.5m 左右选取一处，测量点尽量选择在隔室侧下方。

对于较长的母线气室，可适当放宽检测点的间距（一般不超过 2～3m）；应保持每次测试点的位置一致，以便于进行比较分析；在检测到异常信号后，在异常信号最强外壳圆周上选取至少五个点进行比较，最终找到新的最大点。

实际测试过程中对以下位置应重点测试：对于 GIS 设备，在断路器断口处、隔离开关、接地开关、电流互感器、电压互感器、避雷器、导体连接部件和盆式绝缘子两侧等处均应设置测试点。水平结构分布的气室，测点宜选择在气室侧下方。竖直结构分布的气室，测点宜选择在靠近绝缘盆子处。测试点选择典型位置如图 4-3-23 所示。

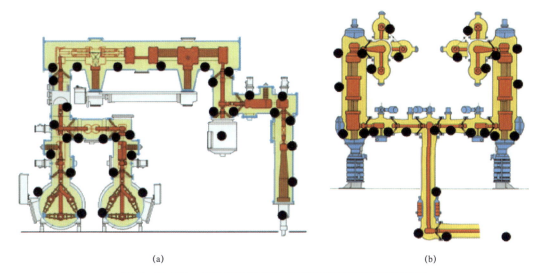

(a)　　　　　　　　　　　　　　　　　　(b)

图 4-3-23　GIS 局部放电超声波测试点选择典型位置图
（a）GIS 设备原理图；（b）HGIS 设备原理图

（二）测点选择的基本原则

（1）内部结构易出问题的部位，如箱体下部、断路器触头等。

（2）断路器、隔离开关、接地开关等有活动部件的气室取点应增加。

（3）观察历史趋势时，应与前次检测取相同测试点。

（4）三相共箱的 GIS 可以在横截面上每 120° 设置一个测点。

（5）在 GIS 转角处和 T 型连接处前后应各测 1 点。

（6）对于外壳直径较大的 GIS 应考虑在横截面上增加测点。

（7）在盆式绝缘子两侧均应设置测点。

四、报告编写

（一）基本信息与设备铭牌信息录入

（1）基本信息。变电站、委托单位、试验单位、运行编号、试验性质、试验日期、试验日期，试验天气，环境温湿度等基本信息。

（2）设备铭牌信息。生产厂家、出厂日期、出厂编号和设备型号等信息。

（二）图谱导出

将超声波检测仪中的图谱与数据导出至电脑上，使图谱与测点一一对应。

（三）诊断分析

1. 无异常数据

无异常的 GIS 测量结果应该与背景噪声一致，50Hz/100Hz 相关性（一个工频周期出现 1 次/2 次放电的概率）信号为零或与背景噪声一致；对正常数据进行统计学分析，分析信号分布规律。

2. 异常数据

若检测到异常信号，对其信号特征进行分析，同时可借助其他检测仪器（如特高频局放检测仪、示波器、频谱分析仪及 SF_6 分解物检测分析仪），对异常信号进行综合分析，根据不同的判据对 GIS 进行风险评估，并给出相应的结论及建议。

第四节　数据、图谱分析判断及典型案例

一、缺陷类型识别方法

（一）异常判断依据

（1）与空间背景进行比对，明显异于空间背景。

（2）与同类设备或相邻设备之间的横向比较，比如 A、B、C 三相的比较，有明显差异。

（3）对比同一部位的历史数据，有明显增长。

（4）与典型放电图谱对比，具有明显的放电特征。

（二）缺陷类型识别

目前，超声波适用于 GIS 内部电晕放电、悬浮放电、自由颗粒及机械振动等缺陷，依据表 4-4-1 各缺陷类型的特征进行缺陷性质的判断。

表 4-4-1　　　　　　　　　　　　　缺陷类型的判断方法

缺陷类型 判断依据	自由颗粒缺陷	电晕放电	悬浮电位	机械振动
周期峰值/有效值	高	低	高	高
频率成分 1	无	高	低	有
频率成分 2	无	低	高	高
相位特征	无	有	有	有

二、典型放电图谱及特征

超声波局部放电检测仪通过连续模式、相位模式、时域波形模式等记录电气设备内部各种典型局部放电信号的谱图及特征，见表4-4-2～表4-4-6。

（一）噪声背景典型图谱及特征

表4-4-2　　　　　　　　　　　　　噪声背景典型图谱及特征

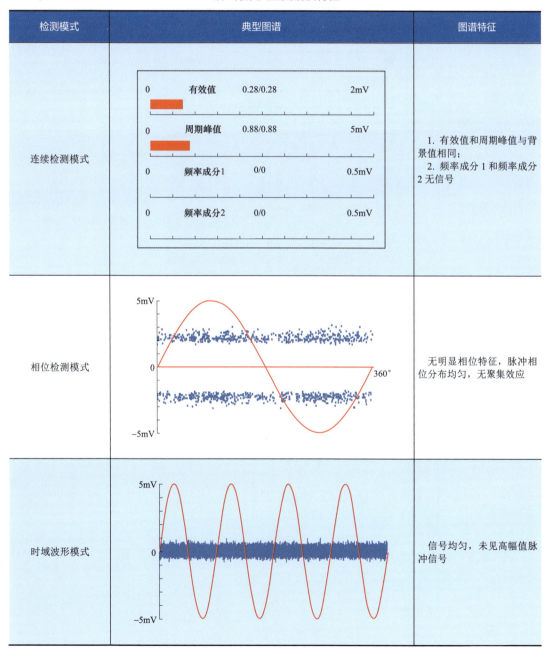

检测模式	典型图谱	图谱特征
连续检测模式	0　　有效值　　0.28/0.28　　2mV 0　　周期峰值　　0.88/0.88　　5mV 0　　频率成分1　　0/0　　0.5mV 0　　频率成分2　　0/0　　0.5mV	1. 有效值和周期峰值与背景值相同； 2. 频率成分1和频率成分2无信号
相位检测模式	5mV ～ 360° ～ −5mV	无明显相位特征，脉冲相位分布均匀，无聚集效应
时域波形模式	5mV ～ 0 ～ −5mV	信号均匀，未见高幅值脉冲信号

（二）电晕放电缺陷典型图谱及特征

表 4-4-3　　　　　　　　　　　电晕放电缺陷典型图谱及特征

检测模式	典型图谱	图谱特征
连续检测模式	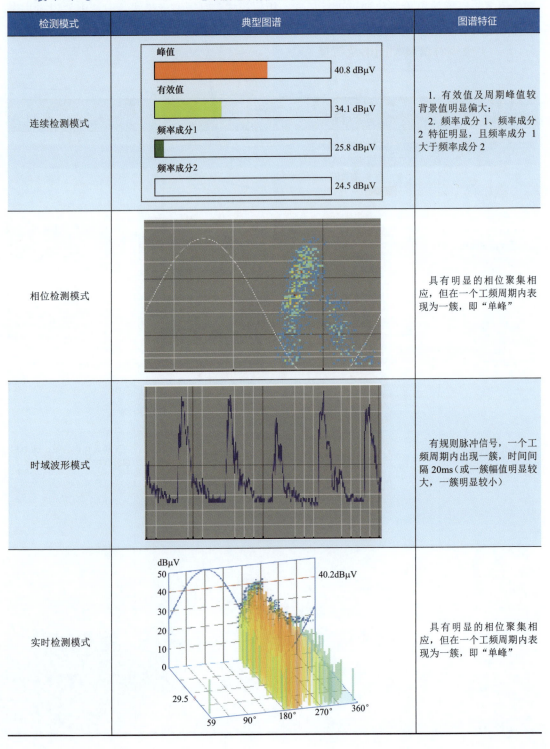	1. 有效值及周期峰值较背景值明显偏大； 2. 频率成分1、频率成分2特征明显，且频率成分1大于频率成分2
相位检测模式		具有明显的相位聚集相应，但在一个工频周期内表现为一簇，即"单峰"
时域波形模式		有规则脉冲信号，一个工频周期内出现一簇，时间间隔20ms（或一簇幅值明显较大，一簇明显较小）
实时检测模式		具有明显的相位聚集相应，但在一个工频周期内表现为一簇，即"单峰"

（三）悬浮放电缺陷典型图谱及特征

表4-4-4　　　　　　　　　　悬浮放电缺陷典型图谱及特征

检测模式	典型图谱	图谱特征
连续检测模式	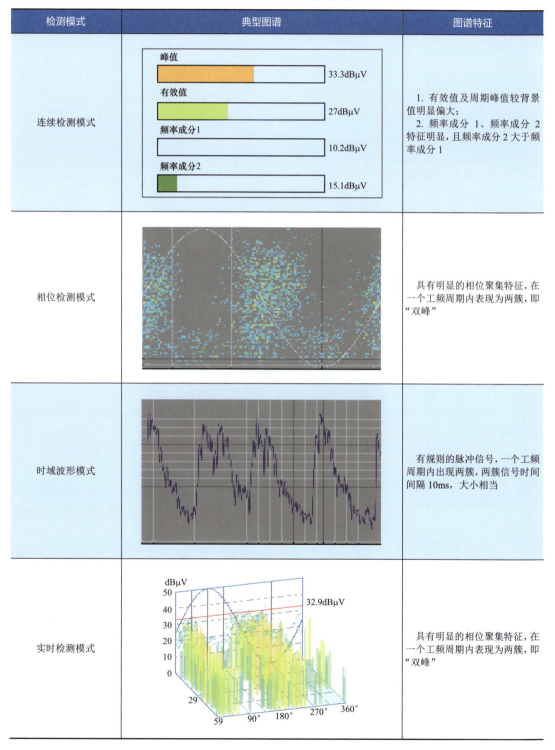	1. 有效值及周期峰值较背景值明显偏大； 2. 频率成分1、频率成分2特征明显，且频率成分2大于频率成分1
相位检测模式		具有明显的相位聚集特征，在一个工频周期内表现为两簇，即"双峰"
时域波形模式		有规则的脉冲信号，一个工频周期内出现两簇，两簇信号时间间隔10ms，大小相当
实时检测模式		具有明显的相位聚集特征，在一个工频周期内表现为两簇，即"双峰"

153

（四）自由颗粒缺陷典型图谱及特征

表4-4-5　　　　　　　　　　　自由颗粒缺陷典型图谱及特征

检测模式	典型图谱	图谱特征
连续检测模式	**峰值**　34.7dBμV **有效值**　27.2dBμV **频率成分1**　−0.47dBμV **频率成分2**　2.65dBμV	有效值及峰值较背景值明显偏大； 频率成分1、频率成分2特征不明显
相位检测模式		无明显的相位聚集相应，但发现脉冲幅值较大
时域波形模式		有明显脉冲信号，但该脉冲信号与工频电压的关联性小，其出现具有一定随机性
实时检测模式		无明显的相位聚集相应，但发现脉冲幅值较大
飞行检测模式		出现连续"三角驼峰"

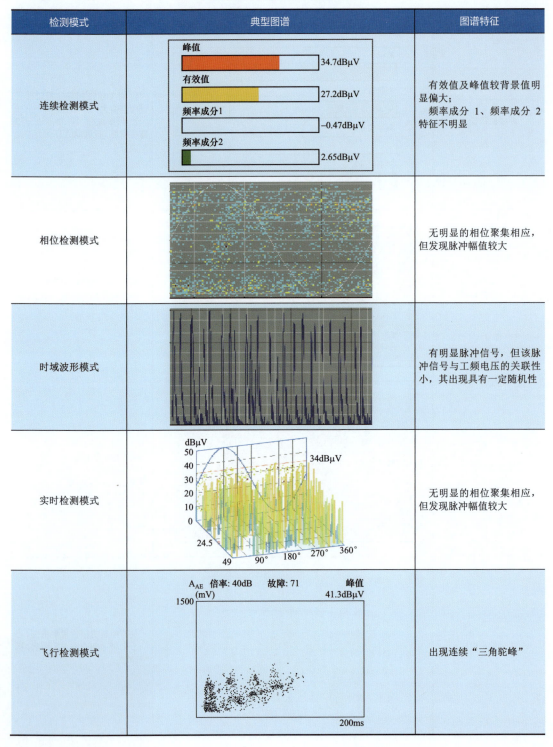

（五）机械振动缺陷典型图谱及特征

表 4-4-6　　　　　　　　　　　机械振动缺陷典型图谱及特征

检测模式	典型图谱	图谱特征
相位检测模式	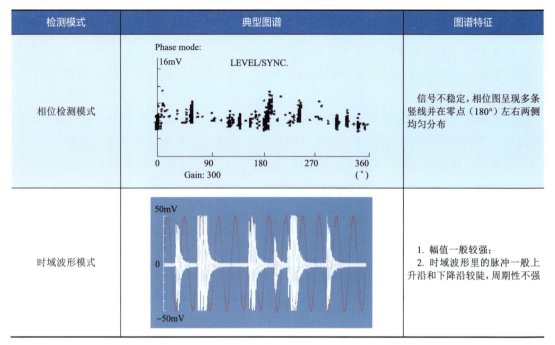	信号不稳定，相位图呈现多条竖线并在零点（180°）左右两侧均匀分布
时域波形模式		1. 幅值一般较强； 2. 时域波形里的脉冲一般上升沿和下降沿较陡，周期性不强

三、对放电源进行定位

当在某一测点检测到异常信号后，应先确定异常信号是来自空间背景还是设备内部。

首先应在异常测试点周围空间、附近构架和设备外壳多点测量，若所有测点的信号与异常信号一致，可以判定异常信号来自空间背景，并查找出空间的异常信号源。若能采取屏蔽措施或其他方法消除空间异常信号源时，应重新检测。

若异常信号来自设备内部时，需要对异常信号源进行定位。超声波局部放电定位的方法主要有幅值定位法、时差定位法和声-电联合定位法。

（一）幅值定位

声波信号的高衰减性造成异常信号只能在很小的范围内被检测到。所以通过多点测量查找信号强度最大处，可以实现异常信号源的准确定位。传感器越接近缺陷源，信号强度将越大、频率的相关性越明显。

若通过测试图谱判断为毛刺放电后，并且确定好信号源位于哪个气室后，还要辨别出毛刺位于导体上还是壳体上。辨别方法具体如下。

1. 幅值变化法

沿 GIS 壳体 360° 多点测量，若信号峰值相差不多，则认为信号源在 GIS 导体上，反之则位于壳体。

2. 改变检测频带法

将检测带宽上限从 100kHz 降低到 50kHz，观察信号变化幅度，若毛刺在导体上则变化小，反之则变化大。

3. 相位法

导体上的毛刺其相位图谱的尖端一般在负半轴出现，放电信号多但幅值低，电压高时正半轴也出现尖端，但放电次数少幅值高；壳体上的尖端与此相位正好相差 180°。

（二）时差定位

时差定位法适用于采用高速数字示波器（如图 4-4-1 所示）的带电测量装置，定位时选取两个测试点，通过测试两个测点接收到信号的时间差来计算信号源的位置。

计算原理如图 4-4-2 所示，计算方法如式（4-4-1）和式（4-4-2）所示。

图 4-4-1 高速数字示波器

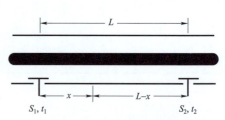

图 4-4-2 计算原理图

$$\Delta t = t_2 - t_1 = (L-x)/v - x/v \qquad (4-4-1)$$

$$x = \frac{1}{2}(L - v\Delta t) \qquad (4-4-2)$$

式中，v 为 GIS 中超声波等效传播速度，在不同介质中速度不同，见表 4-4-7。

表 4-4-7　　　　　　　超声波在不同介质中的纵波传播速度（温度：20℃）

媒质	速度	媒质	速度	媒质	速度
空气	330	油纸	1420	铝	6400
SF_6	140	聚四氟乙烯	1350	钢	6000
矿物油	1400	聚乙烯	2000	铜	4700
水	1483	有机玻璃	2640～2820	铅	2170
瓷料	5600～6200	聚苯乙烯	2320	铸铁	3500～5600
天然橡胶	1546	环氧树脂	2400～2900	不锈钢	5660～7390

但是不同类型、不同频率的声波，在不同的温度下，通过不同媒质时的速率不同，所以公式（4-4-1）、式（4-4-2）中速度 v 值不确定。同时超声波在 SF_6 气体中传播时衰

减很快，传播距离小，通过盆式绝缘子时衰减更大。所以时差定位法在超声波局部放电检测的实际工作中实用性较差。

（三）声-电联合定位

超声波局部放电检测法的定位还可以配合特高频局部放电检测法进行声-电联合定位。当测试时具有超声波信号时，可在超声波法定位后，加入特高频传感器进行声-电联合定位。该定位法利用特高频传感器和超声波传感器同时取得局部放电信号。以特高频信号和各个超声波信号之间的时间差作为故障点到各超声波传感器的时间，以等值声速乘以传播时间就得到故障点到达超声波传感器的距离，以此来判断局部放电的位置。

示波器信号如图 4-4-3 所示。紫色为特高频信号，绿色为超声波信号。特高频信号速度快，超声波信号传播速度较慢，在展开到毫秒或微秒级时，可清晰地看到两种信号的起始沿，超声波信号的起始沿到特高频脉冲信号起始沿的时间差与超声波的传播速度的乘积，为放电点到超声波传感器的距离，从而实现对放电点的准确定位。

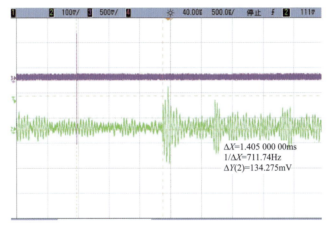

图 4-4-3　示波器信号图

四、缺陷的定性及处理检修策略

（一）电晕放电

根据现有经验，毛刺一般在壳体上，但导体上的毛刺更危险。

如果毛刺放电发生在母线壳体上，信号的峰值 $V_{peak} < 2mV$，认为不是很危险，可继续运行。如果毛刺放电发生在导体上，信号的峰值 $V_{peak} > 2mV$，建议停电处理或密切监测。

对于不同的电压等级，如 110kV/220kV，可参照上述标准执行。对于 330kV 及以上电压等级设备，由于母线筒直径大，信号有衰减，并且设备重要性提高，应更严格要求，建议提高标准。其他气室，如断路器气室，由于内部结构更复杂，绝缘间距相对短，应更严格要求，建议提高标准。

在耐压过程中发现毛刺放电现象，即使低于标准值，也应进行处理，使缺陷消灭在初始阶段。只要信号高于背景值，都是有害的，应根据工况酌情处理。

（二）悬浮电位放电

电位悬浮一般发生在开关气室的屏蔽松动，TV/TA 气室绝缘支撑松动或偏离，母线气室绝缘支撑松动或偏离，气室连接部位接插件偏离或螺母松动等。

对于 110kV GIS，如果 V_{f2}（100Hz 相关性）大于 V_{f1}（50Hz 相关性），且 $V_{peak} > 10mV$，应停电处理或密切监测。如果 $V_{peak} > 20mV$ 就应停电处理。对于 220kV 及以上电压等级的 GIS，应更严格执行。注意，GIS 内部只要形成了电位悬浮，就是危险的，应加强监测，有条件就应及时处理。

对于铁壳的 TV，由于磁致伸缩引起的磁噪声，可能也会产生类似电位悬浮的图谱，但一般 A、B、C 三相都会有这种类似的图谱，可以加以区分。

（三）自由颗粒放电

自由颗粒放电的信号幅值：背景噪声 $< V_{peak} < 1.78mV$ 可不进行处理，$1.78mV < V_{peak} < 3.16mV$ 应缩短检测周期，监测运行；$V_{peak} > 3.16mV$ 应进行检查。

只要 GIS 内部存在颗粒，就是有害的。因为它的随机运动，信号可能会增大，也有可能会消失，颗粒掉进壳体陷阱中不再运动，可等同于毛刺。在新 GIS 耐压试验过程中，建议发现有颗粒，即应进行擦拭。

（四）振动和异响情况

电磁力，电动力、磁致伸缩引起的振动。电磁力引起的振动；当磁铁共振时，3 倍的磁密度的增加将导致励磁电流电压互感器的正常值过大，正常电流可能道道的数百甚至数千倍，由于过度励磁，TV 会引起不正常的嗡嗡声，从而引起 GIS 外壳的剧烈振动。电动力引起的振动；当电流通过母线时，在电动力的激励下导致结构振动并产生噪声，由于管状母线套管的放大效应，便产生异常响声及振动。

注意：这里的推荐参考值，各地因设备状况、运行条件和检测仪器等因素的不同，推荐参考值可能不同。各地可根据历史检测数据、自身所承受的系统风险进行统计分析，定期修订完善推荐参考值。

五、典型案例

（一）某 550kV GIS 绝缘支柱绝缘子上放电

某 GIS 绝缘支柱绝缘子上放电信号图如图 4-4-4 所示，解体后放电痕迹如图 4-4-5 所示。

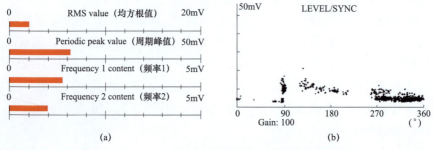

图 4-4-4　某 GIS 绝缘支柱绝缘子上放电信号图

（a）连续模式；（b）相位模式

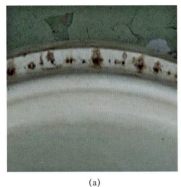  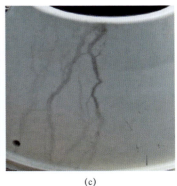

（a）　　　　　　　　　　　　　　　　（b）　　　　　　　　　　　　　　　（c）

图 4-4-5　GIS 绝缘支柱绝缘子上放电痕迹

（a）支柱绝缘子 1；（b）支柱绝缘子 2；（c）支柱绝缘子 3

在绝缘支柱绝缘子附近，测量到的信号约为 10～20mV 之间，不是很稳定，50Hz 相关性较大，100Hz 相关性也出现，并且也不稳定。解体后发现表面有明显的电树。

（二）某 550kV GIS 断路器屏蔽罩松动

某 550kV GIS 断路器屏蔽罩松动引发的放电信号图如图 4-4-6 所示，解体后放电痕迹如图 4-4-7 所示。

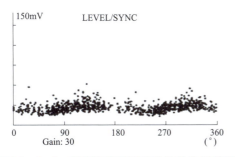 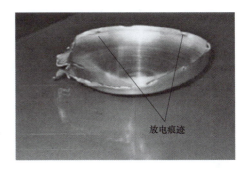

图 4-4-6　某断路器屏蔽罩松动放电信号图　　　图 4-4-7　GIS 断路器屏蔽罩松动放电痕迹

从相位图谱中可看出信号在 50mV 左右，呈现典型的 100Hz 相位相关性，判断为屏蔽松动，形成悬浮电位放电。解体后发现明显的放电灼烧痕迹。

（三）363kV GIS 母线筒罐体上的颗粒

某 363kV GIS 母线筒罐体上的颗粒引发的信号图如图 4-4-8 所示，解体后放电痕迹如图 4-4-9 所示，解体后颗粒痕迹如图 4-4-10 所示。

在母线气室手孔附近测得信号超过 100mV，底部也有信号。50Hz 和 100Hz 相关性都出现，且数值相差不多。解体后发现手孔和壳体底部都有杂质。

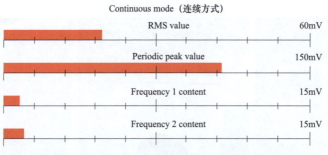

图 4-4-8　某 GIS 母线筒罐体上的颗粒信号图

图 4-4-9　GIS 母线筒罐体上的颗粒放电位置

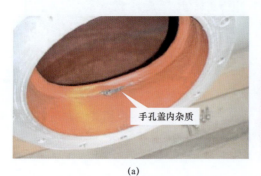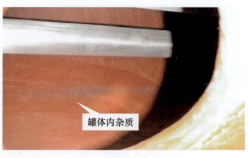

（a）　　　　　　　　　　　　　　（b）

图 4-4-10　GIS 母线筒罐体上的颗粒痕迹

（a）手孔部位；（b）壳体底部

（四）252kV GIS 支撑绝缘子上的放电

　　某 252kV GIS 支撑绝缘子上的放电引发的信号图如图 4-4-11 所示，解体后放电痕迹如图 4-4-12 及图 4-4-13 所示。

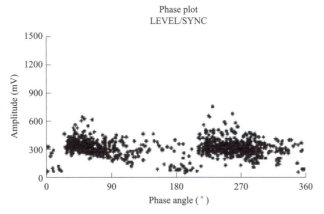

图 4-4-11　某 GIS 支撑绝缘子上的放电信号图

图 4-4-12　GIS 支撑绝缘子上的颗粒放电痕迹 1

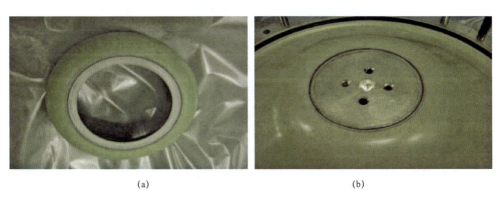

（a）　　　　　　　　　　　　　（b）

图 4-4-13　GIS 支撑绝缘子上的颗粒放电痕迹 2

（a）支撑绝缘子 1；（b）支撑绝缘子 2

信号达到了 500mV，呈现了明显的 100Hz 相位相关性。解体后在导电环周围发现明显的放电痕迹。

（五）252kV GIS 母线上的毛刺放电

某 252kV GIS 母线上的毛刺放电引发的信号图如图 4-4-14 所示。

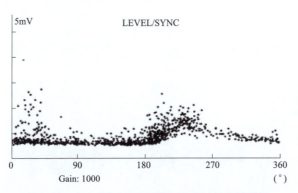

图 4-4-14　某 GIS 母线上的毛刺放电信号图

信号大小约为 2mV 左右，出现了 50Hz 相关信号。从相位图上可明显地看出在负半周放电的信号特性。解体后发现有微小颗粒形成的毛刺附着在导体上。

（六）252kV GIS TA 室内导电杆接触不良

某 252kV GIS TA 室内导电杆接触不良引发的信号图如图 4-4-15 所示，解体后放电痕迹如图 4-4-16 所示。

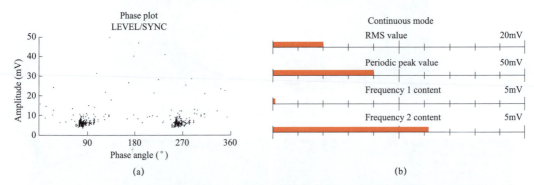

图 4-4-15　某 GIS TA 室内导电杆接触不良放电信号图

（a）相位模式；（b）连续模式

图 4-4-16　GIS TA 室内导电杆接触不良痕迹

信号的峰值达到 20mV，并且 100Hz 相关性极强，50Hz 相关性基本没有，相位图也呈现典型的 100Hz 相位相关性。判断 TA 内部出现悬浮电位故障。现场偶尔能听到异音。解体后发现 TA 的电极没能完全进入适配孔中，气室中可见明显的 SF$_6$ 气体放电分解物。

（七）252kV GIS 断路器气室屏蔽罩松动

某 252kV GIS 断路器气室屏蔽罩松动引发的信号图如图 4-4-17 所示。

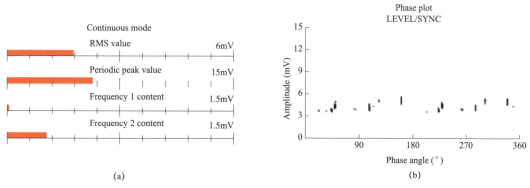

图 4-4-17 某 GIS 断路器气室屏蔽罩松动放电信号图
（a）连续模式；（b）相位模式

信号峰值为 6mV 左右，呈现有 100Hz 相关性。判断为该气室中心导体可能有屏蔽松动现象。解体后发现断路器屏蔽罩松动。

（八）126kV GIS 隔离开关气室放电

某 126kV GIS 隔离开关气室放电引发的信号图如图 4-4-18 所示。

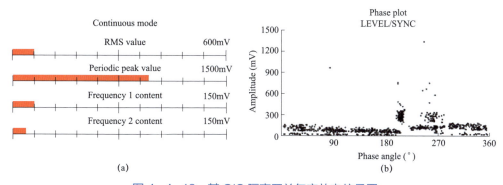

图 4-4-18 某 GIS 隔离开关气室放电信号图
（a）连续模式；（b）相位模式

放电信号非常大，峰值达到 1000mV 左右，从相位图可看出明显的 50Hz 相关性。判断为该气室有严重局部放电，立即停电处理，解体后发现隔离开关桩头严重烧损。

（九）126kV GIS 屏蔽松动

某 126kV GIS 屏蔽松动引发的信号图如图 4-4-19 所示，解体后放电痕迹如图 4-4-20 所示。

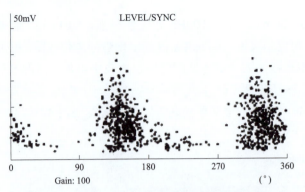

图 4-4-19　某 GIS 屏蔽松动放电信号图

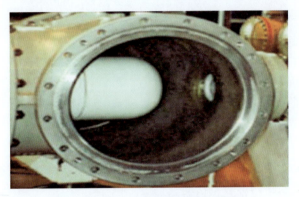

图 4-4-20　GIS 屏蔽松动放电痕迹

在母线筒信号峰值达到 40mV，100Hz 相关性很强，根据结构分析可能是连接件松动。解体打开后发现连接锥体的弹簧没有压紧。

（十）126kV GIS 三相共体 TA 屏蔽松动

某 126kV GIS 三相共体 TA 屏蔽松动引发的信号图如图 4-4-21 所示。

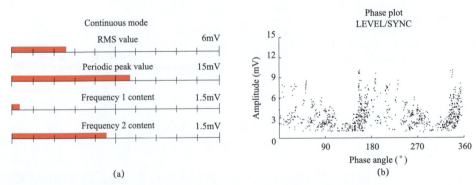

图 4-4-21　某 GIS 三相共体 TA 屏蔽松动放电信号图
（a）连续模式；（b）相位模式

呈现典型的悬浮电位故障，判断认为是 TA 内部某部件的松动引发的放电，解体后检查发现绕组间绝缘板松动。

（十一）126kV GIS TA 缺失螺母

某 126kV GIS TA 缺失螺母引发的信号图如图 4-4-22 所示，解体后放电痕迹如图 4-4-23 所示。

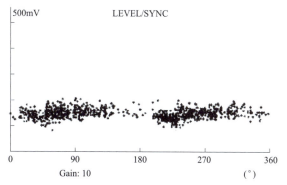

图 4-4-22　某 GIS TA 缺失螺母放电信号图

图 4-4-23　GIS TA 缺失螺母放电痕迹

信号达 200mV，100Hz 相关性很强，判断有悬浮电位故障。解体打开后发现丢失一个螺母，紧固后恢复正常。

（十二）部分实验室模拟试验

实验室条件下模拟的部分典型缺陷信号图如图 4-4-24～图 4-4-30 所示。

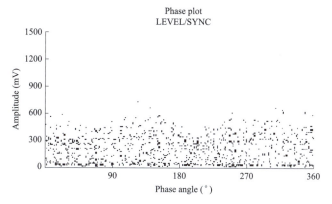

图 4-4-24　单个金属球状颗粒放电信号图

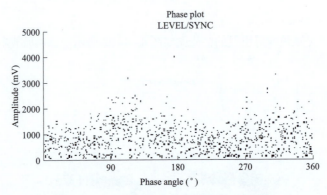

图 4-4-25 单个丝状金属颗粒放电信号

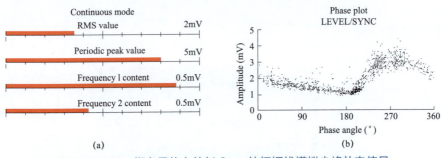

图 4-4-26 绑在导体上的长 2cm 的细铜线模拟尖峰放电信号

（a）连续模式；（b）相位模式

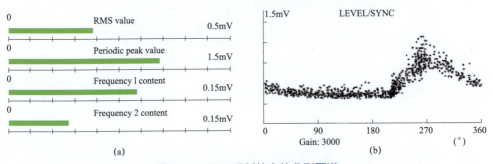

图 4-4-27 毛刺放电的典型图谱

（a）连续模式；（b）相位模式

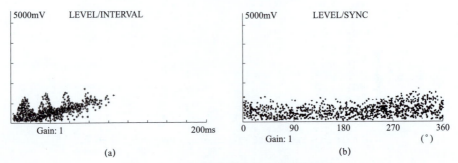

图 4-4-28 自由颗粒放电的典型图谱

（a）飞行模式；（b）相位模式

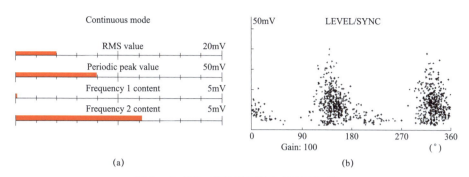

图4-4-29　电位悬浮放电的典型图谱

（a）连续模式；（b）相位模式

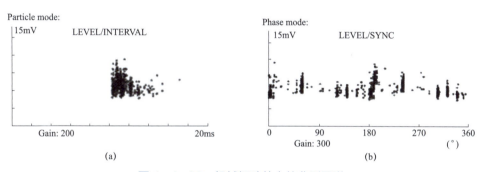

图4-4-30　机械振动放电的典型图谱

（a）飞行模式；（b）相位模式

（十三）超声波检测110kV HGIS隔离开关悬浮放电缺陷

2014年11月28日，某变电站110kV15间隔HGIS气室A相进行超声波局放检测时，超声波检测位置如图4-4-31所示，发现此气室靠近152隔离开关处存在内部放电情况，B相、C相正常。

图4-4-31　超声波检测位置图

进行红外测温未见温度异常；超声波局放检测初步判断15间隔HGIS A相内部放电，放电位置位于152隔离开关与15断路器气室连接处。

超声局放检测情况见表 4-4-8（有效值、峰值、与 50Hz 的相关性、与 100Hz 的相关性均为测量点测得的超声波信号转化为的电信号参数）。

表 4-4-8 超声局放检测情况 单位：mV

测量点	有效值	峰值	与 50Hz 的相关性	与 100Hz 的相关性
1	58	220	2	13
2	58	200	2	13
3	48	170	1	6
4	48	180	1	6
5	204	840	9	90
6	150	600	3	90
7	150	570	6	54

测量点 5 的超声局放图谱如图 4-4-32 所示。

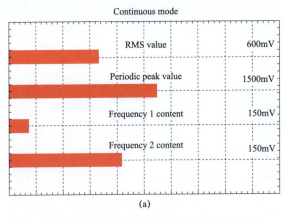

(a)

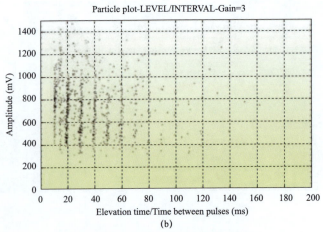

(b)

图 4-4-32 测量点 5 的超声局放图谱（一）
（a）连续模式图谱；（b）脉冲模式图谱

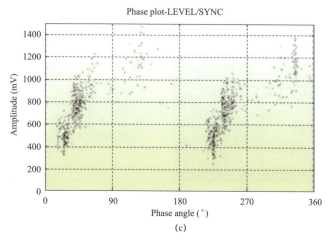

图 4-4-32 测量点 5 的超声局放图谱（二）

（c）相位模式图

由超声局放结果可知，15 间隔 HGIS A 相于测量点 5、6、7 处的对应电信号有效值、峰值及 100Hz 相关性均较大，且测量时峰值较稳定，呈现悬浮电位放电的典型特征。而测量点 1、2、3、4 处的信号明显弱于测量点 5、6、7。据此分析，超声波的信号源在测量点 5 附近，即 152 隔离开关附近。

解体检查发现，152 隔离开关 A 相传动轴侧绝缘子挡板没有与绝缘子紧密配合，传动轴与绝缘子嵌件未紧密连接，传动轴侧绝缘子嵌件内有大量黑色粉末，绝缘子表面、气室筒壁内侧以及下方断路器屏蔽罩上均有黑色粉末附着。解体验证如图 4-4-33～图 4-4-36 所示。

分析认为，此故障 HGIS 传动轴和绝缘子嵌件内槽之间存在约 0.08mm 的间隙，当导电膏没有填充此间隙时，绝缘子嵌件上的电位无法固定，在运行过程中产生感应电压和电磁振动，引起绝缘子嵌件对传动轴的悬浮电位放电。

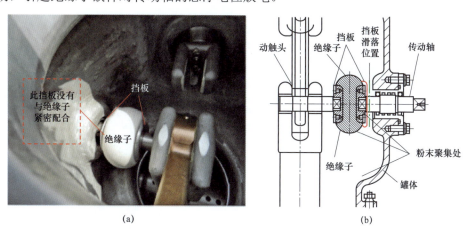

图 4-4-33 传动轴侧绝缘子挡板没有与绝缘子紧密配合

（a）气室内部结构图；（b）气室内部结构原理图

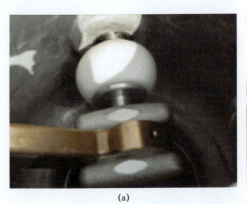
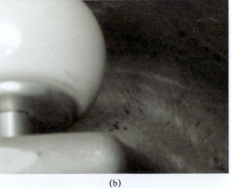

（a）　　　　　　　　　　　　　（b）

图 4-4-34　绝缘子和绝缘子下方的气室壁上发现大量粉末

（a）气室内部 1；（b）气室内部 2

图 4-4-35　粉末分布在 A/B/C 三个区域

图 4-4-36　断路器屏蔽罩上黑色粉末

（十四）超声波检测 500kV GIS 母线气室内自由颗粒缺陷

2018 年 4 月～7 月，某 500kV 变电站带电检测期间，发现 500kV GIS Ⅱ 母 C 相气室靠 5053 断路器间隔侧最底部超声波信号异常，幅值约为 59dB（放大倍数 40dB）。对该缺陷进行复测，通过特高频、超声波等检测手段判断该放电类型为自由颗粒放电，并定位异常放电信号存在于 500kV GIS 5043 断路器间隔 C 相 TA 2 侧与 5053 断路器间隔 C 相 TA 2 侧之间的 C 相 Ⅱ 母管母拐角气室最底部。疑似放电部位如图 4-4-37 所示。

图 4-4-37　疑似放电部位

1. 超声波局部放电检测

进行超声波局部放电检测，幅值最大达 57dB，有一定的 50Hz 相关性，呈现出一定的电晕放电特征，异常超声波信号如图 4-4-38 所示。相邻的 A、B 两相相同位置未测得异常信号，5043 断路器间隔 C 相 TA 2 侧与 5053 断路器间隔 C 相 TA 2 侧之间的 Ⅱ 母管母底部附近位置幅值较小，越靠近底部拐角幅值越大，幅值最大处为罐体底部，超声波异常信号幅值最大点如图 4-4-39 所示。

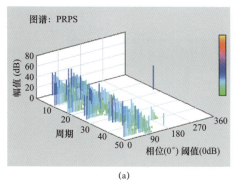

(a)

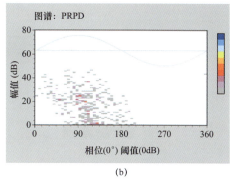

(b)

图 4-4-38　异常超声波信号（PD74 局部放电带电检测仪）

（a）PRPS 图；（b）PRPD 图

图 4-4-39 超声波异常信号幅值最大点

2. 定性分析

为进一步分析放电信号，通过示波器多通道采集超声波波形，多通道超声波信号如图 4-4-40 所示，绿色通道为异常气室超声信号最大处（即图 4-4-39 所示位置）的波形图，黄色通道为异常气室稍微远离罐体底部超声信号波形图，蓝色通道为背景信号。可见，放电呈现明显的周期性，幅值大小不稳定，有一定的随机性，其中可能存在多个颗粒形成的放电信号。图 4-4-41 为恒锐智科 HR1300 测得的局部放电飞行图谱，明显的三角驼峰状为典型的自由颗粒放电特征图谱。

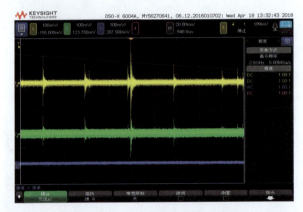

图 4-4-40 多通道超声波信号

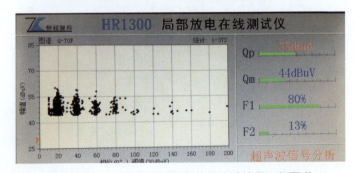

图 4-4-41 异常位置测得的超声波信号飞行图谱

3. 局放定位

为进一步确认放电点位置，采用了多个超声探头进行时延定位，分别如图 4-4-42～图 4-4-44 所示，不断地变换两个探头的位置，寻找并确认幅值相当的两个测点，可以理解为这两个点同时接收到局部放电信号，则放电源应位于两点之间连线的垂直平分面上，同理再寻找两个点，从而确定另一个垂直平分面，这两个垂直平分面相交，可以确定一条直线，再根据现场测点具体位置，验证罐体底部为放电源位置。

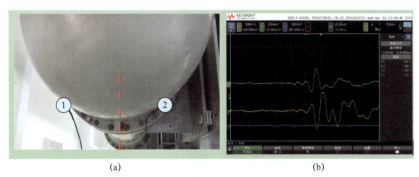

(a)　　　　　　　　　　　　　　　(b)

图 4-4-42　双通道超声波信号时延定位 1

（a）传感器布置图；（b）示波器视图

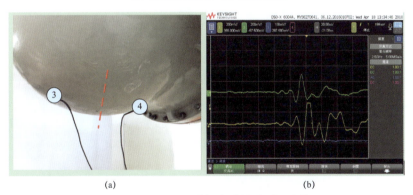

(a)　　　　　　　　　　　　　　　(b)

图 4-4-43　双通道超声波信号时延定位 2

（a）传感器布置图；（b）示波器视图

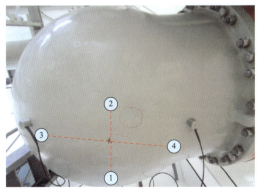

图 4-4-44　定位结果

4. 解体验证

对 5043 断路器间隔 C 相 TA 2 侧与 5053 断路器间隔 C 相 TA 2 侧之间的 C 相 II 母管母拐角气室进行了解体，发现了如图 4-4-45 所示的局部放电烧蚀痕迹，肉眼可见微小的黑色颗粒，验证了带电检测结果。作为对比，将 500kV II 母 B 相相同位置的 U 型弯拐最底部的两个气室进行了解体检查，未发现异常。

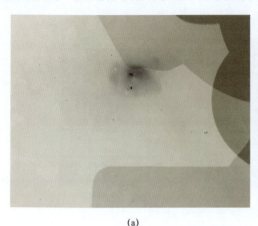

(a)　　　　　　　　　　　　　　　　　　(b)

图 4-4-45　解体发现的局部放电烧蚀痕迹

(a) 烧蚀痕迹；(b) 黑色金属颗粒

（十五）超声波检测 110kV 组合电器自由颗粒缺陷

2015 年 11 月 28 日某 330kV 变电站 110kV GIS III 母和 IV 母进行投运前交流耐压试验过程中超声波局部放电测试，进行 110kV GIS IV 母 A 相耐压试验时超声局放检测存在异常信号，被检测设备实际照片如图 4-4-46 所示。经诊断分析，判断该 110kV GIS IV 母存在自由颗粒放电缺陷，解体检查发现 GIS 母线罐体底部存在杂质及颗粒。

图 4-4-46　被检测设备实际照片

对该变电站 110kV GIS 进行交流耐压试验时超声局部放电测试，检测发现 IV 母 A 相（121 间隔～122 间隔之间，即图 4-4-47 中 1 号与 2 号区域）超声检测异常。检测数据见

表 4-4-9。

图 4-4-47　某 330kV 变电站 110kV GIS Ⅳ母超声局放检测区域

表 4-4-9　　　某 330kV 变电站 110kV GIS Ⅳ母超声局放检测数据

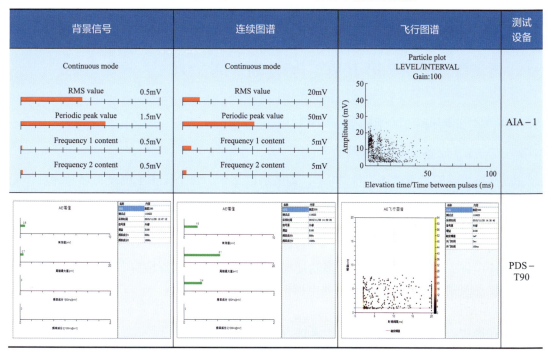

以上检测数据可以看出Ⅳ母 121 间隔至 122 间隔之间区域超声局放异常，超声局放有效值和周期最大值高于背景信号值，且测试时信号周期最大值不稳定；两种不同超声局放检测仪脉冲模式图谱（即飞行图）显示信号有明显的飞行时间，呈现出颗粒放电特征。两次不同测试时间段罐体内信号幅值最大区域由区域 1 漂移至区域 2，并且均表现为颗粒放电缺陷，分析判断Ⅳ母罐体内部存在自由颗粒放电缺陷。原因可能为 GIS 母线在现场进行重新组装、对接等过程时被二次污染，或现场装配时灰尘、异物未彻底清理干净。

对该 330kV 变电站 110kV GIS Ⅳ母 121 间隔至 122 间隔之间气室进行解体检修，由于母线较长且罐径小，外观检查未见明显金属颗粒，采用专用试纸对手孔周围底部壳体进行擦拭，可见大小约为 2mm×2mm 的类似导电胶的胶状颗粒及 0.5mm×1mm 的金属碎屑，解体检查结果如图 4-4-48 中红圈所示。

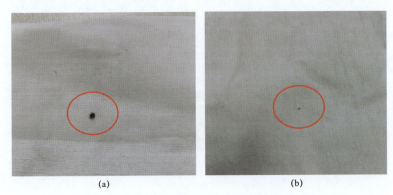

图 4-4-48　110kV GIS Ⅳ母解体检查结果
（a）金属碎屑 1；（b）金属碎屑 2

第五节　实　训　考　评

一、实训考评

（一）硬件需求

国网技术学院设置考评工位 20 个、备用工位 2 个。每个操作工位设 1 名考评员，配置 1 个独立的全真 GIS 模拟装置，可实现多种典型放电模型（尖端、悬浮、自由金属颗粒和绝缘类局部放电气隙和沿面），每个工位应配备两台同型号的多功能局部放电巡检仪，一台特高频局部放电在线监测装置，一套典型干扰发生器。

考评设备：上海格鲁布 PD74i 多功能局部放电巡检仪，上海格鲁布 PD71 局部放电检测定位仪，西湖电子全真 GIS 局部放电模拟装置。

（二）考评方式

考评形式：采用单人操作、单人考评方式。

考评时长：每人的考评时间为 50min，其中 30min 操作，20min 报告。

二、实训考评表

实训考评表、打分表见附录 4-4。

附录 4-1 超声波局部放电检测标准作业卡

1. 作业信息
编制人：_____ 审核人：_____

检测范围		工作时间	至	作业卡编号	
检测环境	温度：　　℃	湿度：　　%	检测分类	带电检测	

2. 工序要求

序号	关键工序	标准及要求	风险辨识与预控措施	执行完打√或记录数据、签字
1	安全准备	开工前全体工作班成员应了解现场安全措施、作业危险点及注意事项，并布置好自我保护相关安全措施	风险辨识：安全工器具、劳动防护用具、仪器仪表是否合格齐备，工作任务、危险点、现场安全措施和注意事项不清楚。 预控措施： 1. 准备检测标准作业卡、掌握现场安全措施、危险点及相关注意事项； 2. 安全工器具、劳动防护用具在有效使用期内，功能良好； 3. 检查环境、人员、仪器、设备满足检测条件； 4. 应了解被检测设备数量、型号、制造厂家安装日期、内部构造等信息以及运行情况，制定相应的技术措施	
2	检查设备	检查被测设备外观，核对被测设备双重编号，核对被测设备数量	风险辨识：走错间隔；与设备带电部分安全距离不够。 预控措施： 1. 两人进行，认真核对设备编号和双重名称与工作票和标准作业指导卡相符合； 2. 与设备带电部分保持足够的安全距离	
3	拆接电源	拆接电源必须两人进行，电源应符合试验要求	风险辨识：低压触电。 预控措施： 1. 现场具备安全可靠的独立检修电源； 2. 电源应加装漏电保护器； 3. 拆接电源时一人工作，一人监护	拆接人员：
4	检测实施	检测前，明确试验方法、试验标准，并做好相应的安全措施	风险辨识：与设备带电部分安全距离不够。 预控措施：与设备带电部分保持足够的安全距离	
		超声波局部放电检测要求：开机检查设备状态，正确设置仪器参数，选择合适位正确放置传感器。选择最佳检测位置，操作过程严格规范，依次对设备进行检测，确保无遗漏	风险辨识：传感器坠落而误碰运行设备和试验设备；电容器间隔的断路器在切投过程中爆炸，造成人身伤害；气体中毒。 预控措施： 1. 将传感器固定牢固； 2. 检测前与调控中心联系，检测过程中禁止电容器投切操作； 3. 进入 SF_6 设备室前，应先通风 15min，检查氧气和 SF_6 气体含量合格后方可进入，检测过程中应始终保持通风	

续表

序号	关键工序	标准及要求	风险辨识与预控措施	执行完打√或记录数据、签字
4	检测实施	检测中，工作人员应注意力集中，合理避让并进行必要的呼唱 依据缺陷判断标准对检测结果进行初步判断，记录检测数据。 对不同类型的设备采用相应的判断方法和判断依据	风险辨识：与设备带电部分安全距离不够。 预控措施：与设备带电部分保持足够的安全距离	
5	记录填写	检测中应有专人填写检测记录，并对检测结果参照规程进行判断，若发现异常，应及时向检测负责人汇报，检测负责人视异常情况确定应对方案，必要时向上级管理人员汇报		
6	现场恢复	恢复作业现场到检测前状态		检查人：

3. 签名确认

工作人员确认签名	

4. 执行评价

工作负责人签名：

附录 4-2 超声波局部放电检测记录卡

一、基本信息

变电站		委托单位		试验单位		运行编号	
试验性质		试验日期		试验人员		试验地点	
报告日期		编制人		审核人		批准人	
试验天气		环境温度（℃）		环境相对湿度（%）			

二、设备铭牌

生产厂家		出厂日期		出厂编号	
设备型号		额定电压（kV）			

三、检测数据

背景噪声						
序号	检测位置	检测数值	图谱文件	负荷电流（A）	结论	备注（可见光照片）
1						
2						
3						
4						
5						
6						
7						
8						
9						
10						
特征分析						
背景值						
仪器厂家						
仪器型号						
仪器编号						
备注						

注 异常时记录负荷和图谱，正常时记录数值。

附录 4-3　仪器设备清单

序号	设备名称	品牌	型号/参数	数量	产品形态
1	真型 GIS 设备	杭州西湖电子	XD5936	1 套	
2	多功能局部放电巡检仪	上海格鲁布	PD74I（备选型号：EC2000/T95）	1 套	
3	特高频/超声波局部放电测试仪	上海格鲁布	PD71（备选型号：EC4000）	1 套	
4	脉冲信号发生器（脉冲点火器）	—	—	1	
5	干扰信号发生器	驹电电气	JS-CL20	1	
6	屏蔽带	—	—	2	
7	绝缘卷尺	—	—	1	
8	超声波耦合剂	摩可	7501	3 盒	
9	笔记本	—	—	1 台	

续表

序号	设备名称	品牌	型号/参数	数量	产品形态
10	打印机（含打印纸）	惠普	—	1 台	
11	万用表	FLUKE	F18B	1 个	
12	十字螺钉旋具	世达	62 314 200mm	2 把	
13	一字螺钉旋具	世达	63 403 100mm	2 把	
14	工具箱	史丹利	—	1 个	
15	电源插座	公牛	—	2 个	
16	温湿度计	得力	数显	1 个	
17	线手套	—	—	一次性，4 双	
18	双层试验台	—	1.6m×0.7m×0.7m	2 张	

序号	设备名称	品牌	型号/参数	数量	产品形态
19	报告桌	—	1.6m×0.7m×0.7m	共4张	
20	裁判桌	—	1.6m×0.7m×0.7m	1张	
21	抹布	—	—	一次性，3块	
22	书写板夹	得力	—	3个	
23	签字笔	得力	黑色，0.5mm	4支	
24	签字笔	—	红色，0.5mm	2支	
25	订书机	得力	0414s	1个	
26	订书针	—	20页钉	1盒	
27	安全帽	—	黄色	与油色谱分析项目共用	
28	安全帽	—	白色	与油色谱分析项目共用	

序号	设备名称	品牌	型号/参数	数量	产品形态
29	安全帽	—	红色	与油色谱分析项目共用	
30	安全帽	—	蓝色	与油色谱分析项目共用	

附录4-4 实训考评表

比赛轮次		第　轮次		比赛工位		第　工位
现场操作时间		起始：			结束：	
报告编写时间		起始：			结束：	

序号	操作项目	分值	扣分	得分
1	准备工作	3		
2	特高频仪器设置	4		
	特高频背景检测	4		
	特高频普测巡检	10		
	特高频异常复测	12		
3	超声波仪器设置	4		
	超声波背景检测	2		
	超声波普测巡检	10		
	超声波异常定位	14		
4	测试结束	2		
5	报告	35		
	总得分			

备注	
裁判签名	主裁 □　　副裁 □　　签名：

第五章

GIS 特高频局部放电检测技术

GIS 特高频、超声波
局部放电检测操作示范

培训目标：通过理论培训使学员了解 GIS 内部局部放电的概念、产生原因、放电类型，熟悉特高频检测技术的原理，熟练掌握仪器使用和现场测试方法，能够进行异常信号分析，判断异常放电信号类型和严重程度，了解异常信号定位方法，能够根据检测结果完成报告编制，提出相应检修策略。

第一节 基 础 知 识

一、专业理论基础

（一）特高频局部放电检测原理

当局部放电在 GIS 内部很小的范围内发生时，击穿过程很快，将产生很陡的脉冲电流，其上升时间小于 1ns，并激发出高达数百 MHz 的电磁波，沿气室间隔传播，在 GIS 外壳的金属非连续部位泄漏出来。通过特高频传感器（300～1500MHz）检测 GIS 设备内部局部放电激发的电磁波信号，从而反映出 GIS 设备内部是否存在局部放电，判断局部放电的类型及位置，特高频局部放电检测示意图如 5-1-1 所示。特高频传感器分为安装在设备内部的内置传感器和安装在设备外部的外置传感器两种，分别如图 5-1-2、图 5-1-3 所示。

特高频检测的电磁波频段较高，且由于现场的电晕干扰主要集中在 300MHz 频段以下，能有效避开外部空间中的电晕干扰，具有较高的灵敏度和抗干扰能力，可实现局部放电缺陷类别识别和缺陷定位等。

（二）仪器的基本组成及作用

常用特高频检测仪有上海格鲁布 PD74i 局放综合巡检仪、上海莫克局放综合巡检仪、DMS 特高频检测仪、天威新域局放综合巡检仪等，下面以上海格鲁布 PD74i 局放综合巡检仪为例，介绍仪器的组成及特高频检测基本原理。

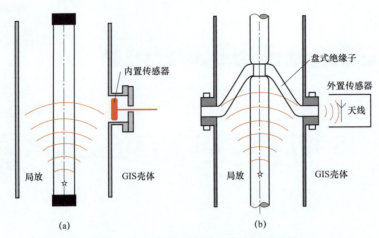

图 5-1-1　特高频局部放电检测示意图

（a）内置式；（b）外置式

图 5-1-2　内置式特高频传感器

图 5-1-3　外置式特高频传感器

　　GIS 特高频局部放电检测系统一般由特高频传感器（根据 GIS 的实际情况分为内置式或外置式特高频传感器）、信号放大器、滤波器、检测主机等组成。其组成示意图如图 5-1-4 所示。

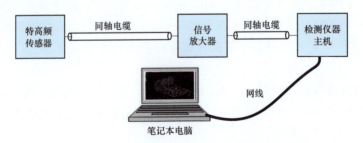

图 5-1-4　特高频局部放电测试仪器组成示意图

　　（1）特高频传感器。耦合器，感应 300～1500MHz 的特高频无线电信号。

　　（2）信号放大器（可选）。某些局放检测仪会包含信号放大器，对来自前端的局放信号做放大处理。

（3）滤波器。如果现场检测在某一频段存在较强干扰，可使用特定的滤波器将其滤掉，从而达到抗干扰目的。

（4）检测仪器主机。接收、处理耦合器采集到的特高频局部放电信号。

（5）分析主机（笔记本电脑）。运行局放分析软件，对采集的数据进行处理，识别放电类型，判断放电强度。

二、规程标准

DL/T 1630—2016《气体绝缘金属封闭开关设备局部放电特高频检测技术规范》

Q/GDW 1168—2013《输变电设备状态检修试验规程》

Q/GDW 1799.1—2013《国家电网公司电力安全工作规程　变电部分》

Q/GDW 11059.2—2018《气体绝缘金属封闭开关设备局部放电带电测试技术现场应用导则　第 2 部分：特高频法》

《国家电网公司变电检测通用管理规定　第 2 分册　特高频局部放电检测细则》

第二节　检　测　准　备

GIS 特高频局部
放电检测技术

一、检测条件

（一）安全要求

（1）应严格执行 Q/GDW 1799.1—2013《国家电网公司电力安全工作规程　变电部分》的相关要求，工作不得少于两人。检测负责人应由有经验的人员担任，开始检测前，检测负责人应向全体检测人员详细交待安全注意事项。

（2）应在良好的天气下进行，户外作业如遇雷、雨、雪、雾不得进行该项工作，风力大于 5 级时，不宜进行该项工作。

（3）检测时应与设备带电部位保持足够的安全距离，并避开设备防爆口或压力释放口。

（4）在进行检测时，要防止误碰、误动设备。

（5）行走中注意脚下，防止踩踏设备管道。

（6）防止传感器坠落而误碰运行设备和试验设备。

（7）保证被测设备绝缘良好，防止低压触电。

（8）在使用传感器进行检测时，应戴绝缘手套，避免手部直接接触传感器金属部件。

（9）测试现场出现明显异常情况时（如异音、电压波动、系统接地等），应立即停止测试工作并撤离现场。

（10）使用同轴电缆的检测仪器在检测中应保持同轴电缆完全展开，并避免同轴电缆外皮受到剐蹭。

（二）环境要求

（1）环境温度不宜低于 5℃。

（2）环境相对湿度不宜大于 85%，若在室外不应在有雷、雨、雾、雪的环境下进行检测。

（3）在检测时应避免手机、雷达、电动马达、照相机闪光灯等无线信号的干扰。

（4）室内检测避免气体放电灯、电子驱鼠器等对检测数据的影响。

（5）进行检测时应避免大型设备振动源等带来的影响。

（三）待测设备要求

（1）设备处于运行状态（或加压到额定运行电压）。

（2）设备外壳清洁、无覆冰。

（3）绝缘盆子为非金属封闭或者有金属屏蔽但有浇注口或内置有 UHF 传感器，并具备检测条件。

（4）设备上无各种外部作业。

（5）气体绝缘设备应处于额定气体压力状态。

（四）仪器要求

1. 功能要求

（1）可显示信号幅值大小。

（2）报警阈值可设定。

（3）检测仪器具备抗外部干扰的功能。

（4）测试数据可存储于本机并可导出。

（5）可用外施高压电源进行同步，并可通过移相的方式，对测量信号进行观察和分析。

（6）可连接 GIS 内置式特高频传感器。

（7）按预设程序定时采集和存储数据的功能。

（8）宜具备检测图谱显示。提供局部放电信号的幅值、相位、放电频次等信息中的一种或几种，并可采用波形图、趋势图等谱图中的一种或几种进行展示。

（9）宜具备放电类型识别功能。宜具备模式识别功能的仪器应能判断 GIS 中的典型局部放电类型（自由金属颗粒放电、悬浮电位体放电、沿面放电、绝缘件内部气隙放电、金属尖端放电等），或给出各类局部放电发生的可能性，诊断结果应当简单明确。

2. 性能要求

（1）检测频率范围。通常选用 300～3000MHz 之间的某个子频段，典型的如 300～1500MHz。

（2）传感器在 300～1500MHz 频带内平均有效高度不小于 8mm。

（3）检测灵敏度不大于 7V/m。

（4）动态范围不小于 40dB。

（五）人员要求

进行电力设备特高频局部放电带电检测的人员应具备如下条件：

（1）熟悉特高频局部放电检测技术的基本原理、诊断分析方法。

（2）了解特高频局部放电检测仪的工作原理、技术参数和性能。

（3）掌握特高频局部放电检测仪的操作方法。

（4）了解被测设备的结构特点、工作原理、运行状况和导致设备故障的基本因素。

（5）具有一定的现场工作经验，熟悉并能严格遵守电力生产和工作现场的相关安全管理规定。

（6）经过上岗培训并考试合格。

二、现场勘察

工作负责人（监护人）应根据作业内容确定是否开展现场勘察，确认工作任务是否全面，并根据现场环境开展安全风险辨识、制定预控措施，关键危险点分析和预控措施见表 5-2-1。

表 5-2-1　　　　　　　　　　关键危险点分析和预控措施

序号	危险因素	防范措施	责任人
1	作业人员安全防护措施不到位造成伤害	进入试验现场，试验人员必须正确佩戴安全帽，穿全棉长袖工作服、绝缘鞋	工作负责人
2	误碰带电部位	检测至少由两人进行，并严格执行保证安全的组织措施和技术措施；应确保检测人员及检测仪器与带电部分保持足够的安全距离	工作负责人
3	低压触电	在指定位置接用电源，接线牢固；拆接电源时一人工作，一人监护；电源端加装漏电保护器	工作负责人
4	发生摔伤、误碰设备造成伤害	工作人员登高作业时，应正确使用安全带，禁止低挂高用，安全带应在有效期内。移动作业过程中应加强监护，防止人员摔伤或仪器摔坏	工作负责人
5	强电场下工作，感应电伤人	强电场下工作时，应给仪器外壳加装接地线或工作人员佩戴防静电手环，防止感应电伤人	工作负责人
6	防爆口破裂伤人	检测时避开防爆口和压力释放阀	工作负责人
7	现场异常情况造成危险	测试现场出现明显异常情况时（如异响、电压波动、系统接地等），应立即停止测试工作并撤离现场	工作负责人

三、标准化作业卡

（一）编制特高频局部放电检测标准化作业卡

（1）标准作业卡的编制原则为任务与工作票一致、步骤清晰、语句简练，与正确操作流程吻合一致。

（2）标准作业卡由工作负责人按模板（见附录 5-1）编制，班长或副班长（专业工程师）负责审核。

（3）标准作业卡正文分为基本作业信息、工序要求（含风险辨识与预控措施）两部分。

（4）编制标准作业卡前，应根据作业内容确定是否开展现场勘察，确认工作任务是否全面，并根据现场环境开展安全风险辨识、制定预控措施。

（5）作业工序存在不可逆性时，应在工序序号上标注*，如*2。

（6）工艺标准及要求应具体、详细，有数据控制要求的应标明。

（7）标准作业卡编号应在本单位内具有唯一性。按照"变电站名称＋工作类别＋年月日＋序号"规则进行编号，其中工作类别为带电检测。

（8）标准作业卡的编审工作应在开工前1天完成，突发情况可在当日开工前完成。

（二）编制特高频局部放电检测记录卡

编制超声波局部放电检测记录卡，记录卡中应包含变电站名称、检测日期、人员、环境、图谱编号、负荷电流等信息，按模板（见附录5-2）编制。检测记录卡的编审工作应在开工前1天完成，突发情况可在当日开工前完成。

四、工器具、材料准备

开工前根据检测工作的需要，准备好所需材料、工器具，对进场的工器具、材料进行检查，确保能够正常使用，并整齐摆放于工具架上。实训所用仪器仪表、工器具必须在校验合格周期内，实训所需的仪器和工器具清单见附录5-3。

五、工作现场检查

（1）检测工作至少由两人进行，检查保证安全的组织措施和技术措施已做好。

（2）检查仪器仪表、工器具是否齐备完好。

（3）检查仪器电量是否充足，存储卡容量充足。

（4）检查现场工频同步电源是否具备。

（5）检查被测设备的运行工况及设备压力。

（6）检查现场 SF_6 设备防爆膜和压力释放阀位置，检测时应避开。

（7）检查现场设备出现异常情况时（如异响、电压波动、系统接地等），应立即停止工作，通知专业人员，并撤离现场。

第三节　检　测　流　程

一、检测要点及流程

（一）检测要点

（1）背景噪声测试。测量空间背景噪声值并记录。

（2）测试点选择。利用内置式传感器（如已安装）、非金属法兰绝缘盆子、带有金属屏蔽绝缘盆子的浇注开口或 GIS 的观察窗、接地开关外露绝缘件等部位。

（3）测试时间。测试时间不少于 30s，如有异常再进行多次测量。并对多组测量数据进行幅值对比和趋势分析。

（4）数据存储。每个测试点存储不少于一组图谱；如存在异常信号，延长测试时间并记录至少三组数据，进入异常诊断流程。

（二）检测接线

在采用特高频法检测局部放电的过程中，应按照所使用的特高频局放检测仪操作说明，连接好传感器、检测仪器主机等各部件，通过绑带（或人工）将传感器固定在盆式绝缘子上，必要的情况下，可以接入信号放大器。具体连接示意图如图5-3-1所示。

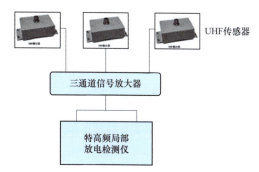

图 5-3-1　特高频局放检测仪连接示意图

（三）现场检测流程

在采用特高频法检测局部放电时，现场检测流程如下：

（1）设备连接。按照设备接线图连接测试仪各部件，将传感器固定在盆式绝缘子上，将检测仪主机正确、可靠接地，检测仪连接电源，开机。

（2）工况检查。开机后，运行检测软件，检查同步状态、相位偏移等参数；进行系统自检，确认各检测通道工作正常。

（3）设置检测参数。设置变电站名称、检测位置并做好标注。将传感器放置在空气中，检测并记录为背景噪声，根据现场噪声水平设定各通道信号检测阈值。

（4）信号检测。打开连接传感器的检测通道，观察检测到的信号。如果发现信号无异常，保存一组数据，退出并改变检测位置继续下一点检测；如果发现信号异常，则延长检测时间并记录至少三组数据，进入异常诊断流程，现场检测流程如图5-3-2所示。必要的情况下，可以接入信号放大器。

（四）异常诊断流程

（1）排除干扰。测试中的干扰可能来自各个方位，干扰源可能存在于电气设备内部或外部空间。在开始测试前，尽可能排除干扰源的存在，比如关闭荧光灯和关闭手机。尽管如此，现场环境中还是有部分干扰信号存在。

（2）记录数据并给出初步结论。采取降噪措施后，如果异常信号仍然存在，需要记录当前测点的数据，给出一个初步结论，然后检测相邻的位置。

（3）定位。假如邻近位置没有发现该异常信号，就可以确定该信号来自GIS内部，可以直接对该信号进行判定。假如附近都能发现该信号，需要对该信号尽可能地定位。放电定位是重要的抗干扰环节，可以通过强度定位法或者借助其他仪器，大概定出信号的来源。如果在GIS外部，可以确定是来自其他电气部分的干扰，如果是GIS内部，就可以做出异常诊断了。

（4）对比图谱给出判定。一般的特高频局放检测仪都包含专家分析系统，可以对采集到的信号自动给出判定结果。测试人员可以参考系统的自动判定结果，同时把所测图谱与典型放电图谱进行比较，确定其局部放电的类型，并出具试验报告。

（5）保存数据。局部放电类型识别的准确程度取决于经验和数据的不断积累，检测结果和检修结果确定以后，应保留波形和图谱数据，作为今后局部放电类型识别的依据，异常诊断流程如图5-3-3所示。

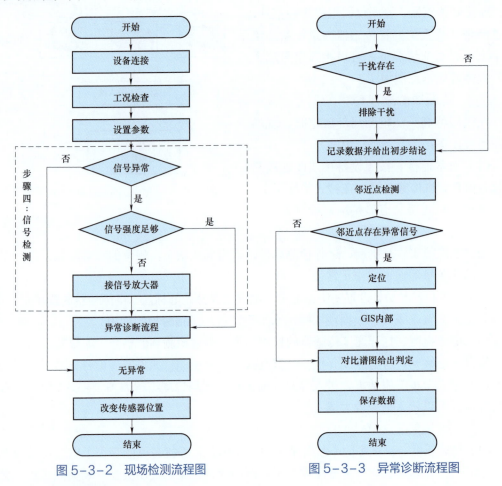

图5-3-2　现场检测流程图　　　　　图5-3-3　异常诊断流程图

二、仪器操作

下面分别以上海格鲁布局部放电综合巡检仪 PD74i、上海华乘局部放电综合巡检仪 PDS-T95、西湖电子局放巡检仪进行介绍。

（一）上海格鲁布局部放电综合巡检仪 PD74i

设备启动及信号调解器的连接同第四章第三节二、（一）部分。

1. 特高频自检

特高频自检图谱如图5-3-4所示，幅值为（-30±2）dBm，为自检通过，如图谱及幅值有较大偏差，说明仪器存在异常，需要对仪器进行重新校验。

2. 特高频检测界面

在主界面下，单击特高频检测模式，进入到特高频检测环境下。该检测环境下共有两种模式：相位模式（PRPD）、实时模式（PRPS）。特高频检测界面如图 5-3-5 所示。

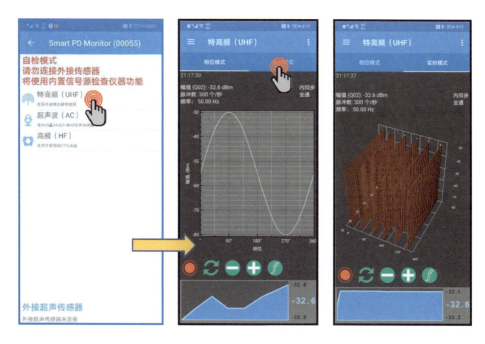

图 5-3-4　特高频自检

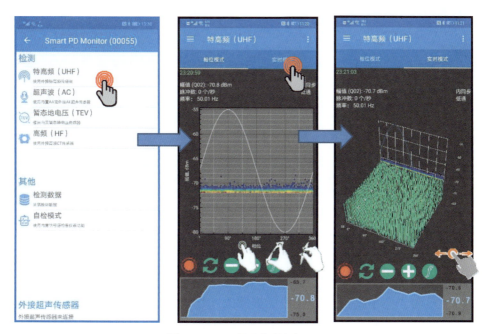

图 5-3-5　特高频检测界面

PRPS 图谱为三维图谱，将脉冲信号按照工频相位－幅值－工频周期三个维度进行绘制。图谱中脉冲信号用竖线表示，X 坐标轴表示工频相位 0～360°，Y 坐标轴表示工频周期数，Z 坐标轴表示脉冲幅度。PRPS 图谱记录了最近若干个周期脉冲信号的工频相位－幅度分布情况。

PRPD 图谱为脉冲信号按照工频相位－幅值－脉冲数三个维度绘制而成。横坐标轴表示工频周期 0～360°，纵坐标轴表示脉冲幅值，颜色表示脉冲数。PRPD 图谱可以看成是 PRPS 图谱在工频周期－幅值平面上的长时间累积，是判断局部放电类型的重要依据。

相位模式下，可通过两指进行图谱的放大与缩小，单指双击屏幕还原视图到默认位置。实时模式下。可通过左右滑动屏幕实现图谱的旋转。增益调节见表 5－3－1。

表 5－3－1　　　　　　　　　　　　增　益　调　节

⬤	开始/停止数据记录
🔄	刷新，重新开始累积 PRPD 谱图，重新开始累积趋势图
➖	固定尺度下，快速减少幅值尺度，只减少最大值不影响尺度最小值，每单击一次减少 10dB
➕	固定尺度下，快速加大幅值尺度，只加大最大值不影响尺度最小值，每单击一次增加 10dB
ƒ	检测频段快捷切换

固定尺度关闭状态下，幅值尺度会随着信号大小自动调节。只有固定尺度开启状态下，才能手动快速增加/减少幅值尺度。

3. 常规参数设置

常规参数设置同第四章第三节二、（一）部分。

4. 特高频检测参数设置

在各个检测界面中提供设置参数快捷修改入口，手势为主机左侧屏幕边缘向右滑动，即可打开参数设置界面，或单击右上角▤图标。特高频检测设置界面如图 5－3－6 所示。

图 5−3−6　特高频检测设置界面

特高频检测模式下设置界面各参数代表意义：

（1）检测频带。为选择类参数。全通检测频段为 300～1500MHz；高通检测频段为 1100～1500MHz；低通检测频段为 300～700MHz；

（2）固定尺度。默认为关闭状态，开启后可手动设置图谱纵轴（幅值）显示区间。

（二）上海华乘局部放电综合巡检仪 PDS−T95

1. 设备启动

按开关键打开设备，在设备运行时再次按下开关键，设备关机。

2. 信号调理器的连接

T95 主机需要与特高频采集器、同步器等进行配对使用，以接收传感器采集的数据。在系统主界面进入匹配类型菜单界面，系统主界面如图 5−3−7 所示，选择 UHF，进行匹配，搜索设备界面如图 5−3−8 所示。

设备扫描完成后，以 ID 列表的形式呈现，其中蓝色斜体的 ID 表示该外设已经被某个设备连接。点击其中一个未被连接的设备 ID，系统尝试连接并给出连接结果提示。

3. 特高频自检

使用信号发生器模拟各放电类型图谱，对 T95 设备进行特高频自检。

4. 特高频检测界面

在主菜单中选择"特高频"进入特高频检测界面。特高频检测界面如图 5−3−9 所示。

周期图谱检测有两种模式，即连续检测及单次检测，周期图谱检测和 PRPS 图谱检测如图 5−3−10 所示。

图 5-3-7 系统主界面

图 5-3-8 搜索设备界面

图 5-3-9 特高频检测界面

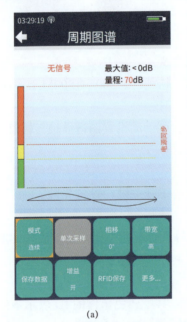

(a)

(b)

图 5-3-10 周期图谱和 PRPS 图谱

(a) 周期图谱；(b) PRPS 图谱

5. 常规参数设置

（1）电网频率设置。

电网频率设置允许用户根据局放检测时的电网频率设置，选中"电网频率"设置项并进入，将显示对应的选项设置界面，频率设置界面如图 4-3-13 所示。

通过触屏的直接单击以完成设置修改保存或通过物理按键中左、右键单击，可以实现对设置项的切换选取,选中项将以高亮显示,选取完成后,单击物理按键的"OK"键,将完成设置更改并保存。完成修改保存后,菜单栏右侧将显示新的设置值,并且,在 UHF 和 HFCT 的 PRPS 图谱界面中,图谱周期也将变为此处设定值。

（2）进入 PRPS 图谱检测界面后,根据功能键进行参数设置。PRPS 检测界面如图 5-3-11 所示。

1）运行/停止。实现启动、停止采样功能。

2）录屏。当有数据接入时,提供当前屏幕显示图谱的实时录制。

3）信号接入显示。当没有检测有配对的特高频采集器发送信号时,界面提示"无信号"字样,这时候需进入"外设匹配"功能,选择配对和打开指定特高频调理器再进行操作。

4）更多。用来显示设置更多的参数。

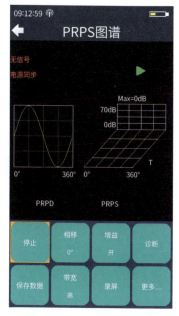

图 5-3-11　PRPS 检测界面

（三）西湖电子局部放电检测仪 XD5352

1. 系统组件及主要参数

（1）主机。检测主机主要由 ARM 处理器、信号调理电路、高速 AD 转换电路、FPGA 高速算法模块、同步模块、语音模块、存储模块、通信模块、屏幕等功能模块组成,原理图及真型装置图如图 5-3-12 所示。

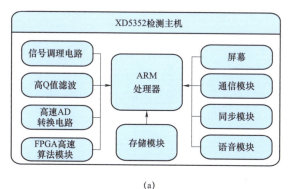

(a)

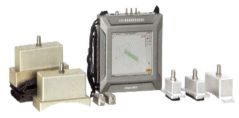

(b)

图 5-3-12　原理图及真型装置图
（a）原理图；（b）真型设备

（2）传感器。特高频传感器用于接收被测设备局放产生的特高频电磁波信号。传感器采用对数、螺旋、平板等设计方式,适用于各类特高频信号的检测；传感器尺寸适配各类大小 GIS 盆式绝缘子及浇注口,传感器如图 5-3-13 所示。主要技术参数为检测频带 300～1500MHz。

197

图 5-3-13 传感器

（3）滤波器。特高频局放检测灵敏度高，但易受干扰。针对特高频检测现场各个频段的干扰信号，本仪器设计对应频段的带阻滤波器进行消除，滤波器如图 5-3-14 所示。主要参数为 BSF：300～500MHz/500～800MHz/880～960MHz/1000～1200MHz/1200～1400MHz。

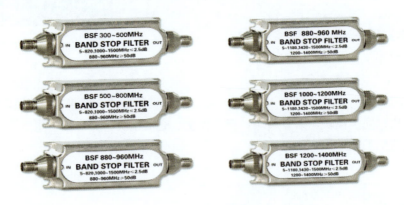

图 5-3-14 滤波器

（4）同步器。本系统外同步模式支持有线、无线两种方式。有线同步使用同步信号线获取待测设备电压相位信息。同步器如图 4-3-19 所示。无线同步使用无线同步器获取待测设备电压相位信息，有效距离可达 75m。

2. 测试回路连接

（1）特高频传感器通过高频信号线连接到滤波器的输入端。

（2）滤波器输出端通过高频信号线连接到主机的特高频输入端。

（3）同步信号通过同步信号线连接到同步输入端口（外同步）。

3. 特高频参数设置

（1）选择测试通道为"UHF"。

（2）设置同步方式。一般建议选择外同步模式（有线），并确认同步信号线已连接。

（3）设置频率。默认为 50Hz（外同步模式下自动跟随电源频率）。

（4）滤波参数。主机频带 300～1500MHz，通过外接带阻滤波器调节测试频带。

4. 特高频测试模式

测试模式包含直线、椭圆、正弦、飞行、PRPS、PRPD、Φ–P/N、Φ–P–N–D、统计、趋势、放电分析、噪声剔除十二种模式。特高频测试常用模式为 PRPS、PRPD、脉冲计数模式。

（1）PRPS 模式。用三维方式实时显示测量信号的放电强度、相位、周期等参量之间的动态关系，用不同的颜色来显示幅值不同的波形，放电强度越大，相应颜色更加醒目。PRPS 检测界面如图 5–3–15 所示。

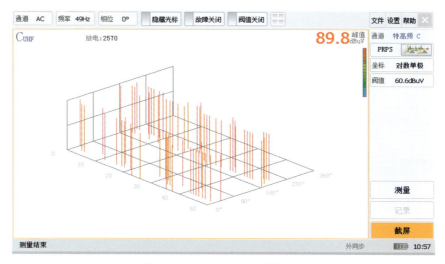

图 5–3–15　PRPS 检测界面

（2）PRPD 模式。平面显示局部放电信号强度、相位、放电次数的关系，颜色深浅程度表示在该放电强度下的放电次数。PRPD 检测界面如图 5–3–16 所示。

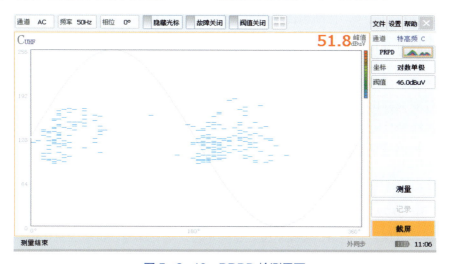

图 5–3–16　PRPD 检测界面

199

（3）脉冲计数模式。实时显示选择周期内的波形、峰值、相位、放电脉冲数等。可实时计量单位时间内的脉冲个数，也可统计一段时间内的脉冲个数，信号采集及脉冲计数不间断。脉冲计数界面如图5-3-17所示。

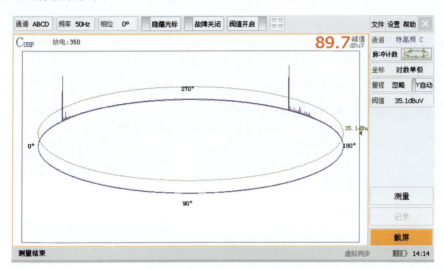

图5-3-17　脉冲计数界面

三、特高频传感器放置部位及要求

（一）放置部位

GIS 内部局部放电产生的特高频信号在 GIS 腔体内以横向电磁波方式传播，只有在 GIS 壳体的金属非连续部位才能泄漏出来。在 GIS 上只有非金属法兰的绝缘子、带有金属屏蔽绝缘盆子的浇注开口、观察窗、接地开关的外露绝缘件、内置式 TA、TV 二次接线盒等部位才能测量到信号，特高频传感器需安置在这些部位。

如果 GIS 设备内部留有内置式特高频传感器，可以在内置传感器接线口出接线测量。

（二）放置要求

（1）传感器应与盆式绝缘子紧密接触，且应放置于两根紧固盆式绝缘子螺栓的中间，以减少螺栓对内部电磁波的屏蔽及传感器与螺栓产生的外部静电干扰。

（2）在测量时应尽可能保证传感器与盆式绝缘子相对静止，避免传感器的移动引入干扰信号，对检测结果造成误判。

四、报告编写

（一）基本信息与设备铭牌信息录入

（1）基本信息。变电站、委托单位、试验单位、运行编号、试验性质、试验日期、试验日期，试验天气，环境温湿度等基本信息。

（2）设备铭牌信息。生产厂家、出厂日期、出厂编号和设备型号等信息。

（二）图谱导出

将超声波检测仪中的图谱与数据导出至电脑上，使图谱与测点一一对应。

（三）诊断分析

通过局部放电检测结果和典型缺陷放电特征及其图谱对比，识别局部放电类型。同时根据放电源位置、放电类型识别结果和信号发展趋势（随时间推移同一测试点放电强度、放电频率、放电频次变化规律）进行综合判断，分析中应参考局部放电超声检测和气体分解物检测等诊断性试验结果，并给出相应的结论及建议。

第四节　数据、图谱分析判断及典型案例

一、干扰分析方法

（一）识别排除干扰

使用排除法。在开始测试前，尽可能排除干扰源的存在，比如关闭荧光灯和关闭手机，检查周围有无悬浮放电的金属部件。

（二）屏蔽带法抗干扰

通过对非金属绝缘法兰或者带浇筑孔的金属法兰装设金属屏蔽带进行排除干扰，屏蔽带法如图 5-4-1 所示。

图 5-4-1　屏蔽带法

（三）信号识别抗干扰

信号识别抗干扰现场最常见的干扰信号有雷达噪声、移动电话噪声、荧光噪声和马达噪声。下面简明列举了上述几种信号的典型谱图及特征：PRPS 谱图用三维方式实时显示测量信号的幅值、相位、周期和放电频次等参量之间的动态关系，用不同的颜色来显示不同的幅值；PRPD 谱图平面显示局部放电信号幅值、相位和放电次数的关系，左上角色标指示颜色深浅程度表示在该放电强度下的放电次数及放电点的重叠情况。特高频典型干扰谱图及特征见表 5-4-1。

表 5-4-1 特高频典型干扰谱图及特征

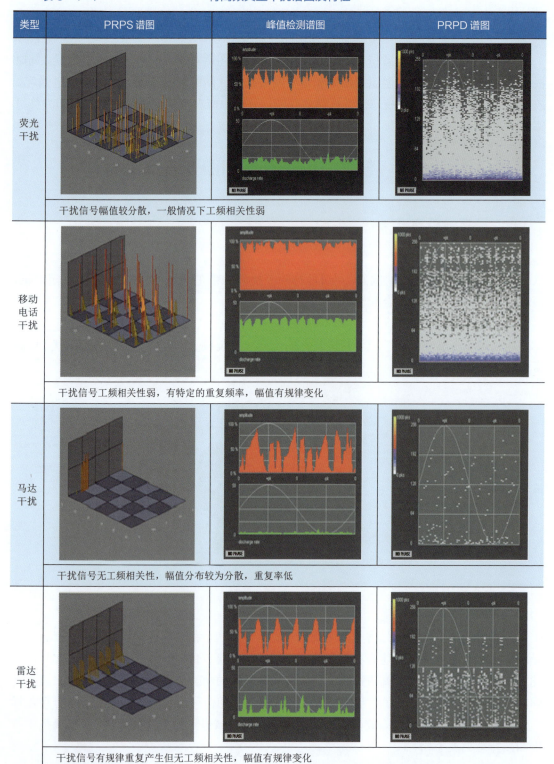

类型	PRPS 谱图	峰值检测谱图	PRPD 谱图
荧光干扰			
	干扰信号幅值较分散，一般情况下工频相关性弱		
移动电话干扰			
	干扰信号工频相关性弱，有特定的重复频率，幅值有规律变化		
马达干扰			
	干扰信号无工频相关性，幅值分布较为分散，重复率低		
雷达干扰			
	干扰信号有规律重复产生但无工频相关性，幅值有规律变化		

（四）背景测量抗干扰

在空气中设置背景传感器，通过对背景传感器与设备传感器信号处理，来排除外部干扰信号，背景测量法原理图如图 5-4-2 所示。

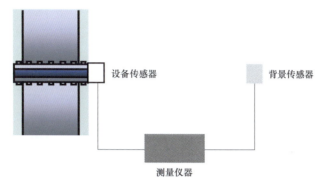

图 5-4-2　背景测量法原理图

（五）平面分法定位测量抗干扰

通过空间多传感器进行空间定位，可以准确定出具体位置，平面分法原理图如图 5-4-3 所示。

（六）利用检测频段选择和滤波抗干扰

针对固定存在信号较强的干扰，可通过频谱仪分析干扰存在的频段，使用滤波器将其过滤掉达到抗干扰目的。

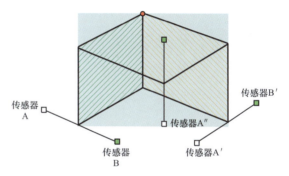

图 5-4-3　平面分法原理图

二、对典型放电类型的识别与判定

特高频典型局部放电谱图及特征见表 5-4-2。

表 5-4-2　　　　　　　　　　特高频典型局部放电谱图及特征

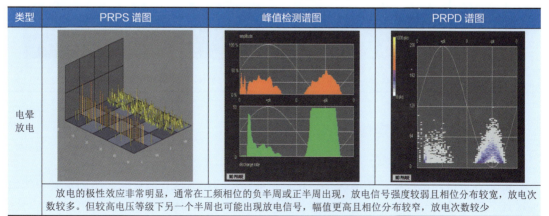

类型	PRPS 谱图	峰值检测谱图	PRPD 谱图
电晕放电			

放电的极性效应非常明显，通常在工频相位的负半周或正半周出现，放电信号强度较弱且相位分布较宽，放电次数较多。但较高电压等级下另一个半周也可能出现放电信号，幅值更高且相位分布较窄，放电次数较少

续表

类型	PRPS 谱图	峰值检测谱图	PRPD 谱图
悬浮电位放电	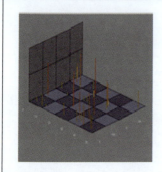	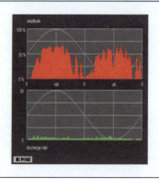	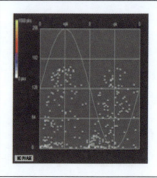
	放电信号通常在工频相位的正、负半周均会出现，且具有一定对称性，放电信号幅值很大且相邻放电信号时间间隔基本一致，放电次数少，放电重复率较低。PRPS 谱图具有"内八字"或"外八字"分布特征		
自由金属颗粒放电	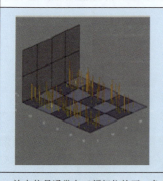	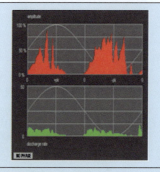	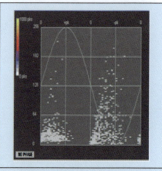
	局放信号极性效应不明显，任意相位上均有分布，放电次数少，放电幅值无明显规律，放电信号时间间隔不稳定。提高电压等级放电幅值增大但放电间隔降低		
空穴放电			
	放电信号通常在工频相位的正、负半周均会出现，且具有一定对称性，放电幅值较分散，放电次数较少		

三、对放电源进行定位

（一）幅值定位

依靠各个检测部位检测信号大小定位，是最常用定位方法，但只能大概确定某一气室或区域，且有时几个检测部位信号幅值差别很小无法判断，甚至某些情况会出现离信号远的部位幅值比离信号源近的部位还要大。

（二）时差定位

时差定位适用于采用高速数字示波器的带电测量装置，定位方法如图 5-4-4、图 5-4-5 所示。

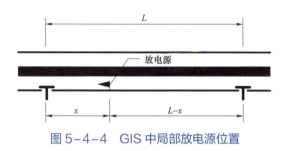

图 5-4-4　GIS 中局部放电源位置

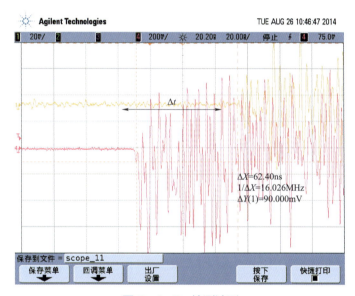

图 5-4-5　检测波形

$$\Delta t = t_2 - t_1 = (L-x)/c - x/c \tag{5-4-1}$$

$$x = \frac{1}{2}(L - c\Delta t) \tag{5-4-2}$$

式中，c 为 GIS 中电磁波等效传播速度，$3 \times 10^8 \text{m/s}$。

（三）声-电联合定位

该定位法利用特高频传感器和超声波传感器同时取得局部放电信号。以特高频信号和各个超声波信号之间的时间差作为故障点到各超声波传感器的时间，以等值声速乘以传播时间就得到故障点到达超声波检测点的距离。

四、缺陷分析原则及处理检修策略

（一）缺陷分析原则

（1）若未检测到特高频信号，或仅有较小的杂乱无规律背景信号，则判断为正常，继续下一检测点检测。如检测较大或有一定相位特征的异常信号，首先进行干扰信号识别和排除。

（2）若确定信号为非干扰的放电信号，应进行放电类型识别和放电源定位。

（二）处理检修策略

当前无相关的标准依据，特高频无法简单通过信号大小来判断危害性。根据信号幅值、放电源位置、放电类型初步评估危害性，观察信号变化趋势，并可采取其他手段辅助分析。

在局部放电带电检测中，如果检测到放电信号，同时定位结果位于重要设备如断路器、电压互感器、隔离开关、接地开关或盆式绝缘子处，则应尽快安排停电检修。如果放电源位于非关键部位，则应缩短检测周期，关注放电信号的强度和放电模式的变化。

检测到信号为绝缘内部放电或绝缘表面放电，则应尽快安排停电检修，隔离开关屏蔽罩悬浮放电可通过操作后观察信号趋势来决定是否检修；细小的尖刺放电可通过跟踪检测，关注信号强度变化来决定是否检修。

五、典型案例

（一）特高频检测 GIS 盆式绝缘子内部气隙缺陷

2010 年 3 月 22 日，某省电力试验研究院使用特高频法、超声波法和 SF_6 气体成分检测法在对某 220kV GIS 带电检测时，在某间隔 B 相出线的三个盆式绝缘子处均测量到较强的特高频局放信号，如图 5-4-6 所示，超声波法和 SF_6 气体成分分析法均为测量到可疑信号。

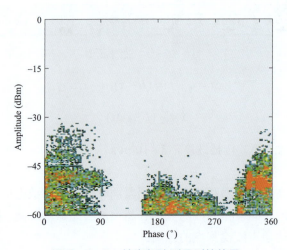

图 5-4-6　特高频法测量到的信号

随着信号的逐步变大，对存在疑似信号的绝缘子进行了解体更换处理。由于处理及时准确，避免了重大事故的发生。

通过对局放信号传播衰减比较法进行初步判断，结果表明，位置 G 处的异常信号幅值最大，GIS 设备简易原理结构图如图 5-4-7 所示。

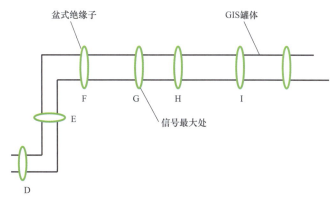

图 5-4-7　GIS 设备简易原理结构图

然后在存在疑似信号的绝缘子处安装了局部放电特高频在线监测系统，进行 24 小时监控。一直持续到 6 月份，发现信号在逐步增大，随即决定解体更换存在疑似信号部位的 F、G、H 的盆式绝缘子。

对更换后的 F、G、H 进行 X 光探伤、耐压、局部放电试验，结果表明 F、H 盆子通过 X 光探伤、耐压、局部放电试验，而 G 号盆子仅通过了耐压试验，在其内部发现浇口下部发现一条长约 150mm、直径约为 2mm 的气泡，其局部放电量为 2.37nC，盆式绝缘子 X 光探伤图如图 5-4-8 所示。

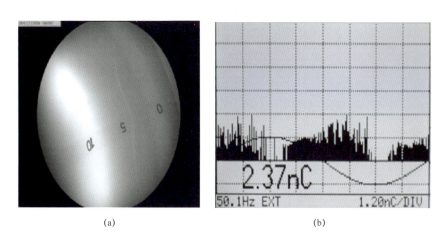

(a)　　　　　　　　　　　　　　(b)

图 5-4-8　盆式绝缘子 X 光探伤图

（a）X 探伤图；（b）局部放电图

对其进行解体后可见明显的气泡，盆式绝缘子解体分割图如图 5-4-9 所示。

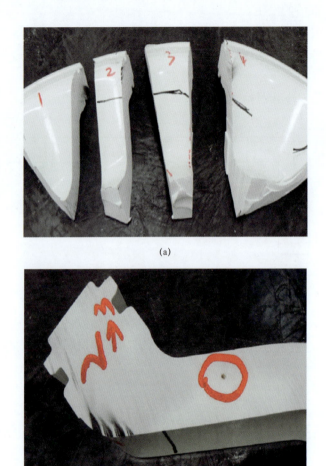

(a)

(b)

图 5-4-9　盆式绝缘子解体分割图

(a) 分割图 1；(b) 分割图 2

（二）特高频检测 GIS 支柱绝缘子裂纹缺陷

2010 年 6 月 2 日，试验人员在对一 110kV GIS 进行局部放电检测时，发现 110kV 1 号母线上备用六间隔 -1 隔离开关 A 相下方有较强局放信号，经分析有较强的危害性。对 GIS 设备进行了解体检查，发现信号异常部位所对应的支撑绝缘子内部有一明显裂纹，若继续运行，很可能导致绝缘子断裂，造成母线接地、停电事故。本次 GIS 的隐患排查工作，不仅消除了该 GIS 设备的重大安全隐患，避免了重大设备事故的发生。

使用仪器超声、超高频测试仪，特高频测得明显的放电信号，经仪器自动判断为尖端放电，但从波形来看，还具有一定的 100Hz 相关性，特高频局部放电测试谱图如图 5-4-10 所示。

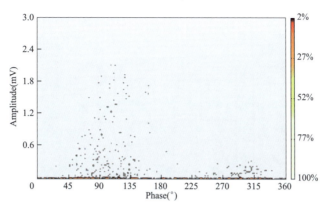

图 5-4-10 特高频局部放电测试谱图

超声波信号图谱的双极性特征较明显，但也存在两处不大一样的特征，超声波局部放电测试谱图如图 5-4-11 所示，根据经验判断，应为连接松动引起的悬浮放电，同时伴随有尖端放电现象，信号较明显，具有一定的危害性。

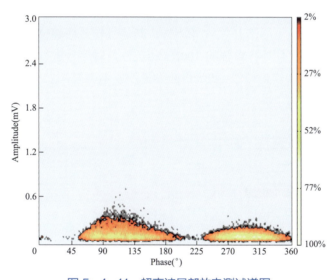

图 5-4-11 超声波局部放电测试谱图

为进一步确保该 GIS 设备局部放电测试结果的正确性，并对放电点进行精确定位，2010 年 6 月 18 日，使用德国 DOBLE 公司的特高频局放测试仪和 AIA 超声局放设备，对 GIS 设备信号异常部位进行了第二次复测，现场测试 GIS 局部放电信号发生位置如图 5-4-12 所示。

通过对备用六间隔附近两条母线上的 6 个盆式绝缘子进行超高频信号测量，结果显示备用六间隔两侧#1 母线上的两个盆式绝缘子上超高频放电信号最强，其他盆子上的信号稍弱，因此确定了放电气室为这两个盆式绝缘子之间的#1 母线上备用六间隔所在气室。

备用六间隔

放电部位所在气室　放电点位置

图 5-4-12　GIS 局部放电信号发生位置

用 AIA 超声局放检测仪对放电气室进行逐点测试，测试结果显示放电信号最强点出现在#1 母线上备用六间隔 -1 隔离开关 A 相下方，其信号较其他部位有明显增长。所测最大超声信号峰值达 38mV，且具有较强的 100Hz 相关性，对信号进行相位模式分析，信号图谱与标准的悬浮放电图谱较为相似，初步诊断为悬浮放电类型，超声检测谱图如图 5-4-13所示。

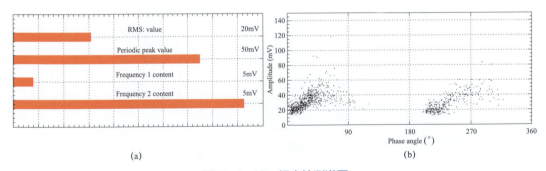

(a)　　　　　　　　　　　　　　　(b)

图 5-4-13　超声检测谱图
（a）连续模式；（b）相位模式

为了进一步确定缺陷原因，2010 年 7 月 22 日，将更换的绝缘部件进行了返厂检测、试验，试验情况如下。

A 相支柱绝缘子在进行 X 光探伤时，发现绝缘子内部有明显裂纹，裂纹由嵌件与绝缘子结合处开始，自内而外，但还未发展到绝缘子表面，因此，由外部无法观察到裂纹。B相支柱绝缘子正常。X 探伤图与局部放电图如图 5-4-14 所示。

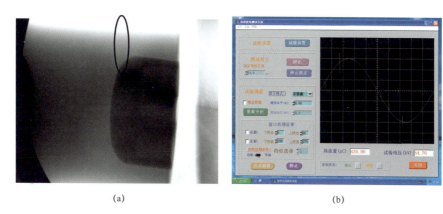

(a)　　　　　　　　　　　　　　　　(b)

图 5-4-14　盆式绝缘子 X 光探伤图与局部放电图

（a）X 光探伤图；（b）局部放电图

经查阅相关原始资料，该产品在出厂前已经过 X 光探伤、局放检测等试验，未发现绝子有缺陷，分析绝缘子裂纹产生的原因应为安装工艺不良，导致此处 A 相支柱绝缘子在对接过程中受力产生损伤，且长期处于径向不平衡力的作用，不断发展并导致产生裂纹，引起局部放电。

（三）特高频局部放电检测 110kV 断路器绝缘内部缺陷

2011 年 5 月 27 日，某电力公司检修人员使用特高频局放检测仪对 220kV 变电站进行局放例行检测，发现在该变电站 110kV GIS 室内存在明显的特高频信号。

经特高频时间差定位分析，发现在 3 号主变压器 110kV C 相的断路器气室内部存在一个局放源，局部源位置如图 5-4-15 所示。相比传感器 1，传感器 2 检测的信号在时间上超前，而且幅值大于前者，特高频信号如图 5-4-16 所示。

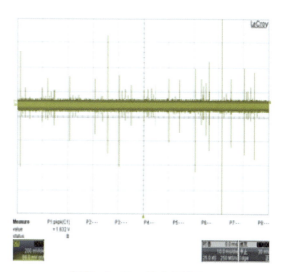

图 5-4-15　特高频检测局放源位置　　　　图 5-4-16　特高频信号

为了对前面局放检测仪检测的结果进行确认,对110kV断路器气室进行了气体成分取样分析。

由于3号主变压器110kV断路器室的三相是相互连通的,所以先分析三相气室的成分,然后逐一分析各相气室。气体成分分析的最终结果见表5-4-3。

表5-4-3　　　　　　　　　　气 体 成 分 分 析 结 果

相别	硫化氢 H_2S	二氧化硫 SO_2	一氧化碳 CO
三相	3.4	0	35
A 相	0.7	0	45
B 相	1.6	0	54
C 相	3.8	0	68

由气体成分分析结果可以得到,该变电站3号主变压器110kV断路器C相间隔内存在放电源。这与前面局放检测分析的结果是一致的。

为了验证检测结果和检修的准确性,将拆卸下来的断路器部件进行X光探伤和常规局放试验,研究其缺陷特征和放电特性,并与现场检测结果进行比较。

X光探伤结果显示,断路器中拆卸下来的各绝缘部件均未发现明显的缺陷痕迹。

对上部和下部盆式绝缘子及绝缘套筒进行局放试验,试验电压升至 250kV,均未发现明显的局放;最后,对绝缘拉杆进行局放试验,为了与断路器现场运行的情况吻合,将绝缘拉杆与屏蔽罩等组装起来,边缘进行光滑处理之后一并放入试验腔体进行试验。

综合故障断路器的X光探伤和局放试验,可以得到,该断路器的绝缘拉杆存在绝缘缺陷。

将绝缘拉杆沿轴向剖开,如图5-4-17所示。对照断路器组装之后的结构组成,可以看到,绝缘拉杆上放电通道的起始点与高压端屏蔽罩边缘的位置是对应的,如图5-4-18所示。

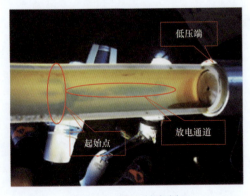

图5-4-17　轴向剖开

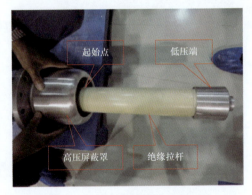

图5-4-18　组装后的对应位置

可以看到，放电通道位于绝缘拉杆壁内，从绝缘拉杆最靠近高压屏蔽罩处开始的，逐步向低压侧生长发展，如不及时采取措施，必将导致重大的绝缘击穿故障。

（四）特高频检测 500kV HGIS 出线套管内屏蔽筒螺栓紧固松动缺陷

2015 年 11 月，某公司在对 500kV 鼎功变电站 500kV HGIS 进行带电检测时，发现 500kV 设备区 50211 隔离开关气室局部放电检测数据明显异常，经进一步精确定位及诊断分析，判断出线套管与隔离开关气室存在悬浮放电。后经解体检查，确认异常信号来自出线套管屏蔽筒与其支撑绝缘件之间的固定螺栓松动而产生的悬浮放电。现场实测图如图 5-4-19 所示。

图 5-4-19　50211 隔离开关 C 相气室现场实测图

1. 特高频局放检测

由于该型号 HGIS 盆式绝缘子为全金属封闭结构，且无浇注孔及内置传感器，因此特高频局放检测位置选择为 50211C 相接地开关绝缘引出件部位，检测点实际位置示意图如图 5-4-20 所示。

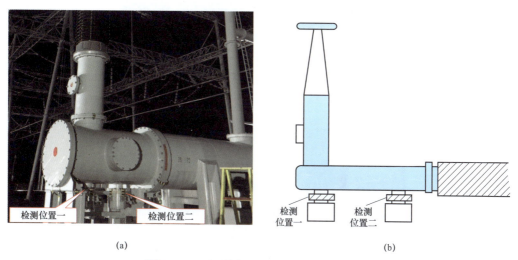

(a)　　　　　　　　　　　　　　　　(b)

图 5-4-20　特高频检测点实际位置示意图

（a）位置图；（b）示意图

检测位置一、二检测图谱分别如图 5-4-21 和图 5-4-22 所示，检测背景图谱如图 5-4-23 所示。

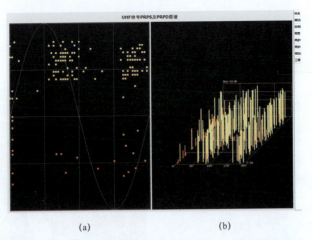

(a)　　　　　　　　　　　(b)

图 5-4-21　50211 间隔 C 相检测位置一特高频检测图谱
（a）PRPD 图；（b）PRPS 图

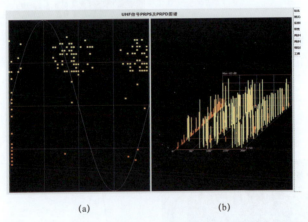

(a)　　　　　　　　　　　(b)

图 5-4-22　50211 间隔 C 相检测位置二特高频检测图谱
（a）PRPD 图；（b）PRPS 图

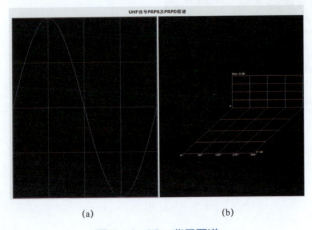

(a)　　　　　　　　　　　(b)

图 5-4-23　背景图谱
（a）PRPD 图；（b）PRPS 图

2. 超声波局放检测

超声波局放检测点分布如图 5-4-24 所示，测点 7 位于测点 3 正对面位置，各测点处均可用耳机听到异常声响。

图 5-4-24　超声波检测位置图

各测点超声波测试数据见表 5-4-4。

表 5-4-4　　　　　　　　　　各检测点超声波检测数据

检测位置	有效值（mV）	峰值（mV）	50Hz 频率相关性（mV）	100Hz 频率相关性（mV）
背景	0.11	0.51	0	0
检测点 1	1.5	6.4	0.1	0.62
检测点 2	1.7	7	0.11	0.75
检测点 3	2.1	9.2	0.14	0.87
检测点 4	2.5	11.5	0.17	1.1
检测点 5	4.3	34.6	0.31	3.1
检测点 6	8.2	55.7	0.5	4.6
检测点 7	2.0	9.1	0.14	0.9

从表 5-4-4 可以看出，50211 隔离开关气室存在超声波异常信号，信号强度较大，100Hz 频率相关性强，峰值、有效值较背景明显增长。测点 6 信号幅值最大，初步判断该点距局放源最近。测点 6 圆周方向测点分布如图 5-4-25 所示。

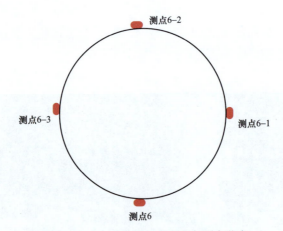

图 5-4-25　测点 6 圆周方向测点分布

测点 6 圆周方向各测点信号幅值见表 5-4-5。

表 5-4-5　　　　　　　　　测点 6 圆周方向各测点信号幅值

检测位置	有效值（mV）	峰值（mV）	50Hz 频率相关性（mV）	100Hz 频率相关性（mV）
背景	0.11	0.51	0	0
检测点 6	8.2	55.7	0.5	4.6
检测点 6-1	7.3	50.6	0.5	4.7
检测点 6-2	7.1	49.8	0.46	4.2
检测点 6-3	8.1	54.9	0.5	4.7

如图 5-4-26 所示为检测点 6 超声波检测连续图谱、脉冲图谱、相位图谱。检测时放大器倍数为 ×1000，即 60dB，折算至 40dB 数据对比时应为读数的 1/10，检测背景图谱如图 5-4-27 所示。

将上限截止频率由 100kHz 降低到 50kHz，信号幅值无明显减小。

3. 缺陷类型分析

（1）根据图 5-4-21 和图 5-4-22 特高频检测结果可知，PRPS 图谱在一个工频周期内有两簇明显集聚，PRPD 图谱在一个工频周期内有两簇信号，并呈"内八字"，具有悬浮电位放电特征。

（2）根据图 5-4-26 超声波连续图谱可以看出，100Hz 相关性明显，相位图谱显示一个工频周期内有两簇信号，具有悬浮电位放电特征。

（3）根据测得的飞行时间图谱［见图 5-4-26（b）］不具有"三角驼峰"特征，飞行图的颗粒飞行时间小于 20ms，可以排除自由颗粒在电场作用下迁移放电的可能。

根据以上分析可以判断该气室内部缺陷为悬浮电位放电缺陷。

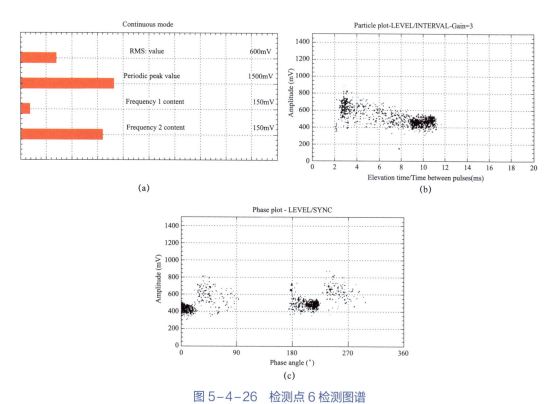

图 5-4-26　检测点 6 检测图谱

（a）连续检测图谱；（b）脉冲模式图谱；（c）相位模式图谱

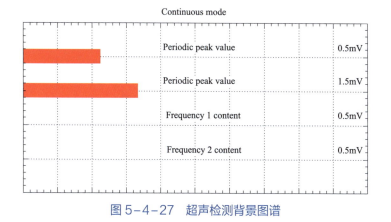

图 5-4-27　超声检测背景图谱

4. 缺陷定位分析

根据表 5-4-5 超声波各测点检测结果绘制成超声测点峰值分布图如图 5-4-28 所示，由图 5-4-28 可知，测点 6 信号幅值最大，因此可以判断信号源距离测点 6 最近。

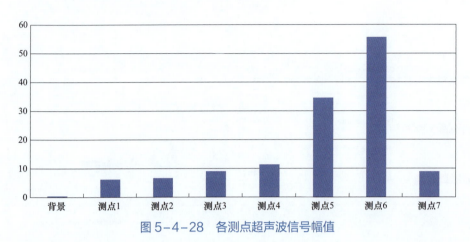

图 5-4-28 各测点超声波信号幅值

（1）由测点 6 圆周方向上各测点幅值可知，在圆周方向上信号幅值变化较小，并且在各测点改变上限截止频率，信号幅值无明显减小，因此可以判断放电源不在壳体上。

（2）由声电联合定位结果可知，测点 6 超声信号超前于测点 5，通过计算可知放电源距离测点 6 为 10cm。

50211 气室出线套管及升高座内部结构图如图 5-4-29 所示。由图 5-4-29 可知，套管屏蔽筒与其支撑绝缘件连接部位位于测点 6 所处水平面，并且该连接部位与升高座壳体距离为 10cm 左右。因此，综合上述分析可以判断，缺陷位置位于套管屏蔽筒与其支撑绝缘件的连接部位。

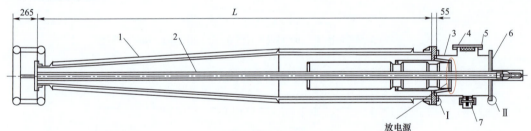

图 5-4-29 50211 气室出线套管及升高座内部结构图

5. 缺陷原因分析

根据出线套管及升高座内部结构可知，出线套管屏蔽筒和其支撑绝缘子之间通过螺栓进行固定。结合以上分析结果可知，引起该气室局放异常的原因为出线套管屏蔽筒和其支撑绝缘子的固定螺栓松动，在电场作用下，发生悬浮电位放电。

6. 验证情况

12 月 2 日下午，对 50211C 相出线套管及升高座进行更换。打开升高座与隔离开关气室连接部位可闻到刺激性的气味，说明气室内部发生过局部放电。12 月 3 日，于星沙解剖大厅内对拆除的套管及升高座进行了解体检查。解体情况如下。

（1）升高座解体检查。拆除升高座后发现其筒壁内有大量放电残留物，50211 升高座内部放电痕迹如图 5-4-30 所示。

一支屏蔽罩支撑绝缘件与屏蔽筒接触不紧密，存在间隙，如图 5-4-31 所示。

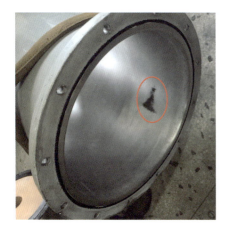

图 5-4-30 50211 升高座内部放电痕迹 　　图 5-4-31 支撑绝缘件与屏蔽筒之间存在间隙

（2）屏蔽筒解体检查。拆除屏蔽罩端盖后发现其与支撑绝缘件连接处紧固螺栓对应位置有 6 处放电痕迹，如图 5-4-32 所示。

（3）紧固螺栓拆除检查。拆除紧固螺栓过程中发现所有螺栓均已松动，紧固螺栓及垫片表面有放电痕迹，已无金属光泽。表面出现放电痕迹的螺栓、垫片分别如图 5-4-33、图 5-4-34 所示。

图 5-4-32 屏蔽筒拆除端盖后内表面放电痕迹 　　图 5-4-33 表面出现放电痕迹的螺栓

7. 解体情况分析

（1）根据升高座内部放电残留物及放电痕迹判断，该相出线套管运行中内部存在局部放电，放电位置位于屏蔽筒端部螺栓固定处，与带电检测定位分析结果一致。

（2）结合现场检测图谱特征和解体后发现的放电痕迹及位置，该放电是由于屏蔽筒与其支撑绝缘件之间的固定螺栓松动造成的多处悬浮电位放电。

（3）该套管屏蔽筒通过 8 个螺栓固定在支撑绝缘件上，屏蔽筒全部重量由支撑绝缘件承担，应力较为集中；现场检查所有螺栓均未采取有效防松措施，且装配时力矩不足，投

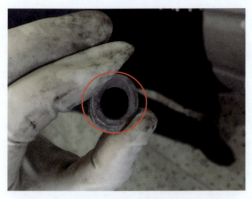

图 5-4-34 表面出现放电痕迹的垫片

运后在重力、电场力等作用下极易发生松动，初步判断该批次 500kV 出线套管在设计、装配等方面存在疑似共性重大隐患。

（五）特高频检测 GIS 内部自由颗粒缺陷

2017 年 5 月 24 日，对某变电站 220kV GIS 设备部分间隔进行耐压特高频局部放电带电检测，检测并成功定位到一处自由颗粒缺陷。

将通道 1、通道 2 和通道 3 分别连接某间隔 C 相线路闸刀侧、正母、副母的内置式局部放电传感器，传感器位置图如图 5-4-35 所示。

图 5-4-35 传感器位置图

三个检测通道所检测的 PRPD 图谱如图 5-4-36 所示。

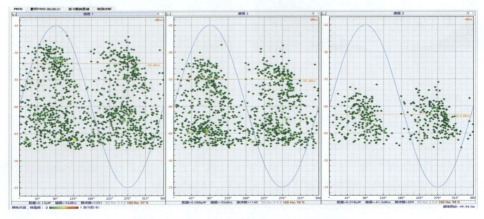

图 5-4-36 3 个检测通道 PRPD 图谱

选取线路闸刀侧传感器（通道 1）与正母传感器（通道 2）进行放电源定位，定位图谱显示放电源距离通道 1 传感器间隔 3.4m 处，即信号来自该间隔 C 相断路器端部，自动定位及定位到的设备放电位置如图 5-4-37、图 5-4-38 所示。

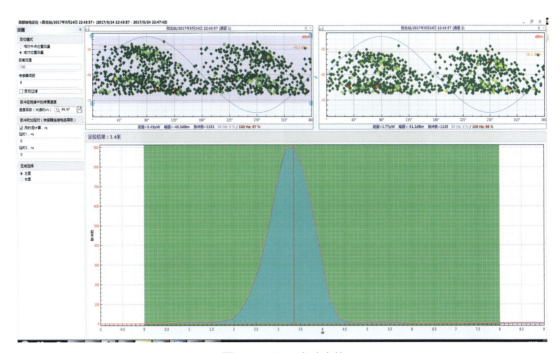

图 5-4-37　自动定位

图 5-4-38　定位到的设备放电位置

5 月 25 日，对该间隔 C 相断路器解体发现，在断路器一端底部存在金属颗粒。清洁后重新装配送电，局部放电信号消失。在断路器底部发现的金属颗粒如图 5－4－39 所示。

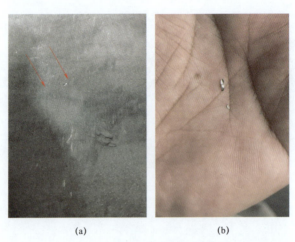

(a)   (b)

图 5－4－39　在断路器底部发现的金属颗粒

（a）金属颗粒 1；（b）金属颗粒 2

（六）1100kV 某变电站 1100kV GIS T012 间隔 A 相局放异常分析报告

2017 年 8 月 2 日下午，某变电站运维人员发现 1100kV GIS 特高频局部放电在线监测装置发报警信号，报警信号显示 1 号主变压器/某吴Ⅱ线 T0121 流变 A 相，1 号主变/某吴Ⅱ线 T0122 流变 A 相及泰吴Ⅱ线 T01367 线路接地开关 A 相气室局放异常，当日下午 16:30 报警信号消失，约 40min 后又间歇性报警，三处报警内置传感器位置如图 5－4－40 所示。

图 5－4－40　三处报警内置传感器位置

电科院及省检相关人员接到通知后，于 17 点 30 分左右到达现场进行局放复测，经检测初步判断异常信号来自 GIS 内部，信号源位于 T012 断路器 A 相与 T0122 流变 A 相之间的不通气盆式绝缘子附近，可能存在绝缘子内部气隙缺陷。

1. 缺陷位置分析

使用局部放电多通道定位系统 PDS-G1500 对三个报警气室内异常局放信号源进行时差定位，具体过程如下：

（1）利用内置传感器初步判断局部放电源所在气室。

依次将黄色通道接入 T01367 线路 A 相内置传感器、绿色通道接入 T0122 流变 A 相内置传感器，红色通道接入 T0121 流变 A 相内置传感器，黄绿红三通道内置传感器位置如图 5-4-41 所示。

(a)　　　　　　　　　　　(b)　　　　　　　　　　　(c)

图 5-4-41　黄绿红三通道内置传感器位置

（a）黄色通道；（b）绿色通道；（c）红色通道

使用示波器对红绿黄三通道特高频信号进行采集，经过约 1 个半小时后，首次观察捕捉到异常信号，说明该异常局放信号据有间歇性，黄绿红三通道时域波形如图 5-4-42 所示。由图 5-4-42（a）可以看出黄绿红三通道信号具有一致性，每个工频周期出现两簇异常信号。由图 5-4-42（b）可见绿色通道信号最超前，红色通道信号次之，黄色通道信号再次之，由此判断该异常信号来自距离绿色通道传感器（T0122A 相流变气室）附近。

（2）利用内置传感器初步判断局部放电源位置。

将示波器时间轴调整至 20ns/格后再次触发，得到示波器定位图谱如图 5-4-43 所示，图 5-4-43 中绿色信号的首个上升沿与红色信号的首个上升沿时间差约 20.2ns（绿色通道信号超前红色通道信号），经计算可知，T0122A 相流变侧的传感器（绿色信号）超前位于 T0122A 相流变侧的传感器（红色信号）约 6m 的距离。由于在示波器波形图中 T01367 线路 A 相接地开关气室传感器信号（黄色信号）的首个上升沿不明显，因此无法准确判断首个上升沿位置，因此暂时不将黄色信号作为判断发电位置定位的判断依据。

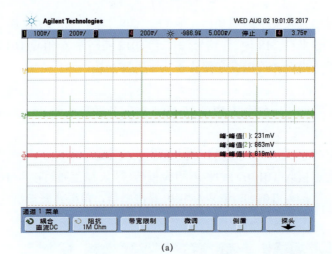

(a)

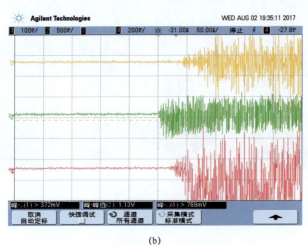

(b)

图 5-4-42 黄绿红三通道时域波形

（a）5ms/格波形；（b）50ns/格波形

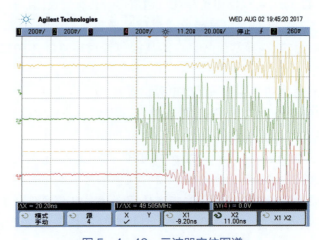

图 5-4-43 示波器定位图谱

通过对特高压 GIS 进行粗略尺寸测量，测得 T0122A 相流变传感器与 T0122A 相流变传感器相距约 15m，T0122A 相流变传感器距离 T01367 线路 A 相接地开关气室传感器约 8m，三个气室内置传感器位置及距离如图 5-4-44 所示。

图 5-4-44　三个气室内置传感器位置及距离

通过示波器的三组信号的前后顺序可知，T0122A 相流变气室信号超前于另外两组信号，且该气室位置在另外两气室中间，判断该局放信号位于 T0121A 相流变和 T0122A 相流变之间，根据特高频定位数据并结合现场实际测量的 GIS 尺寸，初步判断放电位置距离 T0122A 相流变传感器约 4.5m 的位置。

（3）综合使用外置与内置传感器准确判断放电源位置。

将特高频外置传感器布置在 T0122A 相流变与 T012A 相断路器间的水平盆式绝缘子处，结合 T0122 流变内特高频传感器进行进一步定位，传感器布置图与示波器定位波形分别如图 5-4-45、图 5-4-46 所示。通过示波器定位图谱分析得到，黄色通道信号（T0122

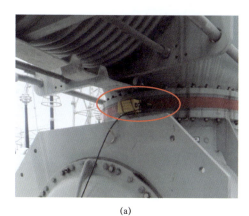

(a)

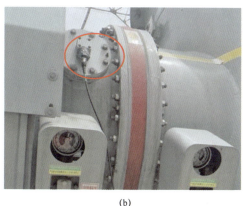

(b)

图 5-4-45　内置与外置传感器布置图

（a）T0122A 相流变与 T012 A 相断路器间的水平盆式绝缘子；（b）T0122 流变内特高频传感器

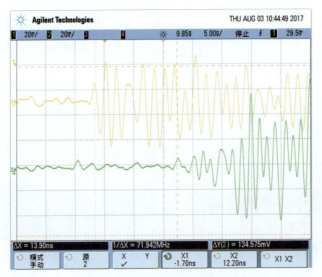

图 5-4-46 示波器定位波形

流变 A 相与 T012 断路器 A 相之间的水平盆式绝缘子）超前绿色通道信号（T0122 流变 A 相传感器位置）13.9ns（4.17m），T0122 流变 A 相与 T012 断路器 A 相之间的水平盆式绝缘子和 T0122 流变 A 相传感器位置距离为 4.2m，两距离相当，说明信号来自黄色传感器位置或黄色传感器外侧。

将红色通道传感器布置在 T012 A 相断路器与合闸电阻之间的盆式绝缘子上，黄色通道传感器布置在 T0122 A 相流变与 T012 A 相断路器之间的盆子绝缘子上，绿色通道为 T0122 流变 A 相内特高频传感器，再次进行定位。现场传感器布置图与示波器定位图谱如图 5-4-47 和图 5-4-48 所示。通过示波器定位波形时差分析得到，黄色通道信号（T0122

图 5-4-47 外置传感器布置图

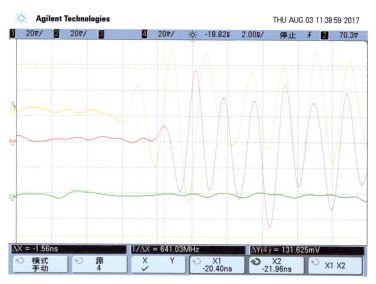

图 5-4-48　示波器定位波形

流变 A 相与 T012 断路器 A 相之间的水平盆式绝缘子）超前红色通道信号（T012A 相断路器与合闸电阻之间的盆式绝缘子）1.56ns（0.47m），两传感器的直线距离约 1.5m，说明信号在两传感器之间靠近黄色传感器约 0.5m 处。由设备结构图可知，此处水平盆式绝缘子为向下凹，深度约为盆子半径 0.5m。

　　综上所述，结合时差定位结果和断路器结构疑似放电位置在图纸上的标注图如图 5-4-49 所示，由此判断信号源位于 T0122 A 相流变与 T012 A 相断路器之间的盆子绝缘子与导体接触部位附近，疑似放电位置现场图如图 5-4-50 所示。

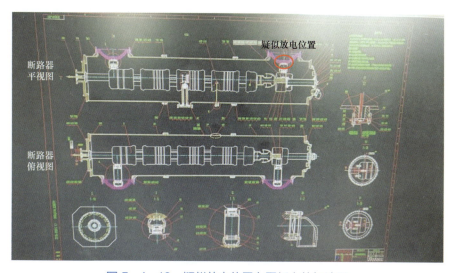

图 5-4-49　疑似放电位置在图纸上的标注图

图 5-4-50 疑似放电位置现场图

第五节 实 训 考 评

一、实训考评

（一）硬件需求

每个工位配置 1 个独立的全真 GIS 模拟装置，可实现多种典型放电模型（尖端、悬浮、自由金属颗粒和绝缘类局放气隙和沿面）。每个工位应配备两台同型号的多功能局放巡检仪，一台特高频局放在线监测装置，一套典型干扰发生器。

考评设备：上海格鲁布 PD74i 多功能局放巡检仪，上海格鲁布 PD71 局部放电检测定位仪，西湖电子全真 GIS 局放模拟装置。

（二）考评方式

考评时长：每人的考评时间为 50min，其中 30min 操作，20min 报告；

考评形式：采用单人操作、单人考评方式。

二、实训考评表

实训考评表、打分表见附录 5-4。

附录 5-1　特高频局部放电检测标准作业卡

特高频局部放电检测标准作业卡

1.
　　　　　　　　　　　　　　　　　　　　　　　　　　　　　编制人：_____　审核人：_____

检测范围		工作时间	至	作业卡编号	
检测环境	温度：　℃	湿度：　%	检测分类	带电检测	

2. 工序要求

序号	关键工序	标准及要求	风险辨识与预控措施	执行完打√或记录数据、签字
	安全准备	开工前全体工作班成员应了解现场安全措施、作业危险点及注意事项，并布置好自我保护相关安全措施	风险辨识：安全工器具、劳动防护用具、仪器仪表是否合格齐备，工作任务、危险点、现场安全措施和注意事项不清楚。 预控措施： 1. 准备检测标准作业卡、掌握现场安全措施、危险点及相关注意事项； 2. 安全工器具、劳动防护用具在有效使用期内，功能良好； 3. 检查环境、人员、仪器、设备满足检测条件； 4. 应了解被检测设备数量、型号、制造厂家安装日期、内部构造等信息以及运行情况，制定相应的技术措施	
	检查设备	检查被测设备外观，核对被测设备双重编号，核对被测设备数量	风险辨识：走错间隔；与设备带电部分安全距离不够。 预控措施： 1. 两人进行，认真核对设备编号和双重名称与工作票和标准作业指导卡相符合； 2. 与设备带电部分保持足够的安全距离	
	拆接电源	拆接电源必须两人进行，电源应符合试验要求	风险辨识：低压触电。 预控措施： 1. 现场具备安全可靠的独立检修电源； 2. 电源应加装漏电保护器； 3. 拆接电源时一人工作，一人监护	拆接人员：
	检测实施	检测前，明确试验方法、试验标准，并做好相应的安全措施	风险辨识：与设备带电部分安全距离不够。 预控措施：与设备带电部分保持足够的安全距离	
		特高频局部放电检测要求：开机检查设备状态，正确设置仪器参数，正确放置传感器。检测中，应选择最佳检测位置，操作过程严格规范，依次对设备进行检测，确保无遗漏	风险辨识：气体中毒；传感器坠落而误碰运行设备和试验设备。 预控措施： 1. 进入 SF$_6$ 设备室前，应先通风 15min，检查氧气和 SF$_6$ 气体含量合格后方可进入，检测过程中应始终保持通风； 2. 将传感器固定牢固	

229

序号	关键工序	标准及要求	风险辨识与预控措施	执行完打 √ 或记录数据、签字
	检测实施	检测中，工作人员应注意力集中，合理避让并进行必要的呼唱	风险辨识：与设备带电部分安全距离不够。 预控措施：与设备带电部分保持足够的安全距离	
		依据缺陷判断标准对检测结果进行初步判断，记录检测数据。对不同类型的设备采用相应的判断方法和判断依据		
	记录填写	检测中应有专人填写检测记录，并对检测结果参照规程进行判断，若发现异常，应及时向检测负责人汇报，检测负责人视异常情况确定应对方案，必要时向上级管理人员汇报		
	现场恢复	恢复作业现场到检测前状态		检查人：

3. 签名确认

工作人员确认签名	

4. 执行评价

工作负责人签名：

附录 5−2　特高频局部放电检测报告

特高频局部放电检测报告

一、基本信息

变电站		委托单位		试验单位		运行编号	
试验性质		试验日期		试验人员		试验地点	
报告日期		编制人		审核人		批准人	
试验天气		环境温度（℃）		环境相对湿度（%）			

二、设备铭牌

设备型号		生产厂家		额定电压（kV）	
投运日期		出厂日期		出厂编号	

三、检测数据

序号	检测位置	负荷电流（A）	图谱文件
1			图谱
2			图谱
3			图谱
4			图谱
5			图谱
6			图谱
7			图谱
8			图谱
9			图谱
10			图谱
…			图谱
特征分析			
仪器型号			
结论			
备注			

附录 5-3　仪 器 设 备 清 单

仪 器 设 备 清 单

序号	设备名称	品牌	型号/参数	数量	产品形态
1	真型 GIS 设备	杭州西湖电子	XD5936	1 套	
2	多功能局部放电巡检仪	上海格鲁布	PD74I（备选型号：EC2000/T95）	1 套	
3	特高频/超声波局放测试仪	上海格鲁布	PD71（备选型号：EC4000）	1 套	
4	脉冲信号发生器（脉冲点火器）	—	—	1	
5	干扰信号发生器	驹电电气	JS-CL20	1	
6	屏蔽带	—	—	2	
7	绝缘卷尺	—	—	1	
8	超声波耦合剂	摩可	7501	3 盒	
9	笔记本	—	—	1 台	

续表

序号	设备名称	品牌	型号/参数	数量	产品形态
10	打印机（含打印纸）	惠普	—	1 台	
11	万用表	FLUKE	F18B	1 个	
12	十字螺钉旋具	世达	62 314 200mm	2 把	
13	一字螺钉旋具	世达	63 403 100mm	2 把	
14	工具箱	史丹利	—	1 个	
15	电源插座	公牛	—	2 个	
16	温湿度计	得力	数显	1 个	
17	线手套	—	—	一次性，4 双	
18	双层试验台	—	1.6m×0.7m×0.7m	2 张	
19	报告桌	—	1.6m×0.7m×0.7m	共 4 张	
20	裁判桌	—	1.6m×0.7m×0.7m	1 张	

续表

序号	设备名称	品牌	型号/参数	数量	产品形态
21	抹布	—	—	一次性，3块	
22	书写板夹	得力	—	3个	
23	签字笔	得力	黑色，0.5mm	4支	
24	签字笔	—	红色，0.5mm	2支	
25	订书机	得力	0414s	1个	
26	订书针	—	20页钉	1盒	
27	安全帽	—	黄色	与油色谱分析项目共用	
28	安全帽	—	白色	与油色谱分析项目共用	
29	安全帽	—	红色	与油色谱分析项目共用	
30	安全帽	—	蓝色	与油色谱分析项目共用	

附录 5–4 实 训 考 评 表

实 训 考 评 表

比赛轮次	第　轮次		比赛工位	第　工位
现场操作时间	起始:		结束:	
报告编写时间	起始:		结束:	
序号	操作项目	分值	扣分	得分
1	准备工作	3		
2	特高频仪器设置	4		
	特高频背景检测	4		
	特高频普测巡检	10		
	特高频异常复测	12		
3	超声波仪器设置	4		
	超声波背景检测	2		
	超声波普测巡检	10		
	超声波异常定位	14		
4	测试结束	2		
5	报告	35		
总得分				
备注				
裁判签名	主裁□　副裁□　签名:			

第六章

设备精确测温

设备精确测温操作示范

培训目标：通过学习本章内容，学员可以了解带电设备红外精确测温技术原理，熟悉精确测温相关标准、规程要求，掌握仪器使用和现场测试方法，能够进行异常图谱分析判断，给出缺陷类型和严重程度，并根据检测结果完成报告编制，提出相应检修策略。

第一节 基础知识

设备精确测温基础知识

一、专业理论基础

（一）基本知识

1. 红外辐射的概念

红外辐射是指电磁波谱中比微波波长短、比可见光波长长的电磁波，波长范围 $0.75\mu m < \lambda < 1000\mu m$。电磁辐射频谱图如图 6-1-1 所示。

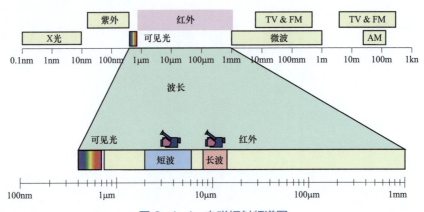

图 6-1-1 电磁辐射频谱图

自然界一切温度高于绝对零度（−273.15℃）的物体，都会不停地辐射出红外线，辐射出的红外线带有物体的温度特征信息。这是红外技术探测物体温度高低和温度场分布的理论依据和客观基础。

物体红外辐射的基本规律普遍从一种简单的模型——黑体入手。所谓黑体，就是在任何情况下对一切波长的入射辐射吸收率都等于1的物体。自然界中实际存在的任何物体对不同波长的入射辐射都有一定的反射（吸收率不等于1），所以，黑体只是一种理想化的物体模型。但是黑体热辐射的基本规律是红外研究及应用的基础，它揭示了黑体发射的红外辐射随温度及波长而变化的定量关系。

2. 实际物体的红外辐射

实际的物体并不是黑体，它具有吸收、辐射、反射、穿透红外辐射的能力。吸收为物体获得并保存来自外界的辐射，辐射为物体自身发出的辐射，反射为物体弹回来自外界的辐射，透射为来自外界的辐射经过物体穿透出去。

但对大多数物体来说，对红外辐射不透明，即透射率 $\tau=0$。

所以对于实际测量来说，辐射率 ε 和反射率 ρ 满足：

$$\varepsilon+\rho=1$$

实际物体的红外辐射如图 6−1−2 所示。

实际物体的辐射由两部分组成：自身辐射和反射环境辐射。

光滑表面的反射率较高，容易受环境影响（反光），粗糙表面的辐射率较高。如被测设备周围无明显热源，将反射温度设为大气温度。

3. 辐射率

辐射率（Emissivity，ε）又称发射率，是

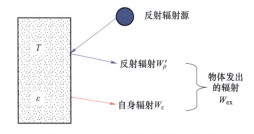

图 6−1−2　实际物体的红外辐射

衡量物体表面以辐射的形式释放能量相对强弱的能力。物体的辐射率等于物体在一定温度下辐射的能量与同一温度下黑体辐射能量之比。黑体的辐射率等于1，其他物体的辐射率介于 0 和 1 之间。

温度一样的物体，高辐射率物体要比低辐射率物体的辐射要多。茶壶中装满热水，茶壶右边玻璃的表面辐射率比左边不锈钢的高，尽管两部分的温度相同，但右边的辐射要比左边的高，用红外热像仪观看，右边看上去要比左边热。可见光与红外图像如图 6−1−3 所示。

物体表面不同的材料、温度、表面光滑度、颜色等，其表面辐射率均不同。

在实际检测中，由于辐射率对测温影响很大，因此必须选择正确的辐射系数。尤其需要精确测量目标物体的真实温度时，必须了解物体的红外辐射率 ε 的范围。否则，测出的温度与物体的实际温度将有较大的误差。

一般来说，物体接收外界辐射的能力与物体辐射自身能量的能力相等。一个物体吸收辐射的能力强，那么它辐射自身能量的能力就强，反之亦然。

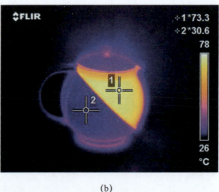

(a)　　　　　　　　　　　(b)

图 6-1-3　可见光与红外图像

(a) 可见光；(b) 红外图像

4. 红外线传播中的大气衰减

红外线在大气中传播受到大气中的多原子极性分子，例如二氧化碳、臭氧、水蒸气等物质分子的吸收而使辐射的能量衰减。大气衰减与红外线波长密切相关，波长范围在（1～2.5μm）（3～5μm）（8～14μm）三个区域，大气吸收弱，红外线穿透能力强，是红外线在大气中穿透比较好的波段，通常称为"大气窗口"。

红外热成像检测技术，就是利用了所谓的"大气窗口"。一般红外热像仪使用的波段为：短波（3～5μm），长波（8～14μm）。

（二）仪器的组成及基本原理

电力设备运行状态的红外检测，实质就是对设备（目标）发射的红外辐射进行探测及显示处理的过程。设备发射的红外辐射功率经过大气传输和衰减后，由检测仪器光学系统接收并聚焦在红外探测器上，并把目标的红外辐射信号功率转换成便于直接处理的电信号，经过放大处理，以数字或二维热图像的形式显示目标设备表面的温度值或温度场分布。探测器成像原理图如图 6-1-4 所示。

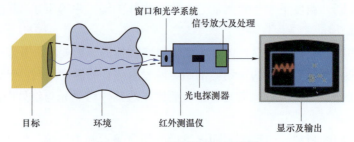

图 6-1-4　探测器成像原理图

（三）红外热像仪的主要参数

1. 温度分辨率

表示测温仪能够辨别被测目标最小温度变化的能力。

温度分辨率的客观参数是噪声等效温差（NETD），是评价热成像系统探测灵敏度的一个客观参数，能识别的最小温差。

2. 空间分辨率

热像仪分辨物体空间几何形状细节的能力。

它与所使用的红外探测器像元素面积大小、光学系统焦距、信号处理电路带宽等有关。一般也可用探测器像元张角（DAS）或瞬时视场表示，可理解为测量距离和目标大小的关系。

3. 红外像元数（像素）

表示探测器焦平面上单位探测元数量。

分辨率越高，成像效果越清晰。目前使用的手持式热像仪一般为 160×120、320×240、384×288、640×480 像素的非制冷焦平面探测器。

4. 测温范围

热像仪在满足准确度的条件下可测量温度的范围，不同的温度范围要选用不同的红外波段。电网设备红外检测通常在 −20～300℃ 范围内。

5. 测温准确度（测温精度）

热像仪测量温度的准确性，一般不大于 ±2℃ 或 ±2%（取绝对值大者）。

6. 采样帧速率

每秒钟采集温度数据的次数，单位为赫兹（Hz），宜不低于 25Hz。

7. 工作波段

热像仪响应红外辐射的波长范围，宜工作在长波范围内，即 7.5～14μm。

8. 焦距

透镜中心到其焦点的距离。焦距越大，可清晰成像的距离越远。

（四）电网设备发热机理

对于高压电气设备的发热缺陷，从红外检测与诊断的角度大体可分为两类，即外部缺陷和内部缺陷。

外部缺陷是指裸露在设备外部各部位发生的缺陷，如长期暴露在大气环境中工作的裸露电气接头缺陷、设备表面污秽以及金属封装的设备箱体涡流过热等。从设备的热图像中可直观地判断是否存在热缺陷，根据温度分布可准确地确定缺陷的部位及缺陷严重程度。

内部缺陷则是指封闭在固体绝缘、油绝缘及设备壳体内部的各种缺陷。由于这类缺陷部位受到绝缘介质或设备壳体的阻挡，所以通常难以像外部缺陷那样从设备外部直接获得直观的有关缺陷信息。但是，根据电气设备的内部结构和运行工况，依据传热学理论，分析传导、对流和辐射三种热交换形式沿不同传热途径的传热规律（对于电气设备而言，多数情况下只考虑金属导电回路、绝缘油和气体介质等引起的传导和对流），并结合模拟试验、大量现场检测实例的统计分析和解体验证，也能够获得电气设备内部缺陷在设备外部显现的温度分布规律或热（像）特征，从而对设备内部缺陷的性质、部位及严重程度作出判断。

从高压电气设备发热缺陷产生的机理来分，可分为以下五类。

1. 电流致热型缺陷

电力系统导电回路中的金属导体都存在相应的电阻，因此当通过负荷电流时，必然有一部分电能以焦耳－楞茨定律以热损耗的形式消耗掉。由此产生的发热功率为

$$P = K_f I^2 R \tag{6-1-1}$$

式中，P 为发热功率，W；K_f 为附加损耗系数；I 为通过的电荷电流，A；R 为载流导体的直流电阻值，Ω。

K_f 表明在交流电路中计及趋肤效应和邻近效应时使电阻增大的系数。当导体的直径、导电系数和磁导率越大，通过的电流频率越高时，趋肤效应和邻近效应越显著，附加损耗系数 K_f 值也越大。因此，在大截面积母线、多股绞线或空心导体，通常均可以为 $K_f=1$，其影响往往可以忽略不计。

式（6-1-1）表明，如果在一定应力作用下使导体局部拉长、变细，或多股绞线断股，或因松股而增加表面层氧化，均会减少金属导体的导流截面积，从而造成导体自身局部电阻和电阻损耗的发热功率增大。

对于导电回路的导体连接部位而言，式（6-1-1）中的电阻值应该用连接部位的接触电阻 R_j 来代替。并在 $K_f=1$ 的情况下，改写为

$$P = I^2 R_j \tag{6-1-2}$$

电力设备载流回路电气连接不良、松动或接触表面氧化会引起接触电阻增大，该连接部位与周围导体部位相比，就会产生更多的电阻损耗发热功率和更高的温升，从而造成局部过热。

2. 电压致热型缺陷

除导电回路以外，有固体或液体（如油等）电介质构成的绝缘结构也是许多高压电气设备的重要组成部分。用作电器内部或载流导体电气绝缘的电介质材料，在交变电压作用下引起的能量损耗，通常称为介质损耗。由此产生的损耗发热功率表示为

$$P = U^2 \omega C \tan\delta \tag{6-1-3}$$

式中，U 为施加的电压，V；ω 为交变电压的角频率；C 为介质的等值电容，F；$\tan\delta$ 为绝缘介质损耗因数。

由于绝缘电介质损耗产生的发热功率与所施加的工作电压平方成正比，而与负荷电流大小无关，因此称这种损耗发热为电压效应引起的发热，即电压致热型缺陷。

式（6-1-3）表明，即使在正常状态下，电气设备内部和导体周围的绝缘介质在交变电压作用下也会有介质损耗发热。当绝缘介质的绝缘性能出现缺陷时，会引起绝缘的介质损耗（或绝缘介质损耗因数 $\tan\delta$）增大，导致介质损耗发热功率增加，设备运行温度升高。

介质损耗的微观本质是电介质在交变电压作用下将产生两种损耗，一种是电导引起的损耗，另一种是由极性电介质中偶极子的周期性转向极化和夹层界面极化引起的极化损耗。

3. 电磁致热型缺陷

对于由绕组或磁回路组成的高压电气设备，由于铁芯的磁滞、涡流而产生的电能损耗称为铁磁损耗或铁损。如果由于设备结构设计不合理、运行不正常，或者由于铁芯材质不良，铁芯片间绝缘受损，出现局部或多点短路，可分别引起回路磁滞或磁饱和或在铁芯片间短路处产生短路环流，增大铁损并导致局部过热。另外，对于内部带铁芯绕组的高压电气设备（如变压器和电抗器等）如果出现磁回路漏磁，还会在铁制箱体产生涡流发热。由于交变磁场的作用，电器内部或载流导体附近的非磁性导电材料制成的零部件有时也会产生涡流损耗，因而导致电能损耗增加和运行温度升高。

4. 综合致热型缺陷

有些高压电气设备（如避雷器和输电线路绝缘子等）在正常运行状态下都有一定的电压分布和泄漏电流，但是当出现缺陷时，将改变其分布电压 U_d 和泄漏电流 I_g 的大小，并导致其表面温度分布异常。此时的发热虽然仍属于电压效应发热，发热功率而由分布电压与泄漏电流的乘积决定。

5. 缺油及其他缺陷

油浸式高压电气设备由于渗漏或其他原因（如变压器套管未排气）而造成缺油或假油位，严重时可以引起油面放电，并导致表面温度分布异常。这种热特征除放电时引起发热外，通常主要是由于设备内部油位面上下介质（如空气和油）热容系数不同所致。

除了上述各种主要缺陷模式以外，还有由于设备冷却系统设计不合理、堵塞及散热条件差等引起的热缺陷。

二、规程标准

DL/T 664—2016《带电设备红外诊断应用规范》

Q/GDW 1799.1—2013《国家电网公司电力安全工作规程　变电部分》

Q/GDW 1168—2013《输变电设备状态检修试验规程》

Q/GDW 11304.2—2015《电力设备带电检测仪器技术规范　第 2 部分：电气设备检测用红外热像仪技术规范》

国家电网公司运检一〔2014〕108 号《国网运检部关于印发变电设备带电检测工作指导意见的通知》

第二节　检　测　准　备

一、检测条件

设备精确测温检测
方法与典型图谱

（一）安全要求

（1）应严格执行 Q/GDW 1799.1—2013《国家电网公司电力安全工作规程　变电部分》的相关要求。

（2）应在良好的天气下进行，如遇雷、雨、雪、雾不得进行该项工作，风力大于 5m/s 时，不宜进行该项工作。

（3）检测时应与设备带电部位保持相应的安全距离。

（4）进行检测时，要防止误碰误动设备。

（5）行走中注意脚下，防止踩踏设备管道。

（6）应有专人监护，监护人在检测期间应始终行使监护职责，不得擅离岗位或兼任其他工作。

（二）环境要求

1. 一般检测环境要求

（1）被检测设备处于带电运行或通电状态，或可能引起设备表面温度分布特点的状态。

（2）尽量避开视线中的封闭遮挡物，如门和盖板等。

（3）环境温度宜不低于 0℃，相对湿度一般不大于 85%。

（4）白天天气以阴天、多云为佳。

（5）检测不宜在雷、雨、雾、雪等恶劣气象条件下进行，检测时风速一般不大于 5m/s。

（6）室外或白天检测时，要避开阳光直接照射或被摄物反射进入仪器镜头，在室内或晚上检测应避开灯光的直射，宜闭灯检测。

（7）检测电流致热型设备，一般应在不低于 30% 的额定负荷下进行，很低负荷下检测应考虑低负荷率设备状态对测试结果及缺陷性质判断的影响。

2. 精确检测环境要求

除满足一般检测的环境要求外，还满足以下要求：

（1）风速一般不大于 1.5m/s。

（2）设备通电时间不小于 6h，最好在 24h 以上。

（3）检测期间天气为阴天、夜间或晴天日落 2h 后。

（4）被检测设备周围应具有均衡的背景辐射，应尽量避开附近热辐射源的干扰，某些设备被检测时还应避开人体热源等的红外辐射。

（5）避开强电磁场，防止强电磁场影响红外热像仪的正常工作。

（三）待测设备要求

（1）待测设备处于运行状态。

（2）精确测温时，待测设备连续通电时间不小于 6h，最好在 24h 以上。

（3）待测设备上无其他外部作业。

（4）电流致热型设备最好在高峰负荷下进行检测；否则，一般应在不低于 30% 的额定负荷下进行，同时应充分考虑小负荷电流对测试结果的影响。

（四）仪器要求

红外热像仪一般由光学系统、光电探测器、信号放大及处理系统、显示和输出、存储单元等组成。红外热像仪应经具有资质的相关部门校验合格，并按规定粘贴合格标志。

精确测温红外热像仪的基本要求见附录 6-1。

（五）人员要求

进行电力设备红外热像检测的人员应具备如下条件：

（1）熟悉红外诊断技术的基本原理和诊断程序。

（2）了解红外热像仪的工作原理、技术参数和性能。

（3）掌握热像仪的操作程序和使用方法。

（4）了解被测设备的结构特点、工作原理、运行状况和导致设备故障的基本因素。

（5）具有一定的现场工作经验，熟悉并能严格遵守电力生产和工作现场的相关安全管理规定。

（6）应经过上岗培训并考试合格。

二、现场勘察

应根据作业内容确定是否开展现场勘察，确认工作任务是否全面，并根据现场环境开展安全风险辨识、制订预控措施。设备精确测温风险辨识卡见表6-2-1。

表6-2-1　　　　　　　　设备精确测温风险辨识卡

序号	危险因素	防范措施	责任人
1	误碰带电部位	检测至少由两人进行，并严格执行保证安全的组织措施和技术措施；应确保检测人员及检测仪器与带电设备保持足够的安全距离	工作负责人
2	作业人员安全防护措施不到位造成伤害	现场测试人员须身着工作服、戴安全帽、穿绝缘鞋	工作负责人
3	工作期间监护不到位造成伤害	应设专人监护，监护人在检测期间应始终行使监护职责，不得擅离岗位或兼职其他工作	工作负责人
4	SF_6气体泄漏造成人员伤害	应注意避开设备的SF_6管道、阀门；在配电装置室入口处若无SF_6气体含量显示器，应先通风15min，并测量SF_6气体含量合格	工作负责人
5	发生摔伤、误碰设备造成伤害	在夜间检测时，应保证检测人员熟悉工作现场情况、移动时照明充足，避免摔伤、误碰设备。禁止检测人员随走随测，防止人员绊倒	工作负责人
6	设备异常导致人身伤害	如设备出现明显异常情况时（如异声、电压波动、接地等），应立即停止检测工作并撤离现场	工作负责人

三、标准化作业卡

（一）编制标准化作业卡

（1）标准作业卡的编制原则为任务单一、步骤清晰、语句简练，可并行开展的任务或不是由同一小组人员完成的任务不宜编制为一张作业卡，避免标准作业卡繁杂冗长、不易执行。

（2）标准作业卡由工作负责人按模板（见附录6-2）编制，班长或副班长（专业工程师）负责审核。

（3）标准作业卡正文分为基本作业信息、工序要求（含风险辨识与预控措施）两部分。

（4）编制标准作业卡前，应根据作业内容确定是否开展现场查勘，确认工作任务是否全面，并根据现场环境开展安全风险辨识、制订预控措施。

（5）作业工序存在不可逆性时，应在工序序号上标注*，如*2。

（6）工艺标准及要求应具体、详细，有数据控制要求的应标明。

（7）标准作业卡编号应在本单位内具有唯一性。按照"变电站名称＋工作类别＋年月日＋序号"规则进行编号，其中工作类别为带电检测、停电试验。

（8）标准作业卡的编审工作应在开工前1天完成，突发情况可在当日开工前完成。

（二）编制检测记录卡

编制设备精确测温检测记录卡，记录卡中应包含变电站名称、检测日期、人员、环境、图谱编号、负荷电流等信息。标准作业卡的编审工作应在开工前1天完成，突发情况可在当日开工前完成。设备精确测温记录卡见表6-2-2。

表6-2-2　　　　　　　　　　设备精确测温记录卡

变电站名称			检测日期	
检测人员			仪器名称	
仪器型号			相对湿度（%）	
大气温度（℃）			风速（m/s）	
序号	检测位置	红外成像图谱编号	负荷电流（A）	测试距离（m）	备注
1					
2					
3					

四、工器具、材料准备

开工前根据检修工作的需要，准备好所需材料、工器具，对进场的工器具、材料进行检查，确保能够正常使用，并整齐摆放于工具架上。实训所用仪器仪表、工器具必须在校验合格周期内。

实训工器具清单见表6-2-3。

表6-2-3　　　　　　　　　　实 训 工 器 具 清 单

序号	名称	规格	单位	数量	备注
1	红外热成像检测仪		套	1	
2	强光手电/头灯		套	2	
3	温湿度计		台	1	
4	激光测距仪		台	1	
5	风速仪		台	1	

续表

序号	名称	规格	单位	数量	备注
6	笔记本电脑		台	1	
7	照相机（闪光灯）		台	1	
8	急救箱		箱	1	应急物品

五、工作现场检查

（1）保证安全的技术措施已做好。

（2）检查仪器及工器具齐备、完好。

（3）检查电池电量充足，存储卡容量充足。

（4）被测设备满足检测条件。

（5）工器具、材料、仪器仪表齐全，理顺摆放整齐。

第三节　检　测　流　程

使用红外热成像检测仪对带电设备进行检测，检测步骤主要包括检查仪器工况、设置仪器参数、调整焦距、调整温标及温标跨度、检测待测设备、检测数据保存、异常分析判断等。检测流程中仪器操作部分以浙江红相 T5 和浙江大立 T9 型红外热像仪为例介绍。

一、仪器开机、校准

打开红外热像仪电源，待仪器内部温度校准完毕，图像稳定后可以工作。检查电池、存储卡容量充足，仪器显示、操作、存储等各项功能正常。浙江红相 T5 和浙江大立 T9 型红外热像仪功能按键和屏幕菜单简要介绍如下。

（一）浙江红相 T5 红外热像仪功能键与菜单

T5 红外热成像仪左视图如图 6-3-1 所示。

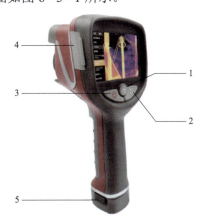

图 6-3-1　T5 红外热成像仪左视图

T5 红外热成像仪右视图如图 6-3-2 所示。

T5 红外热成像仪后视图如图 6-3-3 所示。

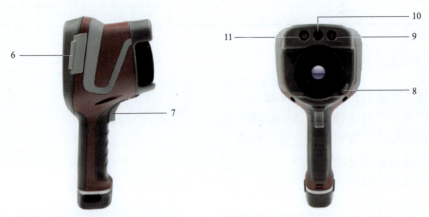

图 6-3-2 T5 红外热成像仪右视图　　　图 6-3-3 T5 红外热成像仪后视图

图 6-3-1～图 6-3-3 T5 红外热像仪按键功能见表 6-3-1。

表 6-3-1　　　　　　　　　　T5 红外热像仪按键功能

1	仪器冻结键/调零键；短按冻结，长按调零
2	仪器自动对焦键，短按对焦
3	开关机键，长按开机
4	仪器外接电源口、MICRO SD 卡接口
5	一体电池按键
6	USB 接口、HDMI 接口
7	仪器拍照/音频按键；短按拍照，长按录音
8	镜头拆卸键
9	补光灯
10	可见光相机
11	激光指示器

T5 红外热成像仪屏幕菜单如图 6-3-4、图 6-3-5 所示。

图 6-3-4　T5 红外热成像仪屏幕菜单 1

图 6-3-5　T5 红外热成像仪屏幕菜单 2

图 6-3-4、图 6-3-5 中 T5 红外热像仪屏幕菜单功能见表 6-3-2。

表 6-3-2　　　　　　　　　　T5 红外热像仪屏幕菜单功能

1	测量工具（添加点、线、区域测温）
2	所拍图片、视频的查看
3	仪器参数设置（温度范围、镜头焦距、温度单位、环境温度、湿度、辐射率、距离的调整、等温开关、报警开关功能、报警温度设置）
4	温标伪彩色选择（电力检测一般选择铁红色）
5	测温模式选择（红外、可见光、画中画、DSX、DDE 五种模式的选择）
6	存储方式有拍照、录像和红外全辐射三种
7	系统参数的设置
8	1～10 倍电子放大

续表

9	激光灯开关
10	补光灯开关

（二）浙江大立 T9 红外热像仪功能键与菜单

T9 红外热成像仪主视图如图 6-3-6 所示。

T9 红外热成像仪侧视图如图 6-3-7 所示。

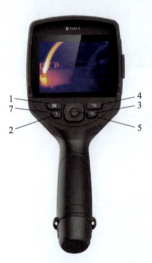

图 6-3-6　T9 红外热成像仪主视图

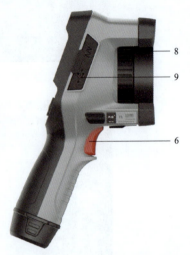

图 6-3-7　T9 红外热成像仪侧视图

图 6-3-6、图 6-3-7 中 T9 红外热像仪按键功能见表 6-3-3。

表 6-3-3　　　　　　　　　　　T9 红外热像仪按键功能

1	电源开关。按此开关超过 3s，启动/关闭热像仪；短按进入待机/唤醒
2	用于图像模式的切换和调零。短按切换图像模式，有红外、可见光、画中画及双波段融合图像；长按 3s 手动调零
3	菜单/编辑模式下，短按取消当前的菜单操作或返回上一菜单。活动图像模式下，短按自动对焦
4	用来冻结或保存图像
5	方向键。在不同操作模式下具有不同的功能，在活动图像模式下，上、下按键数字变焦，左、右键电动调焦
6	扳机键为激光测距器开关
7	麦克风
8	手动调焦环。操作者面对 LCD 屏幕时，顺时针旋转调焦环，往远焦方向调焦；逆时针旋转调焦环，向近焦方向调焦
9	USB 接口、HDMI 接口

T9 红外热成像仪屏幕菜单如图 6-3-8 所示。

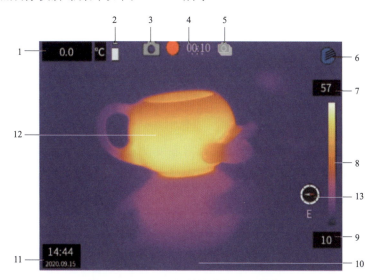

图 6-3-8　T9 红外热成像仪屏幕菜单

图 6-3-8 中 T9 红外热像仪屏幕菜单功能见表 6-3-4。

表 6-3-4　T9 红外热像仪屏幕菜单功能

1	测温结果：显示测温对象的温度值
2	电池电量状态
3	存储标志：表示正在保存当前图像
4	录像标志：表示当前是录像状态
5	连续抓图标志：表示当前是连续抓图状态
6	公司标志
7	上限温度：色标的上限温度值
8	温度色标：当前图像显示的色标条
9	下限温度：色标的下限温度值
10	菜单标志：单击弹出主菜单
11	系统时间：显示当前的系统时间
12	测温对象：点测温对象的十字游标，另外还有方框、直线表示区域、线测温对象
13	指南针标志：表示目前所朝方向

上海热像 Fotric 358X
红外热像仪
功能键与菜单

二、仪器参数设置

仪器稳定后，进行仪器参数设置。

（1）检查仪器日期、时间正确。

（2）普测时被测设备的辐射率可设置为 0.90；进行精确测温时，合理设置被测目标发射率，同时还应考虑环境温度、湿度、风速、风向、热反射源等因素对测温结果的影响，并做好记录。

（3）设置大气温度、相对湿度，并根据测量点位置设置目标距离。

（4）了解现场被测目标的温度范围，设置正确的温度挡位，当测试过程中发现测量点温度超出量程范围时，将量程调整至适当范围。

（5）调色板设置为铁红模式。

（6）如被测设备周围无明显热源，将反射温度设为大气温度。

（7）合理设置区域、点温度测量，热点温度跟踪功能，以达到最佳检测效果。

三、调整焦距

红外图像存储后可以对图像参数进行调整，但是无法在图像存储后改变焦距。在一张已经保存了的图像上，焦距是不能改变的参数之一。当聚焦被测物体时，调节焦距至被测物件图像边缘非常清晰且轮廓分明，以确保温度测量精度。有些设备具有放大/缩小功能，可以更好地观测被测设备细节。对焦效果对比如图6-3-9所示。

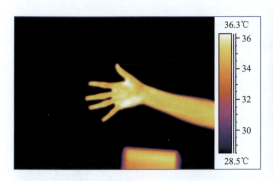 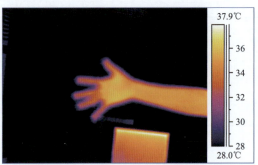

图6-3-9 对焦效果对比

（一）自动对焦

短按自动对焦键实现自动对焦，对焦区域为屏幕中间区域。自动对焦方法如图6-3-10所示。

（二）手动对焦

远焦，顺时针转动聚焦环；近焦，逆时针转动聚焦环。保证被测设备清晰即可。手动对焦方法如图6-3-11所示。

四、调整温标（电平）及温标跨度（温宽）

观察目标时，合理调整温标及温标跨度，使被测设备图像明亮度、对比度达到最佳，得到最佳的红外成像图像质量；精确测温时需手动调整温标及温标跨度，确保能够准确发现较小温差的缺陷。

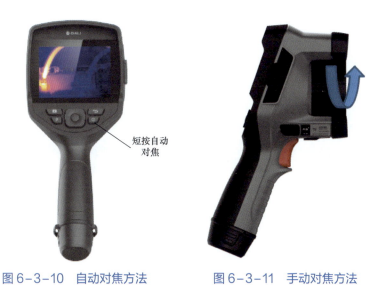

图6-3-10　自动对焦方法　　　　图6-3-11　手动对焦方法

（一）温标自动调整与手动调节的对比

手动调节温标及温标跨度示例如图6-3-12所示。左图中较冷的天空以及输电线路结构记录为图上的最低温度－26.0℃。在右图中，最大和最小温度范围已经被更改为接近隔离开关的温度范围，这使得分析温度变化更为容易。

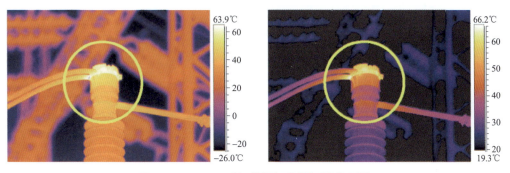

图6-3-12　手动调节温标及温标跨度示例

（二）温标调节的方法

首先调整温标跨度，温标跨度调整完成后，调节温标级别，直至图像显示清楚，缺陷部位清晰明了。手动调节温标及温标跨度方法如图6-3-13所示。

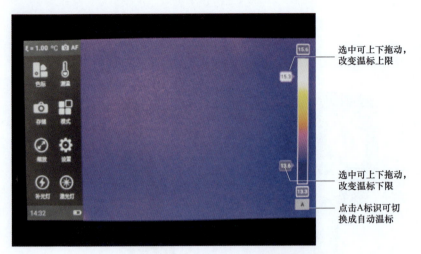

图 6-3-13　手动调节温标及温标跨度方法

拍摄部位及色标参考调节范围见表 6-3-5。

表 6-3-5　　　　　　　　拍摄部位及色标参考调节范围

设备类别和部位	热像特征	故障特征	色标调节量程	备注
设备接头和线夹等电流致热型	以线夹和接头为中心的热像,热点明显	接触不良	可自动,或±(10~20)K	
绝缘子、套管、电缆及电缆终端、避雷器、电容式电压互感器等电压致热型	热像为对应部位呈现局部发热或整体发热	介质损耗增大、设备受潮或老化、表面脏污、局部放电	±3K	
断路器、GIS 设备、电压互感器、电流互感器	局部发热,发热部位集中,温差梯度大	接触不良、电磁效应、环流等	可自动,或±10~20K	
	局部发热,温度分布均匀,温差梯度小	内部接触不良、局部放电、匝间短路、介质损耗增大、设备受潮或老化等	±5K	
变压器、电容器组、隔离开关	局部发热,发热部位集中,温差梯度大	接触不良、电磁效应、缺油等	可自动,或±10~20K	
端子箱、汇控柜、检修电源盘等	二次回路接头为中心的热像,热点明显	二次回路接触不良	可自动,或±10~20K	

五、检测与诊断

(一)检测注意事项

一般先远距离对被测设备进行全面扫描(至少选择 3 个不同方位对设备进行检测),发现异常后再近距离有针对性地对异常部位和重点设备进行精确检测,保存图像并记录温度、温差、图像编号等信息。

检测时尽量避免阳光及附近热源对检测结果的影响;对于被遮挡设备进行近距离多角

度检测，保证测点无遗漏。

在保证人员、仪器与带电设备保持安全距离的条件下，仪器宜尽量靠近被测设备，使被测设备尽量充满整个仪器的视场；最好保持测试角在30°之内，不宜超过45°。

检测中如发现异常，应多角度进行局部检测，并拍摄对应异常部位可见光图片，根据测量温度及图像特征，并记录实时负荷电流，结合运行信息，判断被测设备有无缺陷，确定缺陷类型，提出检修建议。

冻结和记录图像的时候，应尽可能保持仪器平稳。即使轻微的仪器晃动，也可能会导致图像不清晰。当按下存储按钮时，应轻缓和平滑。

（二）现场检测方法及要求

1. 变压器类设备

（1）变压器本体。

常见缺陷类型及发热原因有：

1）变压器强油循环未打开。

2）漏磁引起的本体局部发热。

3）漏磁引起的螺栓、跨接排发热。

220kV主变压器本体螺栓发热图谱如图6-3-14所示。

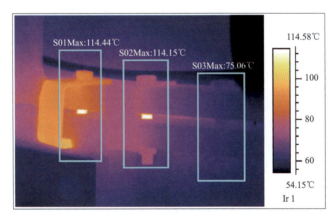

图6-3-14　220kV主变压器本体螺栓发热图谱

检测与诊断方法如下：

1）变压器本体是否存在上热下冷的温度梯度分布，若横向比较有明显温度差异，则要检查强油循环是否打开或损坏、冷却器是否存在故障。

2）变压器油箱是否有漏磁、涡流损耗导致的局部发热。

3）变压器本体钟罩与法兰螺栓是否有因内屏蔽不好漏磁、涡流损耗导致的发热。

4）现场测量本体顶层油温与变压器油温度计比较，不应有明显差异。

拍摄注意事项如下：

1）聚焦到位，本体刚好充满画面，四周留有适当空间。

2）每台变压器从四个方向拍摄，建议高、低两个侧面拍整体和本体各一张图片，高压侧左、右面主体各拍一张主体图片。

3）主变压器整体拍摄时上至高压套管引线接头，下至主变压器底壳，留一部分地面，整体主变压器垂直居中。

4）主变压器本体拍摄时以主变压器本体部分的面为中心，遇遮挡时尽量取遮挡少的角度拍摄，并三相保持角度一致。

5）由于变压器温度受负载的影响较大，不宜与历史值比较。

500kV 主变压器高压侧正面整体图谱如图 6-3-15 所示。

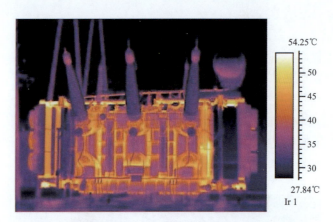

图 6-3-15　500kV 主变压器高压侧正面整体图谱

（2）变压器套管。

常见缺陷类型及发热原因有：

1）套管将军帽接线板与引线的外连接或内部导电杆连接处接触不良引起的发热。

2）导电杆与绕组引线接触不良引起的套管整体或根部过热。

3）套管缺油。

4）套管局部放电或表面污秽引起的局部发热。

5）套管末屏接地不良，导致套管末屏接地发热。

6）套管介质损耗增大引起的套管发热。

7）套管互感器缺陷引起的升高座温度过高。

110kV 主变压器套管局部温度高表面污秽图谱如图 6-3-16 所示。

检测与诊断方法如下：

1）检查套管将军帽、将军帽引线接头三相之间是否有明显温度差异。

2）套管瓷套三相横向比较，若局部或整体温度有不小于 2K 的偏差，可初步判定为严重及以上缺陷。

3）若套管存在明显油位分界面，有可能是套管缺油造成，缺油部分温度比充油部分低。对套管三相进行比较，避免因套管内部绝缘或外部瓷套管材质不一引起的误判。

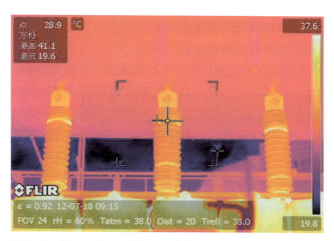

图 6-3-16　110kV 主变压器套管局部温度高表面污秽图谱

4）套管末屏引线接头有无发热。

5）套管升高座三相之间是否有明显温度差异。

拍摄注意事项如下：

1）聚焦到位，套管刚好充满画面，四周留有适当空间。

2）套管红外检测图像应包括引线接头、将军帽、瓷套、升高座。

3）每台变压器应保存三相高、中、低压套管及中性点套管。

500kV 主变压器 500kV 套管图谱如图 6-3-17 所示。

图 6-3-17　500kV 主变压器 500kV 套管图谱

（3）冷却器。

常见缺陷类型及发热原因有：

1）冷却器与变压器本体的联结阀门、联管运行中没有打开或被堵塞引起的散热器温度异常。

2）由于冷却器风扇电机故障或润滑不足引起的风扇或风扇电机温度异常。

3）强油循环潜油泵故障引起的潜油泵温度异常。

4）冷却器管路污物堵塞引起的管路温度异常。

220kV 主变压器本体散热片油阀门未开图谱如图 6-3-18 所示。

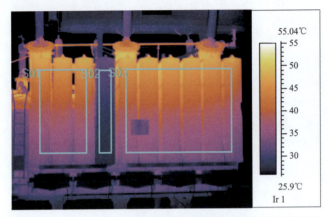

图 6-3-18　220kV 主变压器本体散热片油阀门未开图谱

检测与诊断方法如下：

1）冷却器温度是否与散热电机开启状况一致。

2）联管、阀门的温度是否上热下冷的分布。

3）各风扇电机之间有无较大温度差异。

4）各个潜油泵位置温度有无较大温度差异。

拍摄注意事项如下：

1）聚焦到位，冷却器刚好充满画面，四周留有适当空间。

2）由于变压器墙体阻挡，可选择合适角度拍摄。

3）变压器每侧冷却器保存一张图片，局部热点再单独拍摄。

220kV 主变压器高压侧右面冷却器图谱如图 6-3-19 所示。

图 6-3-19　220kV 主变压器高压侧右面冷却器图谱

（4）储油柜。

常见缺陷类型及发热原因有：

1）储油柜低油位。

2）储油柜隔膜脱落。

3）储油柜阀门关闭。

220kV主变压器储油柜隔膜脱落图谱如图6-3-20所示。

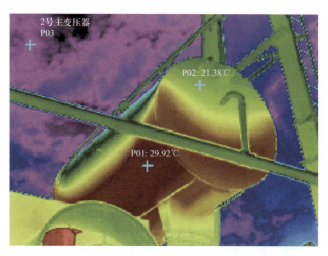

图6-3-20 220kV主变压器储油柜隔膜脱落图谱

检测与诊断方法如下：

1）检测本体及有载调压开关储油柜的油位是否正常（仅适用于隔膜式、胶囊式）。

2）正常储油柜油液面为清晰水平分界面，如果呈曲线，可判断为隔膜脱落。

3）检测联管阀门两侧温度，若温度差异较大，应查明储油柜至本体油管阀门是否关闭。

拍摄注意事项如下：

1）调节色标，油面上下温差相差较小，拍摄时色标范围要小。

2）聚焦到位，储油柜刚好充满画面，四周留有适当空间。

3）每个储油柜需要单独拍摄一张图片，采用侧拍方式，即可观察到正面油位亦可观察到侧面油位。

500kV主变压器储油柜图谱如图6-3-21所示。

2. 电流互感器

常见缺陷类型及发热原因有：

（1）外部导电接头接触不良引起的发热。

（2）内部接头接触不良引起的发热。

（3）内部介质损耗异常引起的瓷套整体温度偏大。

（4）复合外绝缘电流互感器粘接不良、受潮引起的局部过热。

（5）缺油引起的温度异常。

图 6-3-21　500kV 主变压器储油柜图谱

（6）末屏接地不良引起的末屏温度过高。

（7）涡流损耗引起的附件发热。

220kV 电流互感器本体发热图谱如图 6-3-22 所示。

图 6-3-22　220kV 电流互感器本体发热图谱

检测与诊断方法如下：

（1）观察电流互感器外部接头、内连接部位三相比较有无明显温度差异。

（2）观察电流互感器瓷套本体相同部位，三相横向比较，单台设备从上到下应温度分布均匀，无局部发热，温度有 2K 的偏差，可判定为严重及以上缺陷。

（3）电流互感器瓷套本体有明显温度分层且三相温度有差异，应判断是否缺油。

（4）观察电流互感器末屏有无明显温度异常。

（5）储油柜部位发热可判断为内接点发热缺陷。

（6）观察附件部位是否有明显温度异常。

拍摄注意事项如下：

（1）聚焦到位，电流互感器刚好充满画面，四周留有适当空间。

（2）拍摄电流互感器红外图像应包括引线接头、储油柜、金属膨胀器、瓷套、底部油箱，尽量选择能观察到末屏、接地线及二次出线的位置进行拍摄。

（3）每台电流互感器要站在同一距离单独拍摄，各保存一张图片。

500kV 电流互感器图谱如图 6-3-23 所示。

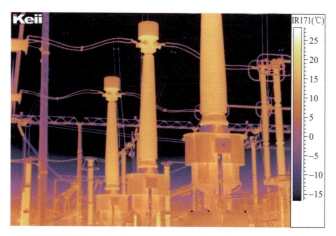

图 6-3-23　500kV 电流互感器图谱

3. 电压互感器

常见缺陷类型及发热原因有：

（1）电容单元介质损耗偏大引起的局部或整体温度异常。

（2）电容单元缺油造成温度异常。

（3）电磁单元匝间短路引起的温度异常。

（4）电磁单元阻尼元件故障引起的油箱部位温度异常。

（5）电磁单元内部放电引起的温度异常。

（6）保险管接触不良、熔断、受潮等引起的温度异常。

（7）一次或接地线接触不良引起的温度异常。

220kV 电压互感器电磁单元匝间短路图谱如图 6-3-24 所示。

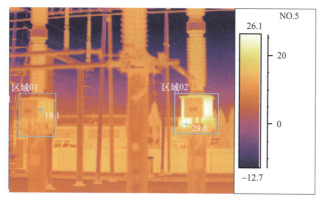

图 6-3-24　220kV 电压互感器电磁单元匝间短路图谱

检测与诊断方法如下：

（1）观察电压互感器接头三相比较有无明显温度差异。

（2）观察电压互感器瓷套本体相同部位，三相横向比较，单台设备从上到下应温度分布均匀，无局部发热，温度有 2K 的偏差，可判定为严重及以上缺陷。

（3）观察电压互感器油箱部位三相比较有无明显温度差异。

拍摄注意事项如下：

（1）聚焦到位，电压互感器刚好充满画面，四周留有适当空间。

（2）拍摄电压互感器红外图像应包括引线接头、瓷柱、油箱、底部，尽量选择能观察到接地线及二次出线的位置进行拍摄。

（3）每台互感器要站在同一距离单独拍摄，各保存一张图片。

500kV 电压互感器图谱如图 6-3-25 所示。

图 6-3-25　500kV 电压互感器图谱

4. 断路器设备

常见缺陷类型及发热原因有：

（1）外部接线端子或线夹与导线连接不良引起的接头过热缺陷。

（2）内部接头或连接件接触电阻过大引起的过热缺陷。

（3）动静触头、中间触头接触不良引起的过热缺陷。

（4）支柱瓷绝缘子污秽、裂纹引起的过热。

（5）油断路器缺油引起的温度异常。

（6）断路器内部互感器故障引起的过热缺陷。

（7）均压电容器介质损耗异常引起的温度异常。

（8）操动机构或端子箱电气元件故障引起的温度异常。

35kV 断路器中间法兰发热图谱如图 6-3-26 所示。

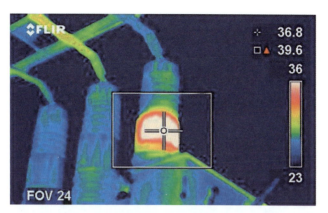

图 6-3-26 35kV 断路器中间法兰发热图谱

检测与诊断方法如下：

（1）观察进出线引线接头有无温度异常。

（2）检测顶帽、中间法兰、瓷套有无温度异常，分析判断是否存在动静触头、中间触头接触不良的缺陷。

（3）断路器从上至下本体（包括支撑瓷柱）三相横向比较应无明显温度差异，若局部温度过高应分析所在部位缺陷原因。

（4）断路器操动机构有无温度异常。

拍摄注意事项如下：

（1）聚焦到位，断路器刚好充满画面，四周留有适当空间。

（2）拍摄断路器红外图像应包括两端引线接头、灭弧室、支柱、操动机构。

（3）每相断路器要站在同一距离单独拍摄，各保存一张图片。

（4）扫视端子箱，若有明显发热电气元件则单独拍摄。

500kV 断路器图谱如图 6-3-27 所示。

图 6-3-27 500kV 断路器图谱

5. 电抗器设备

常见缺陷类型及发热原因有：

（1）进出线接头接触不良引起的温度偏高。

（2）线圈匝间短路引起的线圈部位整体或局部温度偏高。

（3）设备附件因磁场涡流引起的温度偏高。

（4）支撑绝缘瓷柱材质劣化等原因引起的温度偏高。

串抗正常图谱如图6-3-28所示，串抗异常图谱如图6-3-29所示。

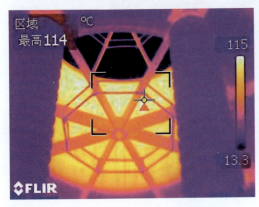

图6-3-28 串抗正常图谱

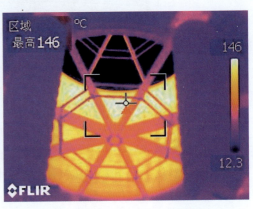

图6-3-29 串抗异常图谱

检测与诊断方法如下：

（1）观察电抗器两端进出线引线接头有无发热。

（2）观察电抗器本体温度是否分布均匀。

（3）电抗器三相横向比较无明显温度差异。

（4）电抗器支撑瓷柱同类比较无明显温度差异。

拍摄注意事项如下：

（1）聚焦到位，电抗器上至顶盖，下到支撑瓷柱刚好充满画面，四周留有适当空间。

（2）拍摄电抗器红外图像应包括进出线两端引线接头、线圈主体、支柱瓷绝缘子。

（3）每相电抗器要站在同一距离单独拍摄，各保存一张图片。

（4）现场拍摄时要对所有支柱瓷绝缘子进行巡检，以免漏查。

（5）对全部电抗器接地线用仪器进行扫视巡检。

35kV电抗器整体图谱如图6-3-30所示。

6. 电容器设备

常见缺陷类型及发热原因有：

（1）外连接、内连接接触不良引起的温度异常。

（2）熔断器接触不良、熔丝不匹配引起的熔断器、熔丝温度异常。

（3）内部击穿、放电引起的本体局部温度异常。

（4）密封不严，内部受潮引起的本体温度异常。

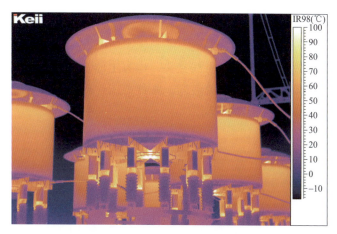

图 6−3−30 35kV 电抗器整体图谱

（5）电网谐波导致电容器内部元件损坏引起的本体温度异常。

（6）内部介质损耗增大引起的本体温度异常。

66kV 并联电容器局部过热图谱如图 6−3−31 所示。

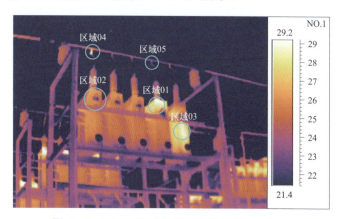

图 6−3−31 66kV 并联电容器局部过热图谱

检测与诊断方法如下：

（1）检测电容器熔断器两端及本体有无温度异常。

（2）检测电容器组引线接头有无温度异常。

（3）检测电容器小套管有无温度异常，若小套管整体发热可初步判断内部引线接头接触不良。

（4）采用同类比较法观察各电容器本体是否分布均匀，若整体发热可判断内部受潮或介质损耗增大，若局部发热可判断内部元件故障或存在局部放电等缺陷。

拍摄注意事项如下：

（1）拍摄时注意检查电容器端子引线接入母线的情况，由于每组电容器中单只电容器较多，难以拍摄全部电容器，因此只要保存有设备缺陷的图片。

（2）聚焦到位，电容器上到熔丝引线，下至电容器底部刚好充满画面，四周留有适当空间。

（3）拍摄电容器红外图像应包括引线接头、电容主体。

（4）温度异常电容器在拍摄时建议在同一张红外图片把正常参考电容器一起拍摄。

35kV 电容器图谱如图 6−3−32 所示。

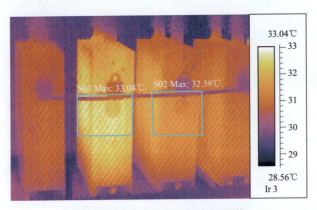

图 6−3−32　35kV 电容器图谱

7. 避雷器

常见缺陷类型及发热原因有：

（1）由于避雷器内部受潮、泄漏电流增大导致的整体或局部发热。

（2）避雷器存在裂纹、阀片劣化等内部缺陷引起的局部发热。

35kV 避雷器内部受潮图谱如图 6−3−33 所示。

图 6−3−33　35kV 避雷器内部受潮图谱

检测与诊断方法如下：

（1）相同部位，三相横向比较，温度有 0.5～1K 偏差，可判定为严重及以上缺陷。

（2）单台设备从上到下应温度分布均匀，无局部发热。

拍摄注意事项如下：

（1）聚焦到位，避雷器居中充满画面，四周留有适当空间。

（2）拍摄避雷器红外图像应包括引线接头、瓷柱、底座。

（3）每台避雷器要站在同一距离单独拍摄，各保存一张图片。

500kV 避雷器图谱如图 6-3-34 所示。

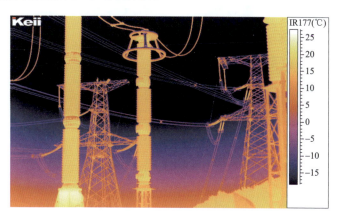

图 6-3-34　500kV 避雷器图谱

8. 电力电缆

常见缺陷类型及发热原因有：

（1）外部线夹接头松动、氧化、接触不良引起的发热。

（2）受潮、劣化或气隙引起的电缆头整体、局部发热。

（3）内部局部放电引起的伞裙或尾管局部区域过热。

（4）内部性能异常造成的根部有整体性发热。

（5）护层接地线接地不良引起的护层接地线发热。

（6）场强不匀引起的局部发热。

（7）护套受损引起的局部发热。

（8）包接不良引起的整体发热。

（9）漏磁引起金属支撑附件涡流损耗发热。

（10）材质不良引起的本体整体、局部发热。

电缆屏蔽层发热图谱如图 6-3-35 所示。

检测与诊断方法如下：

（1）观察电缆终端引线接头、护层接地线处有无明显发热。

（2）观察电缆终端设备从上到下是否温度分布均匀，无局部发热。

（3）电缆终端本体相同部位，三相横向比较，温度有 1K 的偏差，可判定为严重及以上缺陷。

（4）电缆终端根部及尾管无局部发热。

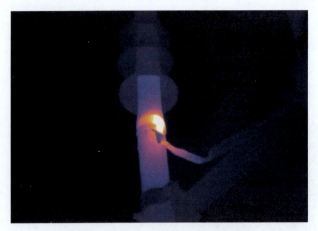

图 6-3-35　电缆屏蔽层发热图谱

拍摄注意事项如下：

（1）聚焦到位，电缆终端刚好充满画面，四周留有适当空间。

（2）拍摄电缆终端红外图像应包括引线接头、瓷套或伞裙、尾管、护层接地线。

（3）每个电缆终端要站在同一距离单独拍摄，各保存一张图片。

220kV 电缆终端图谱如图 6-3-36 所示。

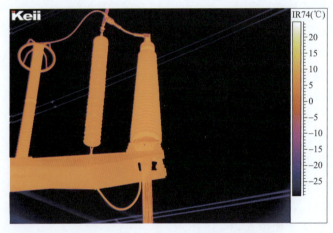

图 6-3-36　220kV 电缆终端图谱

9. 绝缘子

常见缺陷类型及发热原因有：

（1）绝缘子表面积污严重、局部放电造成的温度异常，主要原因为清扫不及时、污染严重造成表面泄漏电流分布不均。

（2）绝缘子破损、横向或纵向裂纹造成的温度异常，主要有机械损伤及电弧灼伤。

（3）绝缘子绝缘下降，低值、零值引起的温度异常。

合成绝缘子芯棒受潮图谱如图 6-3-37 所示。

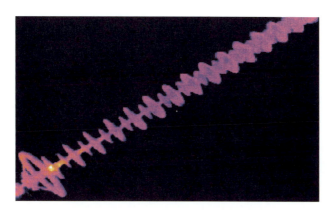

图 6-3-37　合成绝缘子芯棒受潮图谱

检测与诊断方法如下：

（1）检测支柱绝缘子表面，应无明显温度异常，若横向、纵向比较温差较大，初步判断为绝缘子裂纹等局部缺陷。

（2）悬式瓷或玻璃绝缘子钢帽温度偏高，温差超过 1K 为低值绝缘子。

（3）悬式瓷或玻璃绝缘子钢帽温度偏低，温差超过 1K 为零值绝缘子。

（4）悬式瓷或玻璃绝缘子、支柱绝缘子以绝缘子局部温度偏高超过 0.5～1K，通常是由于表面污秽导致绝缘子泄漏电流增大引起。

拍摄注意事项如下：

（1）聚焦到位，扫视设备区瓷绝缘子、瓷柱等绝缘设备。

（2）绝缘子红外图像刚好充满画面，四周留有适当空间，对温度异常设备进行拍摄，同类比较设备要站在同一距离单独拍摄，设备在画面中水平或垂直居中各保存一张图片。

低值绝缘子图谱如图 6-3-38 所示。

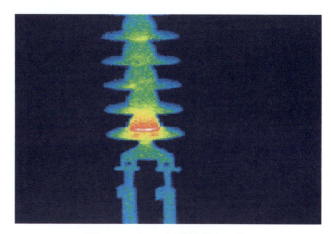

图 6-3-38　低值绝缘子图谱

六、报告编写

（一）检测数据处理

1. 数据分析

导出数据后，对图谱进行后期处理，使图像清晰、明亮；对异常图谱，合理使用标注工具，得到准确、直观的温度分布。图谱分析可参考《国家电网公司变电检测通用管理规定　第 1 分册　红外热像检测细则》附录 K　电气设备红外缺陷典型图谱。

2. 数据存储

在检测过程中，应随时保存有缺陷的红外热像检测原始数据，存放方式如下：

（1）建立文件夹名称。变电站名＋检测日期（如瓶窑变 20150101）。

（2）文件名。按仪器自动生成编号进行命名，依次顺序定为 20150101001、20150101002、20150101003……并与相应间隔的具体设备对应（如衢城 1751 线 TA A 相、衢城 1751 线 TA B 相）。

（二）报告编写

带电检测异常分析报告包括检测项目、检测日期、检测对象、检测数据、检测结论等内容。

检修工作结束后，应在 15 个工作日内将试验报告整理完毕并录入系统，报告格式见附录 6-3。

第四节　缺陷分析及典型案例

设备精确测温典型案例

一、缺陷分析方法

（一）常用的判断方法

1. 表面温度判断法

主要适用于电流致热型和电磁效应引起发热的设备。根据设备表面温度值，对照 GB/T 11022—2011《高压开关设备和控制设备标准的共用技术要求》中高压开关设备和控制设备各种部件、材料及绝缘介质的温度和温升极限的有关规定，结合环境条件、负荷大小进行分析判断。

2. 同类比较判断法

根据同组三相设备、同相设备之间及同类设备之间对应部位的温差进行分析比较。对于电压致热型的设备，应结合图像特征判断法进行判断；对于电流致热型设备，应结合相对温差判断法进行判断。

3. 图像特征判断法

主要适用于电压致热型设备，根据同类设备的正常状态和异常状态的热像图，判断设备是否正常。注意应尽量排除各种干扰因素对图像的影响，必要时结合电气试验或化学分析的结果，进行综合判断。

4. 相对温差判断法

主要适用于电流致热型设备，特别是小负荷电流致热型设备。采用相对温差判断法可降低小负荷缺陷的漏判率。相对温差 δ_t 计算公式为

$$\delta_t = (\tau_1 - \tau_2) / \tau_1 \times 100\% = (T_1 - T_2) / (T_1 - T_0) \times 100\% \qquad (6-4-1)$$

式中，τ_1 和 T_1 为发热点的温升和温度；τ_2 和 T_2 为正常相对应点的温升和温度；T_0 为被测设备区域的环境温度 – 气温。

5. 综合分析判断法

主要适用于综合致热型设备。对于油浸式套管、电流互感器等综合致热型设备，当缺陷由两种以上因素引起的，应根据运行电流、发热部位和性质，进行综合分析诊断。对于因从磁场和漏磁引起的过热，可依据电流致热型设备的判据进行判断。

6. 实时分析判断法

在一段时间内连续监测被测设备的温度变化，观察设备温度随负荷、时间等因素变化的方法。

（二）缺陷的定性及处理方法

DL/T 664—2016《带电设备红外诊断应用规范》中，将缺陷分为一般缺陷、严重缺陷和危急缺陷。缺陷的判定标准参照附录6-4电流致热型设备缺陷诊断判据和附录6-5电压致热型设备缺陷诊断判据。

1. 一般缺陷

当设备存在过热，波温度分布有差异，但不会引发设备故障，一般仅做记录，可利用停电（或周期）检修机会，有计划地安排试验检修，消除缺陷。

对于负荷率低、温升小但相对温差大的设备，如果负荷有条件或有机会改变时，可在增大负荷电流后进行复测，以确定设备缺陷的性质，否则可视为一般缺陷，记录在案。

2. 严重缺陷

指当设备存在过热，或出现热像特征异常，程度较严重，应早做计划，安排处理。未消缺期间，对电流致热型设备，应有措施（如加强检测次数，清楚温度随负荷等变化的相关程度等），必要时可限负荷运行；对电压致热型设备，应加强监测并安排其他测试手段进行检测，缺陷性质确认后，安排计划消缺。

3. 危急缺陷

当电流（磁）致热型设备热电温度（或温升）超过规定的允许限制温度（或）温升时，应立即安排设备消缺处理，或设备带负荷限值运行；对电压致热型设备和容易判定内部缺陷性质的设备（如缺油的充油套管、未打开的冷却器阀、温度异常的高压电缆终端等）其缺陷明显严重时，应立即消缺或退出运行，必要时可安排其他试验手段进行确诊，并处理解决。

二、典型案例

（一）GIS内部发热

1. 案例经过

2019年8月27日，国网××供电公司在红外精确测温过程中，发现××变电站220kV 212－1隔离开关B相母线侧法兰盆、法兰盆下部母线筒顶部、隔离开关外壳、波纹管发热，与正常相温差最大达到4.5K。随即分别使用局部放电测试仪、SF_6气体微水测试仪、SF_6气体分解物检测仪对212－1隔离开关、220kV 1号母线气室进行综合检测诊断分析，SF_6成分分析、特高频局部放电检测、超声波局部放电检测正常。使用钳型电流表测量跨接及接地排电流无异常，根据温差特征基本排除了由于罐体环流、涡流引起的发热。初步判定发热是由内部导体接头发热引起的。

2. 检测分析方法

2019年8月28日，现场开展复测，测试结果和判断结论与前期一致。2019年8月28日晚，申请调整运行方式，将负荷由1号母线倒至2号母线。次日带电检测复测发热情况状况消失，温度恢复正常，进一步验证了发热是由于212－1隔离开关导电回路导体发热引起的。212间隔断面图及发热部位示意图如图6－4－1所示，212－1隔离开关发热图谱如图6－4－2所示。

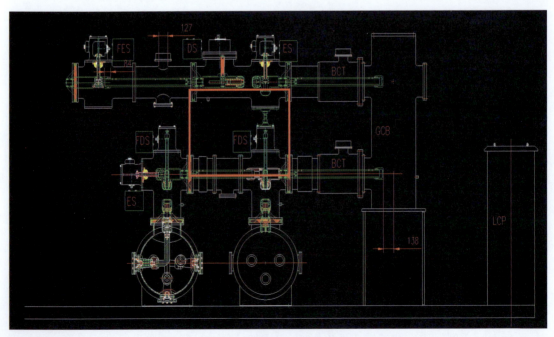

图6－4－1 212间隔断面图及发热部位示意图

图6-4-2　212-1隔离开关发热图谱

（1）对212-1隔离开关间隔进行回路电阻试验，试验数据见表6-4-1。

表6-4-1　　　　　　　　　回 路 电 阻 试 验 数 据

序号	试验范围		回路电阻测量值（μΩ）	理论计算值（μΩ）
1	212隔离开关（合闸）—母线接地开关	A相	220	215
		B相	630	
		C相	225	
2	212隔离开关（合闸）—母线导体	A相	40/38/41	40
		B相	667/1585/1598	
		C相	38/38.2/40	
3	212隔离开关静触头—母线导体	B相	1599	22

（2）检查A、C相隔离开关静触头绝缘盆（母线侧）、屏蔽罩及梅花触指检查无异常。B相隔离开关静触头绝缘盆（母线侧）触座屏蔽罩外观检查无异常，内部梅花触指存在碳化发黑现象，梅花触指内圈有不均匀烧蚀点。拆开屏蔽罩，屏蔽罩内侧有一处明显放电点，梅花触指外侧也已碳化发黑，并有少量积碳，最下面1根（母线侧）梅花触指弹簧断裂脱落在屏蔽罩内（共3根），上面2根弹簧未断裂，表面已有明显氧化现象。判断异常点位于212-1隔离开关B相静触头绝缘盆（母线侧）触座。212-1隔离开关母线侧触头座烧蚀情况如图6-4-3所示，212-1隔离开关母线侧触头座弹簧断裂情况如图6-4-4所示。

根据红外热像、现场解体及试验确定异常位置位于212-1隔离开关B相静触头绝缘盆（母线侧）触座，过热点在母线导体与绝缘盆触座的接触部位，形成原因为母线导体与触座接触电阻过大，造成温度升高，梅花触指弹簧断裂。分析原因为设备安装工艺不良，B相母线该位置无观察窗，在安装时母线导体基座未调整至水平位置，导致母线导体安装时发生倾斜，与梅花触指未完全压接，在运行电流的持续作用下，温升增高，红外热像检测异常。

图 6-4-3　212-1 隔离开关母线
侧触头座烧蚀情况

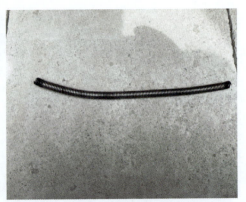

图 6-4-4　212-1 隔离开关母线
侧触头座弹簧断裂情况

（二）断路器内部发热

1. 案例经过

2011 年 6 月 13 日，国网××供电公司在例行红外诊断中，发现 35kV 402 断路器 C相本体发热，以断路器下法兰为发热中心，热点明显。停电进行断路器回路电阻试验，回路电阻偏大，C 相断路器内部存在连接不良，致热原因为断路器动静触头连接接触不良。对该设备进行解体，动静触头连接处已严重烧烛，随即对动静触头进行更换。

2. 检测分析方法

35kV 402 断路器为 2008 年 7 月 26 日投运。在红外诊断过程中发现 402 断路器 C 相本体异常，最高温度 82.4℃，正常相温度 34℃，温差 48.4K，相对温差 78%，负荷电流为406A。按照 DL/T 664 设备缺陷诊断判据，断路器故障相温度超过 80℃，定性为电流致热型的危急缺陷。402 断路器三相对比红外图谱如图 6-4-5 所示，断路器三相可见光如图 6-4-6 所示。

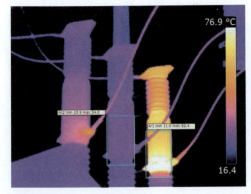

图 6-4-5　402 断路器三相对比红外图谱

图 6-4-6　402 断路器三相可见光

402 断路器 C 相发热部位红外图谱如图 6-4-7 所示，断路器 C 相可见光如图 6-4-8所示。

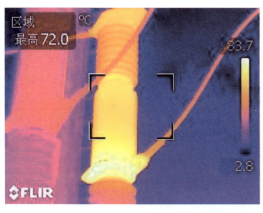

图 6-4-7 402 断路器 C 相发热部位红外图谱

图 6-4-8 402 断路器 C 相可见光

（1）停电进行回路电阻试验，C 相回路电阻值为 356μΩ，远高于其他两相。回路电阻试验报告见表 6-4-2 和表 6-4-3。

表 6-4-2 回路电阻试验报告

变电站名	××变电站	设备编号	402
温度（℃）	20	湿度（%）	40
试验日期	2011.6.13	出厂编号	080402

表 6-4-3 导电回路电阻测试 单位：μΩ

回路电阻	试验标准	A 相	B 相	C 相
处理前	≯100	85	79	356
使用仪器	AST150 回路电阻测试仪			

（2）对该设备进行解体，发现动静触头连接处，已严重烧灼，随即对动静触头进行更换。断路器本体如图 6-4-9 所示，触头烧蚀情况如图 6-4-10 所示。

图 6-4-9 断路器本体

图 6-4-10 触头烧蚀情况

（3）检修人员处理后，再次对断路器进行回路电阻试验，发现一次回路 C 相为 78μΩ 和其他两相无明显差别，证明断路器 C 相内部连接良好，检修后回路电阻试验报告见表6-4-4。

表6-4-4　　　　　　　　　　检修后回路电阻试验报告

变电站名	××变电站		设备编号		402
温度（℃）	20		湿度（%）		40
试验日期	2011.6.14		出厂编号		080402
回路电阻	试验标准	A 相		B 相	C 相
处理后	≥100	86		80	78
使用仪器	AST150 回路电阻测试仪				

送电后 24h 对 402 断路器进行红外复测，C 相温度正常，与其他两相无明显差异。更换静触头后复测图谱如图 6-4-11 所示。

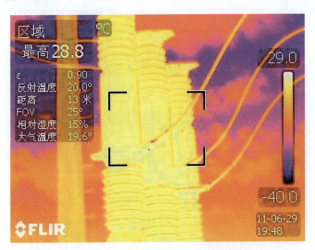

图6-4-11　更换静触头后复测图谱

（三）电容式电压互感器电容单元过热

1. 案例经过

国网××供电公司 110kV ××变电站电容式电压互感器，2013 年 9 月出厂，型号为 TYD110/$\sqrt{3}$ −0.02H，生产厂家为湖南株洲湘能电容器有限责任公司，2014 年 1 月投入运行。2017 年 3 月 15 日红外热像检测过程中，发现电容单元上部存在红外异常，热点温度最高为 13.7℃，正常相相同位置温度 10.7℃，温差达到 3K，判断电压互感器电容单元内部存在严重过热缺陷。申请停电对电压互感器进行了更换，并将故障设备进行解体，发现电容单元上部电容器第 19、20、24、26 等数叠电容锡纸有明显放电灼烧痕迹，将灼烧电容叠片取出展开，发现内部灼烧严重，已成黑色炭块状。电容单元电容叠片放电由内向外发展，初步诊断为工艺不良存在绝缘薄弱点或者有残留金属杂质等原因导致放电击穿并烧毁。

2. 检测分析方法

2017 年 3 月 15 日，测得红外测温图谱如图 6-4-12 所示。现场为室内拍设备，排除了风速干扰，被试设备为瓷套管，红外仪发射率设定为 0.92。C 相 TV 电容单元上部存在明显红外异常，热点温度最高为 13.7℃，正常相相同位置温度 10.7℃，温差达到 3K，判断该电压互感器红外异常为危急缺陷。

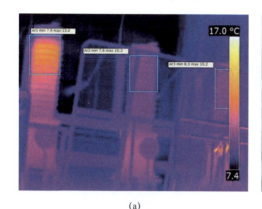
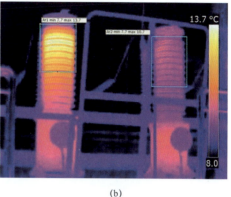

(a)   (b)

图 6-4-12　电容式电压互感器红外检测图谱
（a）CBA 三相；（b）CB 相

（1）2017 年 3 月 16 日，进行停电检查并开展诊断性试验。测试结果表明，绝缘电阻、变比、介质损耗均合格，C 相电容与铭牌值相比，初值差为 3.18%。判断电容单元存在内部故障，建议立即更换。介质损耗及电容量测试结果见表 6-4-5。

表 6-4-5　　　　　　　　　　介质损耗及电容量测试结果

介质损耗及电容量		试验电压（kV）	介质损耗 tanδ（%）	电容量（pF）	2012 年电容量测试值（pF）	铭牌电容量额定值（pF）	电容量初值差（%）（与 12 年数据/与铭牌）
A	C 下 1	2	0.081	29 250			
	C 下 2	2	0.079	69 740			
	C			20 607	20 548	20 685	0.28%/-0.38%
B	C 下 1	2	0.082	29 660			
	C 下 2	2	0.08	66 200			
	C			20 483	20 416	20 768	0.33%/-1.37%
C	C 下 1	2	0.17	33 110			
	C 下 2	2	0.06	65 770			
	C			22 023	21 959	21 345	0.29%/3.18%
试验方法		自激法					

（2）打开 CVT 电容单元上法兰，发现金属膨胀器上面有黑色积污，瓷套内壁有明显的放电灼痕，对应的位置为第一片金属膨胀器处。将电磁单元与电容单元分离，发现电容单元底部沉积有大量绝缘材料放电灼烧产物，如图 6-4-13 所示。电容单元上部第 19、20、24、26 等数叠电容锡纸有明显放电灼烧痕迹，如图 6-4-14、图 6-4-15 所示，将灼烧电容叠片取出展开，发现内部灼烧严重，已成黑色炭块，如图 6-4-16 所示。检查发现电容放电由锡纸内向外发展，初步诊断为工艺不良存在绝缘薄弱点或者有残留金属杂质等原因导致放电击穿并烧毁。

图 6-4-13　CVT 电容单元底部

图 6-4-14　CVT 电容单元放电灼烧痕迹

图 6-4-15　CVT 电容单元放电灼烧痕迹

图 6-4-16　CVT 电容锡纸放电击穿图

解体检查发现两处缺陷，一是金属膨胀器等电位线脱落导致强放电发生，二是电容单元上部电容存在四叠电容锡纸放电击穿烧毁。验证了带电检测结果与分析诊断结论。

（四）避雷器本体过热

1. 案例经过

220kV ××变电站 1 号主变压器 35kV 侧避雷器于 2012 年 9 月 24 日投入运行。2013 年 12 月 24 日，红外热像测温过程中发现 1 号主变压器 35kV 侧 A 相避雷器有明显发热现象，热点温度为 40.1℃，B、C 相分别为 3.1℃、3.0℃，A、B 相温差为 37K。现场观测避雷器在线监测装置，发现 A 相全电流严重偏大，约为正常值 10 倍。进行泄漏电流带电测试，A 相避雷器全电流、阻性电流与 2013 年 4 月 27 日数据相比明显增大，阻性电流增加 9 倍。分析认为 A 相避雷器内部阀片受潮引起发热异常，判定为危急缺陷，申请停电进行了三相整体更换处理，重新投运后红外热像测温、避雷器在线监测和带电测试数据正常。

2. 检测分析方法

1 号主变压器 35kV 侧避雷器在进行红外检测时，发现 A 相避雷器本体温度异常，如图 6-4-17、图 6-4-18 所示。

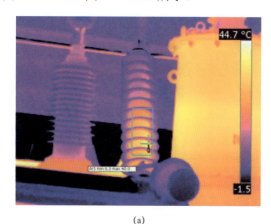
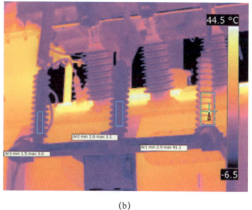

(a)　　　　　　　　　　　　　　　　(b)

图 6-4-17　避雷器红外图谱

（a）A 相单体红外图谱；（b）三相整体红外图谱

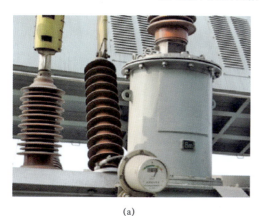

(a)　　　　　　　　　　　　　　　　(b)

图 6-4-18　避雷器可见光照片

（a）A 相单体可见光照片；（b）三相整体可见光照片

分析发现 A 相避雷器整体过热，热点温度为 40.1℃，B、C 相温度正常，分别为 3.1℃、3.0℃。根据 DL/T 664—2016《带电设备红外诊断应用规范》，正常避雷器整体为轻微发热，三相温差在 0.5～1K 之间，整体或局部过热为异常。A 相红外图谱与避雷器内部阀片受潮特征相同，A、B 相温差为 37K，初步认定为 A 相避雷器内部进水受潮引起本体发热异常，属于电压致热型缺陷。

（1）现场观测避雷器在线监测装置，发现 A 相全电流严重偏大，已达到 1550μA，B、C 相全电流为 150μA、145μA。运用避雷器带电测试仪对其进行带电测试，测试数据见表 6-4-6，从中可以看出，A 相避雷器全电流、阻性电流与 2013 年 4 月 27 日数据相比明显增大，阻性电流增加 9 倍。通过以上分析，确认 A 相避雷器内部阀片受潮引起发热异常，判定为危急缺陷。2013 年 12 月 24 日 21 时 15 分，1 号主变压器停电完毕，检修人员用试验合格的新避雷器将旧避雷器整体更换并带回，检修过程避雷器更换现场图如图 6-4-19 所示。2013 年 12 月 25 日 3 时 20 分，1 号主变压器恢复送电。

表 6-4-6　　　　　　　　　　　避雷器带电测试数据

设备名称	相别	2013 年 4 月 27 日		2013 年 12 月 24 日	
		全电流（μA）	阻性电流（μA）	全电流（μA）	阻性电流（μA）
1 号主变压器 35kV 侧避雷器	A	171	25	1678	239
	B	168	24	158	23
	C	173	25	164	24

图 6-4-19　避雷器更换现场图

（2）2013 年 12 月 25 日 8 时 30 分，对旧避雷器进行了绝缘电阻和直流泄漏电流试验，试验数据见表 6-4-7。从中可以明显看出，A 相避雷器绝缘电阻和直流 1mA 时的电压 U_{1mA} 严重降低，75% U_{1mA} 下的泄漏电流远远大于 50μA。

表 6-4-7　　　　　　　　　　　避雷器停电试验数据

设备名称	相别	绝缘电阻（MΩ）	底座绝缘电阻（MΩ）	直流 1mA 时的电压 U_{1mA}（kV）	75% U_{1mA} 下的泄漏电流（μA）
1 号主变压器 35kV 侧避雷器	A	66	25 000	15.2	360
	B	320 000	23 000	77.7	10
	C	310 000	23 000	77.6	6

标准：绝缘电阻不低于 1000MΩ；75% U_{1mA} 下的泄漏电流不大于 50μA

（3）2013 年 12 月 25 日 9 时 30 分，对 A 相避雷器进行解体检查，发现内部受潮严重，有清晰的水痕，如图 6-4-20 所示。受潮原因是顶部螺栓没有拧紧，潮气沿螺栓缝隙大量进入避雷器本体，造成内部阀片严重受潮，如图 6-4-21 所示。

图 6-4-20　避雷器内部阀片受潮照片

图 6-4-21　避雷器顶部螺栓照片

2013 年 12 月 26 日 9 时 20 分，红外检测人员对 1 号主变压器 35kV 侧避雷器进行精确测温，A、B、C 三相温度分别为 3.1℃、3.1℃、2.9℃，三相温差小于 1K，无异常，检修后避雷器红外图谱如图 6-4-22 所示。

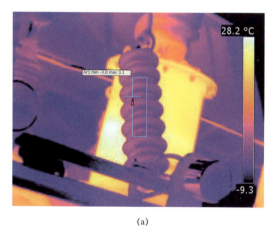

(a)

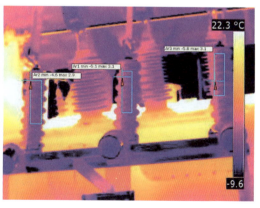

(b)

图 6-4-22　检修后避雷器红外图谱

（a）A 相单体红外图谱；（b）三相整体红外图谱

（五）高压并联电抗器中性点套管接头发热

1. 案例经过

2017年5月22日，运维人员在对全站一次设备进行红外测温时，发现1000kV ××线 C 相高压并联电抗器中性点套管头部接线板与导电密封头接触部位发热 104℃，A 相27℃，B 相25℃。5月23日0时46分，C 相高抗转检修，对中性点套管进行更换处理，5月25日19时22分线路恢复运行，更换后温度为25.6℃。对引线接头、接线板、导电密封头、密封压板的尺寸进行复检，发现导电密封头螺纹加工尺寸偏大，未满足图纸要求，造成引线接头与导电密封头螺纹未能良好配合，造成接触电阻增大，导致套管头部发热。

2. 检测分析方法

1000kV ××线 C 相高压并联电抗器中性点套管头部接线板与导电密封头接触部位发热 104℃，A 相27℃，B 相25℃，高抗中性点套管接头发热图如图 6−4−23 所示。

图 6−4−23　高抗中性点套管接头发热图

对中性点套管进行更换处理，5月25日19时22分线路恢复运行，更换后温度为25.6℃。对套管进行返厂试验和解体检查。

（1）对套管内变压器油进行取样，进行油色谱分析，检测结果见表6−4−8。

表6−4−8　　　　　　　　　　套管内变压器油试验数据

气体	出厂值	复测值
CH_4	0.33	174.60
C_2H_4	0.02	417.49
C_2H_6	0.03	83.88
C_2H_2	0.00	0.00
H_2	0.00	16.15

续表

气体	出厂值	复测值
CO	0.00	57.48
CO_2	193.68	688.13
总烃	0.38	675.97
微水	7.25	17.45

（2）对返厂套管进行 10kV 下介质损耗电容量的测量，检测结果见表 6-4-9。

表 6-4-9　　　　　　　　介质损耗与电容量试验对比

	介质损耗	电容量
出厂值	0.31	319
复测值	0.295%（修正到 20℃）	321.2

（3）对拆下的导电密封头、引线接头、接线板、密封压板的尺寸进行复检。工件复检结果见表 6-4-10。

表 6-4-10　　　　　　　　工 件 复 检 结 果

		图纸要求（mm）	实测值（mm）
接线板	接线板内孔	$\phi 42 + 0.1$	$\phi 42.1$
引线接头	M33×1.5-6H 螺纹	通规通，止规止	通规通，止规止
	引线接头销孔	$\phi 6$	$\phi 6.1$
导电密封头	M33×1.5-6H 螺纹	通规通，止规止	通规通，止规通
	接线柱外径	$\phi 42 - 0.1$	$\phi 42$
销子	销子直径	$\phi 5$	$\phi 5$
密封压板	销孔	$\phi 6$	$\phi 5.8$

（4）对零部件载流部分外观进行检查，发现定位销子与引线接头接触处有放电痕迹，未发现其他异常。

（5）引线接头与电缆连接部位表面有变色现象，该现象为现场安装时焊接高温引起的变色，属于正常现象。

分析解体检查及试验结果，对套管进行 10kV 下介质损耗、电容量测量，与出厂值进行对比，前后无明显变化，结合之前进行的套管油样色谱结果，说明套管主绝缘良好，无内部结构缺陷。对引线接头、接线板、导电密封头、密封压板进行检查，无明显的表面缺陷，排除了由于零部件表面缺陷引起的放电及发热。对引线接头、接线板、导电密封头、密封压板的尺寸进行复检，发现导电密封头螺纹加工尺寸偏大，未满足图纸要求，造成引线接头与导电密封头螺纹未能良好配合，造成接触电阻增大，导致套管头部发热。对套管引线接头放电位置进行检查，发现此放电是由于引线接头与导电密封头螺纹配合不佳，螺纹配合间隙偏大，在运行过程中，由于振动导致引线接头与定位销接触不良，造成悬浮放电。

（六）换流变直流套管发热

1. 案例经过

2017 年 6 月 14 日，检测人员对某换流站进行全站精确红外测温工作，发现 B 相换流变阀侧 Yx 套管发热，温度达到 55℃，其他同类套管温度 38℃ 左右。跟踪测试，6 月 15 日 21 时 30 分对其进行测温，温度已达 69℃。停电进行检查处理，发现换流变 B 相阀侧 Yx 套管头部导流铜柱镀银层工艺不良，出现氧化、分离脱落现象，导致接头发热，套管本体未见异常。经重新处理套管头部导流铜柱，进行现场电镀银，恢复套管金具，6 月 17 日 12 时 16 分送电成功。

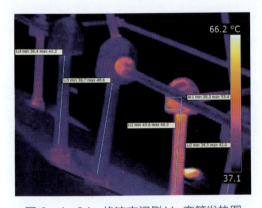

图 6-4-24 换流变阀侧 Yx 套管发热图

2. 检测分析方法

红外成像检测，B 相换流变阀侧 Yx 套管发热，温度达到 55℃，其他同类套管温度 38℃ 左右，温差 17K，换流变阀侧 Yx 套管发热图如图 6-4-24 所示。

此套管为环氧树脂浸纸电容式直流套管，俗称干式套管，其主要绝缘为环氧树脂，该产品导杆为整只导杆结构，中部没有任何接头。套管结构图如图 6-4-25 所示。

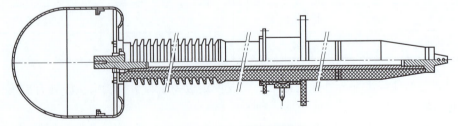

图 6-4-25 套管结构图

（1）对其接头金具力矩进行检查，紧固螺栓力矩满足要求。

（2）对套管接头进行回路电阻测试、套管本体进行介质损耗及电容量测试，介质损耗、电容量测试结果正常，回路电阻测试结果略有变大。回路电阻测试数据见表 6-4-11。

表6-4-11　　　　　　　回 路 电 阻 测 试 数 据

B 相换流变阀侧 Yx 套管回路电阻数据	套管侧接触电阻			管母侧接触电阻		
	上次	本次处理前	本次处理后	上次	本次处理前	本次处理后
	6μΩ	17.5μΩ	3μΩ	9μΩ	18μΩ	2.7μΩ

（3）试验结束后，打开套管头部导流铜柱与管母的接线金具，发现套管头部导流铜柱有黑色氧化物，存在过热烧伤痕迹。镀银层出现脱落现象，部分镀银层粘贴在铜铝过渡片上，如图6-4-26和图6-4-27所示。

图6-4-26　套管头部导流柱

图6-4-27　铜铝过渡片内侧情况（铜柱侧）

经分析，换流变 B 相阀侧 Yx 套管头部导流铜柱出厂时镀银工艺不良，铜柱接触面与镀银面接触不良，附着在铜柱上的镀银层强度不足，长期运行电腐蚀后，镀银层出现氧化、分离脱落，导致套管接头发热。由于套管的导体材料采用导电、传热性能好的铜 T2 材质，接线柱与金具连接处过热会导致热量随导管向套管内部传导，套管内部温度升高，与现场实际测温图谱显示相吻合。

（4）对套管头部导流铜柱进行打磨、清洗处理，将头部灼烧痕迹、原镀银层清理干净后，按照工艺流程现场重新镀银。

套管头部导流铜柱镀银结束，将原铜铝过渡片废弃，更换新的铜铝过渡片，打磨接触面，恢复套管与管母连接金具。对各个接触面进行回路电阻测试，要求每个接触面进行 3 次回路电阻测试，测试结果均在 3μΩ 左右，送电后进行红外测温正常。

（七）电缆仓筒壁发热

1. 案例经过

2015 年 1 月 9 日 10:30，××站进行全站测温工作，发现××电缆仓 C 相筒壁上部发热，进行超声波、特高频局部放电检测及分解物检测无异常，停电后进行回路电阻测量，回路电阻偏大，经现场解体检查原因为安装过程中未按照厂家要求进行螺栓力矩紧固。

2. 检测分析方法

红外成像检测，发现电缆仓 C 相筒壁上部发热，温度为 20℃，比 A、B 相温度高 10℃。

电缆仓可见光和红外发热图谱如图 6-4-28 和图 6-4-29 所示。

图 6-4-28　电缆仓可见光　　　　　　　图 6-4-29　电缆仓红外发热图谱

（1）进行超声波、特高频及高频局部放电检测，无异常。

（2）进行回路电阻测试，其中电缆头对 2214-17 接地端直阻测试数据较大。回路电阻测试位置如图 6-4-30 所示。

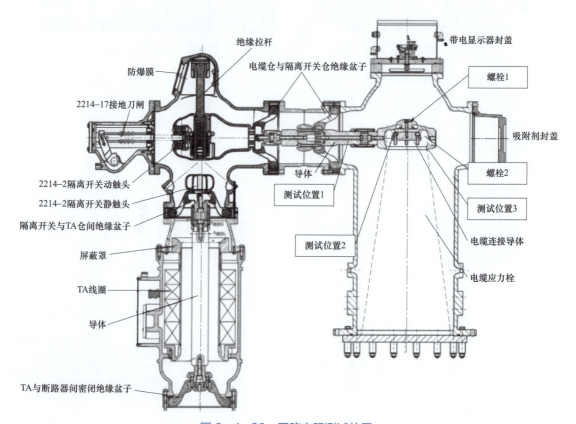

图 6-4-30　回路电阻测试位置

回路电阻测试数据见表6-4-12。

表6-4-12　　　　　　　　回 路 电 阻 测 试 数 据

测试位置	测试结果（μΩ）
位置1对2214-17接地端	44
位置2对2214-17接地端	45
位置3对2214-17接地端	1451

（3）对螺栓1进行力矩检查力矩值明显小于厂家要求值170Nm。螺栓未紧固到位。对A、B相相同位置螺栓进行检查，均符合厂家170Nm的要求。螺栓1如图6-4-31所示。

（4）对C相组合电器导体和电缆头上部连接导体部分接触面进行检查发现有部分灼蚀痕迹。A、B相导体接触面检查未发现异常。电缆头上部导体接触面如图6-4-32所示，组合电器连接导体接触面如图6-4-33所示。

图6-4-31　螺栓1

图6-4-32　电缆头上部导体接触面

图6-4-33　组合电器连接导体接触面

（5）对C相组合电器导体和电缆头连接部分接触面进行了打磨处理。紧固三相螺栓1力矩值170Nm，对三相导体从位置3对2214-17接地端进行直阻测试。检修后回路电阻测试数据见表6-4-13。

表6-4-13　　　　　　　　检修后回路电阻测试数据

测试位置	测试结果（μΩ）
A相位置3对2214-17接地端	53
B相位置3对2214-17接地端	57
C相位置3对2214-17接地端	54

经现场检查，分析电缆仓发热原因为电缆头安装过程中厂家未按照要求进行螺栓力矩紧固，接触面接触不良。

（八）电流互感器发热

1. 案例经过

2015 年 7 月 20 日，××变电站运行人员通过红外测温，发现 35kV 电容器组 312 断路器电流互感器 A 相温度达到 106℃，为危急缺陷，结合停电检查发现内部存在压接接触不良现象。

2. 检测分析方法

2015 年 7 月 18 日，运维人员在对 35kV 电容器组进行保电特巡时，发 35kV312 断路器电流互感器 A 相一次接线板靠电容器侧有轻微渗油，随即使用红外测温仪进行测温。在红外诊断过程中发现电流互感器 A 相本体异常，最高温度 120℃。电流互感器发热图谱如图 6−4−34 所示，电流互感器三相对比图谱如图 6−4−35 所示。

图 6−4−34　电流互感器发热图谱

图 6−4−35　电流互感器三相对比图谱

停运后，移除将军帽进行检查处理。拆开电流互感器内部一次接线，发现紧固螺栓松动、内部连接片与一次接线柱压接不紧固，垫片有放电和烧伤痕迹。解体检查情况如图 6−4−36～图 6−4−39 所示。

图 6−4−36　将军帽内部

图 6−4−37　放电部位

图6-4-38　垫片烧损情况

图6-4-39　螺帽烧损情况

送电后24h对该电流互感器进行红外复测，A相温度正常，与其他两相无明显差异。

经分析，发热原因为一次接线柱与紧固螺栓松动、内部连接片压接不紧导致接触电阻增大，在电流作用下发生发热、烧损的现象。同时，接线柱发热使密封圈发生变形、老化受损，导致出现轻微渗油。

第五节　实　训　考　评

一、实训考评

（一）硬件需求

每个操作工位配置1套设备精确测温缺陷模拟装置，可模拟电压致热型缺陷。

考评设备：红外热像仪。仪器、仪表、工器具及耗材配置详见附录6-6。

（二）考评方式

每个考评工位设置1名考评员。

考评时长：每人的考评时间为40min。

考评形式：采用单人操作、单人考评方式。

二、实训考评表

实训考评表见附录6-7。

附录 6-1 精确测温红外热像仪的基本要求

精确测量红外热像仪的基本要求

技术内容		技术要求	备注说明
探测器	探测器类型	焦平面、非制冷	
图像、光学系统	响应波长范围	长波（8～14μm）	
	空间分辨率（瞬时视场、FOV）	不大于 1.5 毫弧度（标准镜头配置）	长焦镜头不大于 0.7 毫弧度
	温度分辨率	不大于 0.1℃	30℃时
	帧频	高于 25Hz	线路航测、车载巡检等应不低于 50Hz
	聚焦范围	0.5m～无穷远	
	视频信号制式	PAL	
	信号数字化分辨率	不低于 12bit	
	镜头扩展能力	能安装长焦距镜头	
	像素	不低于 320×240	
温度测量	范围	标准范围：－20～200℃并可扩展至更宽的范围	
	测温准确度	±2%或±2℃	取绝对值大者
	发射率 ε	0.01～1 连续可调	以 0.01 为步长
	背景温度修正	可	
	温度单位设置	℃和℉相互转换	
	大气透过率修正	可	应包括目标距离、湿度，环境温度
	光学透过率修正	可	
	温度非均匀性校正	有	有内置黑体和外置两种，建议选取内置黑体型的
显示功能	黑白图像（灰度）	有，且能反相	
	伪彩色图像	有，且能反相	
	伪彩色调色色板	应至少包括铁色和彩虹	
	测量点温	有，至少三点	最高温度跟踪

续表

技术内容		技术要求	备注说明
显示功能	温差功能	有	
	温度曲线	有	
	区域温度功能	显示区域的最高温度	
	各参数显示	有	
	存储内容	红外热像图及各种参数	各参数应包括：时间日期、物体的发射率、环境温度湿度、目标距离、所使用的镜头、所设定的温度范围
记录存储	存储方式	能够记录并导出	
	存储内容	红外热像图及各种参数	各参数应包括：时间日期、物体的发射率、环境温度湿度、目标距离、所使用的镜头、所设定的温度范围
	储存容量	500 幅以上图像	
	屏幕冻结	可	
信号输出	视频输出	有	
工作环境	工作环境	温度 −10～50℃ 湿度不高于 90%	
	仪器封装	符合 IP54 IEC 359	
	电磁兼容	符合 IEC 61000	
	抗冲击和振动	符合 IEC 600C68	
存放环境	存放环境	温度 −20～60℃ 湿度不高于 90%	
电源	交流电源	220V 50Hz	
	直流电池	可充电锂电池，一组电池连续工作时间不小于 2h，电池组应不少于三组	
人机界面	操作界面	中文，或英文	以中文为佳
	操作方式	按键控制	
	人体工程学	要求眼不离屏幕即可完成各项操作，操作键要少	按键设置合理 按键主要不应用眼睛到处找
仪器其他	仪器启动	启动时间小于 1min	
	携带	高强度抗冲击的便携箱	

	技术内容	技术要求	备注说明
仪器其他	重量	＜3kg	标配含电池
	显示器	角度可调整，并且有防杂光干扰能力	
	固定使用	有三脚架安装孔	
软件	操作界面	全中文界面	
	操作系统	Windows9x/2000/xp 或以上版本	
	加密	无	
	图像格式转换	有，转成通用格式	转成 bmp 格式 或 jpg 格式
记录存储	存储方式	能够记录并导出	
	热像图分析	点、线、面分析等温面分析 各参数的调整	
	热像报告	报告内容应能体现各设置参数	从热像图中自动生成
	报告格式	能根据用户要求定制	
	软件二次开发	能根据用户要求开发	

附录 6-2 标准化作业卡

标 准 作 业 卡
×××变电站××设备精确测温

1. 作业信息

编制人：_____ 审核人：_____

设备双重编号		工作时间		作业卡编号	变电站名称＋工作类别＋年月＋序号
检测环境	（温度）	（湿度）	检测分类		

2. 工序要求

序号	关键工序	标准及要求	风险辨识与预控措施	执行完打√或记录数据、签字
1		测温前准备工作		
1.1	仪器、工器具运至工作现场	保证测温仪器一切正常和所需工器具合格齐备。电池和备用电池均应充满电源，存储卡应随机携带		
1.2	测温人员就位	一人检测，一人监护	正确佩戴安全帽、穿工作服、绝缘鞋；现场服从指挥，操作过程中不触碰带电设备	
2		测温仪器的调试工作		
2.1	测温仪器开启	开启测温仪器电源开关，预热设备至图像稳定		
2.2	设置仪器参数	1）设置环境温度、发射率、调色板、测量距离、湿度温度、反射温度等参数，调色板设置为铁红模式。作为一般检测，被测设备辐射率一般取 0.9 左右。 2）设置仪器的色标温度量程，热像系统的初始温度量程宜设置在环境温度加 10～20K 左右的温升范围内进行检测		
3		测温工作		
3.1	全面扫描	1）开始测温，远距离对所有被测设备进行全面扫描，宜选择彩色显示方式，调节图像使其具有清晰的温度层次显示。 2）对被测设备进行全面扫描，至少在三个不同方位进行检测。 3）结合数值测温手段，如热点跟踪、区域温度跟踪等手段进行检测。应充分利用仪器的有关功能，如图像平均、自动跟踪等，以达到最佳检测效果。 4）环境温度发生较大变化时，应对仪器重新进行内部温度校准	测温时，应确保现场实际测量距离满足设备最小安全距离及仪器有效测量距离的要求	

续表

序号	关键工序	标准及要求	风险辨识与预控措施	执行完打√或记录数据、签字
3.2	异常拍摄	1）检测中如发现异常，应多角度进行局部检测，并拍摄对应异常部位可见光图片，根据测量温度及图像特征对异常发热设备进行精确测温。 2）手动调整温标及温标跨度，使被测设备图像明亮度、对比度达到最佳，得到最佳的红外成像图像，确保能够准确发现较小温差的缺陷。 3）合理设置区域、点温度测量，热点温度跟踪功能，以达到最佳检测效果。 4）在安全距离允许的条件下，红外仪器宜尽量靠近被测设备，使被测设备（或目标）尽量充满整个仪器的视场，以提高仪器对被测设备表面细节的分辨能力及测温准确度，必要时，可使用中、长焦距镜头。 5）保存图谱。 6）记录被检设备的实际负荷电流、额定电流、运行电压，被检物体温度等数据	在安全距离保证的条件下尽可能从多角度近距离拍摄异常设备的红外图谱，必要时准确调整辐射率和测试距离	
3.3	拍摄结束	将镜头盖盖上，防止划伤镜头		
4		测温结束后工作		
4.1	工器具和仪表归位	1）将工器具和仪器清点收拢，放归原位。 2）检查检测数据是否准确、完整。 3）恢复设备到检测前状态。 4）发现检测数据异常及时上报相关运维管理单位		
4.2	试验记录	记录本次试验内容，办理工作终结手续		
5		报告编制		
		对不同类型的设备采用相应的判断方法和判断依据，并由热像特点进一步分析设备的缺陷特征，判断出设备的缺陷类型		

3. 签名确认

工作人员确认签名	

4. 执行评价

工作负责人签名：

附录 6-3 检测报告

××变电站红外热像检测报告

一、基本信息

变电站		委托单位		试验单位		
试验性质		试验日期		试验人员		试验地点	
报告日期		编制人		审核人		批准人	
试验天气		温度（℃）		湿度（%）		

二、检测数据

序号	间隔名称	设备名称	缺陷部位	表面温度	正常温度	环境温度	负荷电流	图谱编号	备注（辐射系数/风速/距离等）
1									
2									
3									
4									
5									
6									
7									
8									
9									
10									
...									

检测仪器	
结论	
备注	

××变电站红外检测异常报告

天气____ 温度____℃ 湿度____%　　　　　　　　检测日期：_____年___月___日

发热设备名称：		检测性质：	
具体发热部位：			
三相温度（℃）：	A:	B:	C:
环境参照体温度（℃）：		风速（m/s）：	
温差（K）：		相对温差（%）：	
负荷电流（A）：		额定电流（A）/电压（kV）：	
测试仪器（厂家/型号）：			

续表

红外图像：（图像应有必要信息的描述，如测试距离、反射率、测试具体时间等）

可见光图（必要时）：

备注：

编制人：_____　　　　　　　　　　　　　　　审核人：_____

附录 6－4 电流致热型设备缺陷诊断判据

电流致热型设备缺陷诊断判据

设备类别和部位		热像特征	故障特征	缺陷性质		
				紧急缺陷	严重缺陷	一般缺陷
电器设备与金属部件的连接	接头和线夹	以线夹和接头为中心的热像，热点明显	接触不良	热点温度＞110℃或δ≥95%且热点温度＞80℃	80℃≤热点温度≤110℃或δ≥80%但热点温度未达到紧急缺陷温度值	δ≥35%但热点温度未达到严重缺陷温度值
金属部件与金属部件的连接	接头和线夹	以线夹和接头为中心的热像，热点明显	接触不良	热点温度＞130℃或δ≥95%且热点温度＞90℃	90℃≤热点温度≤130℃或δ≥80%但热点温度未达到紧急缺陷温度值	δ≥35%但热点温度未达到严重缺陷温度值
金属导线		以导线为中心的热像，热点明显	松股、断股、老化或截面积不够	热点温度＞110℃或δ≥95%且热点温度＞80℃	80℃≤热点温度≤110℃或δ≥80%但热点温度未达到紧急缺陷温度值	δ≥35%但热点温度未达到严重缺陷温度值
输电导线的连接器（耐张线夹、接续管、修补管、并沟线夹、跳线线夹、T型线夹、设备线夹等）		以线夹和接头为中心的热像，热点明显	接触不良	热点温度＞130℃或δ≥95%且热点温度＞90℃	90℃≤热点温度≤130℃或δ≥80%但热点温度未达紧急缺陷温度值	δ≥35%但热点温度未达到严重缺陷温度值
隔离开关	转头	以转头为中心的热像	转头接触不良或断股	热点温度＞130℃或δ≥95%且热点温度＞90℃	90℃≤热点温度≤130℃或δ≥80%但热点温度未达紧急缺陷温度值	δ≥35%但热点温度未达到严重缺陷温度值
隔离开关	刀口	以刀口压接弹簧为中心的热像	弹簧压接不良	热点温度＞130℃或δ≥95%且热点温度＞90℃	90℃≤热点温度≤130℃或δ≥80%但热点温度未达紧急缺陷温度值	δ≥35%但热点温度未达到严重缺陷温度值
断路器	动静触头	以顶帽和下法兰为中心的热像，顶帽温度大于下法兰温度	压指压接不良	热点温度＞80℃或δ≥95%且热点温度＞55℃	55℃≤热点温度≤80℃或δ≥80%但热点温度未达紧急缺陷温度值	δ≥35%但热点温度未达到严重缺陷温度值
断路器	中间触头	以下法兰和顶帽为中心的热像，下法兰温度大于顶帽温度	压指压接不良	热点温度＞80℃或δ≥95%且热点温度＞55℃	55℃≤热点温度≤80℃或δ≥80%但热点温度未达紧急缺陷温度值	δ≥35%但热点温度未达到严重缺陷温度值
电流互感器	内联接	以串并联出线头或大螺杆出线夹为最高温度的热像或以顶部铁帽发热为特征	螺杆接触不良	热点温度＞80℃或δ≥95%且热点温度＞55℃	55℃≤热点温度≤80℃或δ≥80%但热点温度未达紧急缺陷温度值	δ≥35%但热点温度未达到严重缺陷温度值
套管	柱头	以套管顶部柱头为最热的热像	柱头内部并线压接不良	热点温度＞80℃或δ≥95%且热点温度＞55℃	55℃≤热点温度≤80℃或δ≥80%但热点温度未达紧急缺陷温度值	δ≥35%但热点温度未达到严重缺陷温度值

设备类别和部位		热像特征	故障特征	缺陷性质		
				紧急缺陷	严重缺陷	一般缺陷
电容器	熔丝	以熔丝中部靠电容侧为最热的热像	熔丝容量不够	热点温度>80℃或 δ≥95%且热点温度>55℃	55℃≤热点温度≤80℃或 δ≥80%但热点温度未达紧急缺陷温度值	δ≥35%但热点温度未达到严重缺陷温度值
电容器	熔丝座	以熔丝座为最热的热像	熔丝与熔丝座之间接触不良	热点温度>80℃或 δ≥95%且热点温度>55℃	55℃≤热点温度≤80℃或 δ≥80%但热点温度未达紧急缺陷温度值	δ≥35%但热点温度未达到严重缺陷温度值
直流换流阀	电抗器	以铁芯表面过热为特征	铁芯损耗异常	热点温度>70℃（设计允许限值）	温差>10K，60℃≤热点温度≤70℃	温差>5K,热点温度未达严重缺陷温度值
变压器	箱体	以箱体局部表面过热为特征	漏磁环（涡）流现象	热点温度>105℃	85℃≤热点温度≤105℃	δ≥35%但热点温度未达到严重缺陷温度值
干式变压器、接地变压器、串联电抗器、并联电抗器	铁芯	以铁芯局部表面过热为特征	铁芯局部短路	H级绝缘热点温度>155℃;F级绝缘热点温度>180℃	F级绝缘130℃≤热点温度≤155℃;H级绝缘140℃≤热点温度≤180℃	δ≥35%但热点温度未达到严重缺陷温度值
干式变压器、接地变压器、串联电抗器、并联电抗器	绕组	以绕组表面有局部过热或出线端子处过热为特征	绕组匝间短路或接头接触不良	H级绝缘热点温度>155℃;F级绝缘热点温度>180℃;相间温差>20℃	F级绝缘130℃≤热点温度≤155℃;H级绝缘140℃≤热点温度≤180℃;相间温差>10℃	δ≥35%但热点温度未达到严重缺陷温度值

附录 6-5　电压致热型设备缺陷诊断判据

电压致热型设备缺陷诊断判据

设备类别		热像特征	故障特征	温差
电流互感器	10kV 浇注式	以本体为中心整体发热	铁芯短路或局部放电增大	4K
	油浸式	以瓷套整体温升增大，且瓷套上部温度偏高	介质损耗偏大	2～3K
电压互感器（含电容式电压互感器的互感器部分）	10kV 浇注式	以本体为中心整体发热	铁芯短路或局部放电增大	4K
	油浸式	以整体温升偏高，且中上部温度高	介质损耗偏大、匝间短路或铁芯损耗增大	2～3K
耦合电容器	油浸式	以整体温升偏高或局部过热，且发热符合自上而下逐步的递减的规律	介质损耗偏大，电容量变化、老化或局部放电	2～3K
移相电容器		热像一般以本体上部为中心的热像图，正常热像最高温度一般在宽面垂直平分线的三分之二高度左右，其表面温升略高，整体发热或局部发热	介质损耗偏大，电容量变化、老化或局部放电	2～3K
高压套管		热像特征呈现以套管整体发热热像	介质损耗偏大	2～3K
		热像为对应部位呈现局部发热区故障	局部放电故障油路或气路的堵塞	2～3K
充油套管		热像特征是以油面处为最高温度的热像，油面有一明显的水平分界线	缺油	
氧化锌避雷器		正常为整体轻微发热，分布均匀，较热点一般在靠近上部，多节组合从上到下各节温度递减，引起整体（或单节）发热或局部发热为异常	阀片受潮或老化	0.5～1K
绝缘子	瓷绝缘子	正常绝缘子串的温度分布同电压分布规律，即呈现不对称的马鞍型，相邻绝缘子温差很小，以铁帽为发热中心的热像图，其比正常绝缘子温度高	低值绝缘子发热（绝缘电阻在 10～300M）	1K
		发热温度比正常绝缘子要低，热像特征与绝缘子相比，呈暗色调	零值绝缘子发热（0～10M）	1K
		其热像特征是以瓷盘（或玻璃盘）为发热区的热像	于表面污秽引起绝缘子泄漏电流增大	0.5K
	合成绝缘子	1. 在绝缘良好和绝缘劣化的结合处出现局部过热，随着时间的延长，过热部位会移动； 2. 球头部位过热	伞裙破损或芯棒受潮球头部位松脱、进水	0.5～1K
电缆终端		橡塑绝缘电缆半导体断口过热	内部可能有局部放电	5～10K
		以整个电缆头为中心的热像	电缆头受潮、劣化或气隙	0.5～1K
		以护层接地连接为中心的发热	接地不良	5～10K
		伞裙局部区域过热	内部可能有局部放电	0.5～1K
		根部有整体性过热	内部介质受潮或性能异常	0.5～1K

附录6-6 仪表、仪器及耗材清单

红外精确测温分析项目仪表、仪器配置及耗材清单

序号	设备名称	品牌	型号/参数	数量	产品形态
1	红外缺陷模拟装置	定制	定制	1套	—
2	红外热像仪	浙江红相 浙江大立	T5 T9	1套	
3	激光测距仪	博世	GLM 500	1个	
4	温湿度计	得力	数显	1个	
5	风速仪	华谊	PM6252B	1个	
6	实验台	—	长1.6m、宽0.7m，高0.7m	1张	
7	报告桌	—	1.6×0.7×0.7m	1张	
8	裁判桌	—	1.6×0.7×0.7m	1张	

续表

序号	设备名称	品牌	型号/参数	数量	产品形态
9	笔记本	—	—	1 台	
10	打印机（含打印纸）	惠普	—	1 台	
11	书写板夹	得力	—	4 个	
12	工具箱	史丹利	STST19028−8−23	2 个	
13	签字笔	—	黑色，0.5mm	5 支	
14	签字笔	—	红色，0.5mm	5 支	
15	订书机	得力	0414s	1 个	
16	订书针	—	20 页钉	1 盒	
17	安全帽	—	红色	2 个	
18	安全帽	—	蓝色	5 个	

附录 6-7　实训考评表

红外热成像检测实训考评表

单位：＿＿＿＿＿＿＿＿＿＿＿　　　　　　　　　姓名：＿＿＿＿＿＿＿＿＿＿＿

时间：　　年　　月　　日，开始时间：　　时　　分，结束时间：　　时　　分

序号	项目名称	考核点	配分	评分规则	得分
一	现场安全（10 分）	正确佩戴安全帽	4	不正确佩戴安全帽扣 4 分	
		现场服从指挥，操作过程中不随意触碰带电设备	6	不服从指挥扣 2 分，操作过程中随意触碰带电设备扣 4 分	
二	现场检测（60 分）	检查仪器、仪表工况	4	检查仪表完好、齐备，不检查扣 4 分；	
			6	检查仪器外观、配件、电池、内存卡，不检查扣 6 分	
		设置仪器参数	5	检查仪器日期、时间是否正确，未检查扣 5 分	
			15	设置发射率、调色板、测量距离、湿度温度、反射温度等参数，未设置或设置错误每项扣 5 分	
		对设备进行全面扫描，并对发热部位进行精确测温	15	对被测设备进行全面扫描，至少在三个不同方位进行检测，少检测一个方位扣 5 分。检测过程中小于安全距离扣 5 分	
			15	对异常发热设备及电压致热型设备进行精确测温，进行精确测温调节发射率，测量距离等参数设置，设置错误每项扣 3 分	
三	检测报告完整性及正确性（30 分）	内容完整、分析全面，结论正确，字迹清晰	10	应包括试品名称、位置、检测时间、地点、人员、环境参数、检测部位，缺少一项扣 2 分	
		报告中图谱全面，分析正确	15	图谱应包括红外图谱和可见光图谱，缺少一个扣 5 分，图谱未分析或分析不正确扣 5 分，分析不全面扣 5 分	
		试验结论正确	5	结论不正确或未下结论扣 5 分	
四	超时扣分	检测时间超过 20min 扣分。（不含出报告时间）		每超时 1min 扣 1 分	
总分					

考评员：　　　　　　　　　　　　　　　　　　　　　　时间：　　年　月　日

第七章

开关柜局部放电带电检测方法

开关柜局部放电
带电检测操作示范

培训目标： 通过本次培训，使运维一体化学员熟练掌握开关柜局部放电检测技术，包括暂态地电压、超声波和特高频检测技术，能够规范使用局部放电综合检测仪进行标准化作业，能够诊断局部放电类型、提出检修建议并出具检测报告。

第一节 基 础 知 识

开关柜局部放电
带电检测基础知识

一、专业理论基础

（一）局部放电基本理论

常见的局部放电类型有电晕放电、沿面放电、气隙放电和悬浮放电。

（1）电晕放电是由于电力设备导体和外壳在制造、安装和运行过程中造成的毛刺尖端放电，一般发生在电场强度较高的不均匀电场中，例如高压导线的周围，带电体的尖端附近等。

（2）沿面放电主要由绝缘表面脏污等引起，一般发生在两种绝缘介质的交界面，例如，被气体绝缘包围的绝缘子表面。

（3）气隙放电是由于绝缘介质在生产加工过程中，材料本身缺陷或加工工艺不当，导致绝缘介质内部缺陷出现气泡、杂质等引起绝缘介质内部放电。一般发生在电缆本体、电缆终端、电缆接头、瓷绝缘子、复合材料绝缘子等各类绝缘设备和绝缘材料中。

（4）悬浮放电是由于装配工艺不良或运行中的振动等原因，导致设备内部金属部件与导体（或接地体）失去电位连接，从而产生的接触不良放电。

（二）开关柜局部放电带电检测方法

根据检测原理和手段的不同，常用的开关柜局部放电带电检测方法有暂态地电压检测法（Transient earth voltage，TEV）、超声波检测法（Acoustic emission，AE）、特高频检测法（Ultra high frequency，UHF）。

1. 暂态地电压检测法

（1）基本原理。当电气设备发生局部放电现象时，带电粒子会快速地由带电体向接地的非带电体（如设备柜体）迁移，并在非带电体上产生高频电流行波，且以近似光速的速度向各个方向传播。受集肤效应的影响，电流行波往往仅集中在金属柜体的内表面，不会直接穿透金属柜体。但是，当遇到不连续的金属断开或绝缘连接处时，电流行波会由金属柜体的内表面转移到外表面，并以电磁波形式向自由空间传播，且在金属柜体外表面产生暂态地电压，该电压可用专门设计的暂态地电压传感器进行检测。暂态地电压信号的产生机理如图 7-1-1 所示。

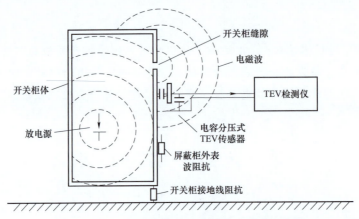

图 7-1-1　暂态地电压信号的产生机理示意图

（2）技术特点。暂态地电压局部放电检测技术广泛应用于开关柜、环网柜、电缆分支箱等配电设备的内部绝缘缺陷检测。但由于暂态地电压脉冲必须通过设备金属壳体间的间隙处由内表面传至外表面方可被检测到，因此该检测技术不适用于金属外壳完全密封的电力设备（如 GIS、HGIS、GIL、罐式断路器等）。

2. 超声波检测法

（1）基本原理。电力设备在放电过程中会产生声波。声波频谱可以从几十赫兹到几兆赫兹，其中频率低于 20kHz 的信号能够被人耳听到，而高于这一频率的超声波信号必须用超声波传感器才能接收到。根据放电释放的能量与声能之间的关系，用超声波信号声压的变化代表局部放电所释放能量的变化，通过测量超声波信号的声压，可以推测出放电的强弱。

开关柜内产生局部放电时的超声波信号可以利用非接触式超声波传感器在缝隙处进行检测。由于超声波在开关拒内部的传播存在折射、反射，且受缝隙和孔洞分布位置影响，局部放电定位的精度受到限制。开关柜检测中常见的干扰源有水银灯以及附近走动的人或运行的机器，在检测时应隔离这些干扰噪声。

（2）技术特点。

1）抗电磁干扰能力强。电力设备在运行过程中存在着较强的电磁干扰，而超声波检测是非电检测方法，其检测频段可以有效躲开电磁干扰，取得更好的检测效果。

2）定位方便。超声波信号传播具有很强的方向性，能量集中，因此在检测过程中易于得到定向而集中的波束，从而方便进行定位。在实际应用中，常采用幅值定位法，其定位原理是基于超声波信号的衰减特性。

3）适应范围广。超声波局部放电检测广泛应用于各类电气一次设备。根据超声波信号传播途径的不同，超声波局部放电检测可分为接触式检测和非接触式检测。接触式超声波检测主要用于 GIS、变压器等设备外壳表面的超声波信号检测，而非接触式超声波检测主要用于开关柜、配电线路等设备超声波信号检测。

超声波局部放电检测技术也存在一定的不足，比如对内部缺陷检测不敏感，受机械振动干扰较大以及检测范围小等。

3. 特高频检测法

（1）基本原理。电力设备内发生局部放电时的电流脉冲（上升沿为纳秒级）能在内部激发频率高达数百兆赫兹的电磁波，特高频局部放电检测技术即通过检测这种电磁波信号来实现局部放电检测。

（2）技术特点。

1）检测灵敏度高。局部放电产生的特高频电磁波信号在同种介质中传播时衰减较小，便于检测。另外，与超声波检测法相比，其检测有效范围更大，实现在线监测需要的传感器数量较少。

2）可实现放电源定位。局部放电产生的电磁波信号在气体中传播近似光速，其到达各特高频传感器的时间与其传播距离直接相关，因此，可根据特高频电磁波信号到达不同传感器时间的先后判断信号源的方向，或利用电磁波到达两侧两个传感器的时间差以及两个传感器之间的距离计算出局部放电源的具体位置，实现绝缘缺陷定位，为制订设备的维修计划，提高检修工作效率提供了有力支持。

3）便于绝缘缺陷类型识别。不同绝缘类型缺陷下特高频局部放电信号脉冲幅值、数量、相位分布和频谱不同，且具有不同的图谱特征，可根据这些特征进行绝缘缺陷类型诊断。

另外，由于特高频法检测频率范围较宽，在复杂的电磁环境中，容易受到各类电磁波干扰影响，如此手机信号、雷达信号、电机碳刷火花等，这些干扰信号会影响特高频检测的准确性。

（三）检测仪器的基本组成

常用开关柜局部放电检测仪器有上海格鲁布 PD74i 局放综合巡检仪、上海莫克局放综合巡检仪、华乘电气 PDS－T95 多功能局放检测仪等，下面以华乘电气 PDS－T95 多功能局放检测仪为例，介绍仪器的组成及检测基本原理。

检测仪器由传感器、信号调理、数据采集、嵌入式处理、人机交互、存储模块及设备台账识别与管理等部分组成，可实现暂态地电压、非接触式超声波和特高频信号检测，多功能局放检测仪原理图如图 7－1－2 所示。

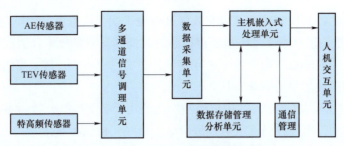

图 7-1-2　多功能局放检测仪原理图

（1）AE 传感器。采集超声波信号，检测主机内置非接触式空声传感器，主谐振频率 40kHz。

（2）TEV 传感器。采集设备外壳表面地电压信号，检测主机内置暂态地电压传感器，检测带宽为 3～100MHz。

（3）特高频传感器。采集特高频信号，传感器与主机实现无线连接，检测带宽为 300～1500MHz。

（4）多通道信号调理单元。针对不同类型传感器的信号特点，分别设计相应的信号调理及采集电路，通过设计模拟检波电路，实现多工频周期的连续检测。

（5）数据存储管理分析单元。用于存储现场采集获得的数据结果，便于查询和回放数据。系统主嵌入式芯片带有文件操作系统，可以对存储的数据进行整理、删除等操作。

（6）主机嵌入式处理单元。具有多个模数转换通道，能够同时对各个检测通道进行并行信号采集，满足大量数据处理的要求，具有通用性和易扩展性。

（7）人机交互单元。通过该液晶显示屏展示信号值的强弱及变化过程，并展现相关图谱，仪器具有上下左右、确定及退出等少数按键，能够进行功能选择和检测参数设置。

（8）通信管理。实现传感器调理器与设备主机实时数据交互。

二、主要标准、规程

DL/T 2050—2019《高压开关柜暂态地电压局部放电现场检测方法》

Q/GDW 1168—2013《输变电设备状态检修试验规程》

Q/GDW 11059.1—2018《气体绝缘金属封闭开关设备局部放电带电检测技术现场应用导则　第 1 部分：超声波法》

Q/GDW 11059.2—2018《气体绝缘金属封闭开关设备局部放电带电检测技术现场应用导则　第 2 部分：特高频法》

Q/GDW 11060—2013《交流金属封闭开关设备暂态地电压局部放电带电检测技术现场应用导则》

《国家电网公司变电检测管理规定》及第 2、4、5 分册

参考标准包括但不限于以上文件，以最新版为准。

第二节 检 测 准 备

一、检测条件

（一）环境要求

（1）暂态地电压、超声波检测环境温度宜在 $-10\sim40℃$，特高频检测不宜低于5℃。

（2）环境相对湿度不高于80%。

（3）暂态地电压检测禁止在雷电天气进行。

（4）室内检测应尽量避免气体放电灯、排风系统电机、手机、雷达、电动马达、照相机闪光灯、电子捕鼠器等干扰源对检测的影响。

（5）通过暂态地电压局部放电检测仪器检测到的背景噪声幅值较小，不会掩盖可能存在的局部放电信号，不会对检测造成干扰；若测得背景噪声较大，可通过改变检测频段降低测得的背景噪声值。

（6）通过超声波局部放电检测仪器检测到的背景噪声幅值较小、无50Hz/100Hz频率相关性（1个工频周期出现1次/2次放电信号），不会掩盖可能存在的局部放电信号，不会对检测造成干扰。

（7）进行特高频检测时应避免大型设备振动源等带来的影响。

（二）待测设备要求

（1）开关柜处于带电状态。

（2）开关柜投入运行超过30min。

（3）开关柜金属外壳清洁并可靠接地。

（4）开关柜上无其他外部作业。

（5）退出电容器、电抗器开关柜的自动电压控制系统（AVC）。

（三）人员要求

进行开关柜带电检测的人员应具备如下条件：

（1）接受过开关柜局部放电带电检测培训，熟悉开关柜局部放电检测技术的基本原理、诊断分析方法，了解开关柜局部放电检测仪器的工作原理、技术参数和性能，掌握开关柜局部放电检测仪器的操作方法，具备现场检测能力。

（2）了解被测开关柜的结构特点、工作原理、运行状况和导致设备故障的基本因素。

（3）具有一定的现场工作经验，熟悉并能严格遵守电力生产和工作现场的相关安全管理规定。

（4）检测当日身体状况和精神状况良好。

（四）安全要求

（1）应严格执行Q/GDW 1799.1—2013《国家电网公司电力安全工作规程 变电部分》的相关要求，检修人员填写变电站第二种工作票，运维人员使用维护作业卡。

（2）暂态地电压局部放电带电检测工作不得少于两人。工作负责人应由有检测经验的人员担任，开始检测前，工作负责人应向全体工作人员详细布置检测工作的各安全注意事项，应有专人监护，监护人在检测期间应始终履行监护职责，不得擅离岗位或兼职其他工作。

（3）雷雨天气禁止进行检测工作。

（4）检测时检测人员和检测仪器应与设备带电部位保持足够的安全距离。

（5）检测人员应避开设备泄压通道。

（6）在进行检测时，要防止误碰误动设备。

（7）检测时人体不能接触暂态地电压传感器，以免改变其对地电容。

（8）检测中应保持仪器使用的信号线完全展开，避免与电源线（若有）缠绕一起，收放信号线时禁止随意舞动，并避免信号线外皮受到剐蹭。

（9）在使用传感器进行检测时，宜戴绝缘手套，避免手部直接接触传感器金属部件。

（10）检测现场出现异常情况（如异声、电压波动、系统接地等），应立即停止检测工作并撤离现场。

（五）检测仪器要求

1. 暂态地电压检测法

暂态地电压局部放电检测仪器一般由传感器、数据采集单元、数据处理单元、显示单元、控制单元和电源管理单元等组成。

（1）主要技术指标要求。

1）检测频率范围 3～100MHz。

2）检测灵敏度 1dBmV。

3）检测量程 0～60dBmV。

4）检测误差不超过±2dBmV。

5）工作电源：直流电源 5～24V，纹波电压不大于 1%；交流电源 220（1±10%）V，频率 50（1±10%）Hz。

（2）主要功能要求。

1）可显示暂态地电压信号幅值大小。

2）具备报警阈值设置及告警功能。

3）若使用充电电池供电，充电电压为 220V、频率为 50Hz，充满电后单次连续使用时间不少于 4h。

4）应具有仪器自检功能。

5）应具有数据存储和检测信息管理功能。

6）应具有脉冲计数功能。

2. 超声波检测法

超声波局部放电检测仪器一般由超声波传感器、前置信号放大器（可选）、数据采集单元、数据处理单元等组成，为实现对高处或特殊场景的检测，宜配备延长式超声波传感器。

主要技术指标要求如下：

（1）峰值检测频率在 20～80kHz 范围内。

（2）灵敏度。峰值灵敏度一般不小于 60dB［V/（m/s）］，均值灵敏度一般不小于 40dB
［V/（m/s）］。

（3）中心频率。对于非接触方式的超声波检测仪，主谐振频率一般在 40kHz 左右。

（4）线性度误差不大于±20%。

（5）稳定性。局部放电超声波检测仪连续工作 1h 后，注入恒定幅值的脉冲信号时，
其响应值的变化绝对值不应超过±20%。

主要功能要求如下：

（1）宜具有"连续模式""时域模式""相位模式"，其中，"连续模式"能够显示信号
幅值大小、50Hz/100Hz 频率相关性，"时域模式"能够显示信号幅值大小及信号波形，"相
位模式"能够反映超声波信号相位分布情况。

（2）应可记录背景噪声并与检测信号实时比较。

（3）应可设定报警阈值。

（4）应具有放大倍数调节功能，并在仪器上直观显示放大倍数大小。

（5）应具备抗外部干扰的功能。

（6）应可将检测数据存储于本机并导出至电脑。

（7）若采用可充电电池供电，充电电压为 220V、频率为 50Hz，充满电单次连续使用
时间不低于 4h。

（8）宜具备内、外同步功能，从而在"相位模式"下对检测信号进行观察和分析。

（9）应可进行时域与频域的转换。

（10）宜具备检测图谱显示功能。提供局部放电信号的幅值、相位、放电频次等信息
中的一种或几种，并可采用 PRPD 谱图、PRPS 幅值图谱和周期图谱中的一种或几种进行
展示。

（11）宜具备放电类型识别功能。具备模式识别功能的仪器应能判断设备中的典型局
部放电类型（悬浮电位放电、沿面放电、绝缘内部气隙放电、金属尖端放电等），或给出
各类局部放电发生的可能性，诊断结果应当简单明确。

3. 特高频检测法

特高频局部放电检测系统一般由内置式或外置式特高频传感器、数据采集单元、信号
放大器（可选）、数据处理单元、分析诊断单元等组成。

主要技术指标要求如下：

（1）检测频率范围。通常选用 300～3000MHz 之间的某个子频段，典型的如 400～
1500MHz。

（2）传感器在 300～1500MHz 频带内平均有效高度不小于 8mm。

（3）检测灵敏度不大于 7V/m。

（4）动态范围不小于40dB。

主要功能要求如下：

（1）可显示信号幅值大小。

（2）报警阈值可设定。

（3）检测仪器具备抗外部干扰的功能。

（4）检测数据可存储于本机并可导出。

（5）可用外施高压电源进行同步，并可通过移相的方式，对测量信号进行观察和分析。

（6）按预设程序定时采集和存储数据的功能。

（7）宜具备检测图谱显示。提供局部放电信号的幅值、相位、放电频次等信息中的一种或几种，并可采用波形图、趋势图等谱图中的一种或几种进行展示。

（8）宜具备放电类型识别功能。宜具备模式识别功能的仪器应能判断开关柜的典型局部放电类型（悬浮电位体放电、沿面放电、绝缘件内部气隙放电、金属尖端放电等），或给出各类局部放电发生的可能性，诊断结果应当简单明确。

二、现场勘查

工作负责人（监护人）应根据作业内容确定是否需要开展现场勘查，并根据现场环境开展安全风险辨识、制定预控措施。关键危险点分析和预控措施见表7-2-1。

表7-2-1　　　　　　　　　　关键危险点分析和预控措施

序号	危险因素	防范措施	责任人
1	作业人员安全防护措施不到位造成伤害	进入试验现场，试验人员必须正确着装，佩戴安全帽，穿绝缘鞋；使用传感器进行检测时，宜戴绝缘手套，避免手部直接接触传感器金属部件	工作负责人
2	误碰带电部位	检测至少由两人进行，并严格执行保证安全的组织措施和技术措施；应确保检测人员及检测仪器与带电部位保持足够安全距离：10kV：≥0.7m，35kV：≥1m。检测过程中严禁打开柜门和隔离挡板	工作负责人
3	低压触电	现场应具备安全可靠的检修电源；应使用带漏电保护器的电源盘；拆接临时电源时应由两人进行，一人操作，一人监护	工作负责人
4	误碰引起事故	工作中应注意动作幅度不要过大，防止误碰误动操作按钮和误按继电器造成设备误动	工作负责人
5	开关柜爆炸伤人	严禁雷雨天气开展此项工作；工作前与监控联系，退出电容器、电抗器开关柜的自动电压控制系统（AVC）遥控操作开关时，通知现场人员撤离；工作过程中，听到开关柜有异常响声，应及时撤离；检测中应避开设备泄压通道	工作负责人
6	现场异常情况造成危险	检测现场出现明显异常情况时（如异响、电压波动、系统接地等），应立即停止检测工作并撤离现场	工作负责人

三、工器具、材料准备

（一）仪器仪表、工器具配置及检查

开工前根据检测工作的需要，准备好所需材料、工器具，对进场的工器具、材料进行

检查，确保能够正常使用，并整齐摆放于工具架上。检测所用仪器仪表、工器具必须在校验合格周期内，检测所需的仪器仪表、工器具配置及检查项目见表7-2-2。

表7-2-2　　　　　　　　　　仪器仪表、工器具配置及检查项目

类别	名称	单位	数量	检查项目
仪器仪表	多功能局部放电检测仪	套	1	1）在检测合格期内，外观良好，电量充足； 2）特高频传感器外观完好，无破损，在检定期内； 3）特高频调理盒外观完好，无破损，电量充足，在检定期内； 4）同步器外观完好，无破损
	高精度温湿度仪	台	1	外观完好，功能正常，合格证书齐全，在检定期内，电量充足
	万用表	个	1	外观完好，功能正常，合格证书齐全，在检定期内，电量充足
工器具	20cm×20cm 金属板	块	1	外观完好，表面洁净，无破损
	绝缘梯凳	个	1	外观完好，无破损，在检定期内
	常用工具	套	1	配置齐全，外观完好，无破损
	电源盘	个	1	功能正常
	签字笔	支	2	—
	线手套	副	2	外观完好，无破损
	强光手电筒	支	1	外观良好，功能正常，电量充足

（二）安全防护用品配置及检查

安全防护用品配置清单及检查项目见表7-2-3。

表7-2-3　　　　　　　　　　安全防护用品配置清单及检查项目

防护用品	检查项目
安全帽	在合格周期内，外观无异常，帽带、帽衬、帽箍扣均完好
绝缘手套	外观完好，无破损，在检定期内
工作服	全棉长袖工作服，穿戴时衣扣袖扣扣好
绝缘鞋	无破损，穿戴时鞋带系好

四、标准化作业卡

作业前应准备《高压开关柜局部放电带电检测维护作业卡》和《开关柜局部放电检测原始记录表》，作业过程应遵照《高压开关柜局部放电带电检测维护作业卡》执行，具体要求如下。

（一）编制高压开关柜局部放电带电检测维护作业卡

（1）维护作业卡的编制原则为任务与工作票一致、步骤清晰、语句简练，与正确操作流程吻合一致。

（2）维护作业卡由工作负责人按模板编制，班长或副班长（专业工程师）负责审核。

（3）维护作业卡正文分为基本作业信息（包括检测范围、工作时间、检测环境、检测类别作业卡编号）、工序要求（含风险辨识与预控措施）两部分。

（4）编制维护作业卡前，应根据作业内容确定是否开展现场查勘，确认工作任务是否全面，并根据现场环境开展安全风险辨识、制订预控措施。

（5）作业工序存在不可逆性时，应在工序序号上标注*，如*2。

（6）工艺标准及要求应具体、详细，有数据控制要求的应标明。

（7）维护作业卡编号应在本单位内具有唯一性。按照"变电站名称＋工作类别＋年月日＋序号"规则进行编号，其中工作类别为带电检测。

（8）维护作业卡的编审工作应在开工前1天完成，突发情况可在当日开工前完成。

（9）《高压开关柜局部放电带电检测维护作业卡》见附录7-1。

（二）编制开关柜局部放电检测原始记录表

开关柜局放检测作业卡有准备工作、检测过程、检测结束、签名确认四个关键工序。在"待测设备信息收集"工序中需记录现场信息，"暂态地电压检测""超声波检测""特高频检测"三个工序中需在原始记录表中记录使用局部放电检测仪检测的结果。检测过程中的各项检测数据应填写《开关柜局放检测原始记录表》，见附录7-2。

五、工作现场检查

（1）检测工作至少由两人进行，并严格执行保证安全的组织措施和技术措施。

（2）检查仪器仪表、工器具及安全防护用品是否齐备完好。

（3）检查仪器电量是否充足，存储卡容量充足。

（4）检查现场工频同步电源是否具备。

（5）检查被测设备的运行工况及接地情况。

（6）检查现场开关柜压力释放通道的压力释放方向，检测时应避开。

（7）工作前与监控联系，退出电容器、电抗器开关柜的自动电压控制系统（AVC），遥控操作开关时，通知现场人员撤离；测试现场出现明显异常情况时（如异音、电压波动、系统接地等），应立即停止测试工作并撤离现场。

第三节　检　测　流　程

一、检测步骤及流程

（一）暂态地电压检测

1. 检测流程

（1）设备连接。检查仪器完整性，按照仪器说明书连接检测仪器各部件后开机。

（2）工况检查。运行检测软件，检查界面显示、模式切换是否正常稳定；进行仪器自检，确认暂态地电压传感器和检测通道工作正常。

（3）设置检测参数。如采集模式、报警阈值等。

（4）背景噪声检测及干扰源排除。一般情况下，检测金属背景值时可选择开关室内远离开关柜的金属门窗；检测空气背景时，可在开关室内远离开关柜的位置，放置一块 $20 \times 20cm$ 的金属板，将传感器贴紧金属板进行检测。在正式检测前，应尽可能排除所有干扰源。

（5）信号检测。检测时传感器应与高压开关柜柜面紧贴并保持相对静止，待读数稳定后记录结果，如有异常再进行多次测量，进入异常诊断流程，开关柜暂态地电压检测流程图如图7-3-1所示。

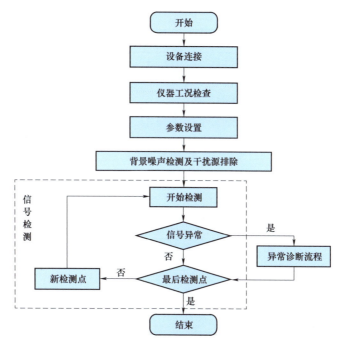

图7-3-1　开关柜暂态地电压检测流程图

2. 异常诊断流程

（1）异常数据记录及放电源定位。检测到数据异常时，应在该开关柜进行多次、多点检测，并根据强度大小或者脉冲数查找信号最大点的位置，判断信号是否来自相邻开关柜，以及确定开关柜发生放电的方位，记录异常信号和检测位置。

（2）异常点分析判断。可采取纵向分析法、横向分析法，即将开关柜检测结果与环境背景值、历史数据、邻近开关柜检测结果进行比对。必要时，可结合设备内部结构，观察柜内设备是否有放电痕迹，若发现痕迹，可记录影像资料。

（3）数据存档。保存数据和影像资料，作为开关柜局部放电缺陷诊断的依据，开关柜暂态地电压检测异常诊断流程图如图7-3-2所示。

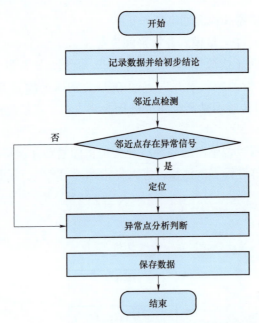

图 7-3-2　开关柜暂态地电压检测异常诊断流程图

（二）超声波检测

1. 检测流程

（1）设备开机及同步器连接。检查仪器完整性，按照仪器说明书连接检测仪器各部件，佩戴耳机，开机，连接同步器。

（2）工况检查。运行检测软件，检查界面显示、模式切换是否正常稳定，同步是否正常；进行仪器自检，确认超声波传感器和检测通道工作正常。

（3）设置检测参数。如增益、数据显示单位、音量等。

（4）背景噪声检测及干扰源排除。选择开关柜前、柜后作为背景值检测点，将传感器悬浮于空气中，读数稳定后记录背景检测结果，同时注意耳机声音有无明显异常。如背景噪声值较大，应查找并排除干扰源，再进行背景噪声复测。

（5）信号检测。将非接触式传感器对开关柜所有缝隙进行测量，检测中保证传感器与信号源之间具有空气传播通道；在显示界面观察检测到的信号，并注意耳机声音有无明显异常。对无异常的测试点，至少保存一组检测数据。如发现异常应进行多次检测，开关柜超声波局部放电检测流程图如图 7-3-3 所示。

2. 异常诊断流程

（1）异常数据记录及放电源定位。检测过程中如发现异常，则在异常点附近区域进行多点检测，根据超声波信号幅值变化规律确定信号幅值最大点，并记录最大点检测数据（幅值图谱、相位图谱、波形图谱）。

（2）异常点缺陷分析判断。根据幅值图谱、相位图谱、波形图谱综合分析判断异常点放电类型。必要时，可结合设备内部结构和放电类型，观察柜内设备是否有放电痕迹，若

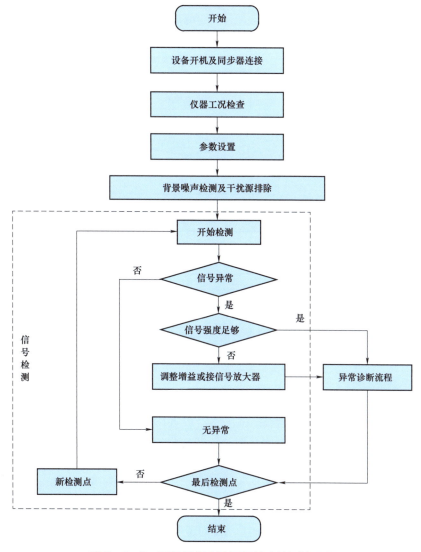

图 7-3-3 开关柜超声波局部放电检测流程图

发现痕迹，可记录影像资料。

（3）数据存档。保存图谱数据和影像资料，作为开关柜局部放电缺陷诊断的依据，开关柜超声波局部放电检测异常诊断流程图如图 7-3-4 所示。

（三）特高频检测

1. 检测流程

（1）设备开机及同步器连接。检查仪器完整性，按照仪器说明书连接检测仪器各部件后开机，连接同步器。

（2）工况检查。运行检测软件，检查仪器通信状况、同步状态、相位偏移等参数；进行仪器自检，确认各检测通道工作正常。

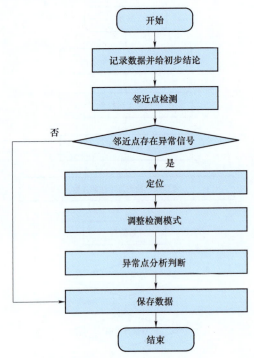

图 7-3-4　开关柜超声波局部放电检测异常诊断流程图

（3）设置检测参数。如增益、相移、同步源等。

（4）背景噪声检测及干扰源排除。将传感器放置在空气中，检测并记录背景噪声图谱，根据现场噪声水平调整仪器检测带宽或阈值。背景噪声较大应采取干扰抑制措施，如存在干扰源时应尽量排除所有干扰源。

（5）信号检测。将特高频传感器放置在柜前、柜后观察窗或者开关柜柜门缝隙处进行检测，信号稳定后检测时间不少于 15s。检测时应尽可能保持传感器与设备的相对静止，避免因传感器移动引起的信号干扰正确判断。对无异常的测试点，至少保存一组检测数据。如存在异常信号，则进入异常诊断流程，开关柜特高频局部放电检测流程图如图 7-3-5 所示。

2. 异常诊断流程

（1）异常记录数据及放电源定位。如果发现信号异常，则延长检测时间，并在该开关柜进行多点检测，记录并保存不同频带下 PRPD/PRPS 图谱和特高频周期图谱。根据各检测点的信号幅值大小和脉冲数，进行幅值对比和趋势分析，定位局部放电源。

（2）异常点分析判断。根据 PRPD/PRPS 图谱、周期图谱的相关特征对放电类型进行综合诊断分析。必要时，可结合设备内部结构和放电类型，观察柜内设备是否有放电痕迹，若发现痕迹，可记录影像资料。

（3）数据存档。保存图谱数据和影像资料，作为开关柜局部放电缺陷诊断的依据，开关柜特高频局部放电检测异常诊断流程图如图 7-3-6 所示。

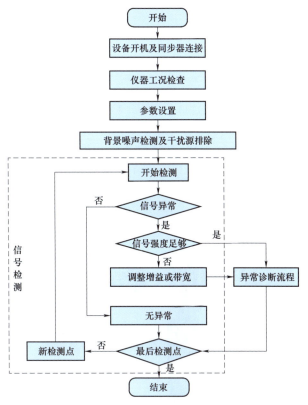

图 7-3-5　开关柜特高频局部放电检测流程图

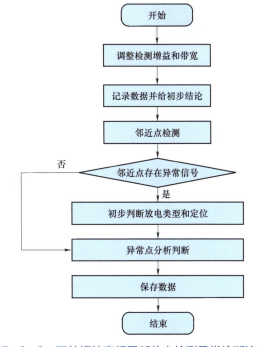

图 7-3-6　开关柜特高频局部放电检测异常诊断流程图

315

二、仪器操作

下面分别以上海华乘局部放电综合巡检仪 PDS－T95、上海格鲁布局部放电综合巡检仪 PD74i 为例进行介绍。

（一）上海华乘局部放电综合巡检仪 PDS－T95

1. 设备启动与关闭

如图 7－3－7 所示为华乘电气 PDS－T95 局部放电综合检测仪，电源键位于检测仪面板左下角。按下电源键打开设备，在设备运行时再次按下电源键，设备关机。

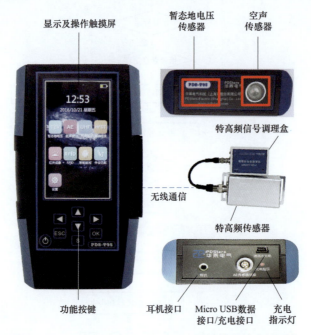

图 7－3－7　华乘电气 PDS－T95 局部放电综合检测仪

2. 外设匹配连接

PDS－T95 主机需要与特高频信号调理器、同步器等进行配对使用，以接收传感器采集的数据。在系统主界面点击"外设匹配"进入匹配类型菜单界面，外设匹配连接操作流程各界面如图 7－3－8 所示。

在外设匹配菜单界面中选择其中一个进行匹配。如图 7－3－8（c）所示为 UHF 终端匹配界面，搜索设备界面，设备扫描完成后，以 ID 列表的形式呈现，其中蓝色斜体的 ID 表示该外设已经被某个设备连接，单击其中一个未被连接的设备 ID，系统尝试连接并给出连接结果提示。

3. 仪器自检

通过触屏单击或按键选择，进入"设置"对应界面。在二级菜单展现"常规设置""网络设置"和"升级"三个选项供选择。仪器自检操作流程各界面如图 7－3－9 所示。

图 7-3-8　外设匹配连接操作流程各界面

（a）主菜单界面；（b）外设匹配界面；（c）UHF 终端匹配界面

图 7-3-9　仪器自检操作流程各界面

（a）设置主界面；（b）常规设置界面；（c）自检界面

单击图 7-3-9（a）中"常规设置"进入如图 7-3-9（b）中所示页面。单击"自检"，进入自检页面，可对设备 WiFi、磁盘、RTC、RFID、AE、TEV 等功能状态进行检查，通过触屏直接单击"开始自检"或单击物理按键的"OK"键便可启动自检功能。

4. 检测参数设置

（1）暂态地电压检测。

在主菜单［如图 7-3-8（a）所示］中单击"TEV"按钮，进入暂态地电压检测界面，如图 7-3-10 所示。暂态地电压检测下有两种模式，幅值检测和脉冲检测，模式选择界面如图 7-3-10（a）所示。

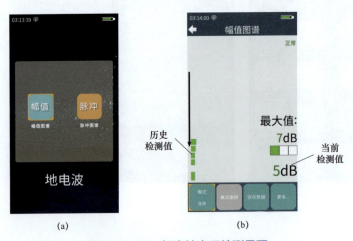

图 7-3-10 暂态地电压检测界面
（a）模式选择界面；（b）幅值检测模式界面

如图 7-3-10（b）所示为幅值检测界面，它采用条形图的方式实时显示当前暂态地电压信号幅值，用不同颜色区分显示报警级别，并利用色柱的高度来显示放电严重程度；脉冲检测界面下可以显示实时的幅值、单周期脉冲数以及放电严重程度。

1）幅值。以 dB 为单位，以色柱显示当前的暂态地电压测量值。

2）颜色灯指示。表示所测得的超声波结果的剧烈程度。绿色表示正常；黄色表示预警；红色表示报警。颜色灯的阈值可在暂态地电压更多的界面内进行具体设置。

3）历史检测值显示。按从下往上的顺序，以不同的颜色条形图来显示最近 20 次的检量值，最下面的色柱表示最新一次的检测量。

4）最大值。记录在本次检测中，最近进行的 20 次检测所获得的最大测量值的读数。

5）采集模式。单击"模式"按钮可切换模式为"连续"或"单次"；在"连续"模式下，设备不断采样，并在界面左下角不断刷新显示当前的测量值，在图界面左侧可以看见条形图不断累积，"单次采集"模式下，设备只进行一次采集，并将采集数据记录显示。

6）保存数据。把当前界面下的检测图谱结果保存下来。

7）更多。用来设置检测参数，可进行"黄色报警"阈值设置，"红色报警"阈值设置，"载入数据"查看保存的检测图谱结果，"删除数据"删除之前保存的检测图谱，"恢复默认"之前的设置值恢复为系统默认值等操作。

（2）超声波检测。

在主菜单［如图 7-3-8（a）所示］中选择"超声波"并进入超声波检测界面，如

图 7-3-11 所示。

幅值检测：单击"幅值"按钮或选中并按下"OK"，进入超声波幅值检测界面，如图 7-3-11（a）所示。

(a)　　　　　　　　　　(b)

图 7-3-11　超声波检测界面
（a）模式选择界面；（b）幅值检测模式界面

如图 7-3-11（b）所示为超声波幅值检测界面，它采用条形图的方式实时显示当前超声波信号的有效值、周期最大值、频率成分 1（50Hz）、频率成分 2（100Hz）。

1）采集模式。单击"模式"按钮可切换模式为"连续"或"单次"。

2）噪声检测。单击噪声检测/记录噪声进行噪声检测。初始按钮为"噪声测试"，单击一次后，将进行环境背景噪声的检测，同时按钮变为"记录噪声"，噪声检测界面如图 7-3-12 所示。再次单击此按钮，将会对此次噪声进行记录，以幅值图谱上的红色条块作为标记，以供现场和后续分析时，对比使用。

3）清除噪声。单击清除记录的噪声，还原为原始检测环境。

4）增益。增益选择可在 X1、X10、X100 之间切换。

5）保存数据。把当前界面下的检测图谱结果保存下来。

6）录音。单击"录音启停"按钮或选中并按下"OK"，进入录音启停界面。

7）更多。用来设置检测参数，支持触发值设置、音量调节、频率成分调节、数值单位切换、获取数据通道的切换、载入/删除数据、恢复默认设置等操作。

相位检测：单击"相位"按钮或选中并按下"OK"，进入超声波相位检测界面，如图 7-3-13 所示。

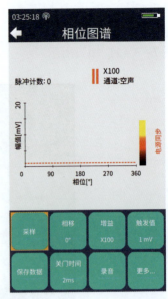

图 7-3-13　超声波相位检测界面

（a）　　　　　　　　　　　　　　（b）

图 7-3-12　噪声检测界面

（a）噪声实时检测界面；（b）噪声记录界面

1）采样/停止。用于开始/停止相位图谱的采样检测，于触屏直接单击，或通过按键选取并单击"OK"以进行采样，再次单击则停止采样检测。

2）相移。可调整图谱显示的工频相位角度，调整相位角可帮助更形象地确定图谱的放电类型模式。

3）触发值。用于设置在超声波相位检测界面下，信号触发的阈值；该值会因为增益的大小而浮动。

4）关门时间。用于在超声波相位检测的界面下，关门时间的设置。支持从 2～25ms 的范围调节。

5）更多。用来设置检测参数。支持通道、RFID 保存、载入数据、删除数据、恢复默认以及录音设置和选择。

波形检测：单击"波形"按钮或选中并按下"OK"，进入超声波形检测界面，如图 7-3-14 所示（图中为模拟数据）。

1）幅值范围。用于设置波形图中显示的幅值的范围，提供五个候选项（2mV/5mV/10mV/15mV/20mV）选择，修改后，图谱的纵向坐标量程将对应变化。

2）更多。用来设置检测参数。支持音量、采样时间、RFID 保存、载入数据、删除数据、恢复默认设置。

3）采样时间。用于设置采样间隔时间，当前提供 1T/2T/5T/10T 四个供选择项，修改后，图谱的横向坐标量程将对应变化。

(a)　　　　　　　　　　　(b)　　　　　　　　　　　(c)

图 7-3-14　超声波波形检测界面

（a）波形检测界面；（b）检测参数设置界面；（c）采样时间参数设置界面

（3）特高频检测。

在主菜单［如图 7-3-8（a）所示］中选择"UHF"触摸或者单击"OK"进入特高频检测界面，如图 7-3-15（a）所示。本部分只介绍检测中常用的周期检测和 PRPS检测。

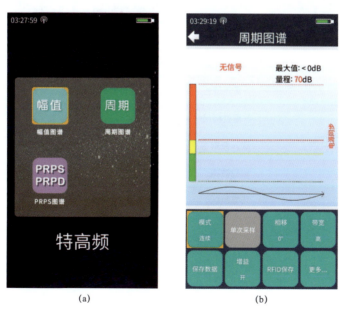

(a)　　　　　　　　　　　(b)

图 7-3-15　特高频检测菜单/周期图谱检测界面

（a）检测模式选择界面；（b）周期图谱检测模式界面

周期图谱检测：周期图谱检测下有两种模式，连续检测及单次检测，检测界面能用柱状图的方式，实时显示数据图谱，用不同颜色区分显示报警级别，并用利用色柱的高度来显示放电严重程度，周期图谱检测模式界面如图7-3-15（b）所示。

1）最大值。记录当次使用挡次模式检测下，每个工频周期检测所获得的最大读数。

2）颜色指示。表示所测得的特高频结果的剧烈程度。绿色表示正常；黄色表示预警；红色表示报警。颜色灯的阈值可在特高频设置的界面内进行具体设置。

3）周期图谱显示。以不同的颜色柱状图来显示当前一个工频周期内的图谱形状，有助于进一步确定放电类型。

4）量程。当前测量模式下，可测信号范围的最大值。

5）带宽。带宽选择功能，机器内置模拟信号的多通带滤波设置，可选择全带宽、低带宽及高带宽。

6）更多。用来设置检测参数。支持同步源、垂直标尺、黄色告警、载入数据、删除数据、恢复默认设置，检测参数设置界面如图7-3-16所示。

a. 同步源。可选择"光"同步或"电源"同步。当选择"光"同步时，需要将采集器上的光感应传感器对准日光灯等市电光源；当选择"电源"同步时，需要将电源同步器插上市电插座，充电器上的绿灯闪烁时，即在发射同步信号；设置完成后，将在图谱主界面的最右侧显示当前所设置的同步源方式。

b. 垂直标尺。支持图谱显示范围的修改，便于观察小信号；目前支持以下四种调整设置，X1/X2/X4/X8。

(a)   (b)   (c)

图7-3-16 检测参数设置界面

（a）检测参数设置界面；（b）同步源选择界面；（c）垂直标称选择界面

PRPS/PRPD 图谱检测：进入 PRPS 图谱检测后，特高频图谱界面如图 7-3-17 所示。

(a)　　　　　　　　　　　　　(b)

图 7-3-17　特高频图谱界面

（a）PRPD&PRPS 图谱检测界面；（b）检测参数设置界面

PRPS 图谱为三维图谱，将脉冲信号按照工频相位-幅值-工频周期三个维度进行绘制。图谱中脉冲信号用竖线表示，X 坐标轴表示工频相位 0～360°，Y 坐标轴表示工频周期数，Z 坐标轴表示脉冲幅度。PRPS 图谱记录了最近若干个周期脉冲信号的工频相位-幅度分布情况。

PRPD 图谱为脉冲信号按照工频相位-幅值-脉冲数三个维度绘制而成。横坐标轴表示工频周期 0～360°，纵坐标轴表示脉冲幅值，颜色表示脉冲数。PRPD 图谱可以看成是 PRPS 图谱在工频周期-幅值平面上的长时间累积，是判断局部放电类型的重要依据。

1）运行/停止。用于开始/停止采样检测，于触屏直接单击，或通过按键选取并单击"OK"以进行采样，再次单击则停止采样检测。

2）录屏。当有数据接入时，提供当前屏幕显示图谱的实时录制。

3）信号接入显示。当没有检测有配对的特高频采集器发送信号时，界面提示"无信号"字样，这时候需进入"外设匹配"功能，选择配对和打开指定特高频调理器再进行操作。

4）更多。用来设置检测参数，支持同步源、使用累积、录屏时间等参数设置，如图 7-3-17（b）所示。

a. 同步源。设置项操作可参见特高频周期检测中的描述，在此不再赘述。

b. 使用累积。可以用于设置和修改是否使用 PRPS 累积对数据进行分析。

c. 录屏时间。修改可以录屏的最大时间，最大不超过 5min。

d. 录屏回放/删除。具体操作类似于"载入数据"，具体可参考超声波检测中的"载入数据""删除数据"选项描述。

（二）上海格鲁布局部放电综合巡检仪 PD74i

设备启动及信号调解器的连接同第四章第三节二、（一）部分。

1. 仪器自检

（1）暂态地电压自检。将设备 TEV 传感器紧贴具有电磁波放射功能的物品，如手机屏幕、电脑屏幕等，在 Smart PD 暂态地电压（TEV）检测模式下，可以看到 TEV 幅值有明显变化，则说明仪器自检通过，反之若 TEV 幅值信号无明显变化，则说明设备存在异常，需要进行重新校验。设备 TEV 功能自检如图 7-3-18 所示。

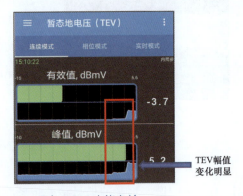

图 7-3-18　设备 TEV 功能自检

（2）超声波自检。同第四章第三节二、（一）部分。

（3）特高频自检。同第五章第三节二、（一）部分。

2. 检测参数设置

（1）常规参数设置。同第四章第三节二、（一）部分。

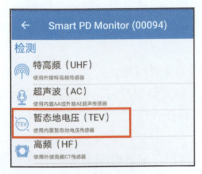

图 7-3-19　暂态地电压（TEV）检测模式选择

（2）暂态地电压检测。单击设备列表进入检测界面，选择暂态地电压（TEV）检测模式，并进行参数设置（如图 7-3-19 所示）。

进入暂态地电压检测模式后，按住屏幕左边缘向右侧滑动，进入暂态地电压参数设置，包括相位同步类型、同步方式、相位偏移、图谱累计时间、幅值范围调整等。其中相位同步类型、同步方式、相位偏移、图谱累计时间为选择类参数，内同步频率、幅值范围为数值类参数。暂态地电压参数设置如图 7-3-20 所示。

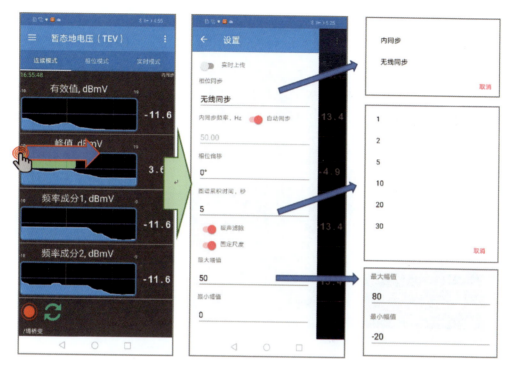

图 7-3-20 暂态地电压（TEV）参数设置

暂态地电压参数说明：

1）相位同步。可选内同步和无线同步。其中内同步默认 50Hz 正弦波，可手动调节，20～500Hz 可调，精度 0.01Hz。无线同步，同步无线同步器（ACC-104）所在的电源频率。

2）内同步频率。当相位同步选择内同步，20～500Hz 可调，精度 0.01Hz。

3）自动同步。内同步自动同步功能开关，自动同步功能开启时，被测设备电压频率与内同步频率有细微偏差时，仪器可以自动纠正频率以获得稳定的图谱。

4）相位偏移。用于调整图谱相位，参数从 -180°～180° 范围内可选。

5）图谱累计时间。PRPD 图谱累加时间，单位为 s，可选时间 1、2、5、10、20、30（s）。

6）噪声滤除。噪声滤除开启/关闭，默认为开启状态。

7）固定尺度。用于固定 TEV 检测幅值范围，关闭时系统自动调整为自适应幅值范围，开启后需要进行幅值范围设定。

8）固定尺度幅值范围设定。开启固定尺度后，可以设置固定幅值的上下限，上限为 80，下限为 -20；单位为 dBmV。

暂态地电压（TEV）有三种检测模式，分别为连续模式、相位模式、实时模式（如图 7-3-21 所示）。

（3）超声波检测。同第四章第三节二、（一）部分。

（4）特高频检测。同第五章第三节二、（一）部分。

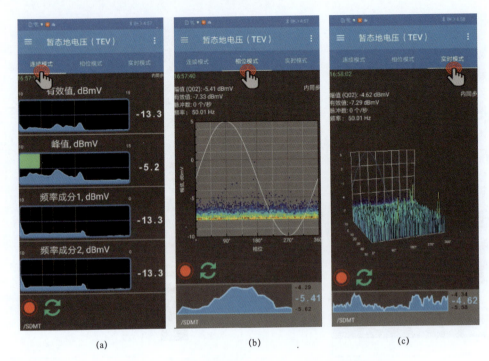

（a）　　　　　　　　　　　（b）　　　　　　　　　　　（c）

图 7-3-21　暂态地电压（TEV）的三种检测模式
（a）连续模式；（b）相位模式；（c）实时模式

三、检测要点

（一）暂态地电压检测

1.检测点选择

开关柜的暂态地电压检测一般点为：前面板中部及下部，后面板上部、中部及下部，侧面板的上部、中部及下部。现场如有条件，还应对高压室内母线桥架进行检测（若由于设备安装情况而不能在柜体后面和侧面检测时，则可跳过相应的检测点），暂态地电压检测点示意如图 7-3-22 所示。

2.检测质量管控点

（1）有条件情况下，关闭开关室内照明及通风设备，以避免对检测工作造成干扰。

（2）开机后，运行检测软件，检查界面显示、模式切换是否正常稳定。进行仪器自检，确认暂态地电压传感器和检测通道工作正常。

（3）检测环境（空气和金属）中的背景值。一般情况下，检测金属背景值时可选择开关室内远离开关柜的金属门窗、高压室门、备用的开关柜、备用的断路器手车、接地排等；检测空气背景时，可在开关室内远离开关柜的位置，放置一块 20cm×20cm 的金属板，将传感器贴紧金属板进行检测。

（4）每面开关柜的前面和后面均应设置检测点，具备条件时（例如一排开关柜的第一面和最后一面），在侧面设置检测点。

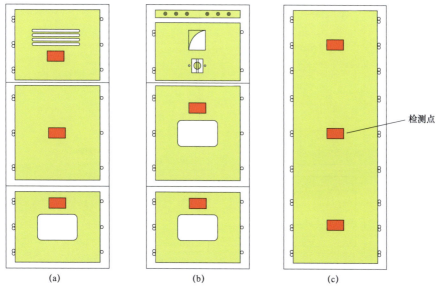

检测点

图 7-3-22　暂态地电压检测点示意图

(a) 背面；(b) 正面；(c) 侧面

（5）确认开关柜表面洁净后，施加适当压力将暂态地电压传感器紧贴于金属壳体外表面，检测时传感器应与开关柜壳体保持相对静止，人体不能接触暂态地电压传感器，应尽可能保持每次检测点的位置一致，以便于进行比较分析。

（6）使用暂态地电压传感器垂直紧贴在开关柜表面进行检测，不能与开关柜表面存在任何角度，待仪器示数稳定后记录数据。对于不具备检测条件的特殊情况，例如开关柜柜后面靠墙、柜后为铁丝网的情况，则可不进行检测，需在检测任务备注信息栏中说明。

（二）开关柜超声波检测

1. 检测点选择

高压开关柜的超声波检测点一般为前柜面板与柜体间的缝隙、后柜面板与柜体间的缝隙等所有缝隙，开关柜超声波检测点示意图如图 7-3-23 所示。

2. 检测质量管控点

（1）开机后，运行检测软件，检查界面显示、模式切换是否正常稳定。进行仪器自检，确认超声波传感器和检测通道工作正常。同步器（若选择电源同步）接取临时电源，并检查局放仪器是否同步正常。

（2）将检测仪器调至适当量程，传感器悬浮于空气中，测量空间背景噪声，首先选择在柜前、柜后进行背景值检测并记录背景检测结果，如背景检测值较大，应查找并尽量排除干扰源后再进行背景检测。最后根据现场噪声水平设定信号检测阈值。

（3）使用空声传感器，将空声传感器对着开关柜的本身存在的所有缝隙进行测量，保证传感器与信号源之间具有空气传播通道。

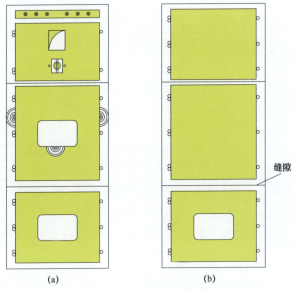

图 7-3-23　开关柜超声波检测点示意图
(a) 正面；(b) 背面

（4）如果发现信号异常，则在该气室进行多点检测，延长检测时间并记录多组数据进行幅值对比和趋势分析，为准确进行相位相关性分析，可利用具有与运行设备相同相位关系的电源引出同步信号至检测仪器进行相位同步。亦可用耳机监听异常信号的声音特性，根据声音特性的持续性、频率高低等进行初步判断，并通过按压可能振动的部件，初步排除干扰。检测过程中注意日光灯、驱鼠器、带电显示器等电子设备的干扰，尽可能将干扰源关闭，保证超声波检测有一个安静的环境。

（三）开关柜特高频检测

1. 检测点选择

开关柜的特高频检测点一般为前柜面板与柜体间的缝隙、前观察窗、后柜面板与柜体间的缝隙、后观察窗、排风口等，开关柜特高频检测点示意图如图 7-3-24 所示。

2. 检测质量管控点

（1）开机后，运行检测软件，检查仪器通信状况、同步状态、相位偏移等参数。进行仪器自检，确认各检测通道工作正常。同步器（若选择电源同步）接取临时电源，并检查局放仪器是否同步正常。

（2）将传感器放置在空气中，检测背景噪声，根据现场噪声水平设定各通道信号检测阈值。如果特高频背景噪声信号较大，影响检测，则需采取干扰抑制措施，排除干扰信号。干扰信号的抑制可采用关闭干扰源、屏蔽外部干扰、软硬件滤波、避开干扰较大时间、抑制噪声、定位干扰源、比对典型干扰图谱等方法。背景干扰信号排除过程中需注意日光灯、手机信号、雷达信号等信号的干扰，尽可能将干扰源关闭，不能处理的干扰源，可调整不同的带通参数滤除干扰，或者将干扰当作背景，在背景的基础上检测；还应注意户外悬浮、

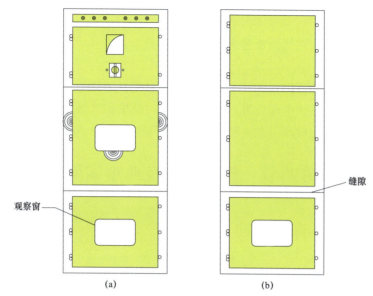

图 7-3-24　开关柜特高频检测点示意图

(a) 正面；(b) 背面

尖端干扰等。保证特高频检测有一个安静的检测环境。对于开关柜观察窗位置有较密的金属丝网的情况，特高频的检测效果会受影响，此时主要检测点可选在柜体的缝隙处。

（3）将特高频传感器放置在柜前、柜后观察窗或者开关柜本身存在的缝隙进行测量，观察检测到的信号，信号稳定后检测时间不少于 15s。如果发现信号无异常，保存数据，退出并改变检测位置继续下一点检测。如果发现信号异常，则延长检测时间并记录多组数据，进入异常诊断流程。必要的情况下，可以接入信号放大器。测量时应尽可能保持传感器与设备的相对静止，避免因为传感器移动引起的信号而干扰正确判断。

（4）记录三维检测图谱，必要时进行二维图谱记录。若存在异常，应出具检测报告（格式见附录 7-2）。

四、报告编写

（一）基本信息与设备铭牌信息录入

（1）基本信息。变电站、委托单位、试验单位、运行编号、试验性质、试验日期、试验日期，试验天气，环境温湿度等基本信息；

（2）设备铭牌信息。生产厂家、出厂日期、出厂编号和设备型号等信息。

（二）数据填录与图谱导出

（1）将暂态地电压、超声波检测数据填入报告模板中（见附录 7-2-4），并填入设备运行信息。

（2）将局部放电检测仪中的超声波检测图谱、特高频检测图谱导出至电脑，并填入报告模板，使图谱与测点一一对应。

（三）诊断分析

（1）通过横向、纵向对比分析暂态地电压检测数值，初步判断开关柜内部是否存在放电缺陷以及放电位置。

（2）通过超声波、特高频局部放电检测结果和典型缺陷放电特征及其图谱对比，识别局部放电类型。同时根据放电源位置、放电类型识别结果和信号发展趋势（随时间推移同一测试点放电强度、放电频率、放电频次变化规律）进行综合判断。

第四节　数据分析及典型案例

开关柜局部放电
带电检测案例分析

一、暂态地电压检测数据分析

（一）现场排除干扰

现场对暂态地电压检测过程中，应尽量避免气体放电灯、排风系统电机、手机、相机闪光灯等干扰源带来的影响。

（二）暂态地电压结果分析方法

暂态地电压结果分析方法可采取纵向分析法和横向分析法。

1. 纵向分析法

纵向分析法是对同一开关柜不同时间的暂态地电压检测结果进行比较，判断开关柜的运行状况。需要工作人员周期性地对开关室内开关柜进行检测，并将每次检测的结果存档备份，以便于分析。

2. 横向分析法

横向分析法是对同一个开关室内同类开关柜的暂态地电压检测结果进行比较，判断开关柜的运行状况。当某一开关柜个体检测结果大于其他同类开关柜的检测结果和环境背景值时，则可推断该设备可能存在缺陷。

（三）故障定位

定位技术主要根据暂态地电压信号到达传感器的时间先后来确定放电源的位置。

首先在开关柜的横向进行定位，当两个传感器同时触发时，说明放电位置在两个传感器的中线上。同理，在开关柜的纵向进行定位，同样确定一根中线，两根中线的交点，就是局部放电的具体位置。

在检测过程出现传感器触发不稳定时需注意以下几点：

（1）两个传感器触发不稳定。出现这种情况的原因之一是信号到达两个传感器的时间相差很小，超过了定位仪器的分辨率。也可能是由于两个传感器与放电点的距离大致相等造成的，可略微移动其中一个传感器，使得定位仪器能够分辨出哪个传感器先被触发。

（2）离测量位置较远处存在强烈的放电活动。由于信号高频分量的衰减，信号经过较长距离的传输后波形前沿发生畸变，且因为信号不同频率分量传播的速度略微不同，造成波形前沿进一步畸变，影响定位仪器判断。此外，强烈的噪声干扰也会导致定位仪器判断不稳定。

（四）检测数据分析与处理

（1）若开关柜检测结果与环境背景值的差值大于 20dBmV，需查明原因。

（2）若开关柜检测结果与历史数据的差值大于 20dBmV，需查明原因。

（3）若本开关柜检测结果与邻近开关柜检测结果的差值大于 20dBmV，需查明原因。

（4）必要时，进行局放定位、超声波检测等诊断性检测。

二、超声波检测数据分析

（一）现场干扰排除

现场检测时应避免大型设备振动、人员频繁走动等干扰源带来的影响。

（二）故障发现及数据保存

检测过程中如有发现异常，应拍照记录超声波信号幅值最大位置和开关柜名称，在检测任务中保存好图谱后，并记录相应的数据。

记录数据包括超声波幅值图谱、超声波相位图谱、超声波波形图谱，每个类型的图谱保存多张，且尽可能选择典型的、特征明显的图谱，开关柜超声波异常数据保存如图 7-4-1 所示。

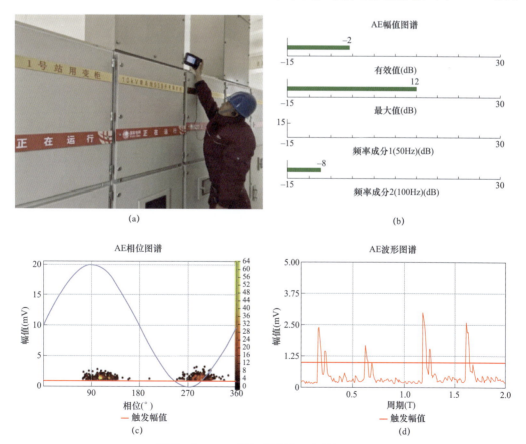

图 7-4-1　开关柜超声波异常数据保存

（a）超声信号最大点；（b）超声波幅值图谱；（c）超声波相位图谱；（d）超声波波形图谱

（三）故障信号处理及判断

根据幅值图谱、相位图谱、波形图谱判断测量信号是否具备 50Hz/100Hz 相关性。若是，说明可能存在局部放电，按以下步骤进行分析：

（1）同一类设备局部放电信号的横向对比，相似设备在相似环境下检测得到的局部放电信号，其检测幅值和检测图谱应比较相似，对同一高压室内同型号设备同一位置的局部放电图谱对比，可以帮助判断是否存在放电。

（2）同一设备历史数据的纵向对比，通过在较长的时间内多次测量同一设备的局部放电信号，可以跟踪设备的绝缘状态劣化趋势，如果测量值有明显增大，或出现典型局部放电图谱，可判断此检测部位存在异常。

（3）若检测到异常信号，可以根据超声波检测信号的 50Hz/100Hz 频率相关性、信号幅值水平以及信号的相位关系，进行缺陷类型识别，超声波局部放电类型判断见表 7-4-1。同时，还可以借助其他检测手段，对异常信号进行综合分析，并判断放电的类型，根据不同的判据对被测设备放电严重程度进行评估。

表 7-4-1　　　　　　　　　超声波局部放电类型判断

参数		悬浮放电	电晕放电	沿面放电
幅值模式	有效值	高	较高	高
	周期峰值	高	较高	高
	50Hz 频率相关性	弱	强	弱
	100Hz 频率相关性	强	弱	强
相位模式		有规律，一周波两个脉冲尖峰，波形陡，打点位置悬空	有规律，一周波一簇大信号，一簇小信号	有规律，一周波两簇信号，呈双驼峰状，打点位置有大有小
波形模式		有规律，一周波两个脉冲尖峰，波形陡，且幅值相当	有规律，存在周期性脉冲信号	有规律，一周波两簇信号，相位宽，脉冲幅值有大有小

（四）典型放电类型的识别与判定

开关柜内部典型超声波局部放电异常特征图谱见表 7-4-2～表 7-4-4，可根据幅值图谱、相位图谱、波形图谱的相关特征进行综合诊断分析。以下为三种放点缺陷的典型图谱。

1. 电晕放电缺陷典型图谱及特征

表 7-4-2　　　　　　　　　　　　　电晕放电缺陷特征图谱

信号类型	典型图谱	图谱特征
超声波幅值图谱	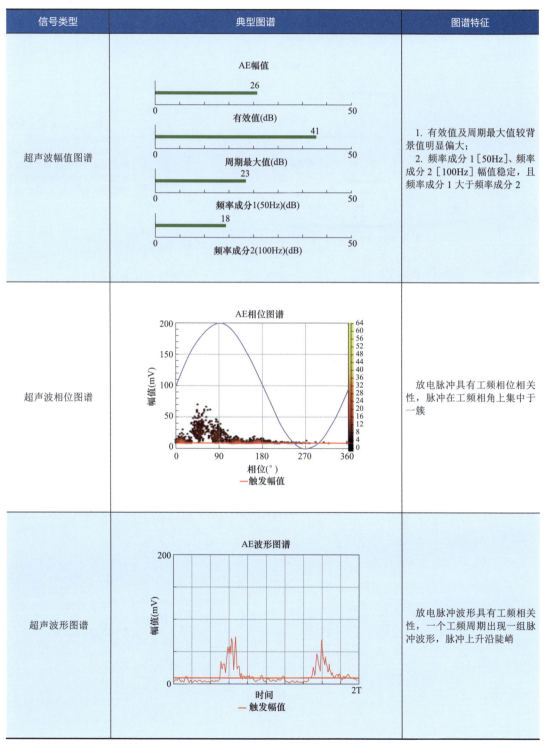	1. 有效值及周期最大值较背景值明显偏大； 2. 频率成分 1［50Hz］、频率成分 2［100Hz］幅值稳定，且频率成分 1 大于频率成分 2
超声波相位图谱		放电脉冲具有工频相位相关性，脉冲在工频相角上集中于一簇
超声波形图谱		放电脉冲波形具有工频相关性，一个工频周期出现一组脉冲波形，脉冲上升沿陡峭

2. 悬浮放电缺陷典型图谱及特征

表 7-4-3　　　　　　　　　　悬浮放电缺陷特征图谱

信号类型	典型图谱	图谱特征
超声波幅值图谱	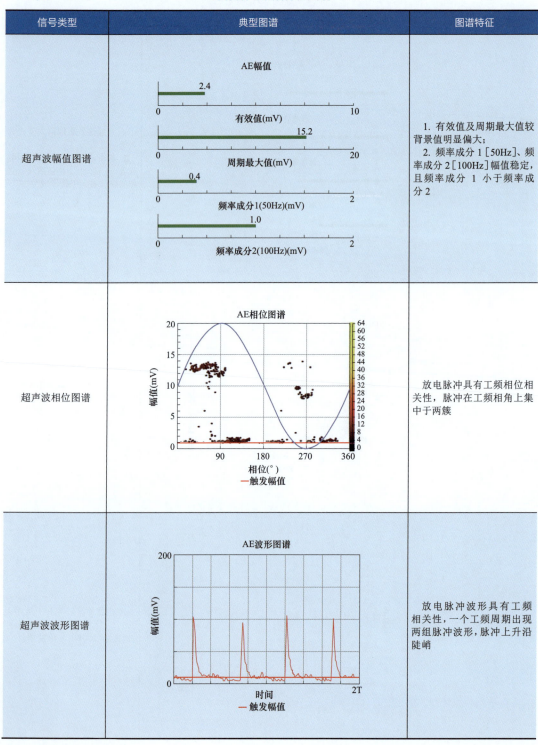	1. 有效值及周期最大值较背景值明显偏大； 2. 频率成分1［50Hz］、频率成分2［100Hz］幅值稳定，且频率成分1小于频率成分2
超声波相位图谱		放电脉冲具有工频相位相关性，脉冲在工频相角上集中于两簇
超声波波形图谱		放电脉冲波形具有工频相关性，一个工频周期出现两组脉冲波形，脉冲上升沿陡峭

3. 沿面放电缺陷典型图谱及特征

表7-4-4 沿面放电缺陷特征图谱

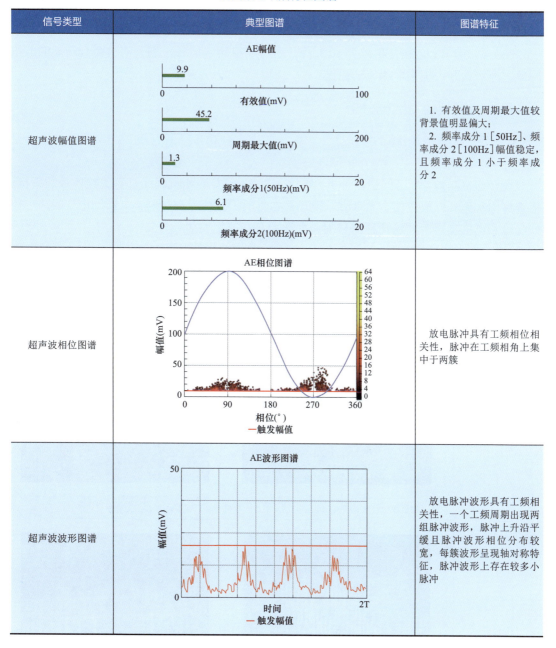

信号类型	典型图谱	图谱特征
超声波幅值图谱	AE幅值	1. 有效值及周期最大值较背景值明显偏大; 2. 频率成分1[50Hz]、频率成分2[100Hz]幅值稳定,且频率成分1小于频率成分2
超声波相位图谱	AE相位图谱	放电脉冲具有工频相位相关性,脉冲在工频相角上集中于两簇
超声波波形图谱	AE波形图谱	放电脉冲波形具有工频相关性,一个工频周期出现两组脉冲波形,脉冲上升沿平缓且脉冲波形相位分布较宽,每簇波形呈现轴对称特征,脉冲波形上存在较多小脉冲

（五）缺陷检修策略

依据 Q/GDW 11060—2013《交流金属封闭开关设备暂态地电压局部放电带电检测技术现场应用导则》中的附录内容,可依据超声波检测数据幅值进行放电现象的初步判断,具体如下:

（1）若超声波检测结果小于 0dBmV，且没有声音信号，则说明未发现明显的放电现象，该开关柜按期进行下一次检测。

（2）若超声波检测结果小于 8dBmV，且有轻微声音信号，则说明检测到轻微的放电现象，该开关柜应缩短检测周期。

（3）若超声波检测结果大于 8dBmV，且有明显声音信号，则说明检测到明显的放电现象，应对该开关柜采取相应的措施。

三、特高频检测数据分析

（一）干扰分析及排除

1. 干扰信号识别

在开始检测前，尽可能避免手机、雷达、电动马达、照相机闪光灯等无线信号的干扰，检查周围有无悬浮放电的金属部件。现场最常见的干扰信号雷达噪声、移动电话噪声、荧光噪声和电机噪声。上述几种信号的典型谱图及特征见表 7-4-5。

表 7-4-5　　　　　　　　　　特高频典型干扰谱图及特征

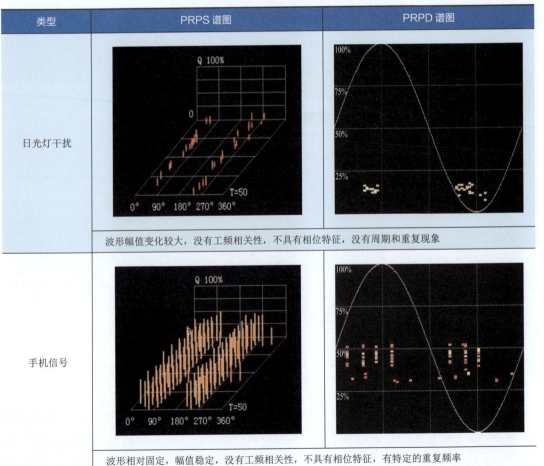

类型	PRPS 谱图	PRPD 谱图
日光灯干扰	波形幅值变化较大，没有工频相关性，不具有相位特征，没有周期和重复现象	
手机信号	波形相对固定，幅值稳定，没有工频相关性，不具有相位特征，有特定的重复频率	

续表

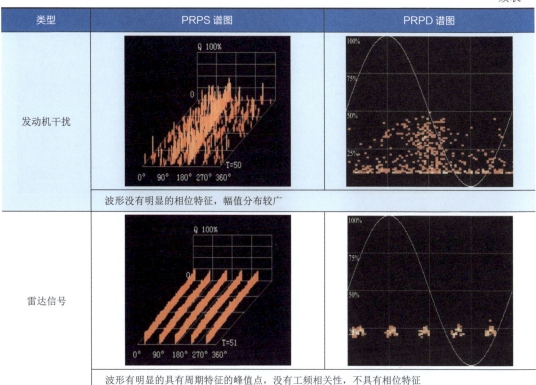

类型	PRPS 谱图	PRPD 谱图
发动机干扰		
波形没有明显的相位特征，幅值分布较广		
雷达信号		
波形有明显的具有周期特征的峰值点，没有工频相关性，不具有相位特征		

2. 调整检测频带抗干扰

针对固定存在信号较强的干扰，可通过调整检测频带进行滤波，减少干扰信号影响。

（二）放电类型的识别

检测过程中若发现某开关柜存在异常特高频信号，记录开关柜名称，保存多张不同频带下特征明显的 PRPD/PRPS 图谱和周期图谱，与特高频典型局部放电谱图（见表 7-4-6）进行对比。

表 7-4-6　　　　　　　　特高频典型局部放电谱图及特征

类型	放电模式	PRPS 谱图	PRPD 谱图
悬浮电位体放电	松动金属部件产生的局部放电		
放电脉冲幅值稳定，且相邻放电时间间隔基本一致。当悬浮金属体不对称时，正负半波检测信号有极性差异			

续表

类型	放电模式	PRPS 谱图	PRPD 谱图
绝缘件内部气隙放电	固体绝缘内部开裂、气隙等缺陷引起的放电		
	放电次数少，周期重复性低。放电幅值也较分散，但放电相位较稳定，无明显极性效应		
沿面放电	绝缘表面金属颗粒或绝缘表面脏污导致的局部放电		
	放电幅值分散性较大，放电时间间隔不稳定，极性效不应明显		
电晕放电	处于高电位或低电位的金属毛刺或尖端，由于电场集中，产生的SF_6电晕放电		
	图谱工频周期内出现一或两簇脉冲信号，脉冲信号幅值分布较分散，脉冲数目较多，放电相位较稳定，极性效应明显		

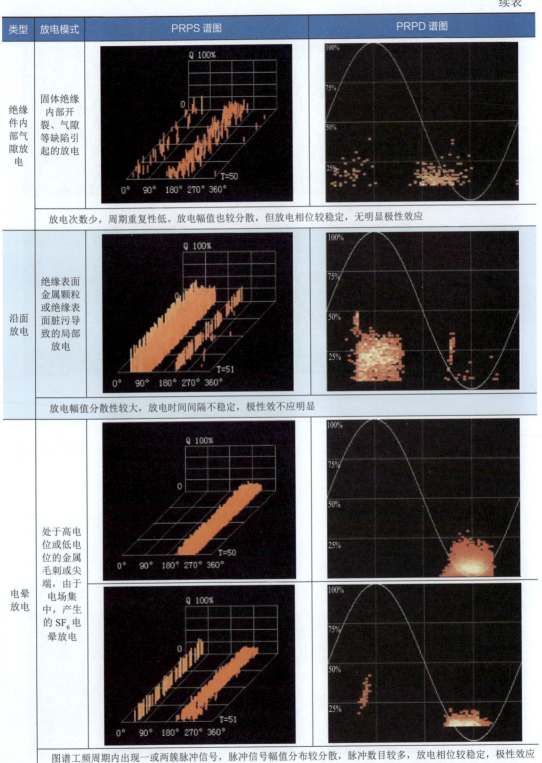

338

（三）放电源定位

1. 幅值定位法

幅值定位法是最常用定位方法，是依靠各个检测部位检测信号幅值大小来实现定位的，但是幅值定位法只能大概确定某一设备或区域，且有时几个检测部位信号幅值差别很小无法判断，甚至某些情况会出现离信号远的部位幅值比离信号源近的部位还要大。

2. 时差定位法

时差定位法是一种利用电磁波到达两点的时间差来确定点的位置的方法，它适用于采用高速数字示波器的带电测量装置，定位方法如图 7-4-2 和图 7-4-3 所示。

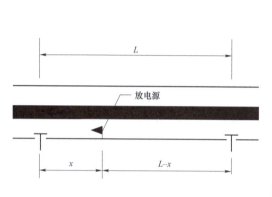

图 7-4-2　开关柜中局部放电源位置

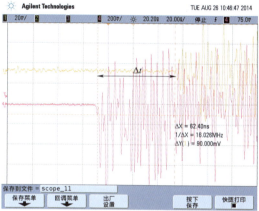

图 7-4-3　检测波形

$$\Delta t = t_2 - t_1 = (L - x)/c - x/c \qquad （7-4-1）$$

$$x = \frac{1}{2}(L - c\Delta t) \qquad （7-4-2）$$

式中，c 为开关柜中电磁波等效传播速度，$3 \times 10^8 \text{m/s}$。

（四）缺陷检修策略

利用典型局部放电信号的波形特征或统计特性建立局部放电指纹模式库，通过局部放电检测结果和模式库对比，进行局部放电类型识别，并对缺陷进行定性，确定开关柜检修策略，特高频检测结果判断标准及检修策略见表 7-4-7。

表 7-4-7　　　　　　　　　特高频局部放电检测判断标准及检修策略

程度	特高频局部放电检测结果	检修策略
缺陷	具有典型局部放电的检测图谱	缺陷应密切监视，观察其发展情况，必要时停电检修。通常频率越低，缺陷越严重
异常	在同等条件下同类设备检测的图谱有明显区别	异常情况缩短检测周期
正常	无典型放电图谱	按正常周期进行

四、案例分析

（一）案例一　超声波检测技术发现开关柜电晕放电缺陷

2018 年 4 月某公司对某变电站进行 35kV 开关柜进行局放检测时，在 35kV 回长线回315 断路器柜柜后中部左侧缝隙处检测到较大的超声波信号源，超声波周期最大值为11dB，频率成分 1［50Hz］为 −7dB，大于频率成分 2［100Hz］−10dB。如图 7−4−4 所示，可知超声波相位图谱及波形图谱具有工频相关性，且相位图谱每个周期有一簇，具有明显的聚集效应；波形图谱每个周期出现一组脉冲波形，具有电晕放电特征。暂态地电压检测及特高频检测未见异常。

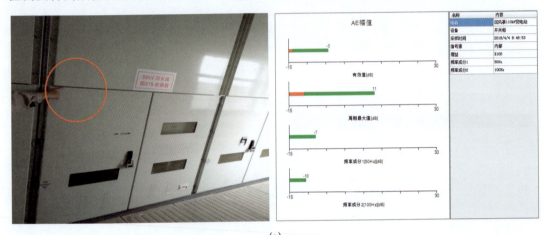

(a)

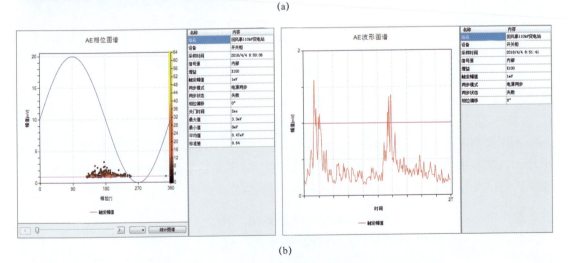

(b)

图 7−4−4　超声波检测数据

（a）超声波检测最大点/超声幅值图谱；（b）超声波相位图谱/超声波波形图谱

2018 年 6 月 26 日对 35kV 回长线回 315 断路器柜进行解体检修，打开 35kV 回长线回315 断路器柜，在定位区域发现电压互感器的两相保险丝的连接铜排处，发现铜排端部较尖，未做倒角处理，导致端部电场不均，形成电晕放电，解体情况如图7-4-5所示。检修结果与带电检测位置及放电缺陷一致。将铜排倒角打磨圆滑，重新安装连接，送电后信号消失。

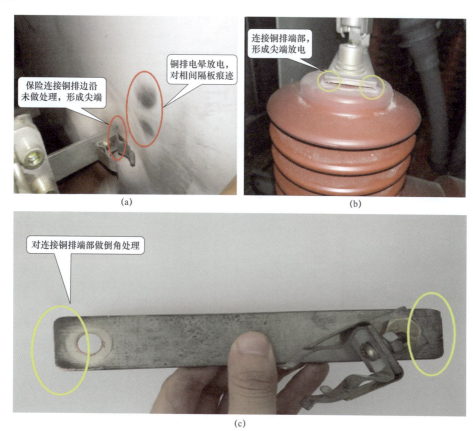

图7-4-5 解体情况

（a）情况1；（b）情况2；（c）情况3

（二）案例二 超声波检测开关柜发现电晕放电缺陷

2020年6月1日，对某110kV变电站10kV开关柜进行局部放电检测，在10kV菊东线338断路器开关柜发现异常信号，如图7-4-6所示。开关柜柜前下部区域最强，超声波周期最大值为10.9mV，频率成分1［50Hz］为1.0mV，大于频率成分2［100Hz］0.4mV。可知相位图谱及波形图谱具有工频相关性，且相位图谱中的放电点具有明显的聚集效应，每周期一簇，波形图谱每个周期只有一组脉冲波形，脉冲尖峰幅值有大有小，同时耳机中也具有局部放电特征声音，根据这些超声波特征，综合判断10kV菊东线338断路器间隔柜前下部区域存在电晕放电。

2020年6月10日，根据检测结果，对10kV菊东线338断路器间隔柜内设备进行观察，发现在故障指示器与电缆间存在放电痕迹，故障指示器边角尖端对着另一相电缆表面产生放电，缺陷位置如图7-4-7所示。

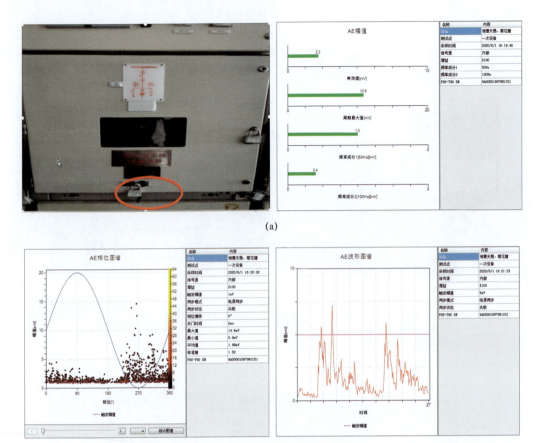

(a)

(b)

图7-4-6　超声波检测数据

（a）超声波检测最大点/超声波幅值图谱；（b）超声波相位图谱/超声波波形图谱

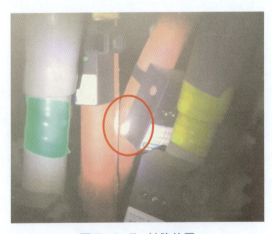

图7-4-7　缺陷位置

（三）案例三　超声波检测开关柜发现沿面放电缺陷

2018年4月10日，某供电公司对某110kV变电站的10kV高压室进行超声波、特高频、暂态地电压局部放电联合带电检测。在 10kV 菲利华线东 22 断路器柜柜后下部右侧缝隙处，检测到一个幅值最大的超声波信号源，超声波周期最大值为 18dB。超声波检测数据如图 7-4-8 所示，可知超声波相位图谱及波形图谱具有工频相关性，且相位图谱每个周期有二簇，具有明显的聚集效应；波形图谱每个周期有二组脉冲波形，波形形状各不相同，且幅值大小不一，相位分布较宽，具有沿面放电特征。

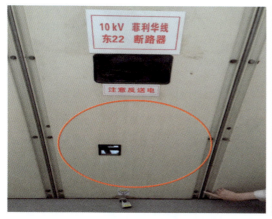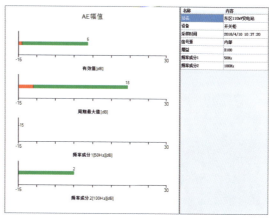

(a)

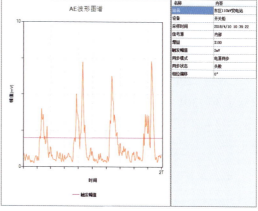

(b)

图 7-4-8　超声波检测数据

（a）超声波检测最大点/超声波幅值图谱；（b）超声波相位图谱/超声波波形图谱

2018 年 5 月 24 日，对 10kV 菲利华线东 22 断路器停电处理，发现在定位区域发现柜内三相电缆外表面均有放电痕迹，三相电缆有放电击穿痕迹，B 相防火泥与电缆接触处有明显放电痕迹（如图 7-4-9、图 7-4-10 所示）；三相电缆相色带上有电树痕迹；BC 两相电缆上有水珠凝露；电缆接头处也有铜绿锈蚀。检修结果与带电检测位置及放电缺陷一致。

343

图 7-4-9　放电痕迹/B 相电缆与防火泥接触处放电痕迹

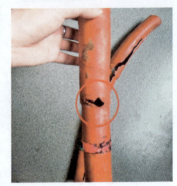

图 7-4-10　ABC 三相电缆放电击穿痕迹

（四）案例四　超声波、特高频检测开关柜发现悬浮放电缺陷

对某 220kV 变电站 35kV 开关柜进行特高频、超声波局放检测时，发现 1 号主变压器 35kV 侧 301 开关柜内存在特高频放电信号和超声放电信号，悬浮放电特征图谱如图 7-4-11 所示。

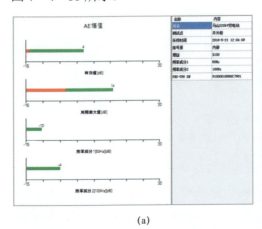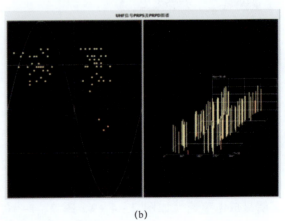

(a)　　　　　　　　　　　　　　　　　　　　(b)

图 7-4-11　悬浮放电特征图谱（一）

（a）超声波幅值图谱；（b）特高频 PRPS/PRPD 图谱

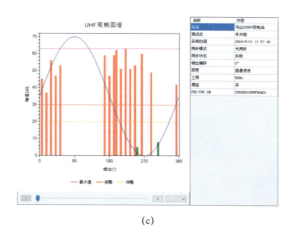

(c)

图 7 - 4 - 11　悬浮放电特征图谱（二）

（c）特高频周期图谱

根据图 7-4-11 中 1 号主变压器 35kV 侧 301 开关柜超声波幅值图谱，可看出信号幅值较大，且 50Hz 相关性明显弱于 100Hz 相关性，具有明显的悬浮放电特征。根据特高频 PRPS/PRPD 图谱，信号具有 100Hz 相关性，每周期出现两簇信号，且放电脉冲幅值较高，具有悬浮放电的特征。

现场对 301 开关柜进行停电检修，解体发现开关柜穿屏套管等电位连接线处松动，产生悬浮放电，若此处放电缺陷不消除，悬浮放电继续发展将可能导致等电位线断裂，同时造成穿屏套管内壁存在局部放电产生的粉尘颗粒物，引起沿面放电，造成穿屏套管烧毁。放电痕迹如图 7-4-12 所示。

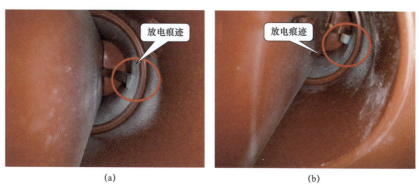

(a)　　　　　　　　　　　　　　　　(b)

图 7 - 4 - 12　悬浮放电痕迹

（a）角度 1；（b）角度 2

（五）案例五　超声波检测发现母线进线柜放电缺陷

2017 年 3 月 8 日，某供电公司使用超声波、暂态地电压、特高频巡检仪对某变电站高压室开关柜进行局放带电巡检普测。发现 35kV 河 40 母联开关柜柜柜前中部小孔处位置存在异常超声波信号，但特高频、暂态地电压信号检测正常。超声波幅值最大幅值为 29dB，相位图谱某周期两簇聚集的点，呈双驼峰状；波形图谱中每周期两组，单个波形相位较宽，结合超声声音最强点，再结合该开关柜结构，综合判断 35kV 河 40 母联开关柜柜前中部区域存在沿面放电的局放现象，超声波检测数据如图 7-4-13 所示。

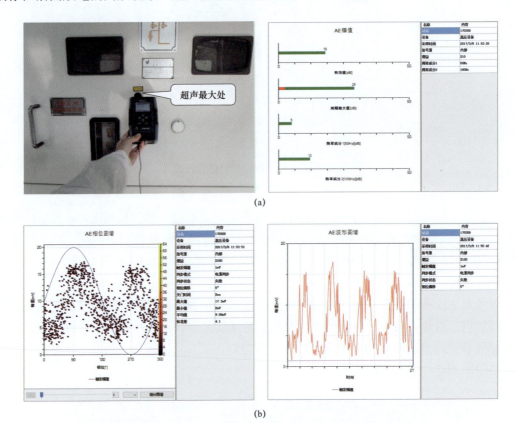

(a)

(b)

图 7-4-13　超声波检测数据
（a）超声波检测最大点/超声波幅值图谱；（b）超声波相位图谱/超声波波形图谱

2017 年 4 月 26 日停电检查，在断路器小车的 B 相上铜排的绝缘护套上和相间隔板上有明显的放电击穿点，同时其前端的铜排也有明显的铜绿，在绝缘护套和铜排上可看到明显的水渍的痕迹，说明曾经严重受潮，35kV 河 40 母联开关柜解体检查照片如图 7-4-14 所示。放电的主要原因为柜内受潮导致沿面放电，并使绝缘护套与隔板之间电气绝缘强度降低而产生空气击穿放电。现场将断路器铜排护套及相间隔板做阻水漆喷涂处理，送电后再进行局放带电检测，其结果正常，该放电缺陷得以消除。

（六）案例六　超声波检测发现母线进线柜电晕、沿面放电缺陷

2016 年 9 月 15 日，某供电公司对某 110kV 变电站 35kV 开关柜进行超声波（AE）、暂态地电压（TEV）、特高频（UHF）局放联合检测诊断，发现 35kV Ⅱ 段母线进线开关柜检测的超声波异常，具有局放特征，波形图谱呈现典型的放电图谱，人耳可听到放电声，检测未见特高频及地电波异常。

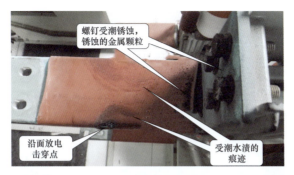

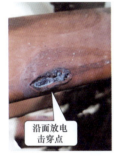
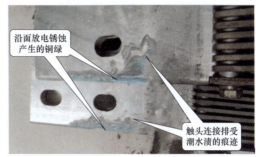

图 7-4-14　35kV 河 40 母联开关柜解体检查照片

　　超声波局放检测发现 35kVⅡ段母线进线开关柜柜前柜后等多个位置能检测到前异常超声波信号，且幅值较大，能在柜内闻到刺鼻的臭氧味道。放电脉冲波形具有工频相关性，一个工频周期出现一组脉冲波形，脉冲上升沿陡峭，从图谱判断放电类型为电晕放电、沿面放电。放电信号强度较大，未发现明显的特高频信号，综合判断该柜体中部存在局放现象，且不止一处局放源。

　　通过查看柜前与柜后超声波幅值图，相位图、波形图等图谱的特点，前后的幅值大小与图谱特征差异较大，应是不同的局放源产生，再结合该开关柜柜子结构，综合判断 35kVⅡ段母线进线开关柜柜内中部区域存在电晕放电、沿面放电的局放现象，局放源应不止一处，超声波检测数据如图 7-4-15 所示。

　　2017 年 4 月 27 日，对 35kVⅡ段母线进线开关柜进行停电检查，共发现如下 3 处局放缺陷点。在 A 相进线电缆下端。横向与 B/C 相电缆相比，A 相电缆下端更显干燥，电缆的红颜色更浅，应是之前受热所致，而热量来自电缆局部放电。仔细观察 A 相电缆，表面有一明显放电环，电缆表面有晶体与龟裂裂纹，为高温烧灼所致，在此电缆的防护泥下方，也可观察到白色的疑似放电粉末。此处局部放电主要是由于电缆制作工艺不良与现场受潮的环境共同所致。35kV 进线 A 相电缆缺陷如图 7-4-16 所示。

　　在断路器小车的 B、C 相防护盒与连接螺钉间存在间隙放电、在环氧树脂隔板和螺钉都留有明显的烧灼痕迹。同时在 B 相的连接铜排上散落了大量的颗粒物，颗粒物若飘散到设备内其他带电部分，势必会影响内部绝缘，带来安全隐患。缺陷主要原因是螺钉与隔板距离太近，同时与现场受潮的环境相关。断路器小车的防护隔板与螺钉间的缺陷痕迹如图 7-4-17 所示。

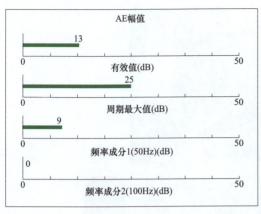

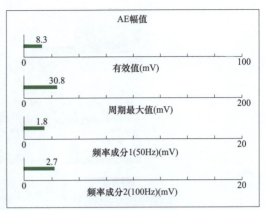

(a)

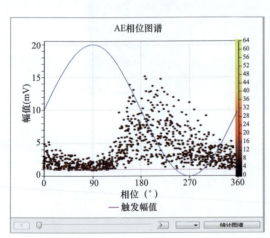

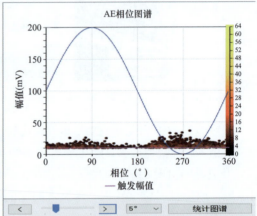

(b)

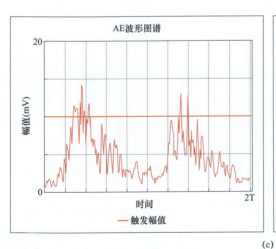

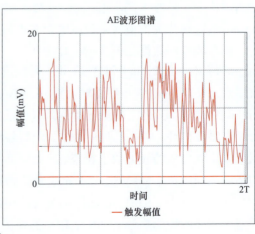

(c)

图 7-4-15　超声波检测数据

（a）超声波幅值图谱柜前/柜后；（b）超声波相位图谱柜前/柜后；（c）超声波波形图谱柜前/柜后

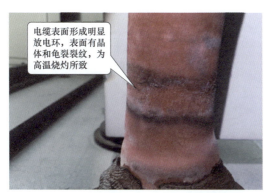
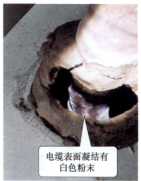

电缆表面形成明显放电环，表面有晶体和龟裂裂纹，为高温烧灼所致

电缆表面凝结有白色粉末

图 7-4-16　35kV 进线 A 相电缆缺陷

环氧树脂隔板与螺丝之间烧灼的痕迹

两个固定螺钉留下的六边形烧痕

螺钉上的烧灼痕迹

锈蚀和烧灼后的颗粒物，掉落在其他位置影响设备绝缘

图 7-4-17　断路器小车的防护隔板与螺钉间的缺陷痕迹

　　在断路器触头 C 相下套管内壁上发现片状的灰白色痕迹，其中部分留有点状的烧痕，在对应位置的断路器小车 C 相连接铜排外护套上看到沿面放电痕迹，应是绝缘护套与套管内壁间存在气隙放电，同时在套管内壁上散落有烧灼的颗粒物。绝缘护套与套管内壁上的放电痕迹如图 7-4-18 所示。

　　现场将柜内设备做喷涂、更换器件等绝缘强化处理，送电后再进行局放带电检测，其结果正常，该放电缺陷得以消除。

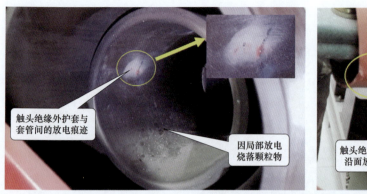
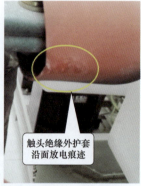

图7-4-18　绝缘护套与套管内壁上的放电痕迹

（七）案例七　超声波检测发现开关柜沿面放电缺陷

2017年3月27日，某供电公司对110kV变电站10kV开关柜进行超声波（AE）、暂态地电压（TEV）、特高频（UHF）局放联合带电检测，发现10kV某线路开关柜柜后照明灯处检测的超声波异常，信号最大幅值为24dB，波形图谱呈现典型的放电图谱，检测未见特高频及地电波异常。

超声波局放检测发现某10kV某线路开关柜，柜后下方的照明灯位置存在异常超声波信号，一个工频周期出现两组脉冲波形，脉冲上升沿平缓且脉冲波形相位分布较宽，每簇波形呈现轴对称特征，脉冲波形上存在较多小脉冲，判断放电类型为沿面放电，且有多点放电。放电信号强度较大，未发现明显的特高频信号，综合判断该柜体内存在放电信号。

通过查看超声波幅值图、相位图、波形图，结合超声声音最强点与开关柜结构，综合判断10kV某线路开关柜柜后下部区域存在沿面放电，同时至少存在两处局放源。超声波检测数据及检测位置如图7-4-19所示。

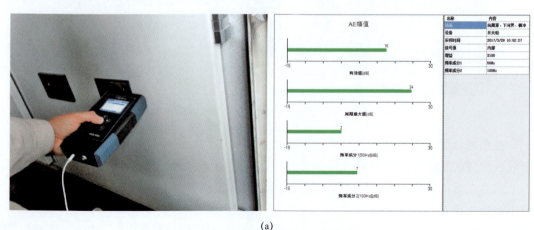

(a)

图7-4-19　超声波检测数据及检测位置（一）

（a）超声波检测最大点/超声波幅值图谱

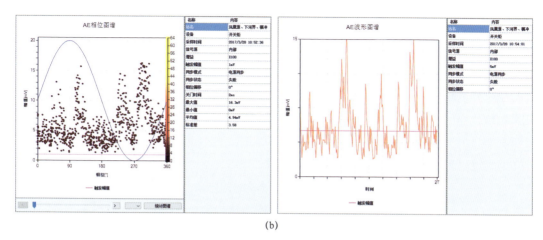

(b)

图 7-4-19　超声波检测数据及检测位置（二）

（b）超声波相位图谱/超声波波形图谱

　　2017 年 4 月 24 日停电检查后，发现 B、C 两相电缆交叉接触，在接触点有黏合点，同时在 A、B 相电缆上存在白色放电环，电缆的外绝缘已严重受损，主要原因为柜内受潮和电缆安装制作工艺较差等综合引起，断路器解体检查照片如图 7-4-20 所示。现场重新制作电缆终端，并在安装时使电缆保持足够的电气距离后，电缆处理的前后对比如图 7-4-21 所示，送电后再进行局放带电检测，其结果正常，该放电缺陷得以消除。

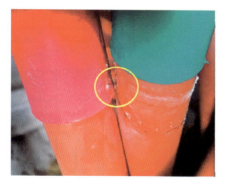

图 7-4-20　断路器解体检查照片

图 7-4-21　电缆处理前后对比图

（八）案例八　超声波、特高频局放联合检测发现开关柜电沿面放电缺陷

2016 年 7 月 12 日，某供电公司对某 110kV 变电站 35kV 开关柜进行超声波（AE）、暂态对地电压（TEV）、特高频（UHF）局放联合带电检测，发现 35kV 某线路 311 开关柜检测存在异常超声波信号，幅值为 22.2mV，幅值较大，具有局放声信号的典型特征，超声波、特高频局放联合检测数据如图 7-4-22 所示。暂态对地电压检测异常，为 52dB。特高频局放信号异常，最大幅值为 56dB，每周期主要为一簇，幅值有大有小，判断为电晕放电类型。

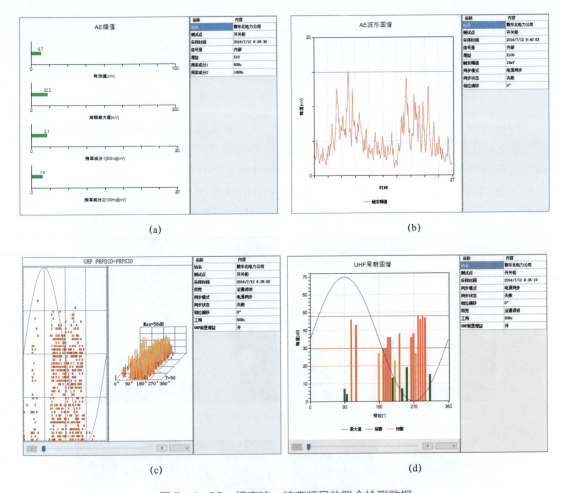

图 7-4-22　超声波、特高频局放联合检测数据

（a）超声波幅值图谱；（b）超声波波形图谱；（c）特高频 PRPD/PRPS 图谱；（d）特高频周期图谱

采用基于高速示波器的特高频时差定位法，对 35kV 某线路 311 开关柜异常放电信号进行精确定位。将绿色传感器放置在 35kV 某线路 311 开关柜的柜后底部缝隙处右侧，将黄色传感器放置在 35kV 某线路 311 开关柜柜后底部缝隙处左侧，传感器位置及定位波形图如图 7-4-23 所示，绿色传感器波形与黄色传感器波形的起始沿基本一致，可知信号到

达两传感器的时间基本一致，说明信号源位于两传感器中间所在的平面上，信号源位置如图 7-4-24 所示。

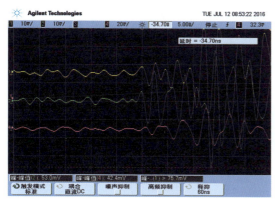

图 7-4-23　横向定位传感器布置图/定位波形图

图 7-4-24　信号源位置示意图

按照定位左右的这种平分面定位方法，将特高频信号源的上下位置、前后位置依次定位出来，综合分析，判断信号源位于开关柜中下部偏后的区域。

应用 G1500 示波器对放电类型进行判断，每周期一簇，每簇的脉冲数特别多，但脉冲不是特别密，信号稳定出现，最大幅值 97mV，幅值不是很大，综合判断为绝缘放电类型，10ms 示波器波形图如图 7-4-25 所示。

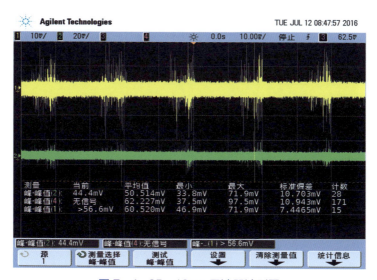

图 7-4-25　10ms 示波器波形图

2016 年 9 月 13 号，对此开关柜后进行停电处理，发现在 35kV 断路器下触头的三相真空外包外绝缘盒有明显的白色放电痕迹，面积较大，A/C 相外绝缘盒放电痕迹如图 7-4-26 所示。经过处理后，异常故障信号消失。

图 7-4-26 A/C 相外绝缘盒放电痕迹

（九）案例九 超声波检测开关柜发现气隙、沿面放电缺陷

2016 年 7 月 12 日，某供电公司对 110kV 某变电站 10kV 开关柜进行超声波（AE）、暂态对地电压（TEV）、特高频（UHF）局放联合带电检测，发现 10kV 某线路 912 开关柜存在异常超声波信号，特高频以及暂态对地电压信号正常。

2016 年 7 月 12 日，使用 PDS-T90 的超声波模式，在 10kV 某线路 912 开关柜柜后左侧中下部缝隙处超声信号最强，仪器耳机中可以听到明显的具有放电特征的声音。仪器检测到两种特征图谱，一种超声波幅值图谱如图 7-4-27（a）所示，最大幅值达 4.2mV，频率成分 1 大于频率成分 2，波形图谱如图 7-4-27（b）所示，每周期一簇波形，每组波形中有大大小小的脉冲，具有气隙放电的特点。另一种超声波幅值图谱如图 7-4-27（c）所示，最大幅值达 5.0mV，频率成分 2 ［100Hz］大于频率成分 1 ［50Hz］，波形图谱如图 7-4-27（d）所示，每周期两簇波形，每组波形中有大大小小的脉冲，具有沿面放电的特点。由于超声信号最强的位置在柜后中部缝隙的左侧，因此，判断局放源的位置在柜后中下部的区域，具有外部气隙放电、沿面放电的特征。

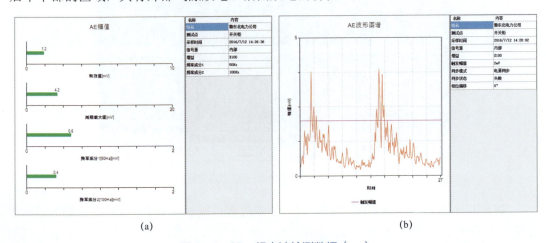

(a)   (b)

图 7-4-27 超声波检测数据（一）

（a）超声波幅值图谱；（b）超声波波形图谱

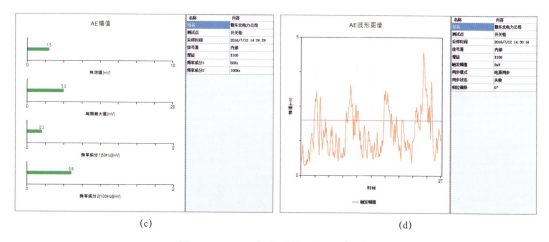

|(c)|(d)|

图 7-4-27　超声波检测数据（二）

（c）超声波幅值图谱；（d）超声波波形图谱

2016 年 9 月 8 日，对 10kV 某线路 912 开关柜进行停电检查，发现零序电流互感器较脏污，且有明显的放电电树，为沿面放电痕迹。同时电缆的外表面都有放电产生的黑色痕迹，为外部气隙放电时电弧的烧灼痕迹，放电痕迹照片如图 7-4-28 所示。经过检修处理，替换零序电流互感器，重新对电缆绝缘进行制作后，异常放电信号消失，故障得以消除。

电缆外表面上明显的黑点，为外部气隙放电时产生的烧灼痕迹

零序互感器上明显的沿面放电树

图 7-4-28　放电痕迹照片

（十）案例十　超声波、特高频检测发现开关柜存在沿面放电缺陷

2019 年 6 月，某公司变电检修室工作人员开展某 110kV 变电站 10kV 开关柜带电局放检测工作，发现该站 3×24 开关柜超声波及特高频局放存在明显放电特征信号，通过听筒能听到明显的呲呲放电声。

现场在 3×24 开关柜后右侧中上部缝隙检测到超声波信号最大，最大幅值为 39.4mV，频率成分 1［100Hz］大于频率成分 1［50Hz］。相位图谱具有明显聚集性效应，每周期两簇密集的点，呈驼峰状；在波形图谱中，每周期两组波形，波形相位较宽，形态各不相同，为典型的沿面放电类型。特高频检测时，发现 PRPD 图谱在一个周期内正负半周内各存在一簇等幅放电脉冲。另外在 3×24 开关柜后柜上部左侧缝隙、10kV 2 号电容器 330 开关柜后柜右侧缝隙都检测到异常超声波信号，幅值较小，放电类型同为沿面放电类型；结合柜内结构，母线室与 TV 室上下隔断，综合判断 10kV Ⅱ 母 3×24 开关柜后柜左侧、右侧母线穿屏套管存在沿面放电局放缺陷，柜内其他绝缘件也存在沿面放电的可能。超声波、特高频检测结果如图 7-4-29 所示。

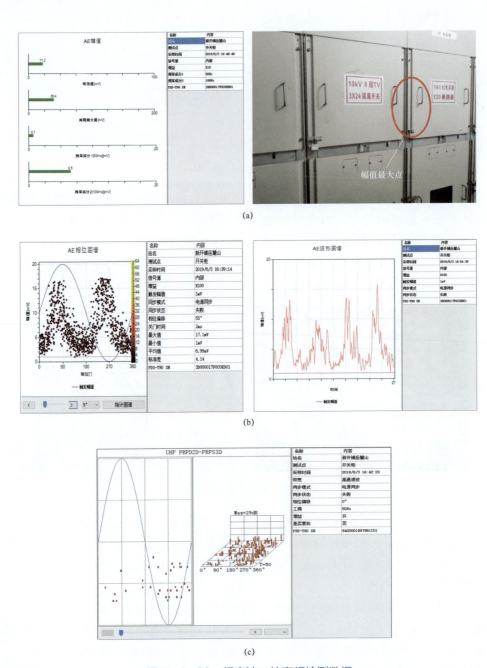

图 7-4-29　超声波、特高频检测数据

（a）超声幅值检测数据；（b）超声波相位及波形图谱；（c）特高频检测数据

工作人员对该变电站 10kV Ⅱ 母进行停电检查，打开 10kV 母线室隔板，发现有严重受潮情况，内部存在大量凝结水珠，且伴有有铜绿，如图 7-4-30 所示。

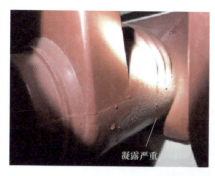

图 7-4-30　3×24 开关柜内部受潮凝结的水珠及出现铜绿的连接排

　　试验人员对 10kV Ⅱ 母进行母线耐压试验，升压过程中，在未到达运行电压的情况下，母线穿屏套管处就出现明显的沿面放电，如图 7-4-31 所示，3×24 静触头盒处也出现了沿面放电现象，如图 7-4-32 所示，该试验结果验证了前期带电检测的分析结论。

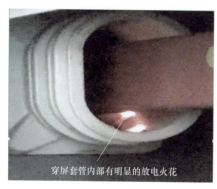
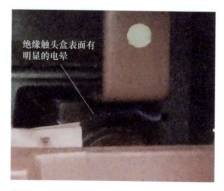

图 7-4-31　3×24 开关柜穿屏套管　　　　图 7-4-32　3×24 开关柜绝缘触头盒
　　　　内部有放电火花　　　　　　　　　　　　表面有明显电晕

　　经分析，该 10kV 开关柜母线室设计不合理，顶部防爆通道无通风口，开关柜内长期聚集潮气，是导致 3×24 开关柜内穿屏套管等部件受潮产生沿面放电的主要原因。
　　工作人员对 10kV Ⅱ 母所属开关柜全部穿屏套管进行了更换，同时更换了部分存在放电、绝缘受损的静触头盒。处理完毕后，对 10kVⅡ母进行绝缘及耐压试验，试验合格。投运 24h 后，试验人员对 3×24 开关柜及其他 10kVⅡ母开关柜开展带电局放复测，试验结果正常。

（十一）案例十一　超声波检测开关柜发现沿面放电缺陷

2016 年 7 月，某供电公司对某变电站 10kV 开关柜进行超声波、暂态对地电压、特高频局放联合带电检测，发现 10kV 917 开关柜存在异常超声波信号，特高频以及暂态对地电压信号正常。

现场在 917 开关柜柜后下部散热孔处检测到超声波信号最大，仪器耳机中可以听到明显具有放电特征的声音。超声波幅值图谱如图 7-4-33（a）所示，最大幅值达 6.5mV，频率成分 2［100Hz］大于频率成分 1［50Hz］；相位图谱如图 7-4-33（b）所示，每周期两簇，呈驼峰状；波形图谱如图 7-4-33（c）所示，每周期两簇波形，每组波形中有

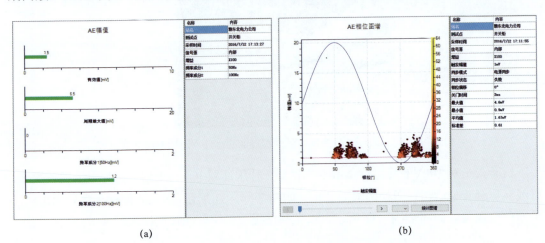

(a)　　　　　　　　　　　　　　(b)

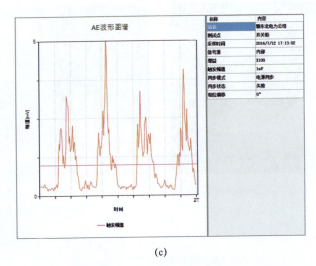

(c)

图 7-4-33　超声波检测数据
（a）超声幅值图谱；（b）超声相位图谱；（c）超声波波形图谱

大大小小的脉冲，具有典型的沿面放电特征。由于超声波信号最强位置在开关柜柜后下部散热孔处，结合柜内结构，综合判断局放源在电缆区域的概率较大。

对 10kV 917 开关柜进行停电检查，发现柜后下部 A/B/C 三相电缆外表均有白色放电环，多达五处，局放已发展到较严重程度，沿面放电痕迹如图 7-4-34 所示。现场对电缆进行更换处理，投运 24h 后进行复测，局放信号正常。

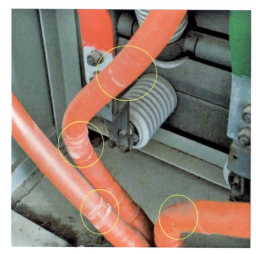

图 7-4-34 沿面放电痕迹照片

（十二）案例十二 特高频、超声波检测开关柜发现沿面放电缺陷

2015 年 11 月，某公司对某变电站 35kV 开关柜进行超声波、暂态地电压、特高频局放联合带电检测，发现 35kV 2 号主变压器 3502 开关柜超声波信号及特高频信号异常，暂态地电压信号未见异常。

现场在 3502 开关柜后面板缝隙处检测到最大超声波信号，最大幅值达到 26dB，频率成分 2［100Hz］大于频率成分 1［50Hz］，如图 7-4-35（a）所示；相位图谱如图 7-4-35（b）左图所示，每周期两簇，呈驼峰状；波形图谱如图 7-4-35（b）右图所示，每周期两簇波形，波形相位较宽，形态各不相同，具有典型的沿面放电特征。

对 3502 开关柜进行特高频检测，发现异常特高频信号，信号幅值 56dB，特高频信号工频相关性强，每周期两簇，每簇信号大小参差不同，初步判断为绝缘放电，需要进一步精确定位诊断。特高频检测图谱如图 7-4-36 所示。

采用特高频法，对 3502 开关柜进行精确定位，特高频定位及图谱如图 7-4-37 所示。

经定位分析，判断 3502 开关柜存在沿面放电，放电脉冲幅值 1.34V，信号源位于开关柜后下部电缆仓内 B 相附近。现场对 3502 开关柜进行停电检查，发现在定位点 B 相固定绝缘隔板的横杆上有明显放电痕迹，放电点位置及放电痕迹如图 7-4-38 所示。现场对绝缘隔板横杆进行更换处理，投运 24h 后进行复测，无异常局放信号。

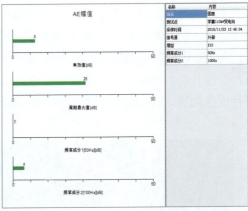

(a)

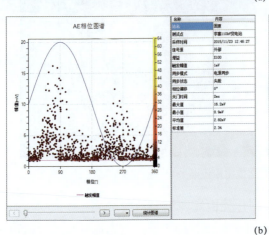
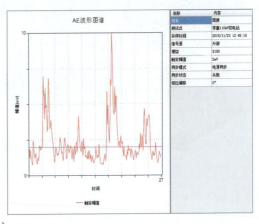

(b)

图 7-4-35 超声波检测数据

（a）超声波幅值图谱；（b）超声波相位图谱/超声波波形图谱

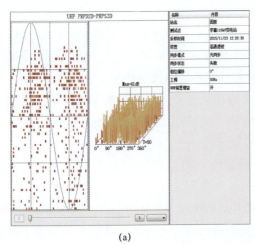
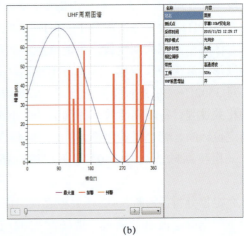

（a）　　　　　　　　　　　　　　　（b）

图 7-4-36 特高频检测图谱

（a）特高频 PRPD/PRPS 图谱；（b）特高频周期图谱

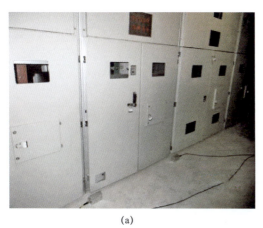
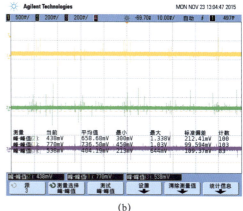

（a）
（b）

图 7-4-37　特高频定位及图谱
（a）传感器现场布置图；（b）特高频波形图谱

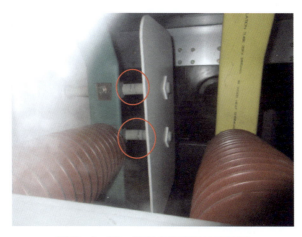

图 7-4-38　放电点位置及放电痕迹

（十三）案例十三　超声波检测开关柜发现悬浮放电缺陷

2016 年 1 月，某公司变电检修室工作人员在对某 110kV 变电站 10kV 高压开关柜进行局部放电带电检测的过程中，发现 320 开关柜超声波检测数据超标，通过耳机可以听到轻微的"嗞嗞"放电声，特高频信号及暂态地电位数据正常。

现场于 320 开关柜后上柜门缝隙处检测到超声波最大信号，超声波检测数据如图 7-4-39 所示，最大幅值达到 14.7mV，频率成分 2［100Hz］大于频率成分 1［50Hz］；放电脉冲在工频相角上集中于两簇，每周期两簇波形，一个工频周期出现两组脉冲波形，脉冲上升沿陡峭，具有典型的悬浮放电特征。

结合停电机会对 320 开关柜进行开柜检查。通过试验人员仔细检查，发现在柜内 B 相母线桥两段铜排之间的限位金具（为一块铝合金金属片）存在松动情况，限位金具松动如图 7-4-40 所示，其他位置未发现异常情况。将该松动金具取下（对设备正常运行无影响），再次恢复送电后进行复测，试验数据已经恢复正常。

361

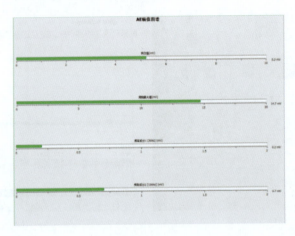

(a)

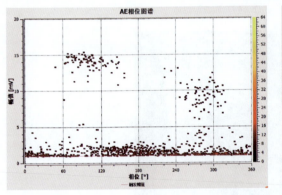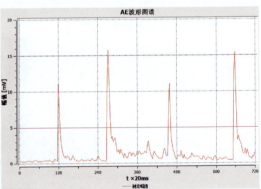

(b)

图 7-4-39　超声波检测数据

（a）超声波幅值图谱；（b）超声波相位图谱/超声波波形图谱

图 7-4-40　限位金具松动

第五节　实　训　考　评

一、实训考评

（一）硬件需求

每个工位配置 3 个面 10kV 开关柜，内部设置开关柜局部放电源模拟装置，可实现多种典型放电模拟（电晕、悬浮和沿面放电）。每个工位应配备两台同型号的多功能局部放电综合检测仪，一套开关柜局部放电模拟装置，一套典型干扰发生器。

考评设备：上海格鲁布 PD74i 多功能局部放电综合检测仪，上海华乘 PDS-T95 多功能局部放电综合检测仪。

（二）考评方式

考评时长：每人的考评时间为 50min，其中 30min 操作，20min 报告。

考评形式：采用单人操作、单人考评方式。

二、实训考评表

实训考评表见附录 7-4。

附录 7-1 高压开关柜局部放电带电检测维护作业卡

高压开关柜局部放电带电检测维护作业卡

1. 作业信息

编制人：　　　审核人：

检测范围		工作时间		作业卡编号	
检测环境	温度：　℃	湿度：　%	检测分类	带电检测	

2. 工序要求

序号	关键工序	质量标准及要求	风险辨识与预控措施	执行情况
1	开关柜局放检测的准备工作			
1.1	仪器设备（含工器具）准备	1.1.1 试验需准备的仪器设备（含工器具）：开关柜局部放电综合检测仪、温湿度计、万用表、电源盘、20cm×20cm 金属板、绝缘梯凳、绝缘手套、强光手电等； 1.1.2 工器具应完好，仪器功能正常，在校验合格期内，仪器及工器具应定置摆放。 1.1.3 局放仪电量应充足，防止因为低电量造成检测数据异常和不稳定；局放仪应进行自检，确认仪器正常，增益、检测模式、同步方式等参数设置正确；检查确认仪器通信连接、同步等状态	劳动防护用具、仪器仪表是否合格齐备－预控措施：检查工器具、仪器满足检测条件	
1.2	检查设备	核对工作设备名称正确，检查现场符合工作条件	a. 走错间隔－预控措施：两人进行，认真核对设备编号和双重名称与工作票和标准作业指导卡相符合。 b. 与设备带电部分安全距离不够－预控措施：与设备带电部分保持足够的安全距离：10kV：≥0.7m，35kV：≥1m	
1.3	工作人员就位	1.3.1 人员着装符合 Q/GDW 1799.1—2013《国家电网公司电力安全规程 变电部分》规定。 1.3.2 工作人员精神面貌良好。 1.3.3 明确工作地点、工作内容、进行人员分工、对现场危险点进行分析，并提出预控措施	a. 高压触电风险－预控措施：与设备带电部位保持足够安全距离：10kV：≥0.7m，35kV：≥1m；检测前检查开关柜柜体接地良好；检测过程中严禁打开柜门、隔离挡板。 b. 误碰引起事故风险－预控措施：工作中应注意动作幅度不要过大，防止误碰、误动操作按钮和误按继电器造成设备误动。 c. 开关柜爆炸伤人风险－预控措施：严禁雷雨天气开展此项工作；工作前与监控联系，退出电容器、电抗器开关柜的自动电压控制系统（AVC），遥控操作开关时，通知现场人员撤离。 d. 现场异常情况造成危险－预控措施：工作过程中，听到开关柜有异常响声，应及时撤离	

续表

序号	关键工序	质量标准及要求	风险辨识与预控措施	执行情况
1.4	待测设备信息收集	1.4.1 记录设备负荷电流、额定电流等。 1.4.2 记录工作现场温湿度。 1.4.3 记录待测设备台账信息		
2	开关柜局放检测过程			
2.1	接取检修电源	2.1.1 打开高压室检修电源箱柜门，确认柜内空气开关位置以及需接取的电源插座。 2.1.2 当柜内空气开关处于分闸位置时，使用万用表确认无电压；合上空气开关，再次测量，确认电压为 220V；确认空气开关漏电保护器工作正常。 2.1.3 将电源盘接入检修电源插座，并合上检修电源箱空气开关；当电源盘开关处于分位，使用万用表测量插孔电源，确认无电压。合上电源盘开关，再次测量插孔电压，确认电压为 220V；确认电源盘漏电保护器工作正常	低压触电风险－预控措施：现场应具备安全可靠的检修电源；应使用带漏电保护器的电源盘；拆除临时电源时应由两人进行，一人操作，一人监护	
2.2	暂态地电压背景值检测及干扰排除	2.2.1 将局放仪调至暂态地电压模式，将检测用 20cm×20cm 金属板依次置于开关室内远离开关柜的 3 个不同位置检测，并取检测中间值作为空气背景参考值。 2.2.2 在开关室 3 个不同位置接地的金属门窗上检测，并取检测中间值作为金属背景参考值。 2.2.3 确认参考检测体表面洁净后，将局放仪前端传感器垂直紧贴检测体金属表面并保持相对静止，待读数稳定后记录结果。 2.2.4 如背景检测值较大，应查找并尽量排除干扰源（气体放电灯、排风系统电机等）	高压触电风险－预控措施：与设备带电部位保持足够安全距离：10kV：≥0.7m，35kV：≥1m；检测过程中严禁打开柜门、隔离挡板	
2.3	暂态地电压检测	2.3.1 测点应相对固定并均匀分布，在每面开关柜的前面（中、下）、后面（上、中、下）均设置测点。具备条件时，在侧面（上、中、下）设置测点。 2.3.2 确认柜体表面洁净后，将局放仪前端传感器垂直紧贴柜体金属表面并保持相对静止，待读数稳定后记录结果，如有异常应进行多次测量	高压触电风险－预控措施：与设备带电部位保持足够安全距离：10kV：≥0.7m，35kV：≥1m；检测过程中严禁打开柜门、隔离挡板	
2.4	超声波背景值检测及干扰排除	2.4.1 将局放仪调至超声波模式，检查确认仪器通信连接、同步等状态。 2.4.2 超声波检测外接探头及耳机应连接可靠。 2.4.3 戴上耳机，在开关室内远离开关柜的 3 个不同位置进行检测，记录空气背景值，并取检测中间值作为背景信号参考值。 2.4.4 如背景检测值较大，应查找并尽量避免干扰源（驱鼠器、排风扇、空调、高压放电灯等）和大型设备振动及人员频繁走动带来的影响后再进行背景检测	高压触电风险－预控措施：与设备带电部位保持足够安全距离：10kV：≥0.7m，35kV：≥1m；检测过程中严禁打开柜门、隔离挡板	
2.5	超声波检测	2.5.1 超声波检测探头及耳机应连接可靠； 2.5.2 超声波检测应在开关柜的缝隙处或与柜体有空气流通的地方，并尽量避免碰触柜体对检测结果的影响。在显示界面观察检测到的信号，并注意耳机声音有无明显异常	高压触电风险－预控措施：与设备带电部位保持足够安全距离：10kV：≥0.7m，35kV：≥1m；检测过程中严禁打开柜门、隔离挡板	

续表

序号	关键工序	质量标准及要求	风险辨识与预控措施	执行情况
2.6	特高频背景值检测及干扰排除（必要时进行）	2.6.1　将局放仪调至特高频模式，连接特高频传感器和调理盒，使用 N 型线缆连接可靠；检查确认仪器通信连接、同步等状态。 2.6.2　在开关室内远离开关柜的 3 个不同位置进行检测，记录空气背景值。 2.6.3　如背景检测值较大，应查找并尽量排除干扰源（手机、照相机闪光灯、气体放电灯、电子捕鼠器等）后再进行背景检测	高压触电风险－预控措施：与设备带电部位保持足够安全距离：10kV：≥0.7m，35kV：≥1m；检测过程中严禁打开柜门、隔离挡板	
2.7	特高频检测（必要时进行）	2.7.1　特高频检测应在柜前、柜后观察窗或者开关柜柜门缝隙处进行检测，信号稳定后检测时间不少于 15s。 2.7.2　在使用传感器进行检测时，如果有明显的感应电压，宜戴绝缘手套，避免手部直接接触传感器金属部件	注意保持与运行设备带电部位足够的安全距离：10kV：≥0.7m，35kV：≥1m	
2.8	异常点复测（必要时进行）	2.8.1　对于检测值与背景值、相邻开关柜检测值、历史值（若有）比较有明显区别，或者超出相关规程标准的情况，应进行复测并增加测点。 2.8.2　在开关柜进行多次、多点检测，查找信号最大点的位置。通过暂态地电压、超声波、特高频综合分析缺陷类型及性质	高压触电风险－预控措施：与设备带电部位保持足够安全距离：10kV：≥0.7m，35kV：≥1m；检测过程中严禁打开柜门、隔离挡板	
2.9	拆除临时电源	2.9.1　断开电源盘开关，拔出同步器； 2.9.2　断开检修电源空气开关，拔出电源盘插头； 2.9.3　关闭检修电源柜门	低压触电风险－预控措施：拆除临时电源时应由两人进行，一人操作，一人监护	
3	检测结束			
3.1	场地清理	工作完成后对现场进行清理，被试设备上应无遗留工器具和试验用品等，不得遗留任何垃圾，保证试验现场的清洁，并将现场恢复至开工前初始状态		
3.2	记录填写	编制检测报告，并对检测结果参照规程进行判断，若发现异常，应及时向检测负责人汇报，检测负责人视异常情况确定应对方案，必要时向上级管理人员汇报		
4	签名确认			
工作人员签字				
作业评价				

工作负责人：

附录 7-2 开关柜局部放电检测原始记录表及异常分析报告

附录 7-2-1 暂态地电压局部放电检测原始记录

一、基本信息

变电站		委托单位		试验单位			
试验性质		试验日期		试验人员		试验地点	
报告日期		编制人		审核人		批准人	
试验天气		环境温度（℃）		环境相对湿度（%）		空气背景噪声（dB）	
						金属背景噪声（dB）	

二、设备铭牌

设备型号		生产厂家		额定电压	
投运日期		出厂日期			

三、检测数据

序号	开关柜编号		前中（dB）	前下（dB）	后上（dB）	后中（dB）	后下（dB）	侧上（dB）	侧中（dB）	侧下（dB）	负荷电流（A）	备注（可见光照片）	结论
1		前次											
		本次											
2		前次											
		本次											
3		前次											
		本次											
4		前次											
		本次											
5		前次											
		本次											
6		前次											
		本次											
特征分析													
背景值													
仪器厂家													
仪器型号													
仪器编号													
备注													

注　异常时记录负荷和图谱，正常时记录数值。

附录 7-2-2 超声波局部放电检测原始记录

一、基本信息

变电站		委托单位		试验单位		运行编号	
试验性质		试验日期		试验人员		试验地点	
报告日期		编制人		审核人		批准人	
试验天气		环境温度（℃）		环境相对湿度（%）		背景噪声（dB）	

二、设备铭牌

生产厂家		出厂日期		出厂编号	
设备型号		额定电压（kV）			

三、检测数据

背景噪声							
序号	检测位置	检测数值（dB）	图谱文件	负荷电流（A）	结论	备注（可见光照片）	
1							
2							
3							
4							
5							
6							
7							
8							
特征分析							
背景值							
仪器厂家							
仪器型号							
仪器编号							
备注							

注 异常时记录负荷和图谱，正常时记录数值。

附录 7-2-3　特高频局部放电检测原始记录

一、基本信息

变电站		委托单位		试验单位		运行编号	
试验性质		试验日期		试验人员		试验地点	
报告日期		编制人		审核人		批准人	
试验天气		环境温度 （℃）		环境相对湿度 （%）			

二、设备铭牌

生产厂家		出厂日期		出厂编号	
设备型号		额定电压（kV）			

三、检测数据

背景噪声						
序号	检测位置	检测数值	图谱文件	负荷电流（A）	结论	备注（可见光照片）
1						
2						
3						
4						
5						
6						
7						
8						
9						
10						
特征分析						
背景值						
仪器厂家						
仪器型号						
仪器编号						
备注						

附录 7-2-4 开关柜局部放电异常分析报告

一、基本信息

变电站		委托单位		试验单位		运行编号	
试验性质		试验日期		试验人员		试验地点	
报告日期		编制人		审核人		批准人	
试验天气		环境温度(℃)		环境相对湿度(%)			

二、设备铭牌

设备型号		生产厂家		额定电压	
投运日期		出厂日期			

三、暂态地电压检测数据（单位：dB） 空气背景：_____ 金属背景：_____

序号	开关柜编号	前中	前下	后上	后中	后下	侧上	侧中	侧下	负荷电流（A）	—
1											
2											

特征分析	
仪器厂家	
仪器型号	
仪器编号	
备注	

四、超声波局放检测数据（单位：dB） 背景：_____

序号	开关柜编号	最大值	部位描述	负荷电流（A）	图谱

特征分析	连续图谱	
	相位图谱	
	波形图谱	
	分析	
仪器厂家		
仪器型号		
仪器编号		
备注		

续表

五、特高频局放检测数据（单位：dB）　　　背景：＿＿＿＿＿＿

序号	开关柜编号	位置描述	负荷（A）	图谱编号
1				
2				

背景图谱	PRPS 图谱	
	PRPD 图谱	
特征分析	PRPS 图谱	
	PRPD 图谱	
	分析	
仪器厂家		
仪器型号		
仪器编号		

六、综合分析结论

编制人		审核人	

附录 7-3 仪器仪表配置表

仪器仪表配置表

序号	设备名称	品牌	型号	数量	产品形态
1	开关柜		10kV	6个工位（5备1）18台	
2	开关柜局部放电信号发生器	上海华乘	PDS-US05（TEV）PDS-CL52（超声波）	12套	
3	多功能局部放电巡检仪	上海华乘	T95	自带	
4	多功能局部放电巡检仪	上海格鲁布	PD74I	自带	
5	温湿度计	得力	数显	8台	
6	万用表	FLUKE	F18B	8个	
7	金属板		20cm×20cm	12块	
8	电源盘		交流220V	7台	
9	绝缘梯凳	河北佳兴	三层	6台	

续表

序号	设备名称	品牌	型号	数量	产品形态
10	书写板夹	得力	9256	12 块	
11	签字笔		黑色，0.5mm	10 盒（12 支装）	
12	订书机	得力	0414s	12 个	
13	订书针		20 页钉	10 盒	
14	打印纸		A4	10 箱	
15	脉冲信号发生器（脉冲点火器）	—	—	6	
16	安全帽	—	黄色	—	
17	安全帽	—	白色	—	
18	安全帽	—	红色	—	
19	安全帽	—	蓝色	—	
20	报告桌	—	1.6m×0.7m×0.7m	共 4 张	
21	裁判桌	—	1.6m×0.7m×0.7m	1 张	

附录7-4 实训考评表

实训考评表

比赛轮次	第　轮次	比赛工位	第　工位
现场操作时间	起始：		结束：
报告编写时间	起始：		结束：

序号	操作项目	分值	扣分	得分
1	准备工作	10		
2	暂态地电压仪器设置	2		
	暂态地电压背景检测	4		
	暂态地电压普测巡检	10		
	暂态地电压异常点复测	10		
3	超声波仪器设置	2		
	超声波背景检测	2		
	超声波普测巡检	10		
	超声波异常点复测	15		
4	测试结束	5		
5	报告	30		
	总得分			
备注				
裁判签名	主裁　□　副裁　□　签名：			

第八章

变电站仿真事故案例分析

变电站综合复杂
故障仿真处理
操作示范

培训目标： 通过学习本章内容，学员可以了解变电站典型设备配置，熟悉变电站设备典型事故异常，掌握事故处理原则及流程。

第一节　变电站设备故障及异常处理流程

变电站设备故障
处理原则及流程
（含案例）

一、变电站设备故障处理一般原则

（1）隔离故障设备，迅速限制故障的发展，消除故障的根源，解除对人身、电网和设备安全的威胁。

（2）恢复受累停役设备运行，调整并恢复正常电网运行方式，电网解列后要尽快恢复并列运行。

（3）尽可能保持正常设备的运行和对重要用户及厂用电、站用电的正常供电。

（4）尽快恢复对停电的用户和设备供电，对重要用户应优先恢复供电。

二、变电站设备故障仿真处理基本流程

变电站设备故障仿真处理基本流程为简要检查、简要汇报调度、详细检查、详细汇报调度、隔离故障设备、恢复送电、故障设备转检修、结束。

（一）简要检查

（1）检查确认监控机告警信息。

（2）检查监控后台，确认跳闸情况。

（3）检查站内事故后负荷潮流、电压情况。

（二）简要汇报调度

向调度简要汇报。简要汇报内容有时间、跳闸断路器、保护动作及潮流情况等。简要汇报范例：

我是小城变电站值班长，×时×分，小城变电站 2 号主变压器跳闸，2 号主变压器双

套差动保护及重瓦斯保护动作，监控显示 5041、5042、2602、3520 断路器在分位，2 号主变压器失压，3 号主变压器负荷×××MW。

（三）详细检查

（1）选取事故特巡需要的安全工器具（进入现场前需检查着装，如工作服、绝缘鞋规范，仿真内无法实现，默认正常）。

（2）详细检查确认相关一、二次设备状况。

（3）复归相关信号，打印保护、故障录波报告。

（4）检查一、二次设备异常或缺陷。

（四）详细汇报调度

向调度详细汇报，并申请调度指令，详细汇报范例：

我是小城变电站值班长，×时×分，小城变电站 2 号主变压器跳闸，2 号主变压器三侧 5041、5042、2602、3520 断路器在分位；2 号主变压器本体重瓦斯动作、2 号主变压器双套差动保护动作。检查发现 2 号主变压器 A 相本体瓦斯继电器存在气体，……，其他设备检查无异常。初步判断 2 号主变压器 A 相发生内部故障。当前 3 号主变压器负荷×××MW，无负荷损失。已恢复站用电系统，已拉开失压 35kV 2 号母线××断路器。站内天气小雨。

向调度申请隔离故障设备，恢复无故障设备的供电。

（五）隔离故障设备

（1）选取倒闸操作需要的安全工器具。

（2）隔离故障设备。

（3）如需解锁隔离故障点，按国网（运检/3）828—2017《国家电网公司变电运维管理规定（试行）》要求执行解锁流程。

（六）恢复送电

恢复受累停役设备运行，调整并恢复正常电网运行方式，电网解列后要尽快恢复并列运行。

（七）故障设备转检修

（1）汇报调度。故障设备已隔离，正常设备已恢复运行，并申请故障设备转检修。

（2）根据运行规程将故障设备转检修状态。

（3）布置安措。

（八）结束

（1）汇报调度处理完成。

（2）回收安全工器具。

三、变电站设备典型故障及异常处理原则

（一）设备典型故障处置原则

1. 变压器故障

（1）变压器重瓦斯或差动保护动作跳闸，不得试送电；通过检查变压器外观、瓦斯气

体、保护动作和故障录波等情况，确认变压器无内部故障后，可试送一次，有条件时应进行零起升压。

（2）变压器后备保护动作跳闸，找到故障并有效隔离后，可试送一次。

（3）220kV及以上电压等级变压器受到近区短路冲击跳闸后，应开展油中溶解气体组分分析、直流电阻、绕组变形及其他诊断性试验，综合判断无异常后方可投入运行。

2. 母线故障或失压

（1）母线发生故障或失压后，值班监控人员、厂站运行值班人员及输变电设备运维人员应立即报告相关值班调度员，同时将故障或失压母线上的断路器全部断开。

（2）母线跳闸后，找到故障点并能迅速隔离的，在隔离故障点后可恢复该母线运行；找到故障点但不能隔离的，应将该母线转检修；确认母线故障但找不到故障点的，一般不得对停电母线试送。

（3）对停电母线进行试送时，应优先采用外来电源。试送断路器必须完好，并有完备的继电保护。有条件者可对故障母线进行零起升压。

3. 线路故障

（1）线路故障跳闸后，值班监控员、厂站运行值班人员及输变电设备运维人员应立即收集故障相关信息并汇报值班调度员，由值班调度员综合考虑跳闸线路的有关设备信息并确定是否试送。若有明显的故障现象或特征，应查明原因后再考虑是否试送。

（2）试送前，值班调度员应与值班监控员、厂站运行值班人员及输变电设备运维人员确认具备试送条件。具备监控远方试送操作条件的，应进行监控远方试送。

（3）线路试送前应考虑：

1）线路故障跳闸后，一般允许试送一次；如试送不成功，再次试送须经主管领导同意。

2）线路故障跳闸后，若断路器的故障切除次数已达到规定次数，厂站运行值班人员或输变电设备运维人员应根据规定向值班调度员提出运行建议。

3）选择试送端和试送断路器时，应同相关调控机构或现场确认站内相关一、二次设备具备试送条件。

4）线路保护和高抗保护同时动作跳闸时，应按线路和高抗同时故障考虑，在未查明高抗保护动作原因和消除故障之前不得进行试送。线路允许不带高抗运行时，如需对故障线路送电，在试送前应将高抗退出。

5）带串补的线路应先将串补停运，再进行试送。

6）带串抗的线路若需带串抗转运行，应先将串抗转运行，再进行试送。

7）带电作业线路故障跳闸后，值班调度员未与工作负责人取得联系前不得试送线路。值班调度员应与相关单位确认线路具备试送条件，方可按照上述规定进行试送。

8）判断故障可能发生在站内时，应待现场确认站内相关一、二次设备检查无异常后，方可进行试送。

9）自然灾害、山火等情况影响线路运行时，应结合系统运行风险综合考虑是否试送。

4. 电抗器、电容器故障

电抗器、电容器保护动作跳闸，一般不得试送，经现场检查并处理后，确定具备送电条件方可送电。

5. 站用交直流失电

（1）站用交流母线全部失压。

1）检查系统失电引起站用电消失，拉开站用变压器低压侧断路器。

2）若有外接电源的备用站用变压器，投入备用站用变压器，恢复站用电系统。

3）汇报上级管理部门，申请使用发电车恢复站用电系统。

4）检查蓄电池工作情况，短时无法恢复时，切除非重要负荷。

（2）站用交流一段母线失压。

1）检查站用变压器高压侧断路器无动作，高压熔断器无熔断。

2）检查变压器冷却设备、直流系统及 UPS 系统等重要负荷运行情况。

3）检查站用变压器低压侧断路器确已断开，拉开故障段母线所有馈线支路低压断路器，查明故障点并将其隔离。

4）合上失压母线上无故障馈线支路的备用电源断路器（或并列断路器），恢复失压母线上各馈线支路供电。

5）无法处理故障时，联系检修人员处理。

6）若站用变压器保护动作，按站用变压器故障处理。

（3）直流失电处理。

1）直流部分消失，应检查直流消失设备的直流断路器是否跳闸，接触是否良好。检查无明显异常时可对跳闸断路器试送一次。

2）直流屏直流断路器跳闸，应对该回路进行检查，在未发现明显故障现象或故障点的情况下，允许合直流断路器送一次，试送不成功则不得再强送。

3）直流母线失压时，首先检查该母线上蓄电池总熔断器是否熔断，充电机直流断路器是否跳闸，再重点检查直流母线上设备，找出故障点，并设法消除。更换熔丝，如再次熔断，应联系检修人员来处理。

4）如果全站直流消失，应先检查充电机电源是否正常，蓄电池组及蓄电池总熔断器（断路器）是否正常，直流充电模块是否正常有无异味，降压硅链是否正常。

5）如因各馈线支路直流断路器拒动越级跳闸，造成直流母线失压，应拉开该支路直流断路器，恢复直流母线和其他直流支路的供电，然后再查找、处理故障支路故障点。

6）如因充电机或蓄电池本身故障造成直流一段母线失压，应将故障的充电机或蓄电池退出，并确认失压直流母线无故障后，用无故障的充电机或蓄电池试送，正常后对无蓄电池运行的直流母线合上直流母联断路器，由另一段母线供电。

7）如果直流母线绝缘检测良好，直流馈电支路没有越级跳闸的情况，蓄电池直流断路器没有跳闸（熔丝熔断）而充电装置跳闸或失电，应检查蓄电池接线有无短路，测量蓄电池无电压输出，断开蓄电池直流断路器。合上直流母联断路器，由另一段母线供电。

（4）直流系统接地处理。

1）对于 220V 直流系统两极对地电压绝对值差超过 40V 或绝缘降低到 25kΩ 以下，110V 直流系统两极对地电压绝对值差超过 20V 或绝缘降低到 15kΩ 以下，应视为直流系统接地。

2）直流系统接地后，运维人员应记录时间、接地极、绝缘监测装置提示的支路号和绝缘电阻等信息。用万用表测量直流母线正对地、负对地电压，与绝缘监测装置核对后，汇报调控人员。

3）出现直流系统接地故障时应及时消除，同一直流母线段，当出现两点接地时，应立即采取措施消除，避免造成继电保护、断路器误动或拒动故障。直流接地查找方法及步骤如下：

a. 发生直流接地后，应分析是否天气原因或二次回路上有工作，如二次回路上有工作或有检修试验工作时，应立即拉开直流试验电源看是否为检修工作所引起。

b. 比较潮湿的天气，应首先重点对端子箱和机构箱直流端子排做一次检查，对凝露的端子排用干抹布擦干或用电吹风烘干，并投入驱潮加热器。

c. 对于非控制及保护回路可使用拉路法进行直流接地查找。按事故照明、防误闭锁装置回路、户外合闸（储能）回路、户内合闸（储能）回路的顺序进行。其他回路的查找，应在检修人员到现场后，配合进行查找并处理。

d. 保护及控制回路宜采用便携式仪器带电查找的方式进行，如需采用拉路的方法，应汇报调控人员，申请退出可能误动的保护。

e. 用拉路法检查未找出直流接地回路，应联系检修人员处理。当发生交流窜入问题时，参照交流窜入直流处理。

（5）交流窜入直流处理。

1）应立即检查交流窜入直流时间、支路、各母线对地电压和绝缘电阻等信息。

2）发生交流窜入直流时，若正在进行倒闸操作或检修工作，则应暂停操作或工作，并汇报调控人员。

3）根据绝缘监测装置指示或当日工作情况、天气和直流系统绝缘状况，找出窜入支路。

4）确认具体的支路后，停用窜入支路的交流电源，联系检修人员处理。

（二）设备典型异常处置原则

1. 变压器异常

紧急申请停运规定，运行中发现变压器有下列情况之一，运维人员应立即汇报调控人员申请将变压器停运，停运前应远离设备。

（1）变压器声响明显增大，内部有爆裂声。

（2）严重漏油或者喷油，使油面下降到低于油位计的指示限度。

（3）套管有严重的破损和放电现象。

（4）变压器冒烟着火。

（5）变压器正常负载和冷却条件下，油温指示表计无异常时，若变压器顶层油温异常并不断上升，必要时应申请将变压器停运。

（6）变压器轻瓦斯保护动作，信号多次发出。

（7）变压器附近设备着火、爆炸或发生其他情况，对变压器构成严重威胁。

（8）强油循环风冷变压器的冷却系统因故障全停，超过允许温度和时间。

（9）其他根据现场实际认为应紧急停运的情况。

2. 断路器异常

（1）紧急申请停运规定，运行中发现有下列情况之一，运维人员应立即汇报调控人员申请设备停运，停运前应远离设备。

1）套管有严重破损和放电现象。

2）导电回路部件有严重过热或打火现象。

3）SF_6 断路器严重漏气，发出操作闭锁信号。

4）液压操动机构失压，储能机构储能弹簧损坏。

5）其他根据现场实际认为应紧急停运的情况。

（2）控制回路断线。通过监控后台、现场检查相关信息，查明原因，能够处理的及时处理后断路器继续保持运行（空气断路器、远方就地等）；无法处理时，汇报值班调控人员，按照值班调控人员指令隔离该断路器；断路器为两套控制回路，其中一套控制回路断线时，在不影响保护可靠跳闸的情况下，该断路器可以继续运行。

（3）SF_6 气体压力降低告警或闭锁。检查 SF_6 密度继电器（压力表）指示是否正常。若 SF_6 气体压力降至告警值，但未降至压力闭锁值，联系检修人员，在保证安全的前提下进行补气，并检漏。若运行中 SF_6 气体压力降至闭锁值以下，立即汇报值班调控人员，断开断路器操作电源，按照值班调控人员指令尽快隔离该断路器。检查人员应按规定使用防护用品。

（4）操动机构压力低闭锁分合闸。现场检查设备压力表指示是否正常。运行中储能操动机构压力值降至闭锁值以下时，应立即断开储能操动电机电源，汇报值班调控人员，断开断路器操作电源，按照值班调控人员指令尽快隔离该断路器。

（5）断路器非全相运行。分相操作的断路器发生非全相合闸时，应立即拉开断路器，查明原因。

分相操作的断路器发生非全相分闸时，立即汇报值班调控人员，断开断路器操作电源，按照值班调控人员指令隔离该断路器。

3. 电压互感器异常

紧急申请停运规定，发现有下列情况之一，运维人员应立即汇报值班调控人员申请将电压互感器停运，停运前应远离设备。

（1）高压熔断器连续熔断 2 次。

（2）外绝缘严重裂纹、破损，电压互感器有严重放电，已威胁安全运行。

（3）内部有严重异音、异味、冒烟或着火。

（4）油浸式电压互感器严重漏油，看不到油位。

（5）SF$_6$电压互感器严重漏气或气体压力低于厂家规定的最小运行压力值。

（6）电容式电压互感器电容分压器出现漏油。

（7）电压互感器本体或引线端子有严重过热。

（8）膨胀器永久性变形或漏油。

（9）压力释放装置（防爆片）已冲破。

（10）电压互感器接地端子N（X）开路、二次短路，不能消除。

（11）设备的油化试验或SF$_6$气体试验时主要指标超过规定不能继续运行。

（12）其他根据现场实际认为应紧急停运的情况。

4. 电流互感器异常

紧急申请停运的规定，发现有下列情况时，运维人员应立即汇报值班调控人员申请将电流互感器停运，停运前应远离设备。

（1）外绝缘严重裂纹、破损，严重放电。

（2）冒烟或着火。

（3）严重漏油、看不到油位（倒立式互感器出现渗漏油时，应立即汇报值班调控人员申请停运处理）。

（4）严重漏气、气体压力表指示为零。

（5）本体或引线接头严重过热。

（6）金属膨胀器异常伸长顶起上盖。

（7）压力释放装置（防爆片）已冲破。

（8）末屏开路。

（9）二次回路开路不能立即恢复。

（10）备的油化试验或SF$_6$气体试验时主要指标超过规定不能继续运行。

（11）其他根据现场实际认为应紧急停运的情况。

5. 避雷器异常

紧急申请停运规定，发现有下列情况之一，运维人员应立即汇报值班调控人员申请将避雷器停运，停运前应远离设备。

（1）本体严重过热达到危急缺陷程度。

（2）瓷套破裂或爆炸。

（3）底座支持绝缘子严重破损、裂纹。

（4）内部异常声响或有放电声。

（5）运行电压下泄漏电流严重超标。

（6）连接引线严重烧伤或断裂。

（7）其他根据现场实际认为应紧急停运的情况。

6. 电力电容器异常

紧急申请停运规定，发现有下列情况之一，运维人员应立即汇报值班调控人员申请将电力电容器停运，停运前应远离设备。

（1）电容器发生爆炸、喷油或起火。

（2）接头严重发热。

（3）电容器套管发生破裂或有闪络放电。

（4）电容器、放电线圈严重渗漏油时。

（5）电容器壳体明显膨胀，电容器、放电线圈或电抗器内部有异常声响。

（6）集合式并联电容器压力释放阀动作。

（7）当电容器2根及以上外熔断器熔断。

（8）电容器的配套设备有明显损坏，危及安全运行。

（9）其他根据现场实际认为应紧急停运的情况。

7. 干式电抗器异常

紧急申请停运规定，发现有下列情况之一，运维人员应立即汇报值班调控人员申请将干式电抗器停运，停运前应远离设备。

（1）接头及包封表面异常过热、冒烟。

（2）包封表面有严重开裂，出现沿面放电。

（3）支持绝缘子有破损裂纹、放电。

（4）出现突发性声音异常或振动。

（5）倾斜严重，线圈膨胀变形。

（6）其他根据现场实际认为应紧急停运的情况。

8. 组合电器异常

紧急申请停运规定，发现下列情况之一，运维人员应立即汇报调控人员申请将组合电器停运，停运前应远离设备。

（1）设备外壳破裂或严重变形、过热、冒烟。

（2）声响明显增大，内部有强烈的爆裂声。

（3）套管有严重破损和放电现象。

（4）SF_6气体压力低至闭锁值。

（5）组合电器压力释放装置（防爆膜）动作。

（6）组合电器中断路器发生拒动。

（7）其他根据现场实际认为应紧急停运的情况。

9. 隔离开关异常

紧急申请停运规定，发现下列情况之一，应立即向值班调控人员申请停运处理。

（1）线夹有裂纹、接头处导线断股散股严重。

（2）导电回路严重发热达到危急缺陷，且无法倒换运行方式或转移负荷。

（3）绝缘子严重破损且伴有放电声或严重电晕。

（4）绝缘子发生严重放电、闪络现象。

（5）绝缘子有裂纹，该隔离开关禁止操作。

（6）其他根据现场实际认为应紧急停运的情况。

10. 智能站二次异常

（1）合并单元、继电保护装置、智能终端等双重化配置时，当单套异常时，可不停运相关一次设备；双重化配置二次设备中，单一装置异常情况时，现场应急处置方式可参照以下执行：

1）保护装置异常时，投入装置检修压板，重启装置一次。

2）智能终端异常时，退出出口硬压板，投入装置检修压板，重启装置一次。

3）间隔合并单元异常时，相关保护退出（改信号）后，投入合并单元检修压板，重启装置一次。

4）网络交换机异常时，现场重启一次。

5）上述装置重启后，若异常消失，将装置恢复到正常运行状态；若异常未消失，应保持该装置重启时状态，并申请停役相关二次设备，必要时申请停役一次设备。各装置操作方式及注意事项应在现场运行规程中细化明确。

（2）对于单套配置的情况，如装置发生异常，则相应被保护的一次设备应退出运行。

第二节 500kV 小城仿真变电站设备及系统介绍

一、仿真变电站基本情况

小城变电站为过程层（设备层）、间隔层、站控层的标准"三层两网"结构智能变电站，设计主变压器容量 2×1000MVA，分别为 2 号主变压器、3 号主变压器；500kV 系统采用 3/2 断路器接线，共 4 回出线，分别为水城线、华城线、山城线、青城线；220kV 系统采用双母线双分段接线，共 9 回出线，分别为小清线、小泉线、小云线、小明线、小月线、小江线、小荷线、小烟线、小溪线。其中小泉线与小清线，小明线与小月线，小烟线与小溪线属于双回线路。35kV 系统采用单母线接线，配置 35kV 无功补偿并联电容器 6×60Mvar，并联电抗器 2×60Mvar。500kV 小城仿真变电站一次主接线图如图 8－2－1 所示。

图 8－2－1　500kV 小城仿真变电站一次主接线图

二、调度管辖范围

（一）省调管辖设备

（1）500kV 设备。500kV 1、2 号母线及母设；水城 5168 线、华城 5108 线、山城 5170 线、青城 5169 线以及 500kV 第一、二、三、四串断路器。

（2）变压器。2 号主变压器、3 号主变压器及三侧断路器。

（3）35kV 设备。35kV 2、3 号母线，2 号主变压器 1 号电容器、2 号主变压器 2 号电容器、2 号主变压器 3 号电容器、3 号主变压器 4 号电容器、3 号主变压器 5 号电容器、3 号主变压器 6 号电容器、2 号主变压器 1 号低抗、3 号主变压器 2 号低抗。1 号、2 号站用变压器及高压侧断路器。

（二）地调管辖设备

（1）220kV 设备。220kV 正母Ⅰ段、副母Ⅰ段、正母Ⅱ段、副母Ⅱ段母线及母设；220kV 1 号、2 号母联断路器；220kV 正母分段断路器、副母分段断路器。

（2）220kV 设备。小清 2281 线、小泉 2282 线、小云 2286 线、小明 2287 线、小月 2288 线、小江 2289 线、小荷 2290 线、小烟 2295 线、小溪 2296 线。

（3）10kV 站外电源线路、0 号站用变压器 1039 断路器及 0 号站用变压器本体。

（4）省调管辖与地调管辖分界点。以 2 号主变压器、3 号主变压器 220kV 侧母线隔离开关为界，母线隔离开关及以上属于省调管辖，母线隔离开关以下为地调管辖。

（三）本站管辖设备

1 号、2 号、0 号站用变压器低压侧断路器、站用电 400V 母线及其所属低压设备，直流系统。

三、主要一次设备配置

（一）变压器

1. 变压器

本站 2 号、3 号变压器均为单相自耦无励磁调压变压器，重庆 ABB 变压器有限公司制造，型号为 OSFPS–334000/500；单相额定容量为 334000/334000/100000kVA；额定电压为（525/$\sqrt{3}$）/（230/$\sqrt{3}$）/36kV；冷却方式为 ONAN/ONAF（70%/100%）；电压组合为 525/230±2×2.5%/36kV；高中压侧为自耦星形连接，其中性点直接接地，低压侧为三角形接线，接线组标号为 YN，a0，d11。变压器每相配置四组散热器。无载调压开关安装于中压绕组。配置 DUI3204–300–06050D 型无载开关操纵机构，正常运行时固定锁死，禁止转动操纵机构。

2. 站用变压器

本站 35kV 1 号、2 号站用变压器为油浸式有载变压器，型号 SZ11–800/35，电压组合为 35±3×2.5%/0.4kV，冷却方式为 ONAN（油浸自冷），接线组别为 Dyn11。

10kV 0 号站用变压器为树脂浇注干式调压变压器，冷却方式为 AN/AF，型号为 ZBW–

10/0.4 - 800，额定电压为 10±2×2.5%/0.4kV；接线组别为 Dyn11；额定容量为 800kVA，绝缘耐热等级为 F。

（二）500kV 部分

以 500kV 第一串为例，现场一次设备接线如图 8 - 2 - 2 所示，设备型号图如图 8 - 2 - 3 所示。

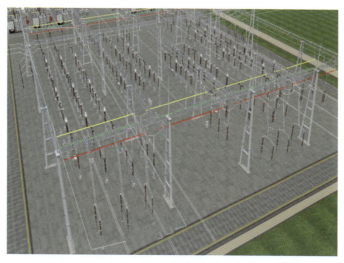

图 8 - 2 - 2　500kV 第一串现场一次设备接线图

设备名称	编号	型号	厂家	额定工作压力（MPa）	气体报警压力（MPa）	气体闭锁压力（MPa）
断路器	5011、5012、5013	HPL550B2 WC	北京 ABB 高压开关设备有限公司	0.8	0.72	0.7
隔离开关	50111、50112、50121、50122、	2SP03T - 550/4000 + CK 型隔离开关	阿尔斯通隔离开关（无锡）有限公司	—	—	—
接地开关	501117、501127、501217、501227、	2SP03T - 550/4000 + CK 型接地开关				
母线接地开关	5117、5127	STB - 550		—	—	—
电流互感器	—	LVBT - 500W3	江苏思源赫兹互感器有限公司			
电压互感器	—	TEMP - 500TEMP - 500	上海 MWB 互感器有限公司			

图 8 - 2 - 3　500kV 第一串设备型号图

（三）220kV 部分

220kV 为 GIS 设备，以小清 2281 间隔为例，现场一次设备接线如图 8-2-4 所示，设备型号如图 8-2-5 所示。

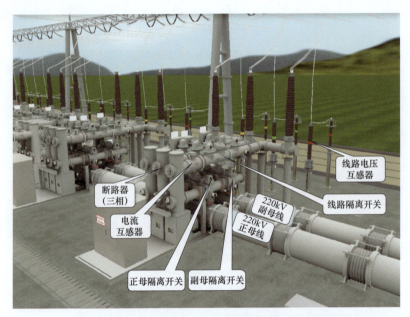

图 8-2-4　220kV GIS 间隔现场一次设备接线图

设备名称	编号	型号	厂家	额定工作压力（MPa）	气体报警压力（MPa）	气体闭锁压力（MPa）
断路器	2281	ZF11-252（L）	河南平高电气股份有限公司	0.6	0.52	0.5
隔离开关	22811 22812	ZF11-252（L）	河南平高电气股份有限公司	0.5	0.44	0.42
接地开关	228117 228167 2281617			0.5	0.44	0.42
电流互感器	线路 TA	ZF11-252（L）	河南平高电气股份有限公司	0.5	0.44	0.42
电压互感器	线路 CVT	TYD220/kV-0.005	江苏思源赫兹互感器有限公司	0.5	0.44	0.42

图 8-2-5　220kV GIS 间隔设备型号图

（四）35kV 部分

1. 电抗器

本站低压电抗器配置见表 8－2－1。

表 8－2－1　　　　　　　　　　本站低压电抗器配置情况

电抗器型号	厂家	编号
BKDK—20000/35	桂林五环电气制造公司	2 号主变压器 1 号低抗 3 号主变压器 2 号低抗

2. 电力电容器

本站电力电容器配置见表 8－2－2。

表 8－2－2　　　　　　　　　　本站电力电容器配置情况

电容器型号	厂家	编号
TBB35－60000/500－AQW	上海库柏电力电容器有限公司	2 号主变压器 1 号、2 号、3 号电容器，3 号主变压器 4 号、5 号、6 号电容器

四、主要二次设备配置

（一）保护及自动装置配置

1. 变压器保护

本站 2 号、3 号主变压器电气量保护采用北京四方 CSC－326 数字式变压器保护，双重化配置独立组屏；非电量保护集成于主变压器本体智能终端，主变压器的非电量保护功能由四方 JFZ－600R 本体智能单元实现。

CSC－326 可实现全套变压器电气量保护，包括多种原理的差动保护和后备保护（差动速断保护、比率差动保护、分相差动速断保护、分相比率差动保护、低压侧小区差动保护、分侧差动保护、相间阻抗保护、接地阻抗保护、复压闭锁过电流保护、零序过电流保护、定时限过激磁、反时限过激磁、过电流保护、过负荷、失灵）。主保护和后备保护实现完全双重化配置，双重化保护之间直流电源、交流电流、电压回路相互独立。

非电量保护包括重瓦斯、轻瓦斯、压力释放、绕组过温、油温高和冷却器全停等功能。重瓦斯保护通过智能终端动作，采用电缆方式就地跳闸；其他作用于信号的非电量保护通过 220kV GOOSE 网络 A 送至主变压器本体测控装置。

2 号、3 号主变压器本体分相智能柜由 PCS－221 合并单元Ⅰ、Ⅱ、Ⅲ、Ⅳ，JZF－600R 智能终端等组成。2 号、3 号主变压器 220kV 侧断路器汇控柜由 PCS－221 合并单元Ⅰ、Ⅱ，JZF－600F 智能终端Ⅰ、Ⅱ等组成。2 号、3 号主变压器 35kV 侧断路器汇控柜由 PCS－221 合并单元Ⅰ、Ⅱ，JZF－600F 智能终端Ⅰ、Ⅱ等组成。

2. 母线保护

500kV 每条母线按双重化配置母线差动保护装置，两条母线 A 保护各组 1 面柜，采用北京四方的 CSC-150C 母线差动保护；两条母线 B 保护共用 1 面柜，采用国电南自的 SG B750 母线差动保护。母线保护直采直跳断路器，失灵启动经 GOOSE 组网传输。

220kV 正母Ⅰ段母线、副母Ⅰ段母线、正母Ⅱ段母线、副母Ⅱ段母线第一套母线保护采用北京四方的 CSC-150E 型母线差动保护，第二套母线保护采用国电南自的 SG B750 型母线差动保护。CSC-150E 母差保护装置设有比率制动式电流差动保护、断路器失灵保护、母联（分段）失灵保护、母联（分段）死区保护、TA 断线判别、TV 断线判别等功能；SG B750 母线保护装置可以实现母线差动保护、母联（分段）断路器失灵和死区保护、断路器失灵保护、复合电压闭锁、运行方式识别、TA 断线告警及闭锁等功能。

运行注意事项如下：

（1）220kV 母联的母差电流回路断线，并不会影响保护对区内、区外故障的判别，只是失去对故障母线的选择性。母联断路器电流回路断线不闭锁差动保护，而是自动转入母线互联状态。母联电流回路正常后，恢复正常运行方式。

（2）母线分列运行时，母联（分段）断路器分闸后投入母差保护分列运行压板，母联（分段）断路器合闸前将其停用；

（3）双母线运行，母线 TV 停电前，应将停电母线 TV 并列断路器切至另一母线运行，强制使用运行母线 TV 二次电压。

3. 线路保护

500kV 线路保护配置两套全线速动保护，A 套主保护采用南瑞继保公司的 PCS-931GYM-D 型光纤分相电流差动保护装置，B 套主保护采用国电南自公司的 PSL603U 型光纤分相电流差动保护装置，两套主保护均含有完整的相间、接地及零序后备保护。保护通道均采用光纤通道，复用光端机 2M 接口方式。

每回线路配置双重化的过电压保护及远方跳闸就地判别功能，集成在线路保护装置中，远方跳闸保护采用"一取一"经就地故障判别的跳闸逻辑。线路主保护与后备保护采用一体化保护装置实现。

线路保护直接采样，直接跳断路器；经 GOOSE 网络启动断路器失灵、闭锁重合闸；站内其他装置经 GOOSE 网络启动远跳。

500kV 线路保护功能配置见表 8-2-3，正常运行方式下以上保护应全部投入运行。

表 8-2-3　　　　　　　　　　　500kV 线路保护功能配置表

保护型号	保护功能配置
PCS-931GYM-D	主保护：分相电流差动；零序电流差动
	后备保护：距离保护、零序保护、过电压及就地判别，重合闸
PSL603U	主保护：分相电流差动；零序电流差动
	后备保护：工频变化量距离Ⅰ段，三段式相间距离，三段式接地距离，二个延时段零序电流Ⅲ段方向过电流，综合自动重合闸
CSC-103A	主保护：纵联电流差动保护
	后备保护：三段式相间和接地距离保护，四段式零序电流保护

续表

保护型号	保护功能配置
WXH‑803A	主保护：纵联电流差动保护
	后备保护：快速距离保护、三段式相间距离保护，三段式接地距离保护，两段式零序过电流保护

220kV 小云线、小明线、小烟线、小溪线，每回线路主保护一、二均采用北京四方公司的 CSC‑103B/E 型光纤分相电流差动保护装置。主保护一保护通道均采用直接光纤芯方式；主保护二保护通道均采用复用光端机 2M 接口方式。

220kV 小荷线、小泉线主保护一、二保护通道均采用南瑞继保公司的 PCS‑931GM‑D 型光纤分相电流差动保护装置。主保护一保护通道均采用直接光纤芯方式；主保护二保护通道均采用复用光端机 2M 接口方式。

220kV 小清线、小月线、小江线主保护一采用国电南自的 PSL 603U 线路保护装置，主保护二采用国电南瑞的 NSR‑303 线路保护装置。主保护一采用专用光纤芯传输方式，主保护二传输通道复用通信 2M 接口。

CSC‑103B 包括纵联电流差动保护，后备保护包括三段式相间和接地距离保护、两段式零序方向保护和零序反时限保护；远跳就地判别和过压保护；重合闸。

PCS‑931GM‑D 保护包括以分相电流差动和零序电流差动为主体的快速主保护，由工频变化量距离元件构成的快速Ⅰ段保护，由三段式相间和接地距离及多个零序方向过电流构成的全套后备保护。可分相出口，配有自动重合闸。

PSL603‑U 以纵联电流差动（分相电流差动和零序电流差动）为全线速动保护。装置还设有快速距离保护、三段相间、接地距离保护、零序方向过电流保护、零序反时限过电流保护。PSL603‑U 保护的光纤通道方式为允许式，配有内置光电转换模块，不论采用专用光纤或复用通道，装置通道接口都是采用光纤传输方式。

NSR‑303 纵联差动保护以分相电流差动和零序电流差动为主体的快速主保护，由工频变化量距离元件构成的快速一段保护，以及由三段式相间和接地距离及多段零序方向过电流保护构成的全套后备保护。

4. 500kV 断路器保护

500kV 5011、5012、5013、5021、5022、5041、5042、5043 断路器保护采用四方 CSC‑121A 断路器保护装置，每台断路器配置两套；断路器失灵保护、死区保护、三相不一致保护、充电保护和自动重合闸。断路器保护跳本断路器采用直采直跳，本断路器失灵时，经 GOOSE 组网跳相邻断路器、启动母差保护、启动线路保护远传、启动主变压器保护各侧跳闸，断路器防跳、三相不一致、跳合闸压力闭锁均由本体机构实现。

500kV 5032、5033 断路器各自配置两套断路器保护，其中 A 保护为四方 CSC‑121A 断路器保护装置，B 保护为 WDLK‑862 断路器保护装置。

5. 220kV 母联（分段）保护

220kV1 号母联 2611 断路器、2 号母联 2612 断路器、正母分段 2621 断路器、副母分段 2622 断路器采用北京四方的 CSC-122B 保护装置。

CSC-122B 母联保护装置作为母联和分段断路器的充电过电流保护,由两段相过电流保护和一段零序过电流保护构成。

运行注意事项如下:

(1) 母联或分段断路器充电保护,母线充电时投入,充电良好后停用。

(2) 倒母线操作时,应在操作前停用母联断路器控制电源,投入母差保护"母线互联"软压板,操作完毕后恢复正常。

(3) 母联(分段)断路器分闸后投入"母联分列"软压板,母联(分段)断路器合闸前退出;母联(分段)断路器智能终端设有跳闸出口压板,母联(分段)保护、变压器后备保护、母差保护、失灵保护均通过此出口压板跳闸,正常运行时应投入。

6. 35kV 侧保护配置

(1) 电容器保护。

2 号主变压器 1 号、2 号、3 号电容器组和 3 号主变压器 4 号、5 号、6 号电容器组采用 CSC-221B 电容器保护测控一体化装置,具有不平衡电流保护、过电流保护、低电压保护等功能。

35kV Ⅱ 母(Ⅲ母)电容器保护测控计量屏由 CSC-221B 电容器保护测控装置Ⅰ、Ⅱ、Ⅲ组成。

(2) 电抗器保护。

2 号主变压器 1 号低抗和 3 号主变压器 2 号低抗采用四方的 CSC-231 电抗器保护测控一体化装置,具有过电流保护、低电压保护等功能。

35kV 电抗器保护测控计量屏采用 CSC-231 电抗器保护测控装置组成。

(3) 站用变压器保护。

0 号、1 号、2 号站用变压器均采用四方生产的 CSC-241C 保护、测控一体化站用变压器保护,具有三段复合电压闭锁过电流保护、零序过电流保护、过负荷保护等。非电量保护由现场智能终端配合设备本体继电器实现。

站用变压器保护测控计量屏采用 CSC-241C 保护测控装置Ⅰ、Ⅱ、Ⅲ组成。

7. 故障录波器

站内故障录波器使用山东山大电力技术有限公司的 WDGL-Ⅵ/D 数字式微机电力故障录波监测装置和 SDL-9001 报文分析及录波装置,网络报文分析。本站结合本期建设规模,共配置四套 WDGL-Ⅵ/D 数字式微机电力故障录波监测装置和两套 SDL-9001 报文分析及录波装置,500kV 线路两套 SDL-9001 报文分析及录波装置组一面柜,220kV 线路配置两套 WDGL-Ⅵ/D 数字式微机电力故障录波监测装置组一面柜,2 号、3 号主变压器配置两套 WDGL-Ⅵ/D 数字式微机电力故障录波监测装置组一面柜。

8. 安全稳定自动装置

400V 系统采用两套国电南京自动化生产的 PSP-641U 备用电源自动投入装置。400V 系统具备 0 号、1 号站用变压器,0 号、2 号站用变压器备自投功能,可以实现 400V 电源自动投入功能。当 1 号（2 号）站用变压器退出时，0 号站用变压器应能自动切换至失电的工作母线段继续供电。备自投停用应投入闭锁备自投压板；在备自投装置输入 GOOSE、SV 回路上工作前，应先停用备自投装置。

（二）智能二次设备配置

1. 合并单元装置

本站 500kV 华城线合并单元 B、水城线合并单元 B 采用国电南自的 PSMU602GV 型号产品。其他 500kV 母线、断路器、线路，220kV 母线、线路、分段及母联，35kV 母线、35kV 低抗、电容、站用变压器，主变压器间隔合并单元均采用南京南瑞继保电气有限公司生产 PCS－221 系列产品，就地安装于各间隔智能控制柜内。PCS－221 系列合并单元可以对电压互感器或电流互感器输出的电气量进行采样，并进行合并及同步处理，将处理后的数字信号转发给保护或测控装置使用。

其中，500kV 母线、220kV 母线、35kV 母线电压合并单元型号为 PCS－221N－G。其他设备合并单元均采用 PCS－221G－G 型号。

500kV 断路器间隔、220kV 出线间隔、分段、母联间隔合并单元，均采用双重化配置。其中 500kV 边断路器配置两套电压、电流共用合并单元；中断路器配置两套合并单元，全部为电流合并单元；220kV 出线、分段、母联间隔各配置两套电压、电流共用合并单元；主变压器配置两套电压、电流合并单元；500kV、220kV、35kV 母线电压互感器间隔各配置两套常规母线电压合并单元。

2. 智能终端装置

本站 500kV 母线、断路器、220kV 母线、线路、分段及母联；主变压器间隔智能终端均采用北京四方公司生产 JFZ－600 系列产品；35kV 低抗、电容、站用变压器采用南瑞继保 PCS－222C 产品。均能够接收保护跳合闸、测控的手合、手分及隔离开关、接地开关控制的 GOOSE 命令，输出相应动作接点；能够采集并上送断路器、隔离开关及接地开关位置、断路器本体信号等。

500kV 断路器间隔、220kV 出线间隔、分段、母联间隔智能终端，均采用双重化配置，第一套智能终端分别接入 500kV、220kV GOOSE 网 A 网，接受对应第一套保护跳合闸命令、测控手合/手分命令及隔离开关、接地开关 GOOSE 命令；输入断路器位置、隔离开关及接地开关位置、断路器本体信号（含压力低闭锁重合闸）；跳合闸自保持功能等。第二套智能终端分别接入 500kV、220kV GOOSE 网 B 网，接受对应第二套保护跳合闸命令；输入断路器位置、母线隔离开关位置；压力低闭锁重合闸；跳合闸自保持功能等。

35kV 低抗、电容、站用变压器间隔及主变压器本体均配置一套智能终端。

网络交换机均采用南瑞继保电气股份有限公司生产的 PCS－9882 型和 EPS6028E 型工业以太网交换机。

（三）站用交直流系统配置

1. 站用交流系统

500kV 小城仿真变电站站用交流系统接线如图 8－2－6 所示。

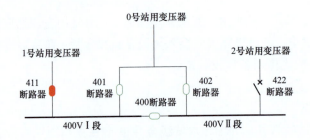

1号站用变压器通过411断路器带400VⅠ段母线负荷运行；
2号站用变压器通过422断路器带400VⅡ段母线负荷运行；
400断路器、401断路器、402断路器在分闸位置

图8-2-6 500kV小城仿真变电站站用交流系统图

2. 站用直流系统

500kV小城仿真变电站站用直流系统接线如图8-2-7所示。

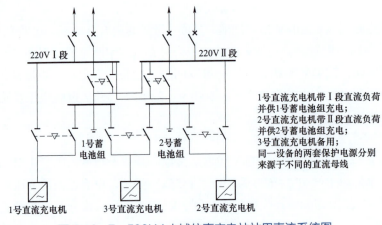

1号直流充电机带Ⅰ段直流负荷
并供1号蓄电池组充电；
2号直流充电机带Ⅱ段直流负荷
并供2号蓄电池组充电；
3号直流充电机备用；
同一设备的两套保护电源分别
来源于不同的直流母线

图8-2-7 500kV小城仿真变电站站用直流系统图

第三节 500kV小城仿真变电站典型设备故障

一、小烟2295线路AB相间瞬时性故障

（一）故障描述

天气晴，气温20℃。全站处于正常运行方式，设备健康状况良好，未进行过检修。小烟2295线路AB相间瞬时性故障。

（二）主要事故现象

1. 监控后台现象

（1）事故、预告音响报警。

（2）主画面及间隔分画面断路器变位：220kV小烟线2295断路器三相跳闸，绿灯闪光。

（3）主画面及间隔分画面负荷潮流、电压：220kV 小烟 2295 线潮流电压为零；220kV 小溪 2296 线负荷 200MW，未越限。

（4）光字牌点亮。

1）220kV 小烟 2295 保护分图光字窗点亮的光字牌：220kV 小烟 2295 双套线路保护（CSC-103B）保护动作，纵联差动保护动作，故障跳三相，故障跳 A 相，故障跳 B 相，故障跳 C 相，闭锁重合闸，装置告警。

2）220kV 正副母 I 段测控分图光字窗点亮的光字牌：220kV 故障录波器 1 启动。

3）220kV 正副母 II 段测控分图光字窗点亮的光字牌：220kV 故障录波器 2 启动。

2. 一次现场设备动作情况

220kV 小烟线 2295 断路器三相均处于分闸位置。

3. 二次保护动作情况

（1）线路保护及智能终端。220kV 小烟线 2295 双套线路保护"跳 A、跳 B、跳 C"指示灯亮，液晶显示"00000 保护启动、00006 突变量方向出口、00006 纵联差出口、00010 相间距离 I 段出口、故障相别 AB、故障测距为 2.40km、故障电流为 2.2A"。220kV 小烟线 2295 双套智能终端"动作""A 跳、B 跳、C 跳""A 分、B 分、C 分"断路器位置灯亮。

（2）故障录波。220kV 双套故障录波器"录波启动"灯亮，有录波文件。

（三）主要处理步骤

1. 简要检查

（1）检查确认监控机告警信息。检查确认告警窗报文。

（2）检查监控后台，确认跳闸。220kV 小烟 2295 线第一、二套线路保护动作，220kV 小烟线 2295 断路器三相跳闸，绿灯闪光。

（3）检查站内事故后负荷潮流、电压：220kV 小烟 2295 线潮流、电压为零，220kV 小溪 2296 线负荷 200MW，未越限。

2. 简要汇报调度

向调度简要汇报示例：我是小城变电站值班长，×时×分，监控显示小城变电站 220kV 小烟线 2295 线跳闸未重合，220kV 小烟线 2295 线双套线路保护动作，监控显示 2295 断路器在分位，小烟线 2295 线潮流、线路电压均为零，220kV 小溪 2296 线负荷 200MW，未越限。

3. 详细检查

（1）选取安全工器具。安全帽。

（2）检查一次设备。检查 220kV 小烟线 2295 断路器的实际位置及外观、SF$_6$ 气体压力、机构储能情况等，并检查小烟线 2295 线路保护范围内的其他设备。发现 220kV 小烟线 2295 断路器三相分位，线路范围内其他一次设备检查外观无明显异常。

（3）检查二次设备。220kV 小烟 2295 线双套线路保护正确动作，故障测距 2.4km，故障电流 2.2A，复归相关信号，打印保护、故障录波报告。

4. 详细汇报调度

向调度详细汇报，并申请调度指令：我是小城变电站值班长，×时×分，小城变电站220kV 小烟2295线 AB 相间故障跳闸，220kV 小烟线2295 断路器在分位；220kV 小烟2295线双套线路保护动作。检查站内一二次设备未发现明显异常。初步判断 220kV 小烟2295线 2.4km 处 AB 相间故障。当前小溪2296线负荷 200MW，无负荷损失。站内天气晴。

向调度申请试送 220kV 小烟2295 线。

5. 恢复送电

根据调度指令对 220kV 小烟2295 线进行试送，试送成功，220kV 小烟2295 线恢复运行。

6. 结束

（1）汇报调度 220kV 小烟2295 线已恢复运行。

（2）归还安全工器具：安全帽。

二、山城5170 线路 A 相永久性故障

（一）故障描述

天气晴，气温 20℃。全站处于正常运行方式，设备健康状况良好，未进行过检修。山城5170 线路 A 相永久性故障（A 相避雷器炸裂）。

（二）主要事故现象

1. 监控后台现象

（1）事故、预告音响报警。

（2）主画面及间隔分画面断路器变位：500kV 三串联络5032 断路器、500kV 山城5170线5033 断路器三相跳闸，绿灯闪光。

（3）主画面及间隔分画面负荷潮流、电压：山城5170 线潮流、线路电压为零；青城5169 线负荷 600MW，未越限。

（4）光字牌点亮。

1）山城 5170 线保护 A 分图光字窗点亮的光字牌。500kV 山城 5170 线保护 A（CSC–103B）装置报警，A 相跳闸出口，B 相跳闸出口，C 相跳闸出口，保护跳闸出口，TV 断线，保护动作。

2）山城 5170 线保护 B 分图光字窗点亮的光字牌。500kV 山城 5170 线保护 B（WXH–803）纵联保护动作，纵差保护动作，A 相跳闸出口，B 相跳闸出口，C 相跳闸出口，保护三跳出口，保护永跳出口，告警总，TV 断线。

3）500kV 山城 5170 线 5032 断路器保护分图光字窗点亮的光字牌。保护 A（CSC–121A）Ⅱ类告警总，闭锁重合闸；保护 B（WDLK–862B）Ⅱ类告警总；闭锁重合闸。

4）500kV 山城 5170 线 5033 断路器保护分图光字窗点亮的光字牌。保护 A（CSC–121A）Ⅱ类告警总，闭锁重合闸，重合闸动作；保护 B（WDLK–862B）Ⅱ类告警总，闭锁重合闸，重合闸动作。

5）500kV 山城5170 线5032 测控分图光字窗点亮的光字牌。双套智能终端间隔事故总。

6）500kV山城5170线5033测控分图光字窗点亮的光字牌。第一套智能终端（JZF－600F）间隔事故总，合闸动作；第二套智能终端（JZF－600F）间隔事故总。

7）500kVⅡ母测控分图光字窗点亮的光字牌。500kV故障录波器1录波启动、500kV故障录波器2录波启动。

2. 一次现场设备动作情况

500kV三串联络5032断路器、500kV山城5170线5033断路器三相均处于分闸位置，500kV山城5170线A相避雷器炸裂。

3. 二次保护动作情况

（1）线路保护及智能终端。500kV山城5170线第一套线路保护"异常""保护跳闸"灯亮，液晶显示"00005接地距离Ⅰ段出口""00006纵联分差出口""00596保护启动""00702纵联分差出口""00726保护启动""00927加速零序Ⅱ段出口""故障测距为0km""故障相别A相""故障电流为2.1A"。第二套保护"异常""保护跳闸"灯亮，液晶显示"纵联差动出口时间（ms）：005""工频突变量距离出口时间（ms）：005""接地距离Ⅰ段出口时间（ms）：005""纵联差动出口时间（ms）：701""零序过电流加速段出口时间（ms）：927""纵联双端测距　距离（km）D＝0km""故障相别A相"。500kV山城5170线5032、500kV山城5170线5033断路器双套智能终端"动作""A跳、B跳、C跳""A分、B分、C分"断路器位置灯亮。

（2）断路器保护。500kV三串联络5032断路器双套断路器保护装置面板"告警"灯亮、"跳闸""重合允许"灯灭，液晶显示"00005A相跟跳""00702A相跟跳""00927三相跟跳""动作相别：ABC""故障电流为2.1A"。500kV山城5170线5033断路器双套断路器保护"告警""重合闸动作""跳闸"灯亮、"重合允许"灯灭，液晶显示"00005A相跟跳""00702A相跟跳""000720重合闸动作""00927三相跟跳""动作相别：ABC""故障电流为2.1A"。

（3）500kV故障录波器"录波启动"灯亮，有录波文件。

（三）主要处理步骤

1. 简要检查

（1）检查确认监控机告警信息。检查确认告警窗报文。

（2）检查监控后台，确认跳闸。500kV山城5170线第一套、第二套线路保护动作，500kV三串联络5032断路器、500kV山城5170线5033断路器三相跳闸，绿灯闪光。

（3）检查站内事故后负荷潮流、电压。山城5170线潮流、线路电压为零，青城5169线负荷600MW，未越限。

2. 简要汇报调度

向调度简要汇报示例：我是小城变电站值班长，×时×分，500kV山城5170线跳闸，双套线路保护动作，500kV山城5170线5033断路器重合闸动作重合失败，500kV三串联络5032断路器、500kV山城5170线5033断路器跟跳保护动作，监控显示5032、5033断路器在分位，山城5170线潮流、线路电压为零，青城5169线负荷600MW，未越限。

3. 详细检查

（1）选取安全工器具。安全帽。

（2）检查一次设备。检查 500kV 三串联络 5032 断路器、500kV 山城 5170 线 5033 断路器的实际位置及外观、SF$_6$ 气体压力、机构储能情况等，并检查山城 5170 线路保护范围内的其他设备。发现 500kV 三串联络 5032 断路器、500kV 山城 5170 线 5033 断路器分位，山城 5170 线 A 相避雷器炸裂，线路范围内其他一次设备检查外观无明显异常。

（3）检查二次设备。山城 5170 线第一、二套线路保护正确动作，故障测距 0km，500kV 山城 5170 线 5033 断路器重合闸动作，重合失败，复归相关信号，打印保护、故障录波报告。

4. 详细汇报调度

向调度详细汇报，并申请调度指令：我是小城变电站值班长，×时×分，山城 5170 线路跳闸，重合失败，500kV 三串联络 5032 断路器、500kV 山城 5170 线 5033 断路器分位；500kV 山城 5170 线双套线路保护正确动作，故障相别 A 相，故障测距 0km，500kV 山城 5170 线 5033 断路器重合闸动作，500kV 三串联络 5032 断路器、500kV 山城 5170 线 5033 断路器跟跳保护动作。检查发现山城 5170 线 A 相避雷器炸裂，其他设备检查无明显异常。初步判断山城 5170 线 A 相避雷器故障引起线路跳闸，青城 5169 线负荷 600MW，无负荷损失。站内天气晴。

向调度申请山城 5170 线转冷备用。

5. 隔离故障设备

根据调度指令将山城 5170 线转冷备用。

6. 故障设备转检修

（1）汇报调度。故障设备已隔离，申请将山城 5170 线转线路检修。

（2）选取安全工器具。500kV 验电器、绝缘手套、绝缘靴。

（3）根据典型操作票将山城 5170 线转线路检修状态。

7. 结束

（1）汇报调度山城 5170 线已转线路检修，故障处理完毕。

（2）回收安全工器具：安全帽、500kV 验电器、绝缘手套、绝缘靴。

三、220kV 正母Ⅱ段 A 相故障

（一）故障描述

天气晴，气温 20℃。全站处于正常运行方式，设备健康状况良好，未进行过检修。220kV 正母Ⅱ段 A 相故障（A 相电压互感器闸刀气室故障）。

（二）主要事故现象

1. 监控后台现象

（1）事故、预告音响报警。

（2）主画面及间隔分画面断路器变位：220kV 2 号母联 2612 断路器、3 号主变压器

220kV 侧 2603 断路器、220kV 小烟线 2295 断路器、220kV 正母分段 2621 断路器三相跳闸，绿灯闪光。

（3）主画面及间隔分画面负荷潮流、电压：小烟 2295 线潮流为零、电压为零；3 号主变压器 220kV 侧 2603 断路器潮流为零；2 号主变压器潮流 600MW；小溪 2296 线潮流 200MW；220kV 正母Ⅱ段母线电压为零。

（4）光字牌点亮。

1）220kV 正副Ⅱ段母线保护分图光字窗点亮的光字牌。220kV 正副Ⅱ段母线保护 A（CSC-150E）保护动作；220kV 正副Ⅱ段母线保护 B（SGB750）告警总信号，正母差动保护动作，正母 TV 断线，异常总信号。

2）220kV 小烟 2295 保护分图光字窗点亮的光字牌。220kV 小烟 2295 线双套保护远方跳闸发信，闭锁重合闸，装置告警。

3）220kV 小烟 2295 测控分图光字窗点亮的光字牌。220kV 小烟 2295 双套智能终端（JZF-600F）间隔事故总，闭锁重合闸开入。

4）220kV 2 号母联 2612 断路器、3 号主变压器 220kV 侧 2603 断路器、220kV 正母分段 2621 断路器测控分图光字窗点亮的光字牌同 220kV 小烟线 2295 断路器。

5）220kV 正副母Ⅰ段测控分图光字窗点亮的光字牌。220kV 故障录波器 1 启动。

6）220kV 正副母Ⅱ段测控分图光字窗点亮的光字牌。220kV 故障录波器 2 启动。

2. 一次现场设备动作情况

220kV 小烟线 2295 断路器、220kV 2 号母联 2612 断路器、3 号主变压器 220kV 侧 2603 断路器、220kV 正母分段 2621 断路器三相均处于分闸位置。

3. 二次保护动作情况

（1）220kVⅡ段母线保护及智能终端。A 套"母差动作""交流异常""告警"灯亮，装置液晶界面上主要保护动作信息"00005 差动动作；故障电流＝1.8 安；故障相别 AN；TV 断线"。B 套"母差动作""TV 断线""告警"灯亮，且装置液晶界面上主要保护动作信息"正母 TV 断线；A 相正母差动作"；220kV 小烟线 2295 断路器、220kV 2 号母联 2612 断路器、3 号主变压器 220kV 侧 2603 断路器、220kV 正母分段 2621 断路器双套智能终端"动作""A 跳、B 跳、C 跳""A 分、B 分、C 分"断路器位置灯亮。

（2）线路保护。220kV 小烟 2295 线双套保护"充电"灯灭，液晶显示远跳发信。

（3）双套 220kV 故障录波器"录波启动"灯亮，有录波文件。

（三）主要处理步骤

1. 简要检查

（1）检查确认监控机告警信息。检查确认告警窗报文。

（2）检查监控后台，确认跳闸。220kVⅡ段正母第一、二套差动保护动作，3 号主变压器 220kV 侧 2603 断路器、220kV 正母分段 2621 断路器、220kV 2 号母联 2612 断路器、220kV 小烟线 2295 断路器三相跳闸，绿灯闪光。

（3）检查站内事故后负荷潮流、电压。小烟 2295 线潮流为零、电压为零；3 号主变压器 220kV 侧 2603 断路器潮流为零；2 号主变压器潮流 600MW；小溪 2296 线潮流 200MW；220kV 正母 Ⅱ 段母线电压为零。

2. 简要汇报调度

向调度简要汇报示例：我是小城变电站值班长，×时×分，小城变电站 220kV 正母 Ⅱ 段跳闸，220kV 正母 Ⅱ 段双套母差保护动作，监控显示 3 号主变压器 220kV 侧 2603 断路器、220kV 正母分段 2621 断路器、220kV 2 号母联 2612 断路器、220kV 小烟线 2295 断路器分位。小烟 2295 线潮流为零、电压为零；3 号主变压器 220kV 侧 2603 断路器潮流为零；2 号主变压器潮流 600MW，小溪 2296 线潮流 200MW，未越限；220kV 正母 Ⅱ 段母线电压为零。

3. 详细检查

（1）选取安全工器具。安全帽。

（2）检查一次设备。3 号主变压器 220kV 侧 2603 断路器、220kV 正母分段 2621 断路器、220kV 2 号母联 2612 断路器、220kV 小烟线 2295 断路器的实际位置及外观、SF_6 气体压力、机构储能情况等，并检查 220kV 正母 Ⅱ 段差动保护范围内的其他设备。发现 3 号主变压器 220kV 侧 2603 断路器、220kV 正母分段 2621 断路器、220kV 2 号母联 2612 断路器、220kV 小烟线 2295 断路器三相分位，220kV 正母 Ⅱ 段 A 相电压互感器闸刀气室故障（压力异常、红外测温温度升高、组分分析 SF_6 分解物超标），母线范围内其他一次设备检查外观无明显异常。

（3）检查二次设备。220kV 正母 Ⅱ 段第一、二套差动保护正确动作，故障相别 A 相，故障电流 1.8A，复归相关信号，打印保护、故障录波报告。

4. 详细汇报调度

我是小城变电站值班长，×时×分，小城变电站 220kV 正母 Ⅱ 段跳闸，3 号主变压器 220kV 侧 2603 断路器、220kV 正母分段 2621 断路器、220kV 2 号母联 2612 断路器、220kV 小烟线 2295 断路器分位；220kV 正母 Ⅱ 段双套母差保护动作。检查发现 220kV 正母 Ⅱ 段 A 相电压互感器闸刀气室故障，其他一次设备检查无异常。初步判断 220kV 正母 Ⅱ 段 A 相电压互感器闸刀气室故障引起正母 Ⅱ 段跳闸。当前 2 号主变压器负荷 600MW，小溪 2296 线负荷 200MW，无负荷损失。站内天气晴。

向调度申请 220kV 正母 Ⅱ 段转冷备用，3 号主变压器 220kV 侧 2603 断路器、220kV 小烟线 2295 断路器转 220kV 副母 Ⅱ 段运行。

5. 隔离故障设备

根据调度指令将 220kV 正母 Ⅱ 段转冷备用。

6. 恢复送电

根据调度指令将 3 号主变压器 220kV 侧 2603 断路器、220kV 小烟线 2295 断路器冷倒至 220kV 副母 Ⅱ 段运行。

7. 故障设备转检修

（1）故障设备已隔离，正常设备已恢复运行，并申请故障设备 220kV 正母 Ⅱ 段、220kV

正母Ⅱ段电压互感器转检修。

（2）根据典型操作票将 220kV 正母Ⅱ段、220kV 正母Ⅱ段电压互感器转检修。

8. 结束

（1）汇报调度 220kV 正母Ⅱ段、220kV 正母Ⅱ段电压互感器已转检修，故障处理完毕。

（2）回收安全工器具：安全帽。

四、500kVⅡ母A相故障

（一）故障描述

天气晴，气温 20℃。全站处于正常运行方式，设备健康状况良好，未进行过检修。500kVⅡ母A相故障（A相接地开关绝缘子裂纹绝缘闪络）。

（二）主要事故现象

1. 监控后台现象

（1）事故、预告音响报警。

（2）主画面及间隔分画面断路器变位。500kV 水城 5168 线 5013 断路器、500kV 二串联络 5022 断路器、500kV 山城 5170 线 5033 断路器、3 号主变压器 500kV 侧 5043 断路器三相跳闸，绿灯闪光。

（3）主画面及间隔分画面负荷潮流、电压。500kVⅡ段母线电压为零，站内设备无越限。

（4）光字牌点亮。

1）500kVⅡ段母线保护分图光字窗点亮的光字牌。500kVⅡ段母线保护保护 A（CSC−150E）保护动作，TV 断线；500kVⅡ段母线保护保护 B（SGB750）母差差动保护动作，TV 断线，告警总。

2）500kV 水城 5168 线 5013 断路器保护分图光字窗点亮的光字牌。双套断路器保护闭锁重合闸。

3）500kV 山城 5170 线 5013 测控分图光字窗点亮的光字牌。双套智能终端间隔事故总。

4）500kV 二串联络 5022、500kV 三串联络 5032、3 号主变压器 500kV 侧 5043 断路器保护、测控分图光字窗点亮的光字牌同 500kV 水城 5168 线 5013 断路器。

5）500kVⅠ母测控分图光字窗点亮的光字牌。500kV 故障录波器 1 录波启动、500kV 故障录波器 2 录波启动。

2. 一次现场设备动作情况

500kV 水城 5168 线 5013 断路器、500kV 二串联络 5022 断路器、500kV 山城 5170 线 5033 断路器、3 号主变压器 500kV 侧 5043 断路器三相均处于分闸位置。

3. 二次保护动作情况

（1）500kVⅡ母保护。A 套"母差动作""交流异常""告警"灯亮，且装置液晶界面上主要保护动作信息为"00005 差动动作；故障电流为 1.9A；故障相别 A 相；TV 断线"。

B 套"母差动作""TV 断线""告警"灯亮，且装置液晶界面上主要保护动作信息：A 相Ⅰ母差动动作；故障相别 A 相；Ⅰ母 TV 断线。500kV 二串联络 5022、500kV 三串联络5032、3 号主变压器 500kV 侧 5043、500kV 水城 5168 线 5013 断路器双套智能终端"动作""A 跳、B 跳、C 跳""A 分、B 分、C 分"断路器位置灯亮。

（2）断路器保护。500kV 水城 5168 线 5013、500kV 二串联络 5022、500kV 三串联络5032 断路器保护"充电满"灯灭，液晶面板显示三相跟跳动作。3 号主变压器 500kV 侧5043 断路器保护液晶面板显示三相跟跳动作。

（3）故障录波。500kV 故障录波器"录波启动"灯亮，有录波文件。

（三）主要处理步骤

1. 简要检查

（1）检查确认监控机告警信息。检查确认告警窗报文。

（2）检查监控后台，确认跳闸。500kVⅡ母第一、二套差动保护动作，500kV 水城 5168线 5013 断路器、500kV 二串联络 5022 断路器、500kV 山城 5170 线 5033 断路器、3 号主变压器 500kV 侧 5043 断路器三相跳闸，绿灯闪光。

（3）检查站内事故后负荷潮流、电压。500kVⅡ母线电压为零，站内设备无潮流越限。

2. 简要汇报调度

向调度简要汇报示例：我是小城变电站值班长，×时×分，小城变电站 500kVⅡ段母线跳闸，500kVⅡ母双套母差保护动作，监控显示 500kV 水城 5168 线 5013 断路器、500kV二串联络 5022 断路器、500kV 山城 5170 线 5033 断路器、3 号主变压器 500kV 侧 5043 断路器分位。500kV 2 号母线电压为零，站内设备无潮流越限。

3. 详细检查

（1）选取安全工器具。安全帽。

（2）检查一次设备。500kV 水城 5168 线 5013 断路器、500kV 二串联络 5022 断路器、500kV 山城 5170 线 5033 断路器、3 号主变压器 500kV 侧 5043 断路器的实际位置及外观、SF_6 气体压力、机构储能情况等，并检查 500kVⅡ母线差动保护范围内的其他设备。发现500kVⅡ母线 5217 接地开关 A 相绝缘子裂纹且有闪络放电痕迹，母线范围内其他一次设备检查外观无明显异常。

（3）检查二次设备。500kVⅡ母第一、二套差动保护正确动作，故障相别 A 相，故障电流 1.9A，500kV 水城 5168 线 5013 断路器、500kV 二串联络 5022 断路器、500kV 山城5170 线 5033 断路器、3 号主变压器 500kV 侧 5043 断路器保护三相跟跳动作，复归相关信号，打印保护、故障录波报告。

4. 详细汇报调度

我是小城变电站值班长，×时×分，小城变电站 500kVⅡ段母线跳闸，500kV 水城 5168线 5013 断路器、500kV 二串联络 5022 断路器、500kV 山城 5170 线 5033 断路器、3 号主变压器 500kV 侧 5043 断路器分位；500kVⅡ母第一、二套差动保护动作。检查发现 500kVⅡ母线 5217 接地开关 A 相绝缘子裂纹且有闪络放电痕迹，其他设备检查无异常。初步判断 500kV Ⅱ 母线 5217 接地开关 A 相绝缘子故障引起 500kV 2 号母线跳闸。无负荷损失。站内天气晴。

向调度申请 500kV 2 号母线转冷备用。

5. 隔离故障设备

根据调度指令将 500kV 2 号母线转冷备用。

6. 故障设备转检修

（1）故障设备已隔离，并申请故障设备 500kV 2 号母线转检修。

（2）选取安全工器具：500kV 验电器、绝缘手套、绝缘靴。

（3）根据典型操作票将 500kV 2 号母线转检修。

7. 结束

（1）汇报调度 500kV 2 号母线已转检修，故障处理完毕。

（2）回收安全工器具：安全帽、500kV 验电器、绝缘手套、绝缘靴。

五、3 号主变压器 A 相内部故障，备自投失败

（一）故障描述

天气晴，气温 20℃。全站处于正常运行方式，设备健康状况良好，未进行过检修。3 号主变压器 A 相内部故障，备自投装置 2－5CLP6 402 断路器合闸出口压板退出。

（二）主要事故现象

1. 监控后台现象

（1）事故、预告音响报警。

（2）主画面及间隔分画面断路器变位。3 号主变压器 500kV 侧 5043 断路器、500kV 四串联络 5042 断路器、3 号主变压器 220kV 侧 2603 断路器、3 号主变压器 35kV 侧 3530 断路器、3 号主变压器 4 号电容器 332 断路器、2 号站用变压器低压侧 422 断路器三相跳闸，绿灯闪光；0 号站用变压器低压侧 402 断路器三相合闸，红灯闪光。

（3）主画面及间隔分画面负荷潮流、电压。3 号主变压器潮流为零、电压为零；2 号主变压器潮流 600MW，未越限。站用电 Ⅱ 段备自投动作失败，站用 400V Ⅱ 段交流母线电压为零。

（4）光字牌点亮。

1）3 号主变压器保护分图光字窗点亮的光字牌。3 号变压器双套主变压器保护动作，主保护跳各侧。

2）3 号主变压器遥信分图光字窗点亮的光字牌。3 号主变压器 220kV 侧 2603、3530 断路器双套智能终端间隔事故总，3 号主变压器本体智能终端（PCS－222）A 相本体轻瓦斯，A 相本体重瓦斯，汇控箱交流电源 Ⅱ 故障。

3）3 号主变压器遥信分图光字窗点亮的光字牌。汇控箱交流电源 Ⅱ 故障。

4）500kV 四串联络 5042、3 号主变压器 500kV 侧 5043 断路器测控分图光字窗点亮的光字牌。双套智能终端间隔事故总。

5）35kV 公用测控分图光字窗点亮的光字牌。380V 站用电备自投装置（PCS-9651）2 号站变备自投跳闸信号，合闸信号。

6）380V 备自投分图光字窗点亮的光字牌。380V 站用电备自投装置（PCS-9651）跳 422 断路器。

7）35kV 3 号主变压器 4 号电容器分图光字窗点亮的光字牌。智能终端（PCS-222）间隔事故总。

8）2 号主变压器遥信信号分图光字窗点亮的光字牌。2 号、3 号主变压器故障录波器 1 启动、2 号、3 号主变压器故障录波器 2 启动。

2. 一次现场设备动作情况

3 号主变压器 220kV 侧 2603 断路器、3 号主变压器 35kV 侧 3530 断路器、500kV 四串联络 5042 断路器、3 号主变压器 500kV 侧 5043 断路器三相均处于分闸位置。

3. 二次保护动作情况

（1）主变压器保护及智能终端。3 号主变压器双套保护"差动动作""TV 断线""装置告警"灯亮，装置液晶界面上主要保护动作信息为"00005 差动速断出口；00005 比率差动出口；00005 分相差动速断出口；00005 分相比率差动出口；00005 分侧差动出口；故障相别：A；故障电流为 2.1A"。3 号主变压器本体智能终端（JZF-600R）装置"非电量告警""本体重瓦斯""本体轻瓦斯"灯亮。3 号主变压器 500kV 侧 5043、500kV 四串联络 5042、3 号主变压器 220kV 侧 2603 断路器双套智能终端"动作""A 跳、B 跳、C 跳""A 分、B 分、C 分"断路器位置灯亮。3 号主变压器 35kV 侧 3530 断路器双套智能终端"保护跳闸""断路器分位"灯亮，"断路器合位"灯灭。

（2）断路器保护。500kV 四串联络 5042、3 号主变压器 5043 双套保护"充电满"灯灭，装置液晶界面上主要保护动作信息：00005 三相跟跳；动作相别：ABC；故障电流=2.1 安。

（3）35kVⅢ母电容器保护。"合位"灯灭；"动作""跳位"灯亮，且装置液晶界面显示欠压动作。

（4）380V 站用电备自投装置。"跳闸""合闸""跳位"灯亮，"合位"灯灭。装置液晶界面上主要保护动作信息：备自投动作；备自投动作跳 1DL；合进线Ⅱ。

（5）故障录波器。主变压器故障录波器"录波启动"灯亮，有录波文件。

（三）主要处理步骤

1. 简要检查

（1）检查确认监控机告警信息。检查确认告警窗报文。

（2）检查监控后台，确认跳闸。3 号主变压器第一、二套电气量保护动作，非电量重瓦斯保护动作，3 号主变压器 500kV 侧 5043 断路器、500kV 四串联络 5042 断路器、3 号主变压器 35kV 侧 3530 断路器、3 号主变压器 220kV 侧 2603 断路器三相跳闸，绿灯闪光。3 号主变压器 4 号电容器欠电压保护动作，3 号主变压器 4 号电容器 332 断路器三相跳闸，绿灯闪光。

（3）检查站内事故后负荷潮流、电压。潮流变化情况：3 号主变压器潮流为零、电压为零；2 号主变压器潮流 600MW，未越限。站用电 Ⅱ 段备自投动作失败，站用 400V Ⅱ 段交流母线电压为零。

2. 简要汇报调度

向调度简要汇报示例：我是小城变电站值班长，×时×分，小城变电站 3 号主变压器故障跳闸，3 号主变压器双套差动及重瓦斯保护动作，3 号主变压器 4 号电容器欠电压保护动作，监控显示 3 号主变压器 500kV 侧 5043 断路器、500kV 四串联络 5042 断路器、3 号主变压器 35kV 侧 3530 断路器、3 号主变压器 220kV 侧 2603 断路器、3 号主变压器 4 号电容器 332 断路器分位。3 号主变压器潮流为零、电压为零；2 号主变压器潮流 600MW，未越限。站用电 Ⅱ 段备自投动作失败，站用 400V Ⅱ 段交流母线电压为零。

3. 详细检查

（1）选取安全工器具。安全帽。

（2）自行处理。恢复所用电系统。

（3）检查一次设备。3 号主变压器 500kV 侧 5043 断路器、500kV 四串联络 5042 断路器、3 号主变压器 35kV 侧 3530 断路器、3 号主变压器 220kV 侧 2603 断路器、3 号主变压器 4 号电容器 332 断路器的实际位置及外观、SF_6 气体压力、机构储能情况等，并检查 3 号主变压器差动保护范围内的其他设备，重点检查主变压器本体。发现 3 号主变压器 A 相重瓦斯动作，瓦斯继电器有气体，主变压器差动保护范围内其他一次设备检查外观无明显异常。

（4）检查二次设备。检查发现备自投装置 2−5CLP6 402 断路器合闸出口压板在退出位置，测量压板两端确无异性电源，投入 2−5CLP6 402 断路器合闸出口压板。3 号主变压器第一、二套差动保护正确动作，故障相别 A 相，故障电流 2.1A，非电量保护重瓦斯动作，3 号主变压器 500kV 侧 5043 断路器、500kV 四串联络 5042 断路器保护三相跟跳动作，复归相关信号，打印保护、故障录波报告。

4. 详细汇报调度

我是小城变电站值班长，×时×分，小城变电站 3 号主变压器跳闸，3 号主变压器 4 号电容器跳闸，3 号主变压器 500kV 侧 5043 断路器、500kV 四串联络 5042 断路器、3 号主变压器 35kV 侧 3530 断路器、3 号主变压器 220kV 侧 2603 断路器、3 号主变压器 4 号电容器 332 断路器分位；3 号主变压器双套差动保护动作，本体重瓦斯动作，3 号主变压器 4 号电容器欠电压保护动作。检查发现 3 号主变压器 A 相瓦斯继电器有气体，其他设备检查无异常。初步判断 3 号主变压器 A 相发生内部故障。当前 2 号主变压器潮流 600MW，无负荷损失。站内天气晴。

向调度申请 3 号主变压器转冷备用。

5. 隔离故障设备

根据调度指令将 3 号主变压器转冷备用。

6. 故障设备转检修

（1）故障设备已隔离，并申请故障设备 3 号主变压器转检修。

（2）选取安全工器具。500kV 验电器、220kV 验电器、35kV 验电器、绝缘手套、绝缘靴。

（2）根据典型操作票将 3 号主变压器转检修。

7. 结束

（1）汇报调度 3 号主变压器已转检修，故障处理完毕。

（2）回收安全工器具。安全帽、500kV 验电器、220kV 验电器、35kV 验电器、绝缘手套、绝缘靴。

六、小烟 2295 线路 A 相永久性故障，小烟 2295 线断路器拒动

（一）故障描述

天气晴，气温 20℃。全站处于正常运行方式，设备健康状况良好，未进行过检修。小烟 2295 线路断路器 SF_6 压力低闭锁，小烟 2295 线路 A 相永久性故障（A 相电压互感器故障）。

（二）主要事故现象

1. 监控后台现象

（1）事故、预告音响报警。

（2）主画面及间隔分画面断路器变位：220kV 2 号母联 2612 断路器、3 号主变压器 220kV 侧 2603 断路器、220kV 正母分段 2621 断路器三相跳闸，绿灯闪光；220kV 小烟线 2295 断路器合位。

（3）主画面及间隔分画面负荷潮流、电压：小烟 2295 线潮流为零、电压为零；3 号主变压器 220kV 侧 2603 断路器潮流为零；2 号主变压器负荷 389MW，小溪 2296 线负荷 161MW，未越限；220kV 正母 Ⅱ 段母线电压为零。

（4）光字牌点亮。

1）220kV 小烟 2295 保护分图光字窗点亮的光字牌。220kV 小烟线双套 2295 线路保护（CSC－103B）保护动作，纵联差动保护动作，远方跳闸动作，故障跳三相，故障跳 A 相，故障跳 B 相，故障跳 C 相，装置告警。

2）220kV 小烟 2295 测控分图光字窗点亮的光字牌。220kV 小烟 2295 第一套智能终端（JZF－600F）第一组控制回路断线，闭锁重合闸开入，断路器 SF_6 气压低告警，断路器 SF_6 气压低闭锁；220kV 小烟 2295 第二套智能终端（JZF－600F）第二组控制回路断线，闭锁重合闸开入。

3）220kV 正副 Ⅱ 段母线保护分图光字窗点亮的光字牌。220kV 正副 Ⅱ 段母线保护 A（CSC－150E）失灵保护动作，220kV 正副 Ⅱ 段母线保护 B（SGB750）正母失灵保护动作。

4）3 号主变压器遥信分图光字窗点亮的光字牌。3 号主变压器 220kV 侧 2603 断路器双套智能终端（JZF－600F）间隔事故总。

5）正母分段 2621、2 号母联 2612 分图光字窗点亮的光字牌同 3 号主变压器遥信分图。

6）220kV 正副母 Ⅰ 段测控分图光字窗点亮的光字牌。220kV 故障录波器 1 启动。

7）220kV 正副母 Ⅱ 段测控分图光字窗点亮的光字牌。220kV 故障录波器 2 启动。

2. 一次现场设备动作情况

220kV 2 号母联 2612 断路器、3 号主变压器 220kV 侧 2603 断路器、220kV 正母分段

2621 断路器三相均处于分闸位置；220kV 小烟线 2295 断路器三相均处于合闸位置。

3. 二次保护动作情况

（1）线路保护及智能终端。220kV 小烟 2295 双套线路保护，"充电"灯灭，"跳 A""跳 B""跳 C"灯亮；装置液晶界面显示纵联差动保护动作。220kV 小烟线 2295 断路器双套智能终端"动作""A 跳、B 跳、C 跳"灯亮、"A 分、B 分、C 分、A 合、B 合、C 合"断路器位置灯灭。

（2）220kV Ⅱ 段母线保护及智能终端。A 套"失灵动作""交流异常""告警"灯亮，装置液晶界面上主要保护动作信息为"正母失灵动作；故障电流 = 2.5 安"。B 套"失灵动作""TV 断线""告警"灯亮，装置液晶界面显示 A 相　正母失灵动动作。220kV 2 号母联 2612 断路器、3 号主变压器 220kV 侧 2603 断路器、220kV 正母分段 2621 断路器双套智能终端"动作""A 跳、B 跳、C 跳"灯亮、"A 分、B 分、C 分"断路器位置灯亮。

（3）故障录波。220kV 故障录波器"录波启动"灯亮，有录波文件。

（三）主要处理步骤

1. 简要检查

（1）检查确认监控机告警信息。检查确认告警窗报文。

（2）检查监控后台，确认跳闸。小烟 2295 线第一、二套线路保护动作，220kV 正母 Ⅱ 段失灵保护动作。3 号主变压器 220kV 侧 2603 断路器、220kV 正母分段 2621 断路器、220kV 2 号母联 2612 断路器三相跳闸，绿灯闪光；220kV 小烟线 2295 断路器合位。

（3）检查站内事故后负荷潮流、电压。220kV 小烟 2295 线潮流为零、电压为零；3 号主变压器 220kV 侧 2603 断路器潮流为零；220kV 正母 Ⅱ 段母线电压为零；2 号主变压器负荷 389MW，小溪 2296 线负荷 161MW，未越限。

2. 简要汇报调度

向调度简要汇报示例：我是小城变电站值班长，×时×分，小城变电站 220kV 正母 Ⅱ 段跳闸，小烟 2295 线第一、二套线路保护动作，220kV 正母 Ⅱ 段失灵保护动作，监控显示 3 号主变压器 220kV 侧 2603 断路器、220kV 正母分段 2621 断路器、220kV 2 号母联 2612 断路器分位，220kV 小烟线 2295 断路器合位。220kV 正母 Ⅱ 段母线电压为零，2 号主变压器负荷 389MW，小溪 2296 线负荷 161MW，未越限。

3. 详细检查

（1）选取安全工器具。安全帽。

（2）检查一次设备。3 号主变压器 220kV 侧 2603 断路器、220kV 正母分段 2621 断路器、220kV 2 号母联 2612 断路器、220kV 小烟线 2295 断路器的实际位置及外观、SF$_6$ 气体压力、机构储能情况等，并检查小烟 2295 线差动保护范围内的其他设备。发现小烟 2295 线 A 相电压互感器本体有裂纹和放电痕迹，2295 断路器 A 相 SF$_6$ 压力低闭锁分合闸（0.48MPa），线路差动保护范围内其他一次设备检查外观无明显异常。

（3）检查二次设备。小烟 2295 线双套差动保护，220kV Ⅱ 段正母双套差动失灵保护正确动作，故障相别 A 相，故障电流 2.5A，复归相关信号，打印保护、故障录波报告。

4. 详细汇报调度

我是小城变电站值班长，×时×分，小城变电站 220kV 正母 II 段跳闸，3 号主变压器 220kV 侧 2603 断路器、220kV 正母分段 2621 断路器、220kV 2 号母联 2612 断路器在分位，220kV 小烟线 2295 断路器在合位；小烟 2295 线双套线路保护动作，220kV 正母 II 段双套失灵保护动作；检查发现小烟 2295 线路电压互感器 A 相故障，绝缘子裂纹，220kV 小烟线 2295 断路器 A 相 SF$_6$ 压力低闭锁分合闸，压力 0.48MPa，其他设备检查无异常。初步判断小烟 2295 线路 A 相电压互感器发生故障，引起小烟 2295 线路跳闸，因 220kV 小烟线 2295 断路器 SF$_6$ 压力低拒动，220kV 正母 II 段失灵保护动作，跳开正母 II 段所连其他断路器。当前 2 号主变压器负荷 389MW，小溪 2296 线负荷 161MW，无负荷损失。站内天气晴。

向调度申请解锁操作将小烟 2295 线转冷备用，220kV 正母 II 段恢复运行。

5. 隔离故障设备

根据调度指令解锁操作将小烟 2295 线转冷备用。

6. 恢复送电

根据调度指令恢复 220kV 正母 II 段运行。

7. 故障设备转检修

（1）故障设备已隔离，正常设备已恢复运行，并申请故障设备 220kV 小烟 2295 线转断路器及线路检修。

（2）选取安全工器具。220kV 验电器、绝缘手套、绝缘靴。

（3）根据典型操作票将 220kV 小烟 2295 线转断路器及线路检修。

8. 结束

（1）汇报 220kV 小烟 2295 线已转断路器及线路检修，故障处理完毕。

（2）回收安全工器具。安全帽、220kV 验电器、绝缘手套、绝缘靴。

七、220kV 正母 II 段母线故障，3 号主变压器 220kV 侧 2603 断路器拒动

（一）故障描述

天气晴，气温 20℃。全站处于正常运行方式，设备健康状况良好，未进行过检修。220kV 正母 II 段母线故障（A 相电压互感器闸刀气室故障，3 号主变压器 220kV 侧 2603 断路器汇控柜第一套智能终端检修压板投入、第二套智能终端出口压板退出）。

（二）主要事故现象

1. 监控后台现象

（1）事故、预告音响报警。

（2）主画面及间隔分画面断路器变位。220kV 2 号母联 2612 断路器、220kV 小烟线 2295 断路器、220kV 正母分段 2621 断路器、3 号主变压器 35kV 侧 3530 断路器、500kV 四串联络 5042 断路器、3 号主变压器 500kV 侧 5043 断路器、3 号主变压器 4 号电容器 332 断路器、422 断路器三相跳闸，绿灯闪光；402 断路器三相合闸，红灯闪光；3 号主变压器 220kV 侧 2603 断路器三相合闸。

（3）主画面及间隔分画面负荷潮流、电压。小烟 2295 线潮流为零、电压为零；3 号主变压器潮流为零、电压为零；220kV 正母Ⅱ段母线电压为零；2 号主变压器 600MW，小溪 2296 线 200MW，未越限。站用电Ⅱ段备自投正确动作，站用电未失电。

（4）光字牌点亮。

1）220kV 正副Ⅱ段母线保护分图光字窗点亮的光字牌。220kV 正副Ⅱ段母线保护 A（CSC-150E）保护动作，正母差动保护动作。220kV 正副Ⅱ段母线保护 B（SGB750）告警总信号，正母差动保护动作，正母 TV 断线，异常总信号。

2）220kV 小烟 2295 保护分图光字窗点亮的光字牌。220kV 小烟 2295 双套线路保护远方跳闸动作，闭锁重合闸，装置告警。

3）220kV 小烟 2295 测控分图光字窗点亮的光字牌。双套智能终端间隔事故总，闭锁重合闸开入。

4）3 号主变压器保护分图光字窗点亮的光字牌。3 号变压器双套主变压器保护中断路器失灵联跳，Ⅱ类告警总。

5）3 号主变压器遥信分图光字窗点亮的光字牌。3 号主变压器 220kV 侧 2603、3530 断路器双套智能终端间隔事故总，3 号主变压器 220kV 侧合并单元 A（PCS-221）GOOSE 总报警。

6）500kV 四串联络 5042、3 号主变压器 500kV 侧 5043 断路器测控分图光字窗点亮的光字牌。双套智能终端间隔事故总。

7）3 号主变压器 500kV 侧 5043 断路器保护分图光字窗点亮的光字牌。3 号主变压器 500kV 侧 5043 双套断路器保护Ⅱ类告警总。

8）500kV 四串联络 5042 断路器保护分图光字窗点亮的光字牌。500kV 四串联络 5042 双套断路器保护（CSC-121A）闭锁重合闸。

9）35kV 3 号主变压器 4 号电容器分图光字窗点亮的光字牌。智能终端（PCS-222）间隔事故总。

10）35kV 公用测控分图光字窗点亮的光字牌。380V 站用电备自投装置（PCS-9651）2 号站变备自投跳闸信号，合闸信号。

11）380V 备自投分图光字窗点亮的光字牌。380V 站用电备自投装置（PCS-9651）跳 422 断路器，合 402 断路器。

12）2 号主变压器遥信信号分图光字窗点亮的光字牌。2 号、3 号主变压器故障录波器 1 启动、2 号、3 号主变压器故障录波器 2 启动。

13）220kV 正副母Ⅰ段测控分图光字窗点亮的光字牌。220kV 故障录波器 1 启动。

14）220kV 正副母Ⅱ段测控分图光字窗点亮的光字牌。220kV 故障录波器 2 启动。

2. 一次现场设备动作情况

220kV 小烟线 2295 断路器、220kV 2 号母联 2612 断路器、220kV 正母分段 2621 断路器、3 号主变压器 500kV 侧 5043 断路器、500kV 四串联络 5042 断路器、3 号主变压器 35kV 侧 3530 断路器、3 号主变压器 4 号电容器 332 断路器三相均处于分闸位置；3 号主变压器

220kV 侧 2603 断路器处于合闸位置。

3. 二次保护动作情况

（1）220kVⅡ段母线保护。A 套"母差动作""交流异常""告警"灯亮，装置液晶界面上主要保护动作信息："00005 差动动作；故障电流＝1.8 安"。B 套"母差动作""TV 断线""告警"灯亮。装置液晶界面显示"A 相正母差动动作"。220kV 小烟线 2295、2 号母联 2612、正母分段 2621 断路器汇控柜第一、二套智能终端（JZF－600F）装置上"动作"，断路器"A 跳""B 跳""C 跳""A 分""B 分""C 分"灯亮。3 号主变压器 220kV 侧 2603 断路器汇控柜第一套智能终端检修压板投入位置，第二套智能终端（JZF－600F）装置上"动作""A 跳、B 跳、C 跳""A 分、B 分、C 分"断路器位置灯亮，第二套智能终端断路器跳闸出口压板退出位置。

（2）220kV 小烟 2295 线路保护屏，双套线路保护"充电"灯灭，且装置液晶界面上动作信息："远跳发信"。

（3）3 号主变压器保护。A、B 套保护"TV 断线""装置告警"灯亮，装置液晶界面上主要保护动作信息："00124 中断路器失灵联跳；故障相别：A；故障电流＝1.9 安"。3 号主变压器 500kV 侧 5043、500kV 四串联络 5042 断路器汇控柜第一、二套智能终端（JZF－600F）装置上"动作""A 跳、B 跳、C 跳""A 分、B 分、C 分"断路器位置灯亮。3 号主变压器 35kV 侧 3530 断路器智能控制柜第一、二套智能终端（PCS－222）装置上"保护跳闸""断路器分位"灯亮。

（4）500kV 四串联络 5042 断路器保护屏。双套保护"充电满"灯灭；"告警"灯亮，且装置液晶界面上主要保护动作信息为"三相跟跳；动作相别：ABC"。

（5）3 号主变压器 500kV 侧 5043 断路器保护屏。双套保护"告警"灯亮，且装置液晶界面上主要保护动作信息为"三相跟跳；动作相别：ABC"。

（6）35kVⅢ母电容器保护。"动作""跳位"灯亮，且装置液晶界面上主要保护动作信息："欠压动作"。35kV 3 号主变压器 4 号电容器智能柜智能终端"保护跳闸""断路器分位"灯亮。

（7）380V 站用电备自投装置。"跳闸"灯亮，且装置液晶界面上主要保护动作信息为"备自投动作；备自投动作跳 1DL；合进线Ⅱ"。

（8）故障录波。主变压器故障录波器"录波启动"灯亮，有录波文件。220kV 故障录波器"录波启动"灯亮，有录波文件。

（三）主要处理步骤

1. 简要检查

（1）检查确认监控机告警信息。检查确认告警窗报文。

（2）检查监控后台，确认跳闸。220kV 正母Ⅱ段第一、二套母差保护动作，3 号主变压器中压侧失灵保护动作，220kV 小烟线 2295 断路器、220kV 2 号母联 2612 断路器、220kV 正母分段 2621 断路器、3 号主变压器 500kV 侧 5043 断路器、500kV 四串联络 5042 断路器、3 号主变压器 35kV 侧 3530 断路器、3 号主变压器 4 号电容器 332 断路器三相跳闸，绿灯闪光；3 号主变压器 220kV 侧 2603 断路器合位。

（3）检查站内事故后负荷潮流、电压。小烟 2295 线潮流为零、电压为零；3 号主变压器潮流为零、电压为零；220kV 正母Ⅱ段母线电压为零；2 号主变压器 600MW，小溪 2296 线 200MW，未越限。检查站用电备自投动作情况，站用电Ⅱ段备自投正确动作，站用电未失电。

2. 简要汇报调度

向调度简要汇报示例：我是小城变电站值班长，×时×分，小城变电站 220kV 正母Ⅱ段、3 号主变压器跳闸，220kV 正母Ⅱ段第一、二套母差保护动作，3 号主变压器中压侧失灵保护动作，监控显示 220kV 小烟线 2295 断路器、220kV 2 号母联 2612 断路器、220kV 正母分段 2621 断路器、3 号主变压器 500kV 侧 5043 断路器、500kV 四串联络 5042 断路器、3 号主变压器 35kV 侧 3530 断路器、3 号主变压器 4 号电容器 332 断路器分位；3 号主变压器 220kV 侧 2603 断路器合位。小烟 2295 线潮流为零、电压为零；3 号主变压器潮流为零、电压为零；220kV 正母Ⅱ段母线电压为零；2 号主变压器 600MW，小溪 2296 线 200MW，未越限。站用电Ⅱ段备自投正确动作，站用电未失电。

3. 详细检查

（1）选取安全工器具。安全帽、万用表。

（2）检查一次设备。220kV 小烟线 2295 断路器、220kV 2 号母联 2612 断路器、220kV 正母分段 2621 断路器、3 号主变压器 500kV 侧 5043 断路器、500kV 四串联络 5042 断路器、3 号主变压器 35kV 侧 3530 断路器、3 号主变压器 4 号电容器 332 断路器、3 号主变压器 220kV 侧 2603 断路器的实际位置及外观、SF$_6$ 气体压力、机构储能情况等，并检查 220kV 正母Ⅱ段母差保护、主变压器保护范围内的其他设备，重点检查 220kV 正母Ⅱ段母差保护范围内的设备。发现 220kV 正母Ⅱ段 A 相电压互感器闸刀气室故障（挂牌），2603 断路器第一套智能终端检修压板在投入位置（自行退出），第二套智能终端出口压板在退出位置（自行测量并投入），其他一次设备检查外观无明显异常。

（3）检查二次设备。220kVⅡ段正母第一、二套差动保护正确动作，故障相别 A 相，故障电流 1.9A。3 号主变压器第一、二套电气量保护中压侧失灵动作，复归相关信号，打印保护、故障录波报告。

4. 详细汇报调度

我是小城变电站值班长，×时×分，小城变电站 220kV 正母Ⅱ段、3 号主变压器跳闸，220kV 小烟线 2295 断路器、220kV 2 号母联 2612 断路器、220kV 正母分段 2621 断路器、3 号主变压器 500kV 侧 5043 断路器、500kV 四串联络 5042 断路器、3 号主变压器 35kV 侧 3530 断路器、3 号主变压器 4 号电容器 332 断路器分位；3 号主变压器 220kV 侧 2603 断路器合位；220kV 正母Ⅱ段双套母差保护，3 号主变压器双套中压侧失灵动作。检查发现 220kV 正母Ⅱ段 A 相电压互感器闸刀气室故障（挂牌），其他设备检查无异常。初步判断 220kV 正母Ⅱ段 A 相电压互感器闸刀气室故障引起正母Ⅱ段跳闸，因 2603 断路器第一套智能终端检修压板放上（已取下），第二套智能终端出口压板取下（已放上），2603

断路器拒动，造成 3 号主变压器第一、二套中压侧失灵动作联跳主变压器三侧。当前 2 号主变压器负荷 600MW，小溪 2296 线负荷 200MW，无负荷损失。站内天气晴。

向调度申请 220kV 正母Ⅱ段转冷备用，220kV 小烟线 2295 断路器恢复副母Ⅱ段运行。3 号主变压器油中溶解气体组分分析、直流电阻、绕组变形及其他诊断性试验确定内部无故障后（仿真内无法实现，默认正常），恢复运行。

5. 隔离故障设备

根据调度指令将 220kV 正母Ⅱ段转冷备用。

6. 恢复送电

（1）根据调度指令将 220kV 小烟线 2295 断路器恢复副母Ⅱ段运行。

（2）3 号主变压器油中溶解气体组分分析、直流电阻、绕组变形及其他诊断性试验无异常（仿真内无法实现，默认正常），向调度汇报具备送电条件，根据调度指令恢复 3 号主变压器运行（其中 3 号主变压器 220kV 侧转副母Ⅱ段运行）。

（3）恢复站用电正常运行方式。

7. 故障设备转检修

（1）故障设备已隔离，正常设备已恢复运行，并申请故障设备 220kV 正母Ⅱ段、220kV 正母Ⅱ段压变转检修。

（2）根据典型操作票将 220kV 正母Ⅱ段、220kV 正母Ⅱ段压变转检修。

8. 结束

（1）汇报调度 220kV 正母Ⅱ段、220kV 正母Ⅱ段压变已转检修，故障处理完毕。

（2）回收安全工器具。安全帽、万用表。

八、3 号主变压器 500kV 侧 5043 断路器与电流互感器间 A 相接地故障

（一）故障描述

天气晴，气温 20℃。全站处于正常运行方式，设备健康状况良好，未进行过检修。3 号主变压器 500kV 侧 5043 断路器与电流互感器间 A 相接地故障（A 相电流互感器绝缘子闪络放电）。

（二）主要事故现象

1. 监控后台现象

（1）事故、预告音响报警。

（2）主画面及间隔分画面断路器变位。500kV 水城 5168 线 5013 断路器、500kV 二串联络 5022 断路器、500kV 山城 5170 线 5033 断路器、500kV 四串联络 5042 断路器、3 号主变压器 500kV 侧 5043 断路器、3 号主变压器 220kV 侧 2603 断路器、3 号主变压器 35kV 侧 3530 断路器、3 号主变压器 4 号电容器 332 断路器、2 号站用变压器低压侧 422 断路器三相跳闸，绿灯闪光；0 号站用变压器低压侧 402 断路器三相合闸，红灯闪光。

（3）主画面及间隔分画面负荷潮流、电压。3 号主变压器潮流、电压为零；500kVⅡ母电压为零；2 号主变压器负荷 600MW，未越限。检查站用电备自投动作情况，站用电

Ⅱ段备自投正确动作，站用电未失电。

（4）光字牌点亮。

1）500kVⅡ段母线保护分图光字窗点亮的光字牌。500kVⅡ母线保护A（CSC－150E）保护动作，TV断线；500kVⅡ母线保护B（SGB750）母差差动保护动作，TV断线，告警总。

2）500kV 四串联络 5042 断路器保护分图光字窗点亮的光字牌。双套断路器保护（CSC－121A）闭锁重合闸。

3）500kV 四串联络 5042 断路器测控分图光字窗点亮的光字牌。双套智能终端间隔事故总。

4）500kV 水城 5168 线 5013、500kV 二串联络 5022 断路器、500kV 山城 5170 线 5033 断路器保护、测控分图光字窗点亮的光字牌同 500kV 四串联络 5042 断路器。

5）3 号主变压器 500kV 侧 5043 断路器保护分图光字窗点亮的光字牌。3 号主变压器 500kV 侧 5043 双套断路器保护失灵保护动作。

6）3 号主变压器保护分图光字窗点亮的光字牌。3 号变压器双套主变压器保护（CSC－326）高压断路器失灵联跳。

7）3 号主变压器遥信分图光字窗点亮的光字牌。3 号主变压器 220kV 侧 2603、3530 断路器双套智能终端间隔事故总。

8）35kV 3 号主变压器 4 号电容器分图光字窗点亮的光字牌。智能终端（PCS－222）间隔事故总。

9）35kV 公用测控分图光字窗点亮的光字牌。380V 站用电备自投装置（PCS－9651）2 号站变备自投跳闸信号，合闸信号。

10）380V 备自投分图光字窗点亮的光字牌。380V 站用电备自投装置（PCS－9651）跳 422 断路器，合 402 断路器。

11）2 号主变压器遥信信号分图光字窗点亮的光字牌。2 号、3 号主变压器故障录波器 1 启动、2 号、3 号主变压器故障录波器 2 启动。

12）500kVⅠ母测控分图光字窗点亮的光字牌。500kV 故障录波器 1 录波启动、500kV 故障录波器 2 录波启动。

2. 一次现场设备动作情况

500kV 水城 5168 线 5013 断路器、500kV 二串联络 5022 断路器、500kV 山城 5170 线 5033 断路器、500kV 四串联络 5042 断路器、3 号主变压器 500kV 侧 5043 断路器、3 号主变压器 220kV 侧 2603 断路器、3 号主变压器 35kV 侧 3530 断路器、3 号主变压器 4 号电容器 332 断路器三相均处于分闸位置。

3. 二次保护动作情况

（1）500kVⅡ母保护。A 套"母差动作""交流异常""告警"灯亮，且装置液晶界面上主要保护动作信息为"差动动作；故障电流为1.7A"。B 套"母差动作""TV 断线""告警"灯亮，装置液晶界面上显示"A 相　Ⅰ母差动动作"。3 号主变压器 500kV 侧 5043、

500kV 山城 5170 线 5033、500kV 二串联络 5022、500kV 水城 5168 线 5013 断路器双套智能终端上"动作""A 跳、B 跳、C 跳""A 分、B 分、C 分"断路器位置灯亮。

（2）3 号主变压器保护。A、B 套"TV 断线""装置告警"灯亮，且装置液晶界面上主要保护动作信息为"高断路器失灵联跳；故障相别：A；故障电流为 1.7A"。3 号主变压器 500kV 侧 5043、500kV 四串联络 5042、3 号主变压器 220kV 侧 2603 断路器智能控制柜第一、二套智能终端（JZF-600F）装置上"动作""A 跳、B 跳、C 跳""A 分、B 分、C 分"断路器位置灯亮。3 号主变压器 35kV 侧 3530 断路器智能控制柜第一、二套智能终端（PCS-222）装置上"保护跳闸""断路器分位"灯亮。"断路器合位"灯灭。

（3）3 号主变压器 5043 断路器保护。A、B 套"失灵""告警"灯亮，且装置液晶界面上主要保护动作信息为"失灵保护；三相跟跳；动作相别：ABC；故障电流为 1.7A"。

（4）500kV 水城 5168 线 5013、500kV 二串联络 5022、500kV 山城 5170 线 5033 双套断路器保护。"充电满"灯灭，液晶面板显示三相跟跳动作。

（5）35kVⅢ母电容器保护。"合位"灯灭、"动作""跳位"灯亮，且装置液晶界面上主要保护动作信息为"欠压动作"。3 号主变压器 4 号电容器智能柜，智能终端"保护跳闸""断路器分位"灯亮。

（6）380V 站用电备自投装置。"跳闸""合闸""跳位"灯亮，"合位"灯灭，且装置液晶界面上主要保护动作信息为"备自投动作；备自投动作跳 1DL；合进线Ⅱ"。

（7）故障录波。500kV 故障录波器、主变压器故障录波器"录波启动"灯亮，有录波文件。

（三）主要处理步骤

1. 简要检查

（1）检查确认监控机告警信息。检查确认告警窗报文。

（2）检查监控后台，确认跳闸。500kVⅡ母第一、二套差动保护动作，3 号主变压器 500kV 侧 5043 断路器失灵保护，3 号主变压器第一、二套保护高压侧失灵动作，监控显示 500kV 水城 5168 线 5013 断路器、500kV 二串联络 5022 断路器、500kV 山城 5170 线 5033 断路器、3 号主变压器 500kV 侧 5043 断路器、500kV 四串联络 5042 断路器、3 号主变压器 220kV 侧 2603 断路器、3 号主变压器 35kV 侧 3530 断路器三相跳闸，绿灯闪光。3 号主变压器 4 号电容器欠电压保护动作，3 号主变压器 4 号电容器 332 断路器三相跳闸，绿灯闪光。

（3）检查站内事故后负荷潮流、电压。3 号主变压器潮流、电压为零；500kVⅡ母电压为零；2 号主变压器负荷 600MW，未越限。站用电Ⅱ段备自投正确动作，站用电未失电。

2. 简要汇报调度

向调度简要汇报示例：我是小城变电站值班长，×时×分，小城变电站 500kVⅡ母、3 号主变压器跳闸，500kVⅡ母双套差动保护动作，3 号主变压器 500kV 侧 5043 断路器失灵保护动作，3 号主变压器第一、二套保护高压侧失灵动作，3 号主变压器 4 号电容器欠电压保护动作，监控显示 500kV 水城 5168 线 5013 断路器、500kV 二串联络 5022 断路器、500kV 山城 5170 线 5033 断路器、3 号主变压器 500kV 侧 5043 断路器、500kV 四串联络 5042 断路器、3 号主变压器 220kV 侧 2603 断路器、3 号主变压器 35kV 侧 3530 断路器、3 号主变压器 4 号电容器 332 断路器分位。3 号主变压器潮流、电压为零；500kV Ⅱ 母电压为零；2 号主变压器负荷 600MW，未越限。站用电 Ⅱ 段备自投正确动作，站用电未失电。

3. 详细检查

（1）选取安全工器具。安全帽。

（2）检查一次设备。500kV 水城 5168 线 5013 断路器、500kV 二串联络 5022 断路器、500kV 山城 5170 线 5033 断路器、3 号主变压器 500kV 侧 5043 断路器、500kV 四串联络 5042 断路器、3 号主变压器 35kV 侧 3530 断路器、3 号主变压器 220kV 侧 2603 断路器、3 号主变压器 4 号电容器 332 断路器的实际位置及外观、SF_6 气体压力、机构储能以及 500kV Ⅱ 母线差动保护范围内的其他设备，重点检查 3 号主变压器 500kV 侧 5043 断路器死区范围内设备。发现 3 号主变压器 500kV 侧 5043 断路器 A 相电流互感器表面有明显闪络放电痕迹，500kV Ⅱ 母差动保护范围内及主变压器三侧其他一次设备检查外观无明显异常。

（3）检查二次设备。500kV Ⅱ 母第一、二套差动保护动作，5043 断路器失灵保护动作，3 号主变压器第一、二套保护高压侧失灵动作，故障相别 A 相，故障电流 1.7A，复归相关信号，打印保护、故障录波报告。

4. 详细汇报调度

我是小城变电站值班长，×时×分，小城变电站 500kV Ⅱ 母、3 号主变压器跳闸，500kV 水城 5168 线 5013 断路器、500kV 二串联络 5022 断路器、500kV 山城 5170 线 5033 断路器、3 号主变压器 500kV 侧 5043 断路器、500kV 四串联络 5042 断路器、3 号主变压器 220kV 侧 2603 断路器、3 号主变压器 35kV 侧 3530 断路器、3 号主变压器 4 号电容器 332 断路器分位；500kV Ⅱ 母双套差动保护动作，3 号主变压器 500kV 侧 5043 双套断路器失灵保护动作，3 号主变压器双套保护高压侧失灵动作，3 号主变压器 4 号电容器欠电压保护动作。检查发现 3 号主变压器 500kV 侧 5043 断路器 A 相电流互感器绝缘子表面闪络放电，其他设备检查无异常。初步判断 3 号主变压器 500kV 侧 5043 断路器 A 相电流互感器绝缘子闪络放电，引起 500kV Ⅱ 母线跳闸，因故障点为电流互感器死区，3 号主变压器 500kV 侧 5043 断路器失灵保护动作联跳 3 号主变压器三侧断路器。当前 2 号主变压器负荷 600MW，无负荷损失。站内天气晴。

向调度申请 3 号主变压器 500kV 侧 5043 断路器转冷备用，隔离故障点；500kV Ⅱ 母改为运行；3 号主变压器因近区故障，开展油中溶解气体组分分析、直流电阻、绕组变形及其他诊断性试验，确认内部无故障后恢复送电（仿真内无法实现，默认正常）。

5. 隔离故障设备
根据调度指令将 3 号主变压器 500kV 侧 5043 断路器转冷备用。

6. 恢复送电
（1）根据调度指令恢复 500kV Ⅱ 母线运行。

（2）3 号主变压器油中溶解气体组分分析、直流电阻、绕组变形及其他诊断性试验无异常（仿真内无法实现，默认正常），向调度汇报具备送电条件，根据调度指令恢复 3 号主变压器运行。

（3）恢复站用电正常运行方式。

7. 故障设备转检修

（1）故障设备已隔离，正常设备已恢复运行，并申请故障设备 3 号主变压器 500kV 侧 5043 断路器转检修。

（2）选取安全工器具。500kV 验电器、绝缘手套、绝缘靴。

（3）根据典型操作票将 3 号主变压器 500kV 侧 5043 断路器转检修。

8. 结束

（1）汇报调度 3 号主变压器 500kV 侧 5043 断路器已转检修，故障处理完毕。

（2）回收安全工器具。安全帽、500kV 验电器、绝缘手套、绝缘靴。

九、35kV 单相接地发展成相间故障，3 号主变压器 220kV 侧 2603 断路器拒动

（一）故障描述

天气晴，气温 20℃。全站处于正常运行方式，设备健康状况良好，未进行过检修。3 号主变压器 35kV 侧低压套管发生 B 相单相接地，随后 35kVⅢ母线发生 C 相单相接地（35kV Ⅲ母线支持绝缘子挂牌），3 号主变压器 220kV 侧断路器 SF_6 压力低闭锁。

（二）主要事故现象

1. 监控后台现象

（1）事故、预告音响报警。

（2）主画面及间隔分画面断路器变位。500kV 四串联络 5042 断路器、3 号主变压器 500kV 侧 5043 断路器、3 号主变压器 35kV 侧 3530 断路器、3 号主变压器 4 号电容器 332 断路器、2 号站用变压器低压侧 422 断路器三相跳闸，绿灯闪光；3 号主变压器 220kV 侧 2603 断路器监控显示在合位，0 号站用变压器低压侧 402 断路器三相合闸，红灯闪光。跳闸前监控报文显示 35kVⅢ母 $3U_0$ 越限。

（3）主画面及间隔分画面负荷潮流、电压。3 号主变压器潮流为零；2 号主变压器负荷 400MW，未越限。检查站用电备自投动作情况，站用电Ⅱ段备自投正确动作，站用电未失电。

（4）光字牌点亮。

1）500kV 四串联络 5042 断路器保护分图光字窗点亮的光字牌。双套断路器保护（CSC-121A）闭锁重合闸。

2）500kV 四串联络 5042 断路器测控分图光字窗点亮的光字牌。双套智能终端间隔事故总；

3）3 号主变压器 500kV 侧 5043 断路器保护分图光字窗点亮的光字牌。双套断路器保

护（CSC－121A）闭锁重合闸。

4）3号主变压器500kV侧5043断路器测控分图光字窗点亮的光字牌。双套智能终端间隔事故总。

5）3号主变压器保护分图光字窗点亮的光字牌。3号变压器双套主变压器保护（CSC－326）主保护跳各侧。

6）3号主变压器遥信分图光字窗点亮的光字牌。500kV四串联络5042断路器、3号主变压器500kV侧5043断路器、3530断路器双套智能终端间隔事故总，3号主变压器220kV侧2603断路器低气压报警，SF$_6$压力低闭锁，控制回路断线。

7）35kV 3号主变压器4号电容器分图光字窗点亮的光字牌。智能终端（PCS－222）间隔事故总。

8）35kV公用测控分图光字窗点亮的光字牌。380V站用电备自投装置（PCS－9651）2号站变备自投跳闸信号，合闸信号。

9）380V备自投分图光字窗点亮的光字牌。380V站用电备自投装置（PCS－9651）跳422断路器，合402断路器。

10）2号主变压器遥信信号分图光字窗点亮的光字牌。2号、3号主变压器故障录波器1启动、2号、3号主变压器故障录波器2启动。

11）500kV Ⅰ母测控分图光字窗点亮的光字牌。500kV故障录波器1录波启动、500kV故障录波器2录波启动。

2. 一次现场设备动作情况

500kV四串联络5042断路器、3号主变压器500kV侧5043断路器、3号主变压器35kV侧3530断路器、3号主变压器4号电容器332断路器三相均处于分闸位置。3号主变压器220kV侧2603断路器处于合闸位置，3号主变压器220kV侧2603断路器汇控柜"断路器低气压报警""低气压闭锁"灯亮，检查3号主变压器220kV侧2603断路器A相SF$_6$压力为0.48MPa。

3. 二次保护动作情况

（1）3号主变压器保护。A、B套"TV断线""装置告警"灯亮，且装置液晶界面上主要保护动作信息为"差动速断出口、比率差动出口、分相差动出口、分相比率差动出口、低压侧小区差动出口、分侧差动出口；故障相别：BC；故障电流为1.6A"。3号主变压器500kV侧5043、500kV四串联络5042断路器智能控制柜第一、二套智能终端（JZF－600F）装置上"动作""A跳、B跳、C跳""A分、B分、C分"断路器位置灯亮。3号主变压器35kV侧3530断路器智能控制柜第一、二套智能终端（PCS－222）装置上"保护跳闸""断路器分位"灯亮。"断路器合位"灯灭。

（2）35kV Ⅲ母电容器保护。"合位"灯灭、"动作""跳位"灯亮，且装置液晶界面上主要保护动作信息为"欠压动作"。3号主变压器4号电容器智能柜，智能终端"保护跳闸""断路器分位"灯亮。

（3）380V站用电备自投装置。"跳闸""合闸""跳位"灯亮，"合位"灯灭，且装置液晶界面上主要保护动作信息为"备自投动作；备自投动作跳 1DL；合进线 Ⅱ"。

（4）故障录波。500kV 故障录波器、主变压器故障录波器"录波启动"灯亮，有录波文件。

（三）主要处理步骤

1. 简要检查

（1）检查确认监控机告警信息。检查确认告警窗报文。

（2）检查监控后台，确认跳闸。3 号主变压器第一、二套保护差动动作，监控显示 3 号主变压器 500kV 侧 5043 断路器、500kV 四串联络 5042 断路器、3 号主变压器 35kV 侧 3530 断路器三相跳闸，绿灯闪光。3 号主变压器 220kV 侧 2603 断路器监控显示在合位。3 号主变压器 4 号电容器欠电压保护动作，3 号主变压器 4 号电容器 332 断路器三相跳闸，绿灯闪光。

（3）检查站内事故后负荷潮流、电压。3 号主变压器潮流为零；2 号主变压器负荷 400MW，未越限。站用电 Ⅱ 段备自投正确动作，站用电未失电。

2. 简要汇报调度

向调度简要汇报示例：我是小城变电站值班长，×时×分，3 号主变压器跳闸，3 号主变压器双套差动保护动作，4 号电容器欠电压保护动作，监控显示 3 号主变压器 500kV 侧 5043 断路器、500kV 四串联络 5042 断路器、3 号主变压器 35kV 侧 3530 断路器、3 号主变压器 4 号电容器 332 断路器分位，3 号主变压器 220kV 侧 2603 断路器在合位，3 号主变压器潮流为零；2 号主变压器负荷 400MW，未越限。站用电 Ⅱ 段备自投正确动作，站用电未失电。

3. 详细检查

（1）选取安全工器具。安全帽。

（2）检查一次设备。3 号主变压器 500kV 侧 5043 断路器、500kV 四串联络 5042 断路器、3 号主变压器 35kV 侧 3530 断路器、3 号主变压器 4 号电容器 332 断路器的实际位置及外观、SF_6 气体压力、机构储能以及 3 号主变压器差动保护范围内的其他设备，重点检查 3 号主变压器 35kV 侧范围内设备，发现 35kV Ⅲ 母线 C 相支持绝缘子挂牌"单相接地"、3 号主变压器 35kV 侧低压套管 B 相绝缘子有明显裂纹。3 号主变压器 220kV 侧断路器 SF_6 压力低闭锁，检查压力值 0.48MPa。3 号主变压器三侧其他一次设备检查外观无明显异常。

（3）检查二次设备。3 号主变压器第一、二套保护主保护动作，故障相别 BC 相，故障电流 1.6A，复归相关信号，打印保护、故障录波报告。

4. 详细汇报调度

我是小城变电站值班长，×时×分，3 号主变压器跳闸，3 号主变压器双套差动保护动作，3 号主变压器 4 号电容器欠电压保护动作，3 号主变压器 500kV 侧 5043 断路器、500kV 四串联络 5042 断路器、3 号主变压器 35kV 侧 3530 断路器、3 号主变压器 4 号电容器 332 断路器分位，3 号主变压器 220kV 侧 2603 断路器在合位，3 号主变压器中压侧带主变压器空载运行。检查发现 35kV Ⅲ 母线支持绝缘子 C 相单相接地、3 号主变压器 35kV 侧低压套管 B 相绝缘子有明显裂纹。3 号主变压器 220kV 侧断路器 SF_6 压力低闭锁，压力值 0.48MPa。初步判断 3 号主变压器 35kV 侧低压 B 相套管裂纹造成闪络接地，随后 35kV Ⅲ 母 C 相支持绝缘子单相接地，引起 3 号主变压器相间故障，双套主保护动作跳闸，3 号主变压器 220kV 侧断路器因 SF_6 压力低闭锁拒动，3 号主变压器 3530 断路器跳开后，只有一个接地点，无短路电流，3 号主变压器 220kV 侧断路器无故障电流流过，故失灵保护未动作。当前 2 号主变压器负荷 400MW，无负荷损失。站内天气晴。

向调度申请将 220kV 正母 Ⅱ 段倒空后用 2 号母联 2612 断路器拉停 3 号主变压器，然后隔离 3 号主变压器 220kV 侧 2603 断路器，恢复 220kV Ⅱ 段母线正常运方式。隔离 3 号主变压器 220kV 侧 2603 断路器需要向调度申请解锁操作。

5. 隔离故障设备

根据调度指令将 220kV 正母 Ⅱ 段倒空后用 2 号母联 2612 断路器拉停 3 号主变压器，然后隔离 3 号主变压器 220kV 侧 2603 断路器，恢复 220kV Ⅱ 段母线正常运方式。将 3 号主变压器转冷备。

6. 恢复送电

无设备需要恢复供电。

7. 故障设备转检修

（1）故障设备已隔离，正常设备已恢复运行，并申请故障设备 3 号主变压器、3 号主变压器 220kV 侧 2603 断路器转检修。

（2）选取安全工器具。500kV 验电器、35kV 验电器、220kV 验电器、绝缘手套、绝缘靴。

（3）根据典型操作票将 3 号主变压器、3 号主变压器 220kV 侧断路器转检修。

8. 结束

（1）汇报调度 3 号主变压器、3 号主变压器 220kV 侧 2603 断路器已转检修，故障处理完毕。

（2）回收安全工器具。安全帽、500kV 验电器、35kV 验电器、220kV 验电器、绝缘手套、绝缘靴。

十、3 号主变压器中压侧套管单相接地故障，220kV 分段充电保护误动，处理故障中 220kV 2 号母联 2612 断路器 SF_6 压力低闭锁

（一）故障描述

天气阴，气温 20℃。全站处于正常运行方式，设备健康状况良好，未进行过检修。3 号主变压器中压套管发生 B 相单相闪络接地，同时 220kV 正母分段 2621 断路器跳闸，处理故障过程中，220kV 2 号母联 2612 断路器 SF_6 压力低闭锁。

（二）主要事故现象

1. 监控后台现象

（1）事故、预告音响报警。

（2）主画面及间隔分画面断路器变位。500kV 水城 5168 线 5013 断路器、500kV 第二串联络 5022 断路器、500kV 山城 5170 线 5033 断路器、500kV 四串联络 5042 断路器、3 号主变压器 220kV 侧 2603 断路器、3 号主变压器 35kV 侧 3530 断路器、3 号主变压器 4 号电容器 332 断路器、2 号站用变压器低压侧 422 断路器、220kV 分段 2621 断路器三相跳闸，绿灯闪光；0 号站用变压器低压侧 402 断路器三相合闸，红灯闪光。3 号主变压器 500kV 侧 5043 断路器显示在合位。

（3）主画面及间隔分画面负荷潮流、电压。3 号主变压器潮流、电压为零；2 号主变压器负荷 400MW，未越限。500kV 水城 5168 线 5013 断路器、500kV 第二串联络 5022 断路器、500kV 山城 5170 线 5033 断路器、3 号主变压器 500kV 侧 5043 断路器电流为零，35kVⅢ母线、500kVⅡ母线电压为零。检查站用电备自投动作情况，站用电Ⅱ段备自投正确动作，站用电未失电。

（4）光字牌点亮。

1）500kV 四串联络 5042 断路器保护分图光字窗点亮的光字牌。双套断路器保护（CSC－121A）闭锁重合闸。

2）500kV 四串联络 5042 断路器测控分图光字窗点亮的光字牌。双套智能终端间隔事故总。

3）3 号主变压器 500kV 侧 5043 断路器保护分图光字窗点亮的光字牌。双套断路器保护（CSC－121A）失灵保护动作。

4）3 号主变压器 500kV 侧 5043 断路器测控分图光字窗点亮的光字牌。A 套智能终端间隔事故总，B 套智能终端控制回路断线。

5）3 号主变压器保护分图光字窗点亮的光字牌。3 号变压器双套主变压器保护主保护跳各侧、高压断路器失灵联跳。

6）3 号主变压器遥信分图光字窗点亮的光字牌。500kV 四串联络 5042 断路器、3 号主变压器 500kV 侧 5043 断路器、3530 断路器双套智能终端间隔事故总。

7）500kVⅡ母线保护信息分图。A 套保护（CSC－150E）保护动作、失灵保护动作；B 套保护（SGB－750）母差失灵保护动作。

8）正母分段 2621 测控信息分图。双套智能终端事故总。

9）正母分段 2621 保护信息分图。A 套保护保护动作。

10）35kV 3 号主变压器 4 号电容器分图光字窗点亮的光字牌。智能终端（PCS－222）间隔事故总。

11）35kV 公用测控分图光字窗点亮的光字牌。380V 站用电备自投装置（PCS－9651）2 号站变备自投跳闸信号，合闸信号。

12）380V 备自投分图光字窗点亮的光字牌。380V 站用电备自投装置（PCS－9651）跳 422 断路器，合 402 断路器。

13）2 号主变压器遥信信号分图光字窗点亮的光字牌。2 号、3 号主变压器故障录波器 1 启动、2 号、3 号主变压器故障录波器 2 启动。

14）500kVⅠ母测控分图光字窗点亮的光字牌。500kV故障录波器1录波启动、500kV故障录波器2录波启动。

2. 一次现场设备动作情况

500kV水城5168线5013断路器、500kV第二串联络5022断路器、500kV山城5170线5033断路器、500kV四串联络5042断路器、3号主变压器220kV侧2603断路器、3号主变压器35kV侧3530断路器、3号主变压器4号电容器332断路器、2号站用变压器低压侧422断路器、220kV分段2612断路器三相均处于分闸位置。3号主变压器500kV侧5043断路器处于合闸位置。

3. 二次保护动作情况

（1）3号主变压器保护。A、B套"TV断线""装置告警"灯亮，且装置液晶界面上主要保护动作信息为"差动速断出口、比率差动出口、分相差动出口、分相比率差动出口、分侧差动出口；故障相别：A；故障电流为1.9A"。500kV四串联络5042断路器智能控制柜第一、二套智能终端（JZF-600F）装置上"动作""A跳、B跳、C跳""A分、B分、C分"断路器位置灯亮。3号主变压器35kV侧3530断路器智能控制柜第一、二套智能终端（PCS-222）装置上"保护跳闸""断路器分位"灯亮。"断路器合位"灯灭。

（2）5043断路器保护。A、B套"失灵""告警"灯亮，且装置液晶面板上主要保护动作信息为"三相跟跳、失灵动作，动作相别ABC，故障电流1.9A"。

（3）500kVⅡ母线母差保护。A套CSC-150E"失灵动作""交流异常""告警"灯点亮，液晶面板显示Ⅱ母失灵动作，故障电流1.9A；B套SGB-750"失灵动作""TV断线""告警"灯点亮。

（4）220kV正母分段2621断路器保护。"跳闸"灯点亮。

（5）35kVⅢ母电容器保护。"合位"灯灭、"动作""跳位"灯亮，且装置液晶界面上主要保护动作信息为"欠压动作"。3号主变压器4号电容器智能柜，智能终端"保护跳闸""断路器分位"灯亮。

（6）380V站用电备自投装置。"跳闸""合闸""跳位"灯亮，"合位"灯灭，且装置液晶界面上主要保护动作信息为"备自投动作；备自投动作跳1DL；合进线Ⅱ"。

（7）故障录波。500kV故障录波器、主变压器故障录波器"录波启动"灯亮，有录波文件。

（三）主要处理步骤

1. 简要检查

（1）检查确认监控机告警信息。检查确认告警窗报文。

（2）检查监控后台，确认跳闸。500kV水城5168线5013断路器、500kV第二串联络5022断路器、500kV山城5170线5033断路器、500kV四串联络5042断路器、3号主变压器220kV侧2603断路器、3号主变压器35kV侧3530断路器、3号主变压器4号电容器332断路器、2号站用变压器低压侧422断路器、220kV分段2621断路器三相跳闸，绿灯闪光。3号主变压器500kV侧5043断路器显示在合位。

（3）检查站内事故后负荷潮流、电压。3 号主变压器潮流、电压为零；2 号主变压器负荷 400MW，未越限。500kV 水城 5168 线 5013 断路器、500kV 第二串联络 5022 断路器、500kV 山城 5170 线 5033 断路器、3 号主变压器 500kV 侧 5043 断路器电流为零，35kVⅢ母线、500kVⅡ母线电压为零。站用电Ⅱ段备自投正确动作，站用电未失电。

2. 简要汇报调度

向调度简要汇报示例：我是小城变电站值班长，×时×分，500kVⅡ母线跳闸、3 号主变压器跳闸，3 号主变压器双套差动保护动作、5043 断路器双套失灵保护动作，4 号电容器欠电压保护动作，监控显示 3 号主变压器 500kV 侧 5043 断路器在合位，500kV 水城 5168 线 5013 断路器、500kV 第二串联络 5022 断路器、500kV 山城 5170 线 5033 断路器、500kV 四串联络 5042 断路器、3 号主变压器 220kV 侧 2603 断路器、3 号主变压器 35kV 侧 3530 断路器、3 号主变压器 4 号电容器 332 断路器、220kV 分段 2621 断路器分位。3 号主变压器潮流、电压为零；2 号主变压器负荷 400MW，未越限。35kVⅢ母线、500kVⅡ母线电压为零。站用电Ⅱ段备自投正确动作，站用电未失电。

3. 详细检查

（1）选取安全工器具。安全帽。

（2）检查一次设备。500kV 水城 5168 线 5013 断路器、500kV 第二串联络 5022 断路器、500kV 山城 5170 线 5033 断路器、500kV 四串联络 5042 断路器、3 号主变压器 500kV 侧 5043 断路器、3 号主变压器 220kV 侧 2603 断路器、3 号主变压器 35kV 侧 3530 断路器、3 号主变压器 4 号电容器 332 断路器、220kV 母联 2612 断路器的实际位置及外观、SF_6 气体压力、机构储能及 3 号主变压器差动保护范围内的其他设备，发现中压侧套管 A 相挂牌"单相接地"。3 号主变压器三侧其他一次设备检查外观无明显异常。检查发现 5043 断路器汇控柜 A 套智能跳闸出口压板在退出位置，B 套智能终端操作电源空气断路器跳闸。

（3）检查二次设备。3 号主变压器第一、二套保护主保护动作，故障相别 A 相，故障电流 1.9A，3 号主变压器 500kV 侧 5043 双套断路器保护失灵保护动作；500kVⅡ母线两套母差保护失灵动作；220kV 正母分段 2621 断路器保护动作。复归相关信号，打印保护、故障录波报告。检查发现 220kV 正母分段 2621 断路器 A 套保护充电过电流保护、2621 跳闸出口 A 软压板在投入位置。

4. 详细汇报调度

我是小城变电站值班长，×时×分，500kVⅡ母线跳闸、3 号主变压器跳闸，500kV 水城 5168 线 5013 断路器、500kV 第二串联络 5022 断路器、500kV 山城 5170 线 5033 断路器、500kV 四串联络 5042 断路器、3 号主变压器 220kV 侧 2603 断路器、3 号主变压器 35kV 侧 3530 断路器、3 号主变压器 4 号电容器 332 断路器、220kV 分段 2621 断路器分位，3 号主变压器 500kV 侧 5043 断路器合位；3 号主变压器 500kV 侧 5043 断路器 A 套智能终端跳闸出口压板漏投，B 套智能终端操作电源空气断路器跳闸。3 号主变压器双套差动保护动作，5043 断路器双套失灵保护动作。220kV 分段 2621 断路器 A 套过电流保护动作。3 号主变压器 4 号电容器欠电压保护动作。检查发现 3 号主变压器中压侧套管 A 相单相接地。初步判断 3 号主变压器中压侧套管 A 相单相接地，双套主保护动作跳闸，因 3 号主变压器 500kV 侧 5043 断路器 A 套智能终端跳闸出口压板漏投，B 套智能终端操作电源空气断路器跳闸，5043 断路器拒动，故障未切除启动 5043 断路器失灵保护，500kV Ⅱ 母线跳闸。220kV 分段 2621 断路器 A 套断路器保护因充电保护误投入，在故障时电流达到定值，动作跳闸。当前 2 号主变压器负荷 400MW，无负荷损失。站内天气阴。

向调度申请退出 220kV 正母分段 2621 断路器 A 套充电过电流保护，将 220kV 正母分段 2621 断路器转运行；合上 3 号主变压器 500kV 侧 5043 断路器智能终端 B 操作电源空气断路器，投入智能终端 A 出口跳闸压板，拉开 3 号主变压器 500kV 侧 5043 断路器；将 3 号主变压器转冷备用，隔离故障点。

5. 隔离故障设备

根据调度指令退出 220kV 正母分段 2621 断路器 A 套充电过电流保护，将 2621 断路器转运行；合上 5043 断路器智能终端 B 操作电源空气断路器，投入智能终端 A 出口跳闸压板，拉开 5043 断路器；将 3 号主变压器转冷备用。

拉开 3 号主变压器 220kV 侧 26036 隔离开关时，触发 "220kV 2 号母联 2612 断路器 SF₆ 压力低闭锁" 事件。监控报 "220kV 2 号母联 2612 断路器 SF₆ 压力低闭锁" "2612 断路器第一组控制回路断线" "2612 断路器第二组控制回路断线"。立即检查监控信息、光字牌，选取安全工器具防毒面具到现场检查，发现 220kV 2 号母联 2612 断路器汇控柜 "断路器低气压报警" "低气压闭锁" 灯亮，检查 220kV 2 号母联 2612 断路器 A 相 SF₆ 压力为 0.48MPa。

立即向调度汇报上述情况。根据调度指令通过倒母线方式优先隔离 220kV 2 号母联 2612 断路器。拉开 220kV 2 号母联 2612 断路器两侧隔离开关时向调度申请解锁操作。

6. 恢复送电

恢复 500kV Ⅱ 母线运行。

7. 故障设备转检修

（1）故障设备已隔离，正常设备已恢复运行，并申请故障设备 3 号主变压器、220kV 2 号母联 2612 断路器转检修。

（2）选取安全工器具。500kV 验电器、220kV 验电器、35kV 验电器绝缘手套、绝缘靴。

（3）根据典型操作票将 3 号主变压器、220kV 母联 2612 断路器转检修。

8. 结束

（1）汇报调度 3 号主变压器、220kV 2 号母联 2612 断路器已转检修，故障处理完毕。

（2）回收安全工器具。安全帽、500kV 验电器、220kV 验电器、35kV 验电器、绝缘手套、绝缘靴。

十一、综合性故障

（一）故障描述

天气晴，气温 20℃。全站处于正常运行方式，设备健康状况良好，未进行过检修。故障顺序如下：

（1）2 号主变压器 220kV 侧 2602 断路器第二组控制回路断线，2 号主变压器 220kV 侧 2602 断路器第一套智能终端检修压板投入。

（2）500kV 一串联络 5012 断路器 B 相死区故障，1 号站用电闭锁备自投压板投入，3 号主变压器 A 相本体轻瓦斯第一次告警（2min 后复归）。

（3）2 号主变压器 35kV 侧 3520 断路器合闸后触发以下事件：

1）220kV 副母分段 2622 断路器两套智能终端跳闸出口压板退出，220kV 正副 Ⅱ 段第一套母差保护互联压板投入。220kV 小烟 2295 两套智能终端遥合压板退出。

2）3 号主变压器 A 相本体轻瓦斯第二次告警。

3）220kV 小溪 2296 断路器 A 相死区故障（恢复 2 号主变压器送电后）。

4）拉开 220kV 小溪线 22962 隔离开关时触发以下事件：220kV 小溪线 22962 隔离开关 C 相连杆断裂。

（二）主要事故现象

1. 监控后台现象

（1）事故、预告音响报警。

（2）主画面及间隔分画面断路器变位。500kV 一串联络 5012 断路器、2 号主变压器 500kV 侧 5011 断路器、500kV 水城 5168 线 5013 断路器、2 号主变压器 35kV 侧 3520 断路器、2 号主变压器 1 号电容器 322 断路器，绿灯闪光。

（3）主画面及间隔分画面负荷潮流、电压。2 号主变压器潮流、电压为零；水城 5168 线潮流、电压为零；3 号主变压器负荷 400MW，未越限。检查站用电备自投动作情况，站用电 Ⅰ 段备自投失败，站用电 400V Ⅰ 段电压为零。

（4）光字牌点亮。

1）500kV 水城 5168 线 5013 断路器保护分图光字窗点亮的光字牌。双套断路器保护（CSC－121A）闭锁重合闸，Ⅱ类告警总。

2）500kV 水城 5168 线 5013 断路器测控分图光字窗点亮的光字牌。双套智能终端间隔事故总。

3）500kV 一串联络 5012 断路器保护分图光字窗点亮的光字牌。双套断路器保护（CSC－121A）闭锁重合闸，失灵保护动作。

4）500kV 一串联络 5012 断路器测控分图光字窗点亮的光字牌。双套智能终端间隔事故总。

5）2 号主变压器 500kV 侧 5011 断路器保护分图光字窗点亮的光字牌。双套断路器保护（CSC－121A）闭锁重合闸。

6）2 号主变压器 500kV 侧 5011 断路器测控分图光字窗点亮的光字牌。双套智能终端间隔事故总。

7）2 号主变压器保护分图光字窗点亮的光字牌。2 号变压器双套主变压器保护（CSC－326）主保护跳各侧，高断路器失灵联跳。

8）2 号主变压器遥信分图光字窗点亮的光字牌。500kV 一串联络 5012 断路器、2 号主变压器 500kV 侧 5011 断路器、2 号主变压器 35kV 侧 3520 断路器双套智能终端间隔事故总，2 号主变压器 220kV 侧 2602 断路器控制回路断线，2 号主变压器 220kV 侧合并单元 GOOSE 总告警，汇总箱交流电源 I 故障。

9）35kV 2 号主变压器 1 号电容器分图光字窗点亮的光字牌。智能终端（PCS－222）间隔事故总。

10）3 号主变压器遥信信号分图光字窗点亮的光字牌。A 相轻瓦斯，2 号、3 号主变压器故障录波器 1 启动、2 号、3 号主变压器故障录波器 2 启动。

11）500kV I 母测控分图光字窗点亮的光字牌。500kV 故障录波器 1 录波启动、500kV 故障录波器 2 录波启动。

2. 一次现场设备动作情况

500kV 水城 5168 线 5013 断路器、500kV 一串联络 5012 断路器、2 号主变压器 500kV 侧 5011 断路器、2 号主变压器 35kV 侧 3520 断路器、2 号主变压器 1 号电容器 322 断路器三相均处于分闸位置。2 号主变压器 220kV 侧 2602 断路器处于合闸位置。3 号主变压器 A 相轻瓦斯动作。

3. 二次保护动作情况

（1）2 号主变压器保护。A、B 套"TV 断线""装置告警"灯亮，且装置液晶界面上主要保护动作信息为"差动速断出口、比率差动出口、分相差动出口、分相比率差动出口、分侧差动出口；故障相别：B；故障电流 = 2.1A"。2 号主变压器 500kV 侧 5011、500kV 一串联络 5012 断路器、水城线 5013 断路器智能控制柜第一、二套智能终端（JZF－600F）装置上"动作""A 跳、B 跳、C 跳""A 分、B 分、C 分"断路器位置灯亮。2 号主变压器 35kV 侧 3520 断路器智能控制柜第一、二套智能终端（PCS－222）装置上"保护跳闸""断路器分位"灯亮，"断路器合位"灯灭。

（2）35kV II 母电容器保护。"合位"灯灭、"动作""跳位"灯亮，且装置液晶界面上主要保护动作信息为"欠压动作"。2 号主变压器 1 号电容器智能控制柜智能终端"保护跳闸""断路器分位"灯亮。

（3）故障录波。500kV 故障录波器、主变压器故障录波器"录波启动"灯亮，有录波文件。

（三）主要处理步骤

1. 简要检查

（1）检查确认监控机告警信息。检查确认告警窗报文。

（2）检查监控后台，确认跳闸。2 号主变压器第一、二套保护差动动作，500kV 一串联络 5012 断路器失灵保护动作，监控显示 2 号主变压器 500kV 侧 5011 断路器、500kV 一串联络 5012 断路器、500kV 水城 5168 线 5013 断路器、2 号主变压器 35kV 侧 3520 断路器三相跳闸，绿灯闪光。2 号主变压器 1 号电容器欠电压保护动作，2 号主变压器 1 号电容器 322 断路器三相跳闸，绿灯闪光。

（3）检查站内事故后负荷潮流、电压。2 号主变压器潮流、电压为零；水城 5168 线潮流、电压为零；3 号主变压器负荷 400MW，未越限。检查站用电备自投动作情况，站用电 I 段备自投失败，站用电 400V I 段电压为零。

2. 简要汇报调度

向调度简要汇报示例：我是小城变电站值班长，×时×分，2 号主变压器跳闸，2 号主变压器双套差动保护动作，500kV 一串联络 5012 断路器失灵保护动作，2 号主变压器 1 号电容器欠电压保护动作，监控显示 2 号主变压器 500kV 侧 5011 断路器、500kV 一串联络 5012 断路器、500kV 水城 5168 线 5013 断路器、2 号主变压器 35kV 侧 3520 断路器、2 号主变压器 1 号电容器 322 断路器分位，2 号主变压器 220kV 侧 2602 断路器合位。2 号主变压器潮流、电压为零；3 号主变压器 A 相轻瓦斯动作，3 号主变压器负荷 400MW，未越限。站用电 I 段备自投失败，站用电 400V I 段电压为零。

3. 详细检查

（1）选取安全工器具。安全帽。

（2）自行恢复站用电。

（3）检查一次设备。500kV 水城 5168 线 5013 断路器，2 号主变压器 500kV 侧 5011 断路器、500kV 一串联络 5012 断路器、2 号主变压器 35kV 侧 3520 断路器、2 号主变压器 1 号电容器 322 断路器、2 号主变压器 220kV 侧 2602 断路器的实际位置及外观、SF$_6$ 气体压力、机构储能及 2 号主变压器差动保护范围内的其他设备，重点检查 2 号主变压器差动范围内设备，2 号主变压器 220kV 侧 2602 断路器处于合闸位置。发现 2 号主变压器 220kV 侧 2602 断路器第一套智能终端检修压板在投入位置（自行退出），2 号主变压器 220kV 侧 2602 断路器第二组控制回路空气断路器跳开（试合成功）。3 号主变压器 A 相本体及瓦斯继电器检查无明显异常。

（4）检查二次设备。2 号主变压器第一、二套保护主保护动作，500kV 一串联络 5012 断路器失灵保护动作，故障相别 B 相，故障电流 2.1A，复归相关信号，打印保护、故障录波报告。

4. 详细汇报调度

我是小城变电站值班长，×时×分，2 号主变压器跳闸，2 号主变压器双套差动保护动作，故障相别：B 相，2 号主变压器 500kV 侧 5011 断路器、500kV 一串联络 5012 断路器、2 号主变压器 35kV 侧 3520 断路器动作跳闸，因 2 号主变压器 220kV 侧 2602 断路器第一套智能终端检修压板投入，第二组控制电源消失，2 号主变压器 220kV 侧 2602 断路器拒动，随后 500kV 一串联络 5012 断路器失灵保护动作，水城线 5013 断路器跳闸。35kV II 母线失压，2 号主变压器 1 号电容器低压保护动作，2 号主变压器 1 号电容器 322 断路器跳闸，1 号站用变压器低压侧备自投闭锁压板投入，备自投拒动（已自行恢复）。检查 3 号主变压器轻瓦斯动作告警信号后复归。现场检查站内其他设备正常。初步判断故障点位于 500kV 一串联络 5012 断路器 B 相与电流互感器之间。3 号主变压器负荷 400MW，未越限。站内天气晴。

向调度申请 500kV 一串联络 5012 断路器转冷备用，500kV 水城 5168 线 5013 断路器、2 号主变压器 500kV 侧 5011 断路器、2 号主变压器 35kV 侧 3520 断路器转运行。

5. 隔离故障设备

根据调度指令将 500kV 一串联络 5012 断路器转冷备用。

6. 恢复送电

根据调度指令将 500kV 水城 5168 线 5013 断路器、2 号主变压器 500kV 侧 5011 断路器、2 号主变压器 35kV 侧 3520 断路器转运行。恢复 1 号站用电正常运行。

2 号主变压器恢复送电的同时，220kV 正母Ⅱ段跳闸，同时 3 号主变压器 A 相本体轻瓦斯第二次告警。

第二次向调度简要汇报示例：我是小城变电站值班长，×时×分，220kV 正副母Ⅱ段差动保护动作，220kV 小溪线 2296 断路器、220kV 2 号母联 2612 断路器、3 号主变压器 220kV 侧 2603 断路器、220kV 小烟线 2295 断路器、220kV 正母分段 2621 断路器分位，220kV 副母分段 2622 断路器合位，220kV 正母Ⅱ段电压为零，3 号主变压器连续两次发出轻瓦斯信号。向调度申请紧急拉停 3 号主变压器。

（1）第二次详细检查：

1）根据调度指令紧急拉停 3 号主变压器。

2）检查一次设备。220kV 小溪线 2296 断路器、220kV 2 号母联 2612 断路器、3 号主变压器 220kV 侧 2603 断路器、220kV 小烟线 2295 断路器、220kV 正母分段 2621 断路器处于分闸位置。220kV 副母分段 2622 断路器因两套智能终端出口压板在退出位置（测量压板两端无异性电压并投入），检查发现 220kV 小烟 2295 两套智能终端遥合压板在退出位置（测量压板两端无异性电压并投入）。

3）检查二次设备。220kV 正副母Ⅱ段 AB 套主保护动作，故障相别 A 相，故障电流 2.1A，复归相关信号，打印保护、故障录波报告。

（2）第二次详细汇报调度：

我是小城变电站值班长，×时×分，220kV 正副母Ⅱ段 A 套正副母差动保护与 220kV 正副母Ⅱ段 B 套副母差动保护同时动作，故障相别：A 相，220kV 正副母Ⅱ段 A 套保护互联压板投入导致互联状态，220kV 小溪线 2296 断路器、220kV 2 号母联 2612 断路器、3 号主变压器 220kV 侧 2603 断路器、220kV 小烟线 2295 断路器、220kV 正母分段 2621 断路器跳闸，220kV 副母分段 2622 断路器因两套智能终端出口压板退出造成拒动（测量压板两端无异性电压并投入），检查发现 220kV 小烟 2295 两套智能终端遥合压板在退出位置（测量压板两端无异性电压并投入）。同时 3 号主变压器连续两次发出轻瓦斯信号。现场检查其他设备无异常。初步判断故障点位于小溪 2296 断路器 A 相与电流互感器之间。站内天气晴。

向调度申请将 220kV 小溪线 2296 断路器转冷备，其他无故障设备转运行。

（3）隔离故障设备：根据调度指令将 3 号主变压器转冷备用，220kV 小溪 2296 断路器转冷备用。

（4）第三次详细汇报调度：

我是小城变电站值班长，×时×分，220kV 小溪线 22962 隔离开关操作过程中连杆断裂。

向调度申请将 220kV 副母Ⅱ段转冷备用。

（5）隔离故障设备：根据调度指令将 220kV 副母Ⅱ段转冷备用。

（6）恢复送电：根据调度指令将 220kV 正母Ⅱ段、220kV 小烟线 2295 断路器转运行。

7. 故障设备转检修

（1）故障设备已隔离，正常设备已恢复运行，并申请故障设备 500kV 一串联络 5012 断路器、3 号主变压器、220kV 小溪线 2296 断路器、220kV 副母Ⅱ段转检修。

（2）选取安全工器具。500kV 验电器、35kV 验电器、220kV 验电器、绝缘手套、绝缘靴。

（3）根据典型操作票将 500kV 一串联络 5012 断路器、3 号主变压器、220kV 小溪线 2296 断路器、220kV 副母Ⅱ段转检修。

8. 结束

（1）汇报调度 500kV 一串联络 5012 断路器、3 号主变压器、220kV 小溪线 2296 断路器、220kV 副母Ⅱ段已转检修，故障处理完毕。

（2）回收安全工器具。安全帽、500kV 验电器、35kV 验电器、220kV 验电器、绝缘手套、绝缘靴。

第四节　变电站典型监控信息处置

培训目标：通过学习本章内容，学员可以了解变电站典型异常信号的释义、原因、后果，掌握异常信号的处置原则。

一、断路器

（一）SF_6气室

1. ××断路器 SF_6 气压低告警

（1）信息释义。监视断路器气室 SF_6 压力数值。SF_6 压力降低至告警设定值时，压力（密度）继电器动作，信号告警。断路器 SF_6 气压低告警信号回路原理图如图 8-4-1 所示。

（2）原因分析。

1）断路器气室有泄漏点，压力降低到告警值；

2）压力（密度）继电器异常；

3）二次回路故障；

4）温度下降，引起 SF_6 压力值降低，密度继电器温度补偿不正确或不及时。

（3）造成后果。如果断路器气室确实存在泄漏点，SF_6 压力继续降低，将造成断路器分合闸闭锁。

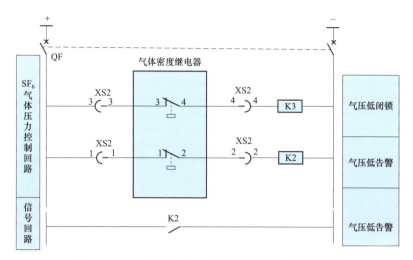

图 8-4-1　断路器 SF_6 气压低告警信号回路原理图

（4）处置原则。

1）检查 SF_6 密度继电器（压力表）指示是否正常，气体管路阀门是否正确开启，确定告警信号报出是否正确。

2）严寒地区检查断路器本体保温措施是否完好。

3）若 SF_6 气体压力降至告警值，但未降至压力闭锁值，联系检修人员，在保证安全的前提下进行补气，必要时对断路器本体及管路进行检漏。

4）若运行中 SF_6 气体压力降至闭锁值以下，立即汇报值班调控人员，断开断路器操作电源，按照值班调控人员指令隔离该断路器。

5）检查人员应按规定使用防护用品；若需进入室内，应确认 SF_6 气体含量及氧含量报警装置运行正常且无报警；若无报警装置，应开启所有排风机进行强制排风 15min，并用检漏仪测量 SF_6 气体合格，用仪器检测含氧量合格；室外应从上风侧接近断路器进行检查。

6）如果是压力（密度）继电器异常或二次回路故障造成误发信号，应对继电器或二次回路进行检查，及时消除缺陷。

2. ××断路器 SF_6 气压低闭锁

（1）信息释义。断路器气室 SF_6 压力数值降低至闭锁值时，压力（密度）继电器动作，信号告警，并断开断路器第一、二组控制回路，同时报控制回路断线。断路器 SF_6 气压低闭锁信号回路原理图如图 8-4-2 所示。

（2）原因分析。一般情况下，在"断路器 SF_6 气压低闭锁"信号发出前，会有"断路器 SF_6 气压低告警"信号先发出，并且两者之间会有一定的时间裕度。如直接发出"断路器 SF_6 气压低闭锁"则可能为：

1）断路器气室严重漏气，压力迅速降低到闭锁值。

2）压力（密度）继电器异常。

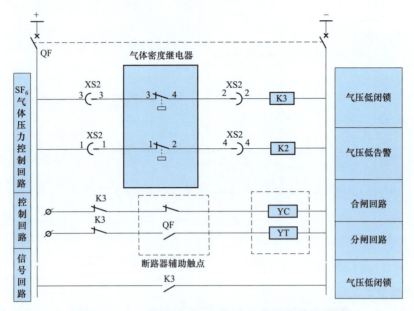

图 8-4-2　断路器 SF_6 气压低闭锁信号回路原理图

3）二次回路故障。

4）温度急剧下降，引起 SF_6 压力值迅速降低，密度继电器温度补偿不正确或不及时。

（3）造成后果。

1）如果断路器分合闸闭锁，此时与本断路器有关设备发生故障，断路器将拒动，扩大事故范围。

2）气室绝缘性能下降，造成断路器内部故障。

（4）处置原则。

1）检查 SF_6 密度继电器（压力表）指示是否正常，气体管路阀门是否正确开启，确定闭锁信号报出是否正确。

2）如果有漏气现象，SF_6 压力低闭锁，应断开断路器控制电源、及时上报调度和监控并根据调度指令将故障断路器隔离，做好相应的安全措施。

3）如果是压力（密度）继电器异常或二次回路故障造成误发信号，应对继电器及二次回路进行检查，及时消除故障。

（二）操动机构

1．××断路器油压低分合闸总闭锁

（1）信息释义。监视断路器操动机构油压值，反映断路器操动机构情况。由于操动机构油压降低，压力继电器动作，正常应伴有控制回路断线信号。断路器油压低分合闸总闭锁信号回路原理图如图 8-4-3 所示。

（2）原因分析。

1）断路器操动机构油压回路有泄漏点，油压降低到分合闸闭锁值。

2）压力继电器异常。

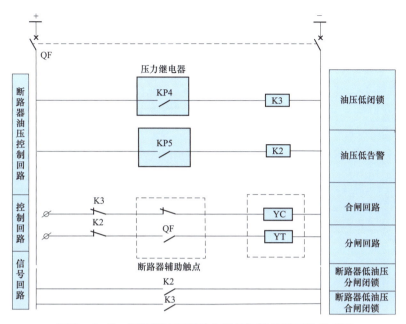

图 8-4-3　断路器油压低分合闸总闭锁信号回路原理图

3）二次回路故障。

4）温度下降时，引起油压值下降。

（3）造成后果。如果当时与本断路器有关设备发生故障，则断路器拒动无法分合闸，扩大事故范围。

（4）处置原则。

1）检查现场压力表，检查信号报出是否正确，是否有漏油痕迹。

2）如果检查没有漏油痕迹，则可能是由于温度变化引起压力变化造成，则由专业人员带电处理。

3）如果有漏油现象，操动机构压力低闭锁分闸，应断开断路器控制电源和电机电源、及时上报调度和监控并根据调度指令将故障断路器隔离，做好相应的安全措施。

4）如果是压力继电器异常或二次回路故障造成误发信号，应对继电器及二次回路进行检查，及时消除故障。

2．××断路器油压低合闸闭锁

（1）信息释义。监视断路器操动机构油压值，反映断路器操动机构情况。由于操动机构油压降低，压力继电器动作。断路器油压低合闸闭锁信号回路原理图如图 8-4-4 所示。

（2）原因分析。

1）断路器操动机构油压回路有泄漏点，油压降低到合闸闭锁值。

2）压力继电器损坏异常。

3）二次回路故障。

4）根据油压温度曲线，温度变化时，油压值变化。

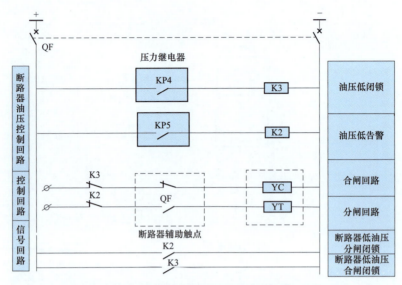

图 8-4-4　断路器油压低合闸闭锁信号回路原理图

（3）造成后果。造成断路器无法合闸。

（4）处置原则。

1）检查现场压力表，检查信号报出是否正确，是否有漏油痕迹。

2）如果检查没有漏油痕迹，则可能是由于温度变化引起压力变化造成，则由专业人员带电处理。

3）如果有漏油现象，操动机构压力低闭锁合闸，并立即上报调度，同时制订相关措施和方案，必要时向相关调度申请将断路器隔离。

4）如果是压力继电器异常或二次回路故障造成误发信号应对继电器及二次回路及继电器进行检查，及时消除故障。

3. ××断路器油压低重合闸闭锁

（1）信息释义。监视断路器操动机构油压值，反映断路器操动机构情况。由于操动机构油压降低，压力继电器动作，对应重动继电器触点开入断路器重合闸装置，闭锁断路器重合闸，同时相应信号告警。断路器油压低重合闸闭锁信号回路原理图如图 8-4-5 所示。

（2）原因分析。

1）断路器操动机构油压回路有泄漏点，油压降低到重合闸闭锁值。

2）压力继电器异常。

3）二次回路故障。

4）温度变化时，油压值变化。

（3）造成后果。造成故障时断路器无法重合闸。

（4）处置原则。

1）检查现场压力表，检查信号报出是否正确，是否有漏油痕迹。

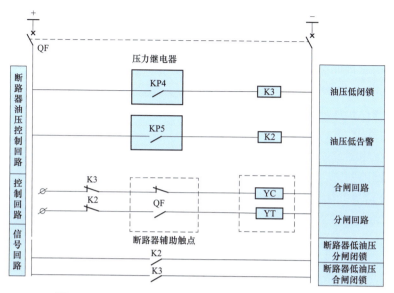

图8-4-5　断路器油压低重合闸闭锁信号回路原理图

2）如果检查没有漏油痕迹，是由于运行正常压力降低，或者温度变化引起压力变化造成，则由专业人员带电处理。

3）如果有漏油现象，操动机构压力低闭锁，应采取退出重合闸的措施，并立即上报调度，同时制订相关措施和方案，必要时向相关调度申请将断路器隔离。

4）如果是压力继电器异常或二次回路故障造成误发信号应对继电器及二次回路进行检查，及时消除故障。

4. ××断路器 N_2 泄漏告警

（1）信息释义。断路器操动机构油泵启动，同时油压增大至告警值，漏氮告警继电器动作，立即告警，并闭锁合闸，3h 后闭锁分闸。断路器 N_2 泄漏告警信号回路原理图如图8-4-6所示。

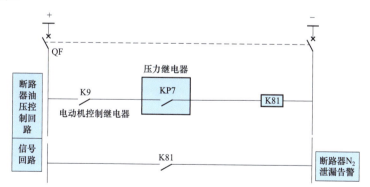

图8-4-6　断路器 N_2 泄漏告警信号回路原理图

（2）原因分析。

1）断路器操动机构油压回路有泄漏点，氮气和油压不能平衡，氮气和油之间的活塞推动至止挡管，活塞不能再被推动，于是在起泵的作用下压力迅速升高到漏氮告警值，压力继电器动作告警。

2）起泵接点性能不稳定，随着运行时间增加，起泵压力偏大，温度变化时，启动打压达到告警值，压力继电器动作告警。

3）起泵接点粘住或打压时间继电器问题引起 K9 常励磁，启动打压达到告警值，压力继电器动作告警。

4）压力继电器异常。

5）二次回路故障。

（3）造成后果。如果持续告警，可能造成断路器分闸闭锁。

（4）处置原则。

1）检查现场压力表，检查信号报出是否正确，是否有漏气痕迹，并对信号复归。

2）如果检查没有漏气痕迹，是由于温度变化等原因造成，检查油泵运转情况并由专业人员处理。

3）如果是压力继电器异常或二次回路故障造成误发信号应对继电器及二次回路进行检查，及时消除故障。

5.××断路器 N_2 泄漏闭锁

（1）信息释义。断路器操动机构油泵启动，同时油压增大至告警值，漏氮告警继电器动作，立即告警，并闭锁合闸，3h 后闭锁分闸。断路器 N_2 泄漏闭锁信号回路原理图如图 8−4−7 所示。

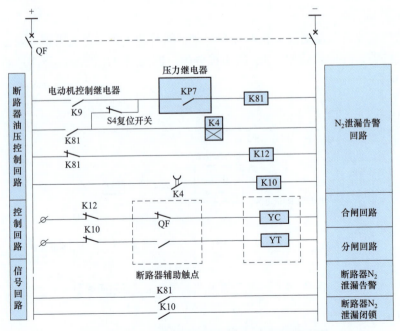

图 8−4−7　断路器 N_2 泄漏闭锁信号回路原理图

（2）原因分析。

1）断路器操动机构油压回路有泄漏点，氮气和油压不能平衡，氮气和油之间的活塞推动至止挡管，活塞不能再被推动，于是在起泵的作用下压力迅速升高到漏氮告警值，压力继电器动作告警；经整定时间后报断路器 N_2 泄漏闭锁。

2）起泵接点性能不稳定，随着运行时间增加，起泵压力偏大，温度变化时，启动打压达到告警值，压力继电器动作告警；经整定时间后报断路器 N_2 泄漏闭锁。

3）起泵接点粘住或打压时间继电器问题引起 K9 常励磁，启动打压达到告警值，压力继电器动作告警；经整定时间后报断路器 N_2 泄漏闭锁。

4）压力继电器损坏；经整定时间后报断路器 N_2 泄漏闭锁。

5）N_2 泄漏时间继电器 K4、断路器 N_2 泄漏闭锁继电器 K10 故障。

6）二次回路故障。

（3）造成后果。造成断路器分闸闭锁，如果当时与本断路器有关设备发生故障，则断路器拒动，后备保护动作，扩大事故范围。

（4）处置原则。

1）检查现场压力表，检查信号报出是否正确，是否有漏气痕迹，并对信号复归。

2）如果检查没有漏气痕迹，是由于运行正常压力降低，或者温度变化引起压力变化造成，则由专业人员带电处理。

3）如果是压力继电器异常或二次回路故障造成误发信号应对继电器及二次回路进行检查，及时消除故障。

6. ××断路器油压低告警

（1）信息释义。断路器操动机构油压值低于告警值，压力继电器动作。断路器油压低告警信号回路原理图如图 8－4－8 所示。

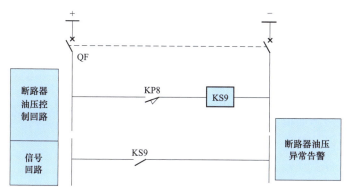

图 8－4－8　断路器油压低告警信号回路原理图

（2）原因分析。

1）断路器操动机构油压回路有泄漏点，油压降低到告警值。

2）压力继电器异常。

3）二次回路故障。

4）温度变化时，油压值变化。

（3）造成后果。如果压力继续降低，可能造成断路器重合闸闭锁、合闸闭锁、分闸闭锁。

（4）处置原则。

1）检查现场压力表，检查信号报出是否正确，是否有漏油痕迹。

2）如果检查没有漏油痕迹，是温度变化等原因造成，检查油泵运转情况并由专业人员处理。

3）如果是压力继电器异常或二次回路故障造成误发信号应对继电器及二次回路进行检查，及时消除故障。

7．××断路器油泵打压超时

（1）信息释义。油泵启动打压，打压时间达到整定时间，打压超时时间继电器动作发出告警信号。断路器油泵打压超时信号回路原理图如图8-4-9所示。

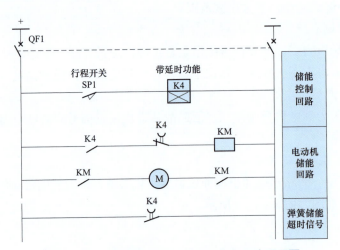

图8-4-9　断路器油泵打压超时信号回路原理图

（2）原因分析。

1）液压机构严重渗漏，高压放油阀未关严。

2）储能电机故障如机械齿轮打滑等。

3）储能电机继电器异常。

4）储能起、停微动开关接点损坏。

5）误发信号。

（3）造成后果。影响断路器储能，造成断路器分合闸异常。

（4）处置原则。

1）检查压力是否正常，检查油位是否正常，有无渗漏油现象，手动释压阀是否关闭到位。

2）检查油泵电源是否正常，如空气断路器跳闸可试送一次，再次跳闸应查明原因。

3）如热继电器动作，可手动复归，并检查打压回路是否存在接触不良、元器件损坏及过热现象等。

4）检查延时继电器整定值是否正常。

5）解除油泵打压超时自保持后，若电动机运转正常，压力表指示无明显上升，应立即断开电机电源，联系检修人员处理。

6）如果断路器储能正常，而储能超时由于误发信号所致，如果是压力继电器异常或二次回路故障造成误发信号应对继电器及二次回路进行检查，及时消除故障。

7）若无法及时处理时，汇报值班调控人员，停电处理。

8. ××断路器机构弹簧未储能

（1）信息释义。断路器合闸弹簧未储能，造成断路器不能合闸。断路器机构弹簧未储能信号回路原理图如图 8-4-10 所示。

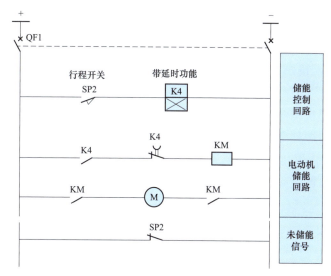

图 8-4-10　断路器机构弹簧未储能信号回路原理图

（2）原因分析。

1）断路器储能电机损坏。

2）储能电机继电器异常。

3）电机电源消失或控制回路故障。

4）断路器机械故障。

（3）造成后果。造成断路器不能合闸。

（4）处置原则。

1）检查现场断路器储能机构储能是否正常。

2）如果检查断路器储能正常，由于继电器接点信号没有上传造成，则应对信号回路进行检查，更换相应的继电器。

3）如果是电气回路异常或机械回路卡涩造成断路器未储能，应尽快安排检修。

（三）机构通用信号

1. ××断路器机构储能电机故障

（1）信息释义。断路器储能电机发生故障。断路器机构储能电机故障信号回路原理图如图 8-4-11 所示。

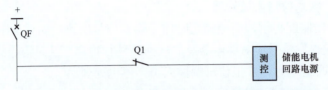

图 8-4-11　断路器机构储能电机故障信号回路原理图

（2）原因分析。

1）断路器储能电机损坏。

2）电机电源回路故障。

3）电机控制回路故障。

（3）造成后果。操动机构无法储能，造成压力降低闭锁断路器操作。

（4）处置原则。

1）检查断路器机构储能电源是否正常，储能电机有无损坏，储能是否正常。

2）根据现场检查处理结果确定是否需要隔离断路器，汇报调度。

2. ××断路器机构加热器故障

（1）信息释义。断路器加热器故障。断路器机构加热器故障信号回路原理图如图 8-4-12 所示。

图 8-4-12　断路器机构加热器故障信号回路原理图

（2）原因分析。

1）断路器加热电源跳闸。

2）电源辅助接点接触不良。

（3）造成后果。断路器加热器不工作，容易形成凝露等异常，可能会造成二次回路短路或接地，甚至造成断路器拒动或误动。

（4）处置原则。

1）如果是断路器本体加热器电源或本身故障，通知运维或检修人员处理，并加强对该断路器巡视，有异常及时汇报。

2）了解异常的原因和处理情况，现场处理结束后，及时汇报监控并核对信息。

3. ××断路器机构三相不一致跳闸

（1）信息释义。反映断路器三相位置不一致性，动作后跳断路器三相。断路器机构三相不一致跳闸信号回路原理图如图8-4-13所示。

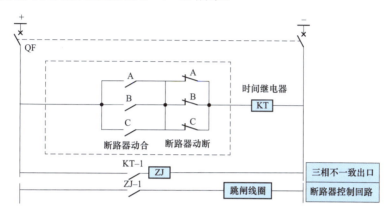

图8-4-13 断路器机构三相不一致跳闸信号回路原理图

（2）原因分析。

1）断路器三相不一致，断路器一相或两相跳开或拒合；

2）断路器位置继电器接点异常造成。

（3）造成后果。断路器跳闸，影响电网安全。

（4）处置原则。

1）运维单位接到监控员通知后，迅速组织现场检查确认断路器位置，检查结果及时汇报相关调度和监控。

2）根据现场保护及安全自动装置动作情况及断路器跳闸情况，及时配合调度调阅故障信息分析，按调度令和现场事故处理规定处理。

4. ××断路器第一组或第二组控制回路断线

（1）信息释义。控制电源消失或者控制回路故障，造成断路器分合闸操作闭锁。断路器第一组或第二组控制回路断线信号回路原理图如图8-4-14所示。

（2）原因分析。

1）控制回路接线松动或接触不良。

2）上一级直流电源消失。

3）断路器控制电源空气断路器跳闸。

4）断路器辅助接点接触不良，合闸或分闸位置继电器故障。

5）分合闸线圈损坏。

6）机构箱或汇控柜"远方/就地把手"损坏或就地。

7）弹簧机构未储能或断路器机构压力降至闭锁值、SF_6气体压力降至闭锁值。

（3）造成后果。若仅报第一组控制回路断线则不能合闸；若仅报第二组控制回路断线仍然可以分合闸；双套保护与控制回路一一对应，控制回路断线则对应的保护无法实现出

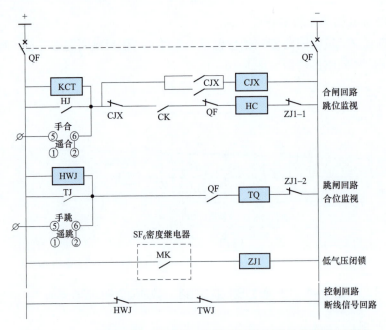

图8-4-14　断路器第一组或第二组控制回路断线信号回路原理图

口跳闸；若两组均报断线则断路器无法进行分合闸。

（4）处置原则。

1）应先检查以下内容：① 上一级直流电源是否消失；② 断路器控制电源空气断路器有无跳闸；③ 机构箱或汇控柜"远方/就地把手"位置是否正确；④ 弹簧储能机构储能是否正常；⑤ 液压、气动操动机构是否压力降低至闭锁值；⑥ SF_6 气体压力是否降低至闭锁值；⑦ 分、合闸线圈是否断线、烧损；⑧ 控制回路是否存在接线松动或接触不良。

2）若控制电源空气断路器跳闸或上一级直流电源跳闸，检查无明显异常，可试送一次。无法合上或再次跳开，未查明原因前不得再次送电。

3）若机构箱、汇控柜远方/就地把手位置在"就地"位置，应将其切至"远方"位置，检查告警信号是否复归。

4）若断路器 SF_6 气体压力或储能操动机构压力降低至闭锁值、弹簧机构未储能、控制回路接线松动、断线或分合闸线圈烧损，无法及时处理时，汇报值班调控人员，按照值班调控人员指令隔离该断路器。

5）若断路器为两套控制回路时，其中一套控制回路断线时，在不影响保护可靠跳闸的情况下，该断路器可以继续运行。

二、组合电器

（一）气室

气室 SF_6 气压低告警（指断路器、隔离开关、母线TV、避雷器等气室）。

（1）信息释义。任一气室 SF_6 压力低于告警值，密度继电器动作发告警信号。气室

SF_6 气压低告警信号回路原理图如图 8-4-15 所示。

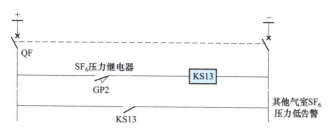

图 8-4-15　气室 SF_6 气压低告警信号回路原理图

（2）原因分析。

1）气室有泄漏点，压力降低到告警值。

2）密度继电器异常。

3）二次回路故障。

4）温度变化时，SF_6 压力值变化。

（3）造成后果。气室绝缘降低，影响正常倒闸操作，严重时可能有绝缘击穿的风险。

（4）处置原则。

1）检查现场压力表，检查信号报出是否正确，是否漏气，检查前注意通风，防止 SF_6 中毒。

2）如果检查没有漏气，由于温度变化引起压力变化造成的，应有专业人员带电补气。

3）如果有漏气现象，则应密切监视其他气室 SF_6 压力值，并立即上报调度，等候处理。

4）如果是压力继电器或回路故障造成误发信号应对回路及继电器进行检查，及时通知专业人员消除故障。

注：断路器气室包括 SF_6 气压低闭锁。

（二）汇控柜

1. ××断路器汇控柜交流电源消失

（1）信息释义。断路器汇控柜中各交流回路电源有消失情况。组合电气设备汇控柜交流电源主要为储能电机、操作电机及加热器等设备电源。断路器汇控柜交流电源消失信号回路原理图如图 8-4-16 所示。

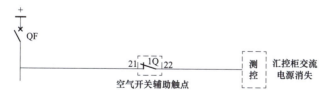

图 8-4-16　断路器汇控柜交流电源消失信号回路原理图

（2）原因分析。

1）汇控柜中任一交流电源小空气断路器跳闸，或几个交流电源小空气断路器跳闸。

2）汇控柜中任一交流回路有故障，或几个交流回路有故障。

（3）造成后果。造成断路器或隔离开关无法操作，加热器失效，影响正常运行。

（4）处置原则。

1）检查断路器储能电源、隔离开关操作电源是否正常，储能及操作电机有无损坏，是否正常，若电源或电动机均无法恢复，则通知专业人员处理。

2）如果电源空气断路器跳开可试送一次，若试送不成功，应及时通知专业人员处理。

3）根据现场检查处理情况确定是否需要隔离故障，汇报调度。

2．××断路器汇控柜直流电源消失

（1）信息释义。断路器汇控柜中各直流回路电源有消失情况。组合电气设备汇控柜直流电源主要为储能电机、联锁回路及压力闭锁等回路电源。断路器汇控柜直流电源消失信号回路原理图如图 8－4－17 所示。

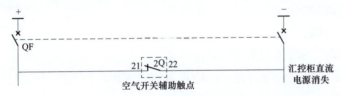

图 8－4－17 断路器汇控柜直流电源消失信号回路原理图

（2）原因分析。

1）汇控柜中任一直流电源小空气断路器跳闸，或几个直流电源小空气断路器跳闸。

2）汇控柜中任一直流回路有故障，或几个直流回路有故障。

（3）造成后果。断路器无法进行相关操作或信号无法上送。

（4）处置原则。

1）检查断路器储能电源、隔离开关操作电源是否正常，储能及操作电机有无损坏，是否正常，若电源或电动机均无法恢复，则通知专业人员处理。

2）如果电源空气断路器跳开可试送一次，若试送不成功，应及时通知专业人员处理。

3）根据现场检查处理情况确定是否需要隔离故障，汇报调度。

三、互感器

（一）电流互感器

（1）信息释义。电流互感器 SF_6 压力低于告警值，压力继电器动作。电流互感器 SF_6 压力低告警信号回路原理图如图 8－4－18 所示。

（2）原因分析。

1）有泄漏点，压力降低到告警值。

2）压力继电器损坏。

3）二次回路故障。

4）温度变化时，SF_6 压力值变化。

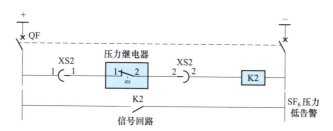

图 8-4-18　电流互感器 SF_6 压力低告警信号回路原理图

（3）造成后果。如果 SF_6 压力进一步降低，有可能造成电流互感器绝缘击穿。

（4）处置原则。

1）检查表计外观是否完好，指针是否正常，记录气体压力值。

2）检查表计压力是否降低至报警值，若为误报警，应查找原因，必要时联系检修人员处理。

3）若确系气体压力异常，应检查各密封部件有无明显漏气现象并联系检修人员处理。

4）气体压力恢复前应加强监视，因漏气较严重一时无法进行补气或 SF_6 气体压力为零时，应立即汇报值班调控人员申请停运处理。

5）检查中应做好防护措施，从上风侧接近设备，防止 SF_6 气体中毒。

6）如果是压力继电器或回路故障造成误发信号应对回路及继电器进行检查，及时消除故障。

（二）电压互感器

（1）信息释义。母线 TV 保护二次电压空气断路器跳开，发出电压空气断路器跳开信号。母线 TV 保护二次电压空气断路器跳开信号回路原理图如图 8-4-19 所示。

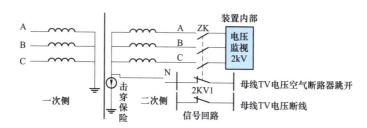

图 8-4-19　母线 TV 保护二次电压空气断路器跳开信号回路原理图

（2）原因分析。

1）空气断路器老化跳闸。

2）空气断路器负载有短路等情况。

3）误跳闸。

（3）造成后果。保护拒动或误动；无法同期合闸。

（4）处置原则。

1）检查现场小开关是否跳闸，并测量 TV 电压值是否正常。

2）保护失去 TV 二次电压时，逐级检查电压小开关，如断路器跳开，可试送一次，再跳不得再送，汇报调度申请处理。

3）根据调度指令将可能误动的保护退出。

四、主变压器

（一）主变压器冷却器

1．××主变压器冷却器全停跳闸

（1）信息释义。强迫油循环风冷变压器，当两路工作电源同时失去，或者所有油泵、风扇均故障时，经过相应整定时间延时，若冷却器仍未恢复，冷却器全停跳闸。主变压器冷却器全停跳闸信号回路原理图如图8-4-20所示。

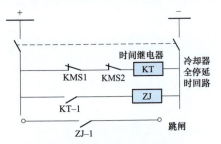

图 8-4-20　主变压器冷却器
全停跳闸回路原理图

（2）原因分析。

1）电源故障。

2）所有冷却装置内部同时故障造成冷却器全停。

3）主变压器冷却器电源切换试验造成短时间主变压器冷却器全停。

（3）造成后果。造成主变压器油温过高，危及主变压器安全运行。

（4）处置原则。

1）检查风冷系统及两组冷却电源工作情况。

2）密切监视变压器绕组和上层油温温度情况。

3）如一组电源消失或故障，另一组备用电源自投不成功，则应检查备用电源是否正常，如正常，应立即手动将备用电源断路器合上。

4）若两组电源均消失或故障，则应立即设法恢复电源供电。

5）现场检查变压器冷却装置控制箱各负载断路器、接触器、熔断器和热继电器等工作状态是否正常。

6）如果发现冷却装置控制箱内电源存在问题，则立即检查站用电低压配电屏负载断路器、接触器、熔断器和站用变压器高压侧熔断器或断路器。

7）故障排除后，将各冷却器选择断路器置于"停止"位置，再试送冷却器电源。若成功，再逐路恢复冷却器运行。

8）若冷却器全停故障短时间内无法排除，应立即汇报值班调控人员，申请转移负荷或将变压器停运。

9）变压器冷却器全停的运行时间不应超过规定。

2．××主变压器冷却器全停告警

（1）信息释义。强迫油循环风冷变压器，当两路工作电源同时失去，或者所有油泵、

风扇均故障时，对应信号告警。主变压器冷却器全停告警信号回路原理图如图8-4-21所示。

（2）原因分析。

1）电源故障。

2）二次回路问题。

（3）造成后果。造成主变压器油温过高，如果运行时间过长，将危及主变压器安全运行、缩短寿命、甚至损坏，造成事故。

（4）处置原则。

1）检查风冷系统及两组冷却电源工作情况。

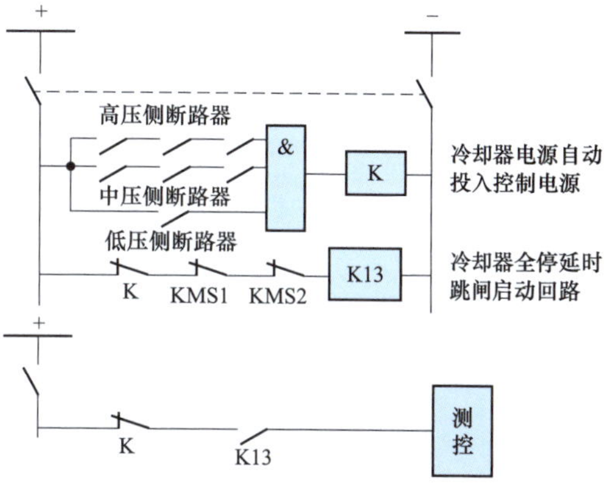

图8-4-21　主变压器冷却器全停告警信号回路原理图

2）密切监视变压器绕组和上层油温温度情况。

3）如一组电源消失或故障，另一组备用电源自投不成功，则应检查备用电源是否正常，如正常，应立即手动将备用电源断路器合上。

4）若两组电源均消失或故障，则应立即设法恢复电源供电。

5）现场检查变压器冷却装置控制箱各负载断路器、接触器、熔断器和热继电器等工作状态是否正常。

6）如果发现冷却装置控制箱内电源存在问题，则立即检查站用电低压配电屏负载断路器、接触器、熔断器和站用变压器高压侧熔断器或断路器。

7）故障排除后，将各冷却器选择断路器置于"停止"位置，再试送冷却器电源。若成功，再逐路恢复冷却器运行。

8）若冷却器全停故障短时间内无法排除，应立即汇报值班调控人员，申请转移负荷或将变压器停运。

9）变压器冷却器全停的运行时间不应超过规定。

3. ××主变压器冷却器故障

（1）信息释义。反映变压器冷却器故障，变压器任一组风扇或油泵故障时，对应信号告警。主变压器冷却器故障信号回路原理图如图8-4-22所示。

（2）原因分析。冷却控制的各分支系统（指风扇或油泵输出控制回路）故障，由风冷控制箱内热继电器或电机开关辅助触点启动告警信号。

（3）造成后果。造成主变压器油温过高，危及主变压器安全运行。

（4）处置原则。

1）首先考虑冷却器故障后能否满足主变压器正常运行需要，若不满足，立即汇报调度申请降负荷或停电处理。若满足运行条件，则进一步检查现场主变压器风冷系统情况，是风扇故障还是油泵故障，对应的热耦继电器是否动作。

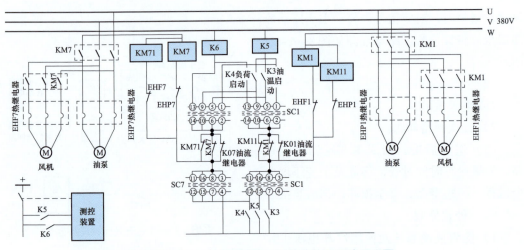

图 8-4-22　主变压器冷却器故障信号回路原理图

2）如果热耦继电器动作，风扇或油泵外观检查未见异常，可手动复归热耦继电器恢复冷却器正常运行。若复归热耦继电器失败，则进一步检查发现风扇或油泵故障，应采取断开风扇或油泵控制电源措施，并立即上报调度，同时制定更换措施和方案。

3）如果是热耦继电器或电机开关辅助触点故障造成误发信号应对热耦继电器或电机开关辅助触点进行检查，及时消除故障。

4. ××主变压器冷却器第一（二）组电源消失

（1）信息释义。变压器冷却器装置工作电源Ⅰ或工作电源Ⅱ故障，对应信号告警。主变压器冷却器第一（二）组电源消失信号回路原理图如图 8-4-23 所示。

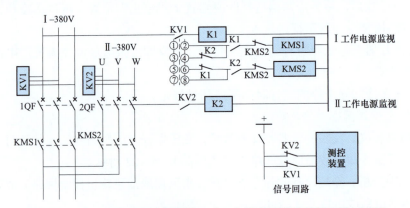

图 8-4-23　主变压器冷却器第一（二）组电源消失信号回路原理图

（2）原因分析。

1）装置的电源故障。

2）二次回路问题误动作。

3）上级电源消失。

（3）造成后果。若此时另一组电源再消失，则会造成变压器油温过高，危及变压器安全运行。

（4）处置原则。

1）首先判明是哪一级自动开关或交流接触器跳闸。若未跳闸时应检查是否其接点接头松动、接触器犯卡、导线断线情况等。当冷却器全停或个别风扇停转以及潜油泵停运时，首先从电源查起，判明原因迅速处理。

2）若电源已恢复正常，风扇或潜油泵仍不运转，则可按动热继电器复归按钮试送一次。

3）若电源难以及时恢复，且主变压器负荷较大时，尽快采用临时电源使冷却装置恢复运行。同时报告调度且加强监视主变压器温度和负荷的变化。

4）冷却器全停超过规定的温度和时间，应申请调度降低负荷或将主变压器停运。

（二）主变压器本体非电气量保护

1. ××主变压器本体重瓦斯动作

（1）信息释义。当变压器内部故障，或者变压器油位低于双浮球瓦斯继电器，或者重瓦斯二次回路异常时，气体继电器动作，跳开变压器对应断路器，对应信号告警。主变压器本体重瓦斯动作信号回路原理图如图8-4-24所示。

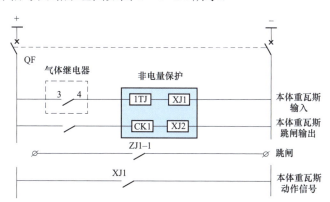

图8-4-24　主变压器本体重瓦斯动作信号回路原理图

（2）原因分析。

1）主变压器内部发生严重故障。

2）二次回路问题误动作。

3）储油柜内胶囊安装不良，造成呼吸器堵塞，油温发生变化后，呼吸器突然冲开，油流冲动造成继电器误动跳闸。

4）主变压器附近有较强烈的振动。

5）瓦斯继电器误动。

（3）造成后果。造成主变压器跳闸。

（4）处置原则。

1）现场检查主变压器有无喷油、漏油等，检查气体继电器内部有无气体积聚、干簧管是否破碎。

2）认真检查核对重瓦斯保护动作信息，同时检查其他设备保护动作信号、一二次回路、直流电源系统和站用电系统运行情况。

3）站用电系统全部失电应尽快恢复正常供电。

4）按照调度指令或变电站现场运行专用规程的规定，调整变压器中性点运行方式。

5）检查运行变压器是否过负荷，根据负荷情况投入冷却器。若变压器过负荷运行，应汇报值班调控人员转移负荷。

6）检查备自投装置动作情况。如果备自投装置正确动作，则根据调度指令退出该备自投装置。如果备自投装置没有正确动作，检查备自投装置作用断路器具备条件时，根据调度指令退出备用电源自投装置后，立即合上备自投装置动作后所作用的断路器，恢复失电母线所带负载。

7）检查现场是否存在检修作业，是否存在引起重瓦斯保护动作的可能因素。

8）综合变压器各部位检查结果和继电保护装置动作信息，分析确认由于主变压器内部故障造成调压重瓦斯保护动作，快速隔离故障变压器。

9）记录保护动作时间及一、二次设备检查结果并汇报。

10）确认主变压器内部故障造成瓦斯保护动作后，应提前布置故障变压器检修试验工作的安全措施。

11）确认变压器内部无故障后，应查明主变压器重瓦斯保护是否误动及误动原因。

2. ××主变压器本体轻瓦斯告警

（1）信息释义。当变压器内部轻微故障，或者进入空气，或者轻瓦斯二次回路异常时，该信号告警。主变压器本体轻瓦斯告警信号回路原理图如图 8−4−25 所示。

图 8−4−25　主变压器本体轻瓦斯动作信号回路原理图

（2）原因分析。

1）主变压器内部发生轻微故障。

2）因温度下降或漏油使油位下降。

3）因穿越性短路故障或振动引起。

4）储油柜空气不畅通。

5）直流回路绝缘破坏。

6）瓦斯继电器本身有缺陷等。

7）二次回路误动作。

（3）造成后果。发轻瓦斯保护告警信号。

（4）处置原则。

1）若瓦斯继电器内无气体或有气体经检验确认为空气而造成轻瓦斯保护动作时，变压器可继续运行，同时进行相应的处理。

2）将空气放尽后，如果继续动作，且信号动作间隔时间逐次缩短，应报告调度，同时查明原因并尽快消除。

3）轻瓦斯动作，继电器内有气体，应对气体进行化验，由公司主管领导根据化验结果，确定变压器是否退出运行。

4）如果是二次回路故障造成误发信号，现场检查无异常时，按一般缺陷上报，等待专业班组来站处理。

5）当变压器一天内连续发生两次轻瓦斯报警时，应立即申请停电检查；非强迫油循环结构且未装排油注氮装置的变压器（电抗器）本体轻瓦斯报警，应立即申请停电检查。

3. ××主变压器本体压力释放告警

（1）信息释义。当变压器内部故障时，压力增大，内部压力值超过电压力释放阀设定值时，压力释放阀开始泄压，当压力恢复正常时压力释放阀自动恢复原状态。主变压器本体压力释放告警信号回路原理图如图 8-4-26 所示。

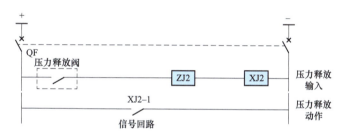

图 8-4-26　主变压器本体压力释放告警信号回路原理图

（2）原因分析。

1）变压器内部故障。

2）呼吸系统堵塞。

3）变压器运行温度过高，内部压力升高。

4）变压器补充油时操作不当。

（3）造成后果。本体压力释放阀喷油。

（4）处置原则。

1）轻瓦斯动作发信时，应立即对变压器（电抗器）进行检查，查明动作原因，是否因聚集气体、油位降低、二次回路故障或是变压器（电抗器）内部故障造成。

2）当变压器一天内连续发生两次轻瓦斯报警时，应立即申请停电检查；非强迫油循环结构且未装排油注氮装置的变压器（电抗器）本体轻瓦斯报警，应立即申请停电检查。

3）如气体继电器内有气体，应立即取气并进行气体成分分析；同时应立即启动在线油色谱装置分析或就近送油样进行分析。

4）若检测气体是可燃的或油中溶解气体分析结果异常，应立即申请将变压器（电抗器）停运。

5）若检测气体继电器内的气体为无色、无臭且不可燃，且油色谱分析正常，则变压器（电抗器）可继续运行，并及时消除进气缺陷。

6）在取气及油色谱分析过程中，应高度注意人身安全，严防设备突发故障。

3. ××主变压器本体压力突变告警

（1）信息释义。监视主变压器压力变化率，当压力变化率超过设定值时，跳变压器对应断路器或信号告警。主变压器本体压力突变告警信号回路原理图如图 8-4-27 所示。

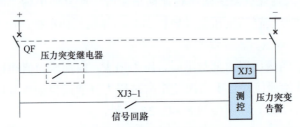

图 8-4-27　主变压器本体压力突变告警信号回路原理图

（2）原因分析。

1）变压器内部故障；

2）呼吸系统堵塞；

3）油压速动继电器误发。

（3）造成后果。有进一步造成瓦斯继电器或压力释放阀动作的危险。

（4）处置原则。

1）认真检查核对变压器保护动作信息，同时检查其他设备保护动作信号、一二次回路、直流电源系统运行情况；

2）记录保护动作时间及一、二次设备检查结果并汇报；

3）压力释放阀冒油，且变压器主保护动作跳闸时，在未查明原因、消除故障前，不得将变压器投入运行；

4）压力释放阀冒油而重瓦斯保护、差动保护未动作时，应检查变压器油温、油位、运行声音是否正常，检查主变压器是否过负荷和冷却器投入情况、检查变压器本体与储油柜连接阀门是否开启、呼吸器是否畅通。并立即联系检修人员进行色谱分析。如果色谱正常，应查明压力释放阀是否误动及误动原因；

5）现场检查未发现渗油、冒油，应联系检修人员检查二次回路。

4. ××主变压器本体油温（过）高告警

（1）信息释义。监视主变压器本体油温数值，反映主变压器运行情况。油温高于对应设定值时，对应信号告警，低值 K1 报油温高告警，高值 K2 报油温过高告警（投跳时报油温高跳闸）。主变压器本体油温（过）高告警信号回路原理图如图 8-4-28 所示。

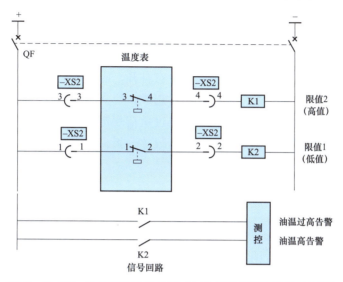

图 8-4-28　主变压器本体油温（过）高告警信号回路原理图

（2）原因分析。

1）变压器内部故障。

2）主变压器过负荷。

3）主变压器冷却器故障或异常。

（3）造成后果。严重时危及主变压器安全运行。

（4）处置原则。

1）检查温度计指示，判明温度是否确实升高。

2）检查冷却器、变压器室通风装置是否正常。

3）检查变压器的负荷情况和环境温度，并与以往相同情况做比较。

4）温度计或测温回路故障、散热阀门没有打开，应联系检修人员处理。

5）若温度升高是由于冷却器工作不正常造成，应立即排除故障。

6）检查是否由于过负荷引起，按变压器过负荷规定处理。

7）必要时，联系检修人员进行油中溶解气体分析。

5. ××主变压器本体绕组温度高告警

（1）信息释义。监视主变压器本体绕组温度数值，反映主变压器运行情况。绕组油温高于对应设定值时，对应信号告警。

（2）原因分析。

1）变压器内部故障。

2）主变压器过负荷。

3）主变压器冷却器故障或异常。

（3）造成后果。严重时危及主变压器安全运行。

（4）处置原则。

1）检查绕组温度计指示，判明温度是否确实升高。

2）检查冷却器、变压器室通风装置是否正常。

3）检查变压器的负荷情况和环境温度，并与以往相同情况做比较。

4）温度计或测温回路故障、散热阀门没有打开，应联系检修人员处理。

5）若温度升高是由于冷却器工作不正常造成，应立即排除故障。

6）检查是否由于过负荷引起，按变压器过负荷规定处理。

7）必要时，联系检修人员进行油中溶解气体分析。

五、二次设备

（一）公用部分

1. 事故信号

（1）信息释义。断路器满足事故发生时条件，将报"××间隔事故总信号"以及"事故总信号"等信号。

1）事故总信号：变电站任一"间隔事故总信号"发出后，触发全站"事故总告警"，全部"间隔事故总信号"复归后，全站"事故总告警"自动复归。事故总信号回路原理图如图 8－4－29 所示。

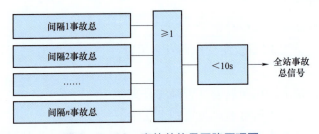

图 8－4－29　事故总信号回路原理图

2）××间隔事故总信号：操作箱 KKJ 合后位置触点与断路器跳闸位置继电器 TWJ 动合触点串联（逻辑与）后开入测控装置，构成间隔事故总信号；手动合上断路器后，断路器操作箱合后继电器 KKJ 自保持在励磁状态，若断路器出现非手动分闸，该告警信号出现。间隔事故总信号回路原理图如图 8－4－30 所示。

（2）原因分析。

1）变电站内某一间隔断路器偷跳。

2）三相不一致保护出口引起断路器跳闸。

3）母线故障引起多个间隔断路器跳闸。

4）线路、元件故障引起保护、安全自动装置动作出口跳开相关断路器。

（3）造成后果。根据故障性质大小可能引起系统扰动、稳定破坏，全站失压，损失负

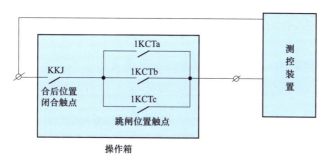

图 8-4-30　间隔事故总信号回路原理图

荷等，会伴随其他信号和报文。

（4）处置原则。

1）监控后台出现事故总信号时，应迅速组织现场检查，检查结果及时汇报相关调度和监控。

2）根据现场保护及安全自动装置动作情况及断路器跳闸情况，及时配合调度调阅故障信息分析，按调度令和现场事故处理规定处理。

2. 检修不一致

（1）信息释义。保护、合并单元、智能终端对其他相关装置上送信息的检修标志进行实时检测，并与装置自身检修状态进行对比，当检修状态不一致时，装置发出"检修不一致"告警。检修不一致信号回路原理图如图 8-4-31 所示。

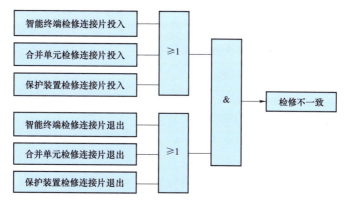

图 8-4-31　检修不一致信号回路原理图

1）检修压板：智能变电站装置检修态通过投入检修硬压板来实现。检修硬压板投入时，装置应通过 LED 灯、液晶显示、报文或动作节点提醒运行、检修人员注意装置处于检修状态。

2）不同装置的检修：分为合并单元检修、智能终端检修、保护装置检修、测控装置检修等，相应装置检修硬压板放上时分别报"××第一（二）套合并单元检修压板投入""××第一（二）套智能终端检修压板投入""××第一（二）套保护检修压板投入""××测控装置检修压板投入"；如保护装置与合并单元检修不一致则报"××第一（二）套保护 SV 检修不一致",如保护装置与智能终端检修不一致则报"××第一(二)套保护 GOOSE 检修不一致"。

3）检修不一致的影响：置于检修状态后的装置发出的报文置检修态，并能按保护装置、合并单元、智能终端的检修判别机制（见表 8-4-1），处理接收到的检修状态报文。

表 8-4-1　　　　　　　　保护装置、合并单元、智能终端的检修判别机制

状态	合并单元 不检修	合并单元 检修	智能终端 不检修	智能终端检修
保护装置 不检修	正常判别	检修异常， 闭锁保护	正常出口	检修异常， 闭锁出口
保护装置 检修	检修异常， 闭锁保护	正常判别，报文置检修	检修异常，闭锁出口	正常出口，报文置检修

（2）原因分析。

1）误投检修硬压板操作。

2）装置检修连接片开入异常。

（3）造成后果。

1）母线合并单元误投检修的影响。

a. 对本合并单元的影响，发送的报文为检修态，只处理检修态报文。

b. 对间隔合并单元的影响，级联后的电压值为检修态。

c. 对线路保护装置的影响，线路保护按 TV 断线处理，闭锁距离保护。

d. 对母差保护的影响，母差保护按 TV 断线处理，开放两段母线电压复压闭锁。

e. 对主变压器保护的影响，主变压器保护按本侧 TV 断线处理。

2）间隔合并单元误投检修的影响。

a. 对本合并单元的影响，发送的报文为检修态，只处理检修态报文。

b. 对线路保护装置的影响，闭锁线路保护所有保护功能。

c. 对母差保护的影响，闭锁母差差动保护。

3）间隔智能终端误投检修的影响。

a. 对本智能终端的影响，发送的报文为检修态，只处理检修态报文。

b. 对间隔合并单元的影响，保持 TV 切换状态。

c. 对线路保护装置的影响，线路保护装置收到的位置信息保持为检修前状态，线路保护逻辑正常动作，但不能跳开断路器。

d. 对母差保护的影响，母差保护装置收到的位置信息保持为检修前状态，保护逻辑正常动作，但不能跳开该间隔断路器。

3）线路保护误投检修的影响。

a. 对线路保护影响，不能接收到正常的采样报文，闭锁所有的保护，发送的报文置检修态。

b. 对智能终端的影响，智能终端不能处理线路保护的 GOOSE 报文，仍可处理母差保

护装置的报文。

c. 对母差保护的影响，不能处理线路保护的 GOOSE 报文。

4）母差保护误投检修的影响。

a. 对母差保护的影响，不能接收到正常的采样报文，闭锁所有的保护，发送的报文置检修。

b. 对线路保护影响，不能处理母差保护的 GOOSE 报文。

c. 对智能终端的影响，智能终端不能处理母差保护的 GOOSE 报文，仍可处理线路保护装置的报文。

（4）处置原则。

1）现场检查装置 GOOSE 检修灯是否正常，是否正常复归，若不能复归，逐级检查检修连接片是否一致。

2）检查装置 GOOSE 接收控制模块是否出错，如出错立即通知检修人员处理，必要时申请停用该套装置更换相关硬件。

3）更换硬件后应进行相应装置试验，保证更换前后保护功能的正确性。

3. 装置对时异常

（1）信息释义。对时异常灯亮，装置不能准确地实现时钟同步功能。装置对时异常逻辑框图如图 8-4-32 所示。

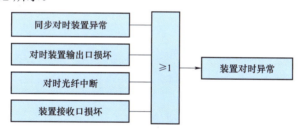

图 8-4-32 装置对时异常逻辑框图

（2）原因分析。

1）GPS 天线异常。

2）GPS 时钟同步装置异常。

3）GPS 时钟扩展装置异常。

4）GPS 与设备之间链路异常。

5）合并单元、智能终端、保护及安自装置守时模块异常。

6）合并单元、智能终端、保护及安自装置对时模块异常。

7）装置板卡不匹配。

8）GPS 光纤误码率较高。

（3）造成后果。发生事故时上送主站 SOE 误差较大，由于合并单元具备一定的守时功能且算法上采用插值算法，该信号一般不直接闭锁保护。

（4）处置原则。

1）若现场检查不为站内同步时钟装置异常，则查看设备与现场后台是否正常。若现场后台与设备均显示正常则是自动化主站监控系统出错，监控通知自动化相关人员进行核查处理；若是现场后台与设备均报对时异常信号，则现场排查原因，通知检修人员处理。

2）若同步对时装置正确，更换同步对时输出端口，若告警消失，则判断同步对时装置地输出端口损坏，更换输出模板或端口。

3）利用备用光纤、尾纤替换现有光纤、尾纤，若告警消失，则判断由于对时光纤损耗或由于光纤衰耗过大影响同步信号传输，更换光纤或纤芯。

4）利用仪器在接收端测量对时信号，如正常接收，则判断为装置的接收口损坏，更换装置的对时信号接收模块。

4. SV 交换机故障或异常

（1）信息释义。过程层交换机主要负责过程层合并单元与间隔层保护、故障录波、测控装置等设备间模拟量 SV 报文传递。当交换机故障时报该信号，同时伴随多套设备 SV 断链异常信号。SV 交换机故障或异常信号回路原理图如图 8-4-33 所示。

图 8-4-33　SV 交换机故障或异常信号回路原理图

（2）原因分析。

1）交换机硬件故障主要指交换机电源、背板、模块、端口、线缆等部件的故障。

2）交换机的软件故障、系统错误、配置不当等。

（3）造成后果。

1）测控装置、故障录波、网络分析仪等装置无法接收合并单元发送的采样值信息。

2）无法实时监控设备状态。

（4）处置原则。现场检查装置电源空气断路器是否接触不良，电源指示灯是否点亮，空气断路器是否跳闸，若是电源问题，可试送一次，若还不正常，通知检修人员处理。

5. GOOSE 交换机故障或异常

（1）信息释义。过程层交换机主要负责过程层合并单元、智能终端与间隔层保护、测控装置等设备间开关量 GOOSE 报文传递。相应交换机异常报该信号，同时伴随多间隔 GOOSE 断链信号告警。GOOSE 交换机故障或异常信号回路原理图如图 8-4-34 所示。

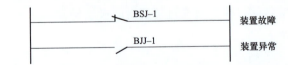

图 8-4-34　GOOSE 交换机故障或异常信号回路原理图

（2）原因分析。

1）交换机硬件故障，主要值交换机硬件故障主要指交换机电源、背板、模块、端口、线缆等部件的故障。

2）交换机的软件故障、系统错误、配置不当等。

（3）造成后果。

1）220kV 及以上保护动作后无法启动母线失灵保护。

2）母线保护动作后无法对线路保护重合闸放电。

3）变压器后备保护动作后无法对备自投放电。

4）母差保护动作后无法启动主变压器失灵联跳。

5）母差保护动作后无法启动线路远跳。

6）测控装置无法接收智能终端发送的断路器位置等重要信息。

7）无法实时监控设备状态。

（4）处置原则。现场检查装置电源空气断路器接触不良，电源指示灯是否点亮，空气断路器是否跳闸，若是电源问题，可试送一次，若还不正常，通知检修人员处理。

（二）保护装置

1. ××第一（二）套保护装置故障

（1）信息释义。装置自检、巡检发生严重错误，装置闭锁所有保护功能。第一（二）套保护装置故障信号回路原理图如图 8-4-35 所示。

图 8-4-35　第一（二）套保护装置故障信号回路原理图

（2）原因分析。

1）保护装置内存出错、定值区出错等硬件本身故障。

2）装置失电。

（3）造成后果。保护装置处于不可用状态。

（4）处置原则。

1）检查保护装置各信号指示灯，记录液晶面板显示内容。

2）检查装置电源、自检报告和开入变位报告，并结合其他装置进行综合判断。

3）根据检查结果汇报调度，停运相应的保护装置。

2. ××第一（二）套保护装置异常

（1）信息释义。装置自检、巡检发生错误，不闭锁保护，但部分保护功能可能会受到影响。保护装置异常逻辑框图如图 8-4-36 所示。

（2）原因分析。

1）TV 断线。

2）内部通信出错。

3）CPU 检测到长期启动等。

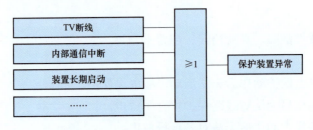

图 8-4-36　保护装置异常逻辑框图

（3）造成后果。保护装置部分功能处于不可用状态。

（4）处置原则。

1）现场检查保护装置各信号指示灯，记录液晶面板显示内容。

2）采取必要的安全措施后重启保护装置，如无效则通知检修人员现场处理。

3. ××线路第一（二）套保护 A（B）通道异常

（1）信息释义。保护光纤通道通信中断，两侧保护无法交换信息。线路第一（二）套保护通道异常信号回路原理图如图 8-4-37 所示。

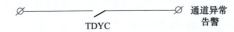

图 8-4-37　线路第一（二）套保护通道异常信号回路原理图

（2）原因分析。

1）保护装置内部元件故障。

2）尾纤连接松动或损坏、法兰头损坏。

3）光电转换装置故障。

4）通信设备故障或光纤通道问题。

（3）造成后果。差动保护或纵联距离（方向）保护无法动作。

（4）处置原则。

1）检查保护装置运行情况，检查光电转换装置运行情况。

2）如果通道故障短时复归，应做好记录加强监视。

3）如果无法复归或短时间内频繁出现，根据调度指令退出相关保护。

4. ××线路第一（二）套保护 TA 断线

（1）信息释义。装置检测到电流互感器二次回路开路或采样值异常等原因造成差动不平衡电流超过定值延时发 TA 断线信号。保护 TA 断线逻辑框图如图 8-4-38 所示，参考许继 WXH-803A-DA-G 线路保护说明书。

（2）原因分析。

1）保护装置采样插件损坏。

2）TA 二次接线松动。

3）电流互感器损坏。

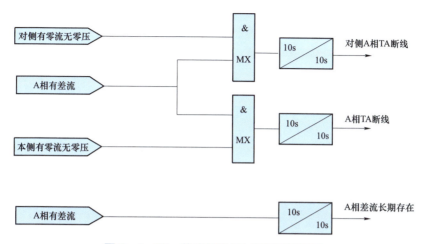

图 8-4-38 线路保护 TA 断线逻辑框图

（3）造成后果。

1）线路保护装置差动保护功能闭锁。

2）线路保护装置过电流元件不可用。

3）可能造成保护误动作。

（4）处置原则。

1）现场检查端子箱、保护装置电流接线端子连片紧固情况。

2）观察装置面板采样，确定 TA 采样异常相别。

3）观察装置 TA 采样插件，无异常气味。

4）观察设备区电流互感器有无异常声响。

5）向调度申请退出可能误动的保护。

6）根据调度指令停运一次设备。

5. ××第一（二）套保护装置 MMS 通信中断

（1）信息释义。保护装置与站控层网络通信中断。第一（二）套保护装置 MMS 通信中断逻辑框图如图 8-4-39 所示。

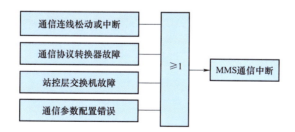

图 8-4-39 第一（二）套保护装置 MMS 通信中断逻辑框图

（2）原因分析。

1）保护装置内部通信参数设置错误。

2）保护装置通信插件故障。

3）通信连接线松动。

4）通信协议转换器故障。

5）站控层交换机故障。

（3）造成后果。保护装置与站控层网络通信中断后，相关保护信息及动作信息无法上传监控后台及调控中心，使得保护装置失去监控，影响事故处理进度。

（4）处置原则。

1）检查保护装置各信号指示灯，记录液晶面板显示内容；

2）检查与保护装置终端有 MMS 信息交互的相关保护装置、测控装置、监控后台系统的各信号指示灯及相应报文及告警；

3）如不能恢复，通知检修人员检查保护装置及其与站控层交换机的连接情况。

6. ××第一（二）套保护 SV 总告警

（1）信息释义。监视保护装置接收 SV 报文是否正常，主要接收本间隔合并单元传递的母线电压、线路抽取电压、间隔电流以及采样链路中断等信息，SV 产生告警表示保护及安全自动装置接收的 SV 报文出现异常，同时报出保护或安全自动装置异常。第一（二）套保护 SV 总告警逻辑框图如图 8-4-40 所示。

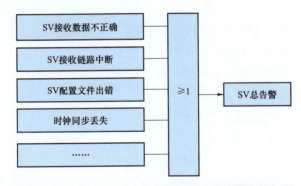

图 8-4-40　第一（二）套保护 SV 总告警逻辑框图

（2）原因分析。

1）合并单元采集模块、电源模块、CPU 等内部元件损坏。

2）合并单元电源失电。

3）合并单元发光模块异常。

4）合并单元采样数据异常。

5）保护装置至合并单元链路中断。

（3）造成后果。

1）保护装置或安全自动装置采集的交流电压、电流不正确。

2）保护或安全自动装置采集的交流电压、电流不同步，影响距离保护正确动作。

3）保护或安全自动装置采集的交流电流、电压各相之间不同步，影响距离保护、零序保护、检修保护、差动保护正确动作。

4）线路、母线、变压器等保护装置失去相关保护功能。

（4）处置原则。

1）现场检查保护装置信号灯是否正常，信号是否能够复归；若不能复归，则逐级检查 SV 网的光纤插口是否松动，及时通知检修人员处理。

2）现场检查检修连接片投退是否正确，若不正确，则及时通知检修人员处理。

3）若需要停用该套保护装置进行处理，按运行规程要求做好安全措施。

4）若不需要停用保护装置进行处理，则应查找组网光纤的问题或装置光口的问题，及时更换备用光纤或光口。

7. ××第一（二）套保护 GOOSE 总告警

（1）信息释义。监视保护装置接收 GOOSE 报文是否正常，主要接收本间隔智能装置终端传递的断路器、隔离开关位置、控制回路异常（如闭锁重合，位置不对应启动重合）等信息，GOOSE 告警表示保护及安全自动装置接收的 GOOSE 报文出现异常。第一（二）套保护 GOOSE 总告警逻辑框图如图 8-4-41 所示。

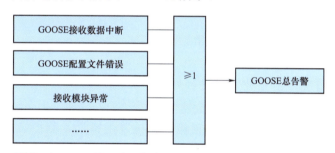

图 8-4-41 第一（二）套保护 GOOSE 总告警逻辑框图

（2）原因分析。

1）保护装置与本间隔智能终端之间 GOOSE 断链。

2）本间隔智能终端电源失电。

3）本间隔智能终端异常或闭锁。

4）本间隔智能终端发光保护模块异常。

5）保护装置异常。

6）GOOSE 配置不一致报警。

（3）造成后果。

1）如线路保护接收不到断路器位置，线路故障时影响保护正常动作，可能造成断路器拒动。

2）220kV 线路保护接收母差保护 GOOSE 告警，母线故障时，保护收不到母差远跳开入信号，可能造成停电范围扩大。

（4）处置原则。

1）现场检查保护装置信号灯是否正常，信号是否能够复归；若不能复归，则逐级检查 GOOSE 网的光纤插口是否松动，通知检修人员处理。

2）若需要停用该套保护装置进行处理，按运行规程要求做好安全措施。

3）若不需要停用保护装置进行处理，则应查找组网光纤的问题或装置光口的问题，及时更换备用光纤或光口。

（三）测控装置

1. ××测控装置故障

（1）信息释义。运行灯灭，测控装置软硬件自检、巡检发生错误，闭锁所有功能。测控装置故障信号回路原理图如图 8-4-42 所示。

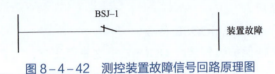

图 8-4-42　测控装置故障信号回路原理图

（2）原因分析。装置本身故障。

（3）造成后果。造成全部遥信、遥测、遥控功能失效。

（4）处置原则。

1）检查测控装置各指示灯是否正常。

2）检查装置是否有烧灼异味。

3）根据检查情况，由专业人员进行处理。

2. ××测控装置异常

（1）信息释义。测控装置软硬件自检、巡检发生错误。测控装置异常逻辑框图如图 8-4-43 所示。

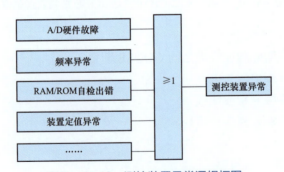

图 8-4-43　测控装置异常逻辑框图

（2）原因分析。

1）装置内部通信出错。

2）装置自检、巡检异常。

3）装置内部电源异常。

4）装置内部元件、模块故障。

（3）造成后果。造成部分或全部遥信、遥测、遥控功能失效。

（4）处置原则。

1）检查测控装置各指示灯是否正常。

2）检查装置报文交换是否正常。

3）根据检查情况，由专业人员进行处理。

3. ××测控装置 GOOSE 总告警

（1）信息释义。监视测控装置接收 GOOSE 报文是否正常，主要接收本间隔智能装置终端传递的断路器、隔离开关位置、断路器机构异常（如 SF_6 气压低告警、闭锁、控制回路断线）等信息，GOOSE 告警表示测控装置接收的 GOOSE 报文出现异常。测控装置 GOOSE 总告警逻辑框图如图 8-4-44 所示。

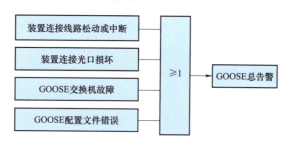

图 8-4-44　测控装置 GOOSE 总告警逻辑框图

（2）原因分析。

1）测控与本间隔智能终端、合并单元之间 GOOSE 断链。

2）本间隔智能终端电源失电。

3）本间隔智能终端异常或闭锁。

4）本间隔智能终端发光保护模块异常。

5）测控装置异常。

6）测控装置与本间隔智能终端、合并单元 GOOSE 配置不一致报警。

（3）造成后果。

1）无法在测控装置、站端监控系统和主站监控系统进行断路器和隔离开关操作。

2）操作断路器需在就地机构进行。

3）站端和主站监控系统断路器、隔离开关位置可能和实际位置不一致。

4）断路器机构异常时，无法接收设备异常信号。

（4）处置原则。

1）现场检查测控装置信号灯是否正常，信号是否能够复归；若不能复归，则逐级检查 GOOSE 网的光纤插口是否松动，通知检修人员处理。

2）现场检查相关智能终端检修压板投退是否正确。

4. ××测控装置 SV 总告警

（1）信息释义。监视测控装置接收 SV 报文是否正常，主要接收本间隔合并单元传递的母线电压、线路抽取电压、间隔电流以及采样链路中断等信息，SV 产生告警表示测控装置接收的 SV 报文出现异常，同时报出测控装置异常。测控装置 SV 总告警逻辑框图如图 8-4-45 所示。

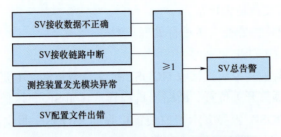

图 8-4-45 测控装置 SV 总告警逻辑框图

（2）原因分析。

1）合并单元采集模块、电源模块、CPU 等内部元件损坏。

2）合并单元电源失电。

3）合并单元发光模块异常。

4）合并单元采样数据异常。

5）合并单元至测控装置链路中断。

6）合并单元检修压板放上。

（3）造成后果。

1）测控装置采集的交流电流、电压不正确，造成测控装置内有功、无功、电流、线路抽取电压异常，无法监视设备负荷情况，影响设备状态估计分析。

2）采集线路电压异常时，影响断路器同期合闸操作。

（4）处置原则。

1）现场检查测控装置信号灯是否正常，信号是否能够复归；若不能复归，则逐级检查 SV 网的光纤插口是否松动，及时通知检修人员处理。

2）现场检查相关合并单元检修压板投退是否正确。

5. ××测控装置 A（B）网 MMS 通信中断

（1）信息释义。测控装置网络中断，无法通信。测控装置 MMS 通信中断逻辑框图如图 8-4-46 所示。

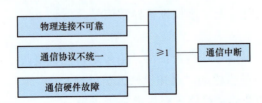

图 8-4-46 测控装置 MMS 通信中断逻辑框图

（2）原因分析。

1）装置内部电源异常。

2）装置内部程序走死导致死机。

3）装置网口损坏。

4）装置至交换机网线或接头损坏。

（3）造成后果。若是双网有一路中断不影响运行，若是双网全部中断，造成该测控单元所负责的遥信、遥测、遥控功能失效。

（4）处置原则。

1）检查装置是否正常。

2）网线是否松动。

3）检查测控装置和交换机指示灯是否正常。

4）根据检查情况，由专业人员进行处理。

（四）智能终端

1. ××第一（二）套智能终端故障

（1）信息释义。智能终端以硬连接与一次设备连接，用于采集断路器、隔离开关位置以及断路器本体各类异常在内的一次设备状态量信号，以网络与二次设备连接，实现站内设备对一次设备操控命令的执行、一次设备的信号采集、状态监测、故障诊断等功能。监视断路器智能终端是否正常运行，出现严重故障，装置闭锁所有功能，并伴随着"运行"灯灭。第一（二）套智能终端故障逻辑框图如图8-4-47所示。

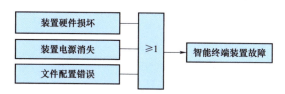

图8-4-47 第一（二）套智能终端故障逻辑框图

（2）原因分析。

1）智能终端装置板卡配置和具体工程的设计图纸不匹配导致无法正常运行。

2）定值超过整定范围，程序运行出现错误导致无法正常运行。

3）装置失电或闭锁。

（3）造成后果。

1）智能终端、测控装置、厂站和主站无法远方实现断路器分合闸操作。

2）设备故障时，保护动作时断路器不能跳闸，造成事故扩大。

（4）处置原则。

1）现场查看智能终端装置故障指示灯是否亮，查看硬件是否有烧毁现场和电源是否正常供电，当装置运行灯灭，发装置闭锁（故障）信号时，汇报调度和监控，申请退出该智能终端及相关保护，立即通知检修人员处理。

2）若是装置电源消失通知时，逐级检查电源供应情况，尽快恢复电源；若为装置硬件故障和文件配置出错，除按运行规程要求处理外，立即通知检修人员处理。

3）双重化配置的智能终端，单套故障时，应按规程要求采取安全措施，同时向有关调度汇报，并通知检修人员处理。

4）双重化配置的智能终端双套均发生故障时，应立即向有关调度汇报，申请将相应间隔停电和退出相关保护，并及时通知检修人员处理。

5）单套配置的智能终端（如变压器本体智能终端、母线智能终端等）发生故障时，应按规程要求采取安全措施，通知检修人员处理，并向有关调度汇报。

2. ××第一（二）套智能终端异常

（1）信息释义。报警灯亮，监视断路器智能终端是否正常运行，只退出部分装置功能，发异常信号。第一（二）套智能终端异常逻辑框图如图8-4-48所示。

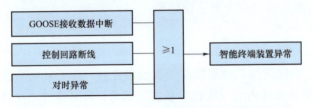

图8-4-48　第一（二）套智能终端异常逻辑框图

（2）原因分析。

1）装置自检报警。

2）GPS对时信号未接入。

3）跳合闸回路异常。

4）开入板电源异常。

5）跳合闸GOOSE输入长期动作，信号长时间不返回。

6）内部插件损坏。

7）开入开出回路、光耦回路异常。

8）光纤链路异常，如光纤损坏、中断、光纤误码较高等。

9）智能终端电源异常。

10）其他装置自检异常的项目。

（3）造成后果。

1）断路器跳合闸回路异常。

2）GPS对时不准确。

3）光路接收异常，导致光路数据丢失，向保护、测控装置发出的断路器信号、状态、故障等GOOSE信息无效，接收保护、测控等GOOSE信息无效，影响断路器正常分合闸。

（4）处置原则。

1）现场查看智能终端运行情况，检查GOOSE接收链路是否中断，检查智能终端检修和保护或测控装置检修连接片是否一致，检查隔离开关辅助触点状态与实际位置是否相符，及时通知检修人员处理，根据情况可向调度申请停用对应测控和保护进行处理。

2）当装置外部时钟丢失，智能开入、开出插件故障，开入电源监视异常，GOOSE 告警等异常信号时，汇报调度，必要时申请退出该套智能终端及相关保护，按照规程做好安全措施，及时要求检修人员处理。

3. ××第一（二）套智能终端 GOOSE 总告警

（1）信息释义。用于监视智能终端接收 GOOSE 报文是否正常，主要接收母差保护跳本间隔、保护及安自装置跳合闸、变压器保护跳闸、备自投装置跳合闸、测控装置遥控分合闸等信息，GOOSE 告警表示智能终端接收 GOOSE 报文出现异常，同时报智能终端异常。第一（二）套智能终端 GOOSE 总告警逻辑框图如图 8-4-49 所示。

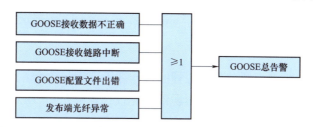

图 8-4-49　第一（二）套智能终端 GOOSE 总告警逻辑框图

（2）原因分析。

1）智能终端与母差保护保护之间 GOOSE 断链；智能终端与保护及安全自动装置之间的 GOOSE 断链。

2）智能终端与变压器保护之间的 GOOSE 断链。

3）智能终端与测控装置之间的 GOOSE 断链。

4）本间隔智能终端异常或闭锁。

5）母差保护、保护及安自装置、变压器保护、测控装置之间的发光模块异常。

6）母差保护、保护及安自装置、变压器保护、测控装置与本间隔智能终端 GOOSE 配置不一致。

（3）造成后果。

1）断路器跳合闸回路异常。

2）GPS 对时不准确。

3）光路接收异常，导致该光路数据丢失。向保护、测控站端和主站无法实现远方断路器分合闸操作。

4）设备故障时，保护动作时断路器不能跳闸，造成事故扩大。

（4）处置原则。现场检查智能终端信号灯是否正常，信号是否能够复归；若不能复归，则逐级检查 GOOSE 网的光纤插口是否松动，通知检修人员处理。

（五）合并单元

1. ××第一（二）套合并单元故障

（1）信息释义。合并单元既要通过电缆与过程层常规设备连接，又要通过光缆与过程层母线电压合并单元、间隔层（保护装置、测控装置）设备连接，用来传输母线电压，间隔电流、线路抽取电压，并实现电压切换功能，此信号表示合并单元运行工况出现严重故障，装置闭锁所有功能，并伴随"运行"灯灭。合并单元故障逻辑框图及信号回路原理图如图 8-4-50 所示。

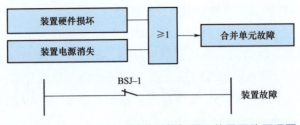

图 8-4-50　合并单元故障逻辑框图及信号回路原理图

（2）原因分析。

1）合并单元装置版卡配置和具体工程的设计图不匹配导致合并单元无法正常工作。

2）定值超过整定范围，程序运行出现错误导致合并单元无法正常运行。

3）装置失电。

（3）造成后果。

1）相应保护、测控装置、电能表等无法获得交流电流采样值。

2）断路器、线路、母线等保护装置失去相关保护功能。

（4）处置原则。

1）现场检查合并单元装置异常指示灯是否亮，查看相关装置报文，若查不出问题应及时与检修人员联系进行检查。

2）若是合并单元装置电源空气断路器跳闸时，应检查合并单元外观有无异常、无异常异味后，经调度同意，应退出对应的保护装置出口软连接片后，将装置改停用状态后试送电源一次，如异常消失，将装置回复运行状态，如异常未消失，汇报调度，通知检修人员处理。

3）若是合并单元硬件缺陷，如光口损坏，通知检修人员更换相应的硬件和进行其他处理。

4）双重化配置的合并单元，单套故障时，应按规程要求采取安全措施，同时向有关调度汇报，并通知检修人员处理。

5）双重化配置的合并单元双套均发生故障时，应立即向有关调度汇报，申请将相应间隔停电和退出相关保护，并及时通知检修人员处理。

2. ××第一（二）套合并单元异常

（1）信息释义。表示合并单元运行工况出现异常，只退出部分装置功能，发出告警信号。第一（二）套合并单元异常逻辑框图及信号回路原理图如图 8-4-51 所示。

（2）原因分析。

1）装置自检报警（包括装置异常、SV 总告警、GPS 对时信号未接入、开入电源丢失、

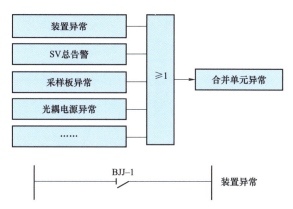

图 8-4-51 第一（二）套合并单元异常逻辑框图及信号回路原理图

采样板异常，光耦电源异常等）。

2）数据发送异常。

3）装置采样异常（包括 TA 开路、TV 二次空气断路器跳闸、TV 断线、采样失步等）。

4）装置内部插件异常。

5）合并单元失步。

6）合并单元光纤链路异常。

7）合并单元配置出现错误。

8）合并单元接收电压异常。

9）合并单元始终丢失。

10）合并单元接收 MU 无效等。

（3）造成后果。

1）向保护装置发出的 SV 信息无效，保护采用不正确，可能导致保护误动。

2）测控装置接收遥测数据不正常，无法实时监视设备负荷情况，影响检同期合闸操作。

3）保护装置失去需要电压值判断的相关保护功能。

4）电压切换功能异常。

5）计量用电能表电量收到损失。

（4）处置原则。

1）现场查看合并单元运行情况，检查接收链路是否中断，通知检修人员，根据情况停用对应保护进行处理。

2）当装置发外部时钟丢失、智能开入、开出插件故障、开入电源监视异常、GOOSE、SV 告警等异常信号时，汇报调度，必要时申请退出该合并单元及相关保护，并做好安全措施，通知检修人员处理。

3. ××第一（二）套合并单元 SV 总告警

（1）信息释义。SV 接收灯灭，监视合并单元接收的 SV 报文是否正常，主要接收母线合并单元发送的母线电压，SV 产生告警表示保护及安全自动装置接收的 SV 报文出现异常，同时报合并单元异常。第一（二）套合并单元 SV 总告警逻辑框图如图 8-4-52 所示。

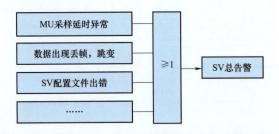

图 8-4-52　第一（二）套合并单元 SV 总告警逻辑框图

（2）原因分析。

1）母线合并单元采集模块、电源模块、CPU 内部元件损坏。

2）母线合并单元电源失电。

3）母线合并单元光模块异常。

4）母线合并单元采样数据异常。

5）本间隔合并单元装置异常。

6）光纤之路接收采样链路异常、光纤损坏、中断、光纤误码较高。

（3）造成后果。

1）向保护装置发出的 SV 信息无效，保护采样不正确，可能导致保护误动或者拒动。

2）测控装置接收遥测数据不正常，无法实时有效监视设备负荷情况，影响检同期合闸操作。

3）保护装置失去需要电压值判断的相关保护功能。

4）电压切换功能异常。

（4）处置原则。

1）现场检查合并单元装置信号灯是否正常，信号是否能够复归；若不能复归，则逐级检查 SV 网的光纤插口是否松动，及时通知检修人员处理。

2）当后台发"SV 总告警"，应立刻检查相关保护装置采样，汇报调度并通知检修人员处理。

4. ××第一（二）套合并单元 GOOSE 总告警

（1）信息释义。监视合并单元接收的隔离开关、断路器位置，将切换后电压以通信方式传送给保护装置，同时报合并单元异常。第一（二）套合并单元 GOOSE 总告警逻辑框图如图 8-4-53 所示。

（2）原因分析。合并单元相关 GOOSE 链路中断或发送与接收不匹配。

（3）造成后果。保护装置失去电压切换功能，造成保护装置失去需要电压值判断的相关保护功能。

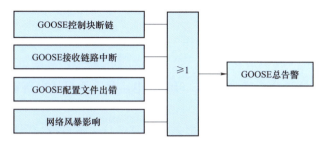

图 8-4-53 第一（二）套合并单元 GOOSE 总告警逻辑框图

（4）处置原则。现场检查保护装置信号灯是否正常，信号是否能够复归；若不能复归，则逐级检查 GOOSE 网的光纤插口是否松动，通知检修人员处理。

六、交直流系统

（一）交流系统

1. 站用电××母线失电

（1）信息释义。站用电母线失压。

（2）原因分析。

1）站用变压器故障跳闸。

2）站用变压器高压侧无电。

3）站用电母线总断路器跳闸。

4）站用电电压二次回路异常。

（3）造成后果。造成站用电全部或部分消失。

（4）处置原则。

1）站用交流一段母线失压。

a. 检查站用变压器高压侧断路器无动作，高压熔断器无熔断。

b. 检查变压器冷却设备、直流系统及 UPS 系统等重要负荷运行情况。

c. 检查站用变压器低压侧断路器确已断开，拉开故障段母线所有馈线支路低压断路器，查明故障点并将其隔离。

d. 合上失压母线上无故障馈线支路的备用电源断路器（或并列断路器），恢复失压母线上各馈线支路供电。

e. 无法处理故障时，联系检修人员处理。

f. 若站用变压器保护动作，按站用变压器故障处理。

2）站用交流母线全部失压。

a. 检查系统失电引起站用电消失，拉开站用变压器低压侧断路器。

b. 若有外接电源的备用站用变压器，投入备用站用变压器，恢复站用电系统。

c. 汇报上级管理部门，申请使用发电车恢复站用电系统。

d. 检查蓄电池工作情况，短时无法恢复时，切除非重要负荷。

2. 站用变压器备自投装置动作

（1）信息释义。备自投装置保护动作。

（2）原因分析。

1）站用电一段母线总断路器跳闸，母线失电，另一段母线电压有电。

2）站用变压器保护动作跳闸。

（3）造成后果。若备自投成功，失电母线恢复运行，备自投装置失灵会造成一段站用电母线失压。

（4）处置原则。

1）检查备自投动作原因，检查站用变压器保护动作情况、现场检查站用变压器有无故障现象。

2）如备自投失败，按现场规程规定处理，投入备用电源或站内迅速采取措施恢复全部站用电负荷的供电。

3）对主变压器风冷、直流系统的交流电压切换进行检查。

4）若是保护回路故障的原因，联系检修人员处理。

3. 交流逆变电源异常

（1）信息释义。公用测控装置检测到 UPS 装置交流输入异常信号。交流逆变电源异常信号回路原理图如图 8-4-54 所示。

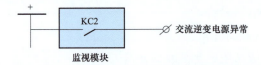

图 8-4-54　交流逆变电源异常信号回路原理图

（2）原因分析。

1）UPS 装置电源插件故障。

2）UPS 装置交直流输入回路故障。

3）UPS 装置交直流输入电源熔断器熔断或上级电源断路器跳开。

（3）造成后果。UPS 所带设备将由另一种电源（交、直）对其进行供电，可能导致不间断电源失电。

（4）处置原则。

1）检查主机已自动转为直流逆变输出，主、从机输入、输出电压及电流指示是否正常。

2）检查 UPS 装置是否过载，各负荷回路对地绝缘是否良好。

3）联系检修人员处理。

4. 交流逆变电压故障

（1）信息释义。公用测控装置检测到 UPS 装置故障信号。交流逆变电压故障信号回路原理图如图 8-4-55 所示。

（2）原因分析。UPS 装置内部元件故障。

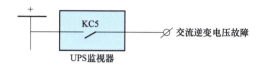

图 8-4-55　交流逆变电源异常信号回路原理图

（3）造成后果。可能影响 UPS 所带设备进行不间断供电。

（4）处置原则。

1）检查交、直流输入电源是否正常，交流输出电源是否正常。

2）检查 UPS 装置内部是否故障。

3）联系检修人员处理。

（二）直流系统

1. 直流系统故障

（1）信息释义。当充电机监控器、高频模块故障时视为直流系统故障。直流系统故障信号回路原理图如图 8-4-56 所示。

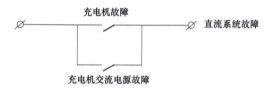

图 8-4-56　直流系统故障信号回路原理图

（2）原因分析。

1）充电机故障，同时报"直流系统充电机故障"。

2）充电机交流电源故障，同时报"直流系统交流输入故障"。

（3）造成后果。影响直流系统正常工作，需要调整直流系统运行方式。

（4）处置原则。

1）检查交流电源、充电机相关设备是否正常。

2）及时调整直流系统运行方式。

3）将故障设备隔离，尽快恢复直流系统正常运行方式。

2. 直流系统异常

（1）信息释义。直流系统设备及相关装置发生异常。直流系统异常信号回路原理图如图 8-4-57 所示。

（2）原因分析。

1）直流充电装置异常。

2）直流绝缘监测装置异常，同时报"监控装置异常"。

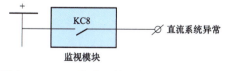

图 8-4-57　直流系统异常信号回路原理图

3）交流电源及相关回路异常。

4）直流母线电压异常，同时报"直流系统母线 I（Ⅱ）段电压异常"。

5）直流系统通信中断，同时报"直流系统通信中断"。

6）监控器故障，同时报"直流系统监控装置故障"。

（3）造成后果。可能影响直流系统及相关设备正常工作。

（4）处置原则。

1）检查交流电源及相关回路是否正常。

2）检查直流母线电压是否正常。

3）检查直流充电装置、绝缘监测装置等直流设备是否正常。

4）及时恢复充电机正常运行，或采用备用充电机供电。

3. 直流系统绝缘故障

（1）信息释义。当直流系统发生接地故障或绝缘水平低于设定值时，由直流绝缘监测装置发出该信号。

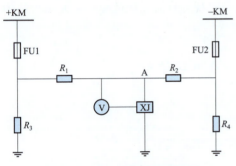

图 8-4-58 电桥平衡原理图

根据电桥平衡原理，正常情况下 $R_1R_4=R_2R_3$，A 点对地点位为零，$R_1R_4 \neq R_2R_3$，A 点对地电位不为零，信号继电器 XJ 带电，动合触点闭合，发出告警信号。电桥平衡原理图如图 8-4-58 所示。

（2）原因分析。

1）直流电源柜内直流母线或二次回路绝缘降低，直流母线直接接地。

2）在二次回路上工作时，造成直流馈线接地。

3）保护、自动装置元器件损坏，绝缘击穿。

4）端子箱、机构箱、隔离开关密封不严，造成端子排或接线柱受潮绝缘降低。

（3）造成后果。若再有一点直流接地可能造成直流系统短路使熔丝熔断，造成直流失电或者使保护拒动或者误动。

（4）处置原则。

1）对于 220V 直流系统两极对地电压绝对值差超过 40V 或绝缘降低到 25kΩ 以下，110V 直流系统两极对地电压绝对值差超过 20V 或绝缘降低到 15kΩ 以下，应视为直流系统接地。

2）直流系统接地后，运维人员应记录时间、接地极、绝缘监测装置提示的支路号和绝缘电阻等信息。用万用表测量直流母线正对地、负对地电压，与绝缘监测装置核对后，汇报调控人员。

3）出现直流系统接地故障时应及时消除，同一直流母线段，当出现两点接地时，应立即采取措施消除，避免造成继电保护、断路器误动或拒动故障。直流接地查找方法及步骤如下：

a. 发生直流接地后，应分析是否天气原因或二次回路上有工作，如二次回路上有工作或有检修试验工作时，应立即拉开直流试验电源看是否为检修工作所引起。

b. 比较潮湿的天气，应首先重点对端子箱和机构箱直流端子排做一次检查，对凝露的端子排用干抹布擦干或用电吹风烘干，并将驱潮加热器投入。

c. 对于非控制及保护回路可使用拉路法进行直流接地查找。按事故照明、防误闭锁装置回路、户外合闸（储能）回路、户内合闸（储能）回路的顺序进行。其他回路的查找，应在检修人员到现场后，配合进行查找并处理。

d. 保护及控制回路宜采用便携式仪器带电查找的方式进行，如需采用拉路的方法，应汇报调控人员，申请退出可能误动的保护。

e. 用拉路法检查未找出直流接地回路，应联系检修人员处理。

4. 直流系统母线电压异常

（1）信息释义。直流系统母线电压欠电压，过电压等异常现象。直流系统母线接线图如图 8-4-59 所示。

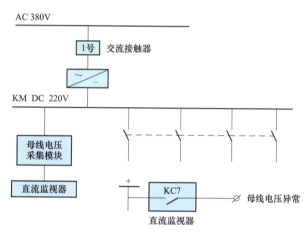

图 8-4-59　直流系统母线接线图

（2）原因分析。直流系统母线电压欠电压，过电压等异常现象。

（3）造成后果。影响直流系统运行。

（4）处置原则。

1）测量直流系统各极对地电压，检查直流负荷情况。

2）检查电压继电器动作情况。

3）检查充电装置输出电压和蓄电池充电方式，综合判断直流母线电压是否异常。

4）因蓄电池未自动切换至浮充电运行方式导致直流母线电压异常，应手动调整到浮充电运行方式。

5）因充电装置故障导致直流母线电压异常，应停用该充电装置，投入备用充电装置。或调整直流系统运行方式，由另一段直流系统带全站负荷。

6）检查直流母线电压正常后，联系检修人员处理。

七、消防安防系统

（一）消防系统

1. 消防装置故障

（1）信息释义。消防告警装置发生异常告警。消防装置故障信号回路原理图如图8-4-60所示。

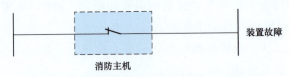

图8-4-60　消防装置故障信号回路原理图

（2）原因分析。消防告警装置故障或者发生火灾。

（3）造成后果。影响装置的正确告警。

（4）处置原则。

1）火灾报警控制系统动作时，立即派人前往现场检查确认故障信息。

2）当报主电故障时，应确认是否发生主供电源停电。检查主电源的接线、熔断器是否发生断路，备用电源是否已切换。

3）当报备电故障时，应检查备用电池的连接接线。当备用电池连续工作时间超过8h后，也可能因电压过低而报备电故障。

4）若系统装置发生异常的声音、光指示、气味等情况时，应立即关闭电源，联系专业人员处理。

2. 消防火灾总告警

（1）信息释义。消防火灾告警装置发生告警。消防火灾总告警信号回路原理图如图8-4-61所示。

图8-4-61　消防火灾总告警信号回路原理图

（2）原因分析。

1）变电站起火。

2）告警装置误动。

（3）造成后果。若装置误告警，则无法正确反映火灾信号。

（4）处置原则。

1）火灾报警控制系统动作时，通过安防视频观察判断，同时派人前往现场确认是否有火情发生。

2）根据控制器的故障信息或打印出的故障点码查找出对应的火情部分，若确认有火情发生，应根据情况采取灭火措施。必要时，拨打 119 报警。

3）检查对应部位并无火情存在，且按下"复位"键后不再报警，可判断为误报警，加强对火灾报警装置的巡视检查。若按下"复位"键，仍多次重复报警，可判断为该地址码相应回路或装置故障，应将其屏蔽，及时维修。

4）若不能及时排除故障，应联系专业人员处理。

（二）安防系统

1. 安防装置故障

（1）信息释义。安防装置电子围栏主机、防盗装置等不工作或无任何显示。安防装置故障信号回路原理图如图 8－4－62 所示。

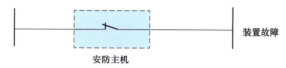

图 8－4－62　安防装置故障信号回路原理图

（2）原因分析。安防告警装置故障。

（3）造成后果。影响装置的正确告警。

（4）处置原则。

1）应检查主机电源是否正常，回路是否断线松动，主机是否损坏。

2）若无法恢复正常，联系专业人员处理。

2. 安防总告警

（1）信息释义。安防告警装置发生告警。安防总告警信号回路原理图如图 8－4－63 所示。

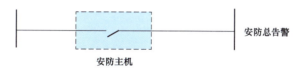

图 8－4－63　安防总告警信号回路原理图

（2）原因分析。

1）人员入侵。

2）安防告警装置误动。

（3）造成后果。若安防装置误告警，则无法正确反映安防信息。

（4）处置原则。

1）防盗装置报警动作时，立即派人前往现场检查是否有人员入侵痕迹。若为人员入侵造成的报警，核查是否有财产损失，同时汇报上级管理部门。若无人员入侵，根据控制箱显示的防区，检查电子围栏有无断线、异物搭挂，按"消音"键中止警报声。

2）若是围栏断线造成的报警，断开电子围栏电源，将断线处重新接好，调整围栏线松紧度，再合上电子围栏电源。

3）若为异物造成的告警，清除异物，恢复正常。

4）若检查无异常，确认是误发信号，又无法恢复正常，联系专业人员处理。